미쓰비시 PLC
기초부터 응용까지

머리말

제조업에서는 인력 부족, 숙련된 작업자의 부족, 설비의 고도화 등의 과제가 확대되면서 고정밀, 고속의 제어기술에 대한 수요는 더욱 증가하고 있다. 또한 현장에서는 운영 기술(OT)과 정보 기술(IT)의 융합을 통한 현장 유지보수 공수를 절감하고 설비의 다운타임을 최소화하며 전체적인 설비 효율성(OEE) 향상 등 24시간 멈추지 않는 설비의 최적화와 운영 효율성 향상을 극대화 하는데 목표를 하고 있다. 그 중 Mitsubishi社의 MELSEC-Q시리즈 PLC는 반도체, 평판 디스플레이(FPD), 2차전지, 자동차, 물류 등 다양한 제조 분야에서 이러한 과제 해결을 하기 위해 폭 넓게 사용되고 있다.

이 책에서는 MELSEC-Q 시리즈 PLC의 기초 및 시퀀스 제어부터, HMI를 활용한 모션제어, 소켓 통신, OPC-UA 통신, MX-Component를 활용한 이더넷 통신 까지 다양한 기능들을 예제와 함께 기술하였다. 이 책을 통해 MELSEC-Q 시리즈를 입문하는 분들에게 도움이 되기를 바라며 향후 제조업의 혁신과 효율성을 높이는데 기여할 수 있기를 기대한다.

2024년 11월

이진호

Contents

Chapter III

래더 프로그램 작성

Chapter IV

MELSEC-Q PLC 응용 명령

Chapter V

아날로그 입출력 모듈

Chapter VI

모션 제어

Chapter VII

이더넷 통신

1 MELSEC-Q PLC 살펴보기

이 장에서는 MELSEC-Q PLC 개요부터 IEC 61131-3 규격을 만족하는 PLC의 특징과 소프트웨어 환경에 대해서 살펴본다.

1.1 PLC의 역사 및 언어의 종류

1.1.1 PLC의 역사

PLC(Programmable Logic Controller)는 1960년대 미국의 자동차 산업으로부터의 요구에 의해 최초로 상품화 되었다. 당시의 자동차 제조라인은 릴레이 시퀀스를 기반으로 상품화 모델이 변경될 때마다 릴레이 회로 배선 변경에 많은 시간과 공수가 필요했다. 이러한 과제를 배경으로 미국의 GM사는 제조 부문에서 프로그램을 통해 쉽게 제어 동작을 변경할 수 있고 유지보수가 용이한 제어장치의 요구사항이 제어기기 제조사에 제시됨으로써 1969년에 Modicon사 (현 슈나이더 일렉트릭)가 최초로 PLC를 상품화 하였다.

PLC의 탄생에 의해 제어장치의 동작 변경이나 유지보수가 용이해질 뿐만 아니라 제조장치 자체의 신뢰성이나 상위 PC와의 인터페이스도 용이해짐으로써 이러한 과제들은 비약적으로 개선되었다. 1970년대에 들어서면서 유럽이나 일본 등에서도 이러한 제어장치에 대한 독자적인 기술개발과 응용이 진행되었고 1978년 미쓰비시(Mitsubishi)사의 MELSEC 시리즈가 탄생되었다.

[표 1-1. 제너럴 모터스의 요구사항]

1	쉬운 프로그래밍 및 프로그램 변경이 용이할 것
2	유지 보수 및 수리 용이할 것
3	릴레이 시퀀스 제어보다 높은 신뢰성을 가질 것
4	릴레이 시퀀스 제어보다 작은 제어반을 가질 것
5	상위 PC와 정보 결합이 가능할 것
6	릴레이 시퀀스 회로보다 높은 안정성을 가질 것
7	AC 115V까지의 입력이 가능할 것
8	AC 115V, 2A의 출력이 가능할 것
9	기본 시스템을 쉽게 확장이 가능할 것
10	4,000Word까지 확장 가능한 메모리여야 할 것

그러나 PLC 프로그래밍 툴이나 프로그래밍 언어는 PLC 제조사마다 다양했기 때문에 다음과 같은 문제가 제기 되었다. PLC 제어 기술자에게는 PLC 제조사가 변경될 때마다 각 회사의 툴 사용법을 습득하지 않을 수 없었다. 그 결과 특정 제조사의 PLC를 계속 사용할 수 밖에 없는 상황이 되었다. 이는 PLC 제조업체 및 PLC 기술자 모두에게 바람직한 상황이라고 볼 순 없다.

따라서 PLC 제조사 별 프로그래밍 툴이나 프로그래밍 언어의 차이 혹은 어플리케이션 확대에 따른 엔지니어링 코스트 증대 등의 PLC 활용상의 문제에 대해서 유럽을 중심으로 프로그래밍 언어를 통일 시키기 위한 움직임이 시작되었다. 이러한 배경을 바탕으로 IEC(International Electrotechnical Commision: 국제전기표준회의)에 의해 국제규격의 제정 작업이 시작되었고 1993년에 PLC 프로그래밍 언어 국제 규격인 IEC 61131-3이 제정되게 되었다. 이러한 IEC 61131-3 규격은 아래와 같이 9개의 파트로 구성되게 되며 IEC 61131-3은 프로그래밍 언어에 대해 정의 되어있다.

[표 1-2. IEC 61131 규격]

규격	규격 명칭
IEC 61131-1	일반 정보
IEC 61131-2	장치에 대한 요구 사항 및 시험
IEC 61131-3	프로그래밍 언어
IEC 61131-4	사용 지침
IEC 61131-5	통신
IEC 61131-6	기능 안전
IEC 61131-7	퍼지 제어
IEC 61131-8	소프트웨어 가이드 라인
IEC 61131-9	IO-Link 인터페이스

1.1.2 PLC 언어의 종류

IEC 61131-3은 PLC 제조사 혹은 기종에 의존하지 않고 프로그램 자산의 재이용을 통한 프로그램의 생산성 향상 및 세계 공통 프로그래밍 규격으로 통일함으로써 도입 및 비용 절감의 효과를 가질 수 있게 되었다.

IEC 61131-3에서는 기존에 주체가 된 언어인 래더 언어를 포함하여 3종류의 그래픽 언어(LD/FPD/SFC)와 2종류의 텍스트 언어(IL/ST)가 규정되어 있다. 이를 통해 PLC 제어 기술자의 스킬 및 적용 용도에 따라 최적의 언어를 선택하여 프로그램이 가능하다. 또한,

프로그램을 용이하게 모듈화하고 재이용하기 쉬운 구조로써 FB(Function Block)도 규정하고 있다. 각 언어의 특징은 아래와 같다.

- IL(Instruction List): 어셈블리 언어 형태의 언어
- ST(Structured Text): 수치연산 및 정보처리용 언어
- LD(Ladder Diagram): 시퀀스 제어용 언어(전세계 주류)
- FPD(Function Block Diagram): 데이터 흐름을 정의하는 프로세스 제어용 언어
- SFC(Sequential Function Chart): 프로그램 전체 상태 제어

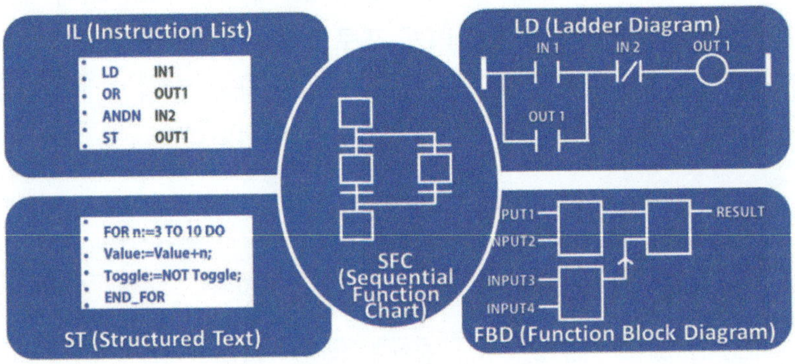

[그림 1-1. IEC 61131-3의 언어 종류]

첫 번째로 래더 언어는 릴레이 시퀀스 회로나 기존 툴에 익숙한 엔지니어를 위한 언어로 현재도 많은 나라의 제어 시스템 개발에서 가장 보급되고 있는 프로그래밍 언어이다. 래더 언어는 릴레이 시퀀스 회로와 동등한 로직을 사용하고 있어 I/O나 인터록 처리 등 비트 레벨의 처리에는 적합하나 시스템이 대규모이고 복잡해질수록 기능 단위에서의 구분(모듈화)가 어렵다는 단점이 있다.

[그림 1-2. 래더 다이어 그램]

둘째로, FPD 언어는 DCS(Distributed Control System)에 익숙한 엔지니어를 위한 언어로 구조화 프로젝트(Structured project)로 프로그램을 생성하는 방법으로 주로 계측 분야를 중심으로 많이 사용이 된다. 최근에는 제어 적용 범위의 확대나 프로그램의 가독성이 향상되는 이유로 PLC에서도 사용되는 경우가 많아지고 있는 추세이다. FPD언어는 펑션이라고 불리는 박스와 그것들을 연결하는 선에 의해 마치 전자 회로를 설계하는 것처럼 프로그램을 기술할 수 있어 데이터의 흐름을 한눈에 볼 수 있는 이점이 있다.

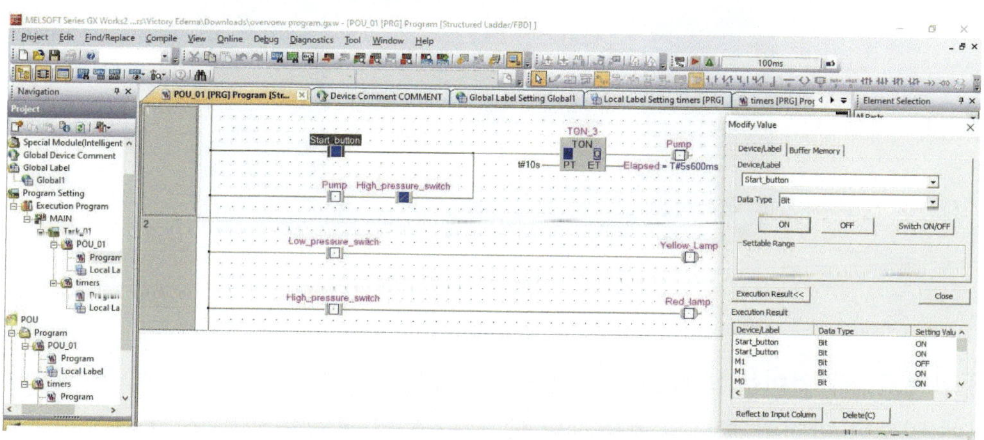

[그림 1-3. FPD(펑션 블록 다이어그램)]

셋째로, SFC 언어는 제조라인 등의 상태 전이를 표현하기에 적합한 언어이다. SFC는 연산기능이나 입출력 기능을 갖지 않기 때문에 엄밀히 말하면 언어가 아닌 요소로 규정되어지나 언어요소를 함께 갖기 때문에 여기서는 언어로 다루도록 한다.

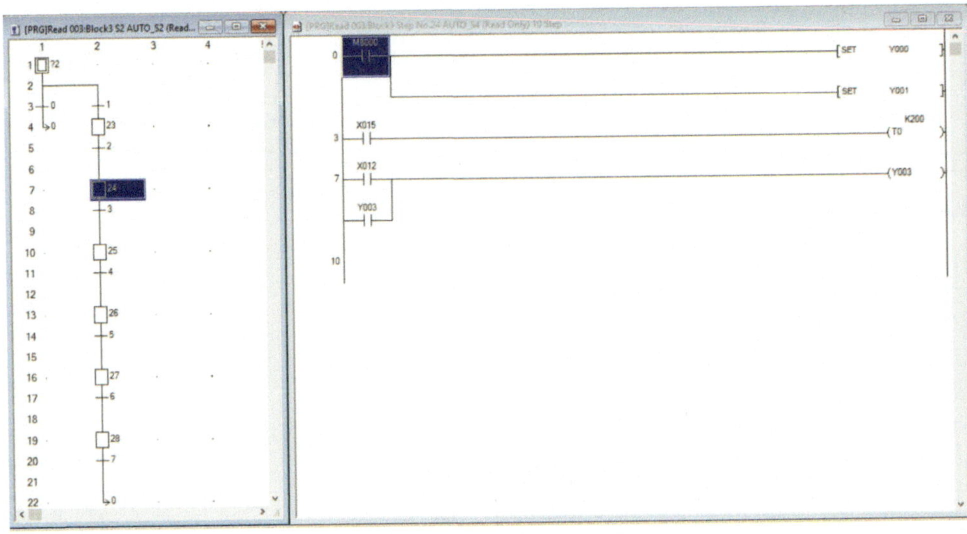

[그림 1-4. SFC(시퀀셜 펑션 차트)]

넷째로, IL 언어는 마이컴과 비교하자면 어셈블리와 같은 텍스트 언어이다. 애플리케이션의 소형화나 고속화에는 효과적이지만 프로그래밍의 생산성이나 유지보수가 떨어지기 때문에 사용 빈도는 줄어들고 있는 추세이다.

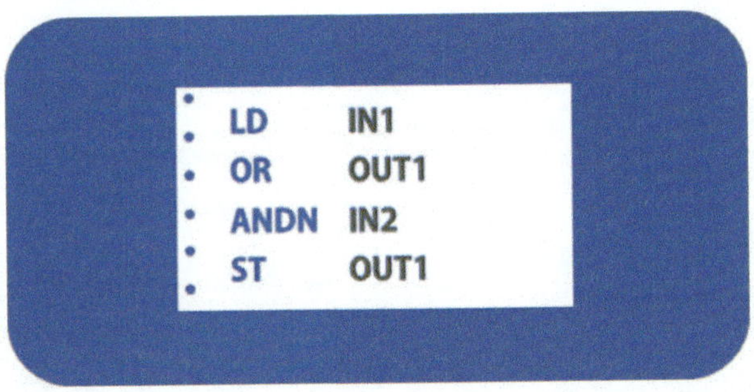

[그림 1-5. IL(인스트럭션 리스트)]

다섯 번째로, ST 언어는 Pascal을 기반으로 설계된 구조화 텍스트 언어로 PC에서의 고급 언어에 익숙한 마이컴 보드의 개발자나 C, C++등의 교육을 받은 신입 엔지니어에게 적합하다. 특히 수치 연산식 혹은 데이터 처리 등 래더 언어가 서투른 엔지니어에게 효과적이다. 예를 들어 래더에서는 다항식 혹은 괄호가 달린 계산식을 처리하려고 했을 경우에는 도중의 연산 결과를 일시적으로 메모리에 저장했다가 마지막에 그것들을 연결하는 처리가 필요하여 처리 내용의 가독성이 현저히 떨어지지만 ST 언어에서는 이러한 래더에서의 가독성 저하 문제를 해결할 수 있다.

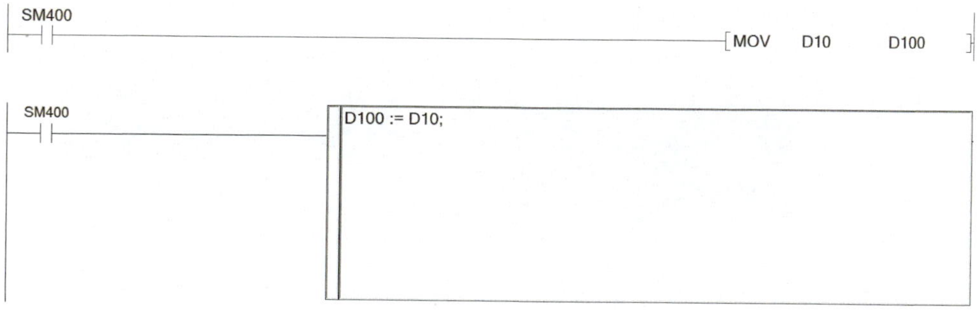

[그림 1-6. 래더와 ST언어의 비교]

1.1.3 제어 방식의 차이

제어 시스템에서의 제어 방식에는 각각의 특징과 동작 원리에 따라 시퀀스 제어 방식과 PLC 제어 방식으로 나뉠 수 있다.

시퀀스 제어 방식은 조작의 순서를 미리 정해놓고 이에 따라 조작의 각 단계를 차례대로 행하는 제어방식을 시퀀스 제어 방식이라고 한다. 유접점 제어 방식으로써 릴레이, 타이머, 카운터 등의 기기를 통해 제어 회로를 배선으로 연결하여 구성한다.

[그림 1-7. 시퀀스 제어에 사용되는 기기]

PLC 제어 방식은 기존의 시퀀스 제어 방식이 직접 배선을 통해 제어 동작을 구현할 수 있었던 반면에 논리연산, 시퀀스, 타이머, 카운터 등의 기능이 내장되어 있고 복잡한 시퀀스 회로를 프로그램화 하여 프로그램으로 제어가 가능하다.

[표 1-3. 유접점 제어와 PLC 제어의 비교]

항목	유접점 제어 	PLC 제어 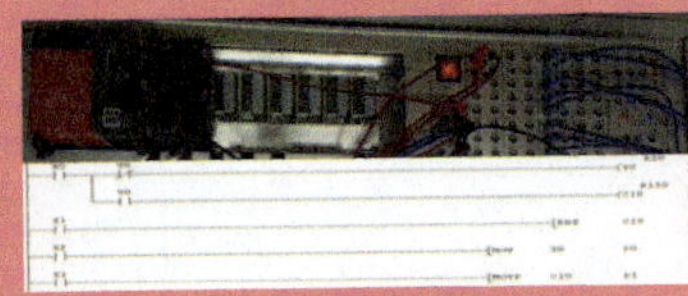
제어 방식	전기 흐름에 따라 제어	프로그램 흐름에 따라 제어
기능	복잡한 제어의 경우 많은 릴레이가 필요	복잡한 제어를 프로그램으로 가능
신뢰성	접촉불량 및 수명의 제약	주요 부품이 반도체이므로 높은 신뢰성을 가짐
확장성	동작변경 및 동작기능 추가 시 배선변경 및 기기를 추가해야 한다.	프로그램을 통해 동작변경 및 동작기능 확장이 가능
유지 보수성	유접점 방식이라 수명이 짧고 기기 고장 시 원인을 발견하기가 어렵다.	무접점 소자들이 주요 부품이기 때문에 수명이 길고 고장 시 원인 파악이 용이하다.
장치의 크기	시스템이 커질수록 장치가 커지고 복잡해진다.	시스템이 커지더라도 상대적으로 크기가 작다.
경제성	간단한 회로에서 경제적이다.	회로가 복잡해지면 유접점 제어 보다 경제적이다.

1.2 MELSEC-Q PLC 개요

1.2.1 MELSEC PLC의 종류

PLC는 제조 현장에서 설비 제어의 역할을 담당하는 컨트롤러이다. 일반적으로 제조 현장에서는 PC 또는 PLC를 통해 설비 제어를 실시하지만 PLC제어 방식은 PC제어 방식보다 제어의 안정성이 강하고 시스템의 개발 및 유지보수 측면에서 용이하다는 장점이 있다. 따라서 이러한 PLC제어 방식은 반도체, FPD(Flat Panel Display), 자동차, 2차전지, 식품 및 약품 등 다양한 분야에서 사용되고 있다. PLC의 제조사로는 대표적으로 유럽의 SIEMENS(독일), Rockwell Automation(미국), Mitsubishi, OMRON(일본), LS 일렉트릭(한국) 등이 있다. 그 중에 아시아 권에서는 Mitsubishi PLC중 MELSEC-Q 시리즈가 가장 많이 사용되고 있다. 다음으로는 이러한 Mitsubishi PLC의 종류에 대해서 살펴보도록 하자.

①. **MELSEC-L 시리즈**: CPU에 위치 결정, 고속 카운터, CC-Link 등의 다양한 기능을 하나의 모듈로 구성한 시리즈이다. MELSEC-A 시리즈와 함께 현재는 많이 사용되지는 않는다.

②. **MELSEC F/FX 시리즈**: 일체형 PLC라고도 불리우며 다른 모듈형 MELSEC 시리즈와 다르게 CPU, Power, I/O 모듈을 함께 내장하고 있는 타입으로써 일반적으로 소규모 시스템을 구성하는데 많이 사용되는 컴팩트 타입 PLC이다.

③. **MELSEC Q 시리즈**: 제조 현장에서 가장 많이 사용되고 있는 PLC 모델로써 중대형 규모의 시스템을 구축하는데 적합한 모듈형 PLC이다.

④. **MELSEC IQ-R 시리즈**: 미쓰비시에서 2014년에 출시한 PLC중 가장 최신의 PLC이다. 4차산업 및 스마트팩토리 구축 등 생산 설비의 고도화에 따라 대용량 및 네트워크 처리를 하기 위해 기능이 많이 개선된 시리즈이다. 아직까지는 MELSEC-Q 시리즈보다 시장에서의 점유율은 낮지만 설비의 고도화에 따라 점차 그 사용율이 확대되고 있다.

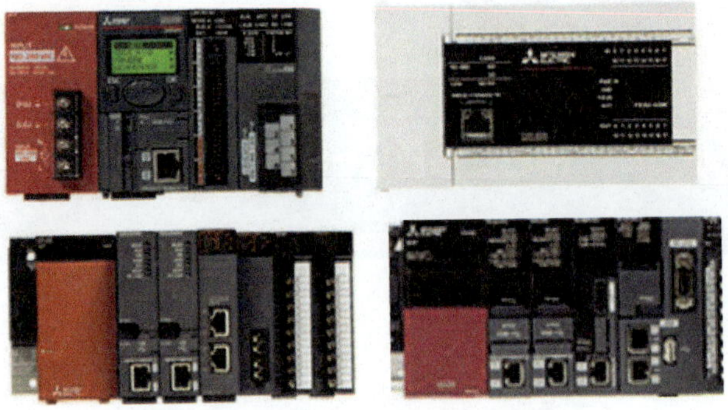

[그림 1-8. MELSEC PLC의 종류]

1.2.2 MELSEC-Q 시리즈의 모델 라인업

아래 [그림 1-9]는 MELSEC-Q 시리즈의 모델 라인업(CPU 형식)을 나타낸다. MELSEC-Q 시리즈는 기존에 베이직(QnJ/Qn) CPU, 하이퍼포먼스(QnH) CPU 등이 있었지만 현재는 유니버셜(QnU) CPU까지 이르렀다. 유니버셜 CPU 모델 라인업은 크게 연산 속도와 프로그램 용량(step)으로 나뉠 수 있다. 이러한 CPU의 연산 속도와 프로그램 용량은 한번 CPU를 선정한 이후에는 프로그램 용량을 늘릴 수 없기 때문에 CPU 선정시 프로그램 용량을 잘 고려해야 한다. 또한 UDEH와 같은 상위 CPU모델의 경우 Ethernet Port를 내장하고 있기 때문에 사용이 편리하다는 장점이 있다. 만약 Ethernet Port를 내장하고 있는 CPU가 아닌경우에는 별도의 Ethernet 모듈을 구매하여 사용해야 한다.

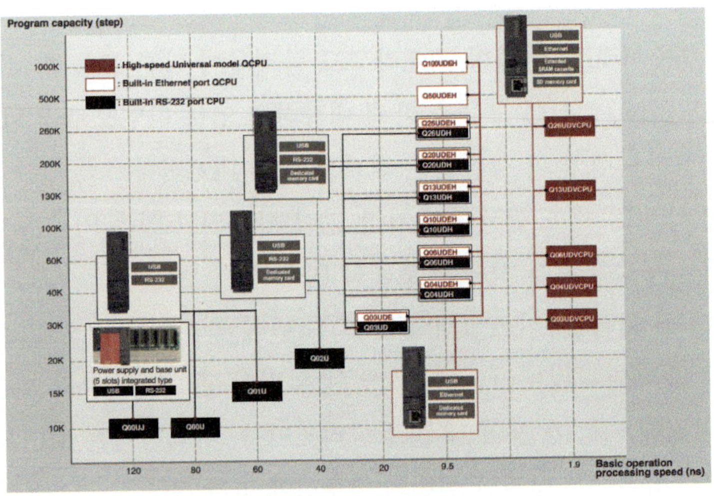

[그림 1-9. MELSEC-Q 시리즈 모델 라인업]

1.2.3 MELSEC PLC의 구성

MELSEC-Q PLC의 기본 구성은 Base 유니트, Power 유니트, CPU 유니트, 입출력 유니트 및 인텔리전트 유니트로 구성된다. 여기서 유니트라는 용어는 같은 용어로 모듈, 카드라고도 불리며 이는 모두 유니트와 같은 용어 임을 나타낸다. 이번에는 MELSEC-Q PLC의 각 유니트의 특징에 대해서 살펴본다.

I. Base 유니트

Base 유니트는 각 모듈을 슬롯에 고정하고 DC 5V의 전원을 Power 모듈에서 슬롯을 경유하여 CPU 모듈, 입력 모듈, 출력 모듈, 인텔리전트 모듈 등에 공급한다. 또한 슬롯을 통해서 입출력 모듈과 CPU 모듈 간에 제어 신호, 즉 데이터를 교환한다. Base 유니트는 입출력 모듈을 장착하는 슬롯수에 따라서 종류를 선택하여야 한다.

[그림 1-10. Base 유니트]

Base 유니트의 형식명은 아래 [표 1-4]의 형식을 따른다. 예를 들어 Q38RB 형식명을 가지는 Base 유니트의 경우 Q 시리즈, 기본 베이스, 슬롯 수 8개, 이중화 시스템용 베이스를 의미한다.

[표 1-4. Base 유니트]

기호(1)	기호(2)	기호(3)	기호(4)	기호(5)
Q: Q 시리즈용	3: 기본 베이스		R: 이중화 시스템용	
A: A 시리즈용	5: 증설용 (전원 모듈 장착 없음)	슬롯 수 (전원, CPU 제외)	S: 슬림 전원모듈용	Base를 의미
A1S : AnS 시리즈용	6: 증설용 (전원 모듈 장착 있음		-	

II. Power 유니트

전원 모듈이라고도 한다. 외부에서 입력된 전원을 Base 유니트를 경유하여 다른 모듈에 공급하는 역할을 한다. 입력(직류, 교류 전압)과 출력 용량(DC5V)에 따라 모듈을 선택한다.

[그림 1-11. Power 유니트]

Power 유니트의 형식명은 아래 [표 1-5]를 따른다. 예를 들어 Q64RP 형식명을 가지는 Power 유니트의 경우는 Q 시리즈용 AC220V 입력, DC5V 출력, 대용량 전원(8.5A), 이중화 전원용 Power 유니트를 의미한다.

[표 1-5. Power 유니트]

기호(1)	기호(2)	기호(3)	기호(4)	기호(5)
Q: Q 시리즈용	6(고정)	1: AC220V 입력 DC5V 출력	R: 이중화 전원	Power를 의미
A: A 시리즈용		2: AC220 입력 DC24V 출력	S: 슬림 전원모듈용	
A1S : AnS 시리즈용		3: DC24V 입력 DC5V 출력	-	
-		4: AC220V 입력 DC5V 출력 대용량 전원 (8.5A)	-	

III. CPU 유니트

시퀀스 프로그램을 연산하여 신호의 입력 및 출력을 처리하는 유니트이다. 제어할 수 있는 입출력 신호의 점수(입출력 점수)나 메모리에 저장할 수 있는 프로그램의 용량, 연산 처리 속도, 취급할 수 있는 명령에 따라 CPU 유니트를 선택해야 한다.

[그림 1-12. CPU 유니트]

CPU 유니트의 형식명은 아래 [표 1-6]을 따른다. 예를 들어 Q06UDEH 형식명을 가지는 CPU 유니트의 경우 60k step의 프로그램 용량, 유니버셜 CPU 및 Ethernet Port를 가지는 CPU를 의미한다. CPU 라인업은 아래 [표 1-6]외에도 많은 모델이 있기 때문에 자세한 라인업은 제조사의 데이터 시트를 참고한다.

[표 1-6. CPU 유니트]

기호(1)	기호(2)	기호(3)
Q: Q 시리즈용	01: 프로그램 용량 (10k step)	U: 유니버셜 CPU P: 프로세스 CPU R: 이중화 전용 CPU J: 전원, 베이스 일체형 CPU H: 고속 타입(High Performance)
A: A 시리즈용	04: 프로그램 용량 (40k step)	
A1S : AnS 시리즈용	06: 프로그램 용량 (60k step)	

이러한 CPU 유니트는 다음의 순서로 처리가 된다. 먼저 초기화 처리에서는 전원 투입시 프로그램을 연산하기 위해 사전 처리가 실시되고, 입출력 모듈의 리프레시에서는 ON/OFF 데이터의 입력과 출력을 실행후 프로그램의 step0부터 END 명령까지 순차적으로 실행된다.

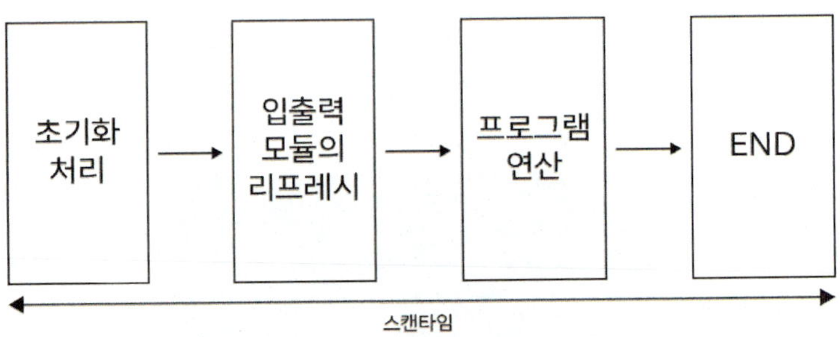

다음은 Q CPU의 하드웨어 외관에 대해서 살펴본다. CPU 종류에 따라 하드웨어 외관은 일부 상이 하지만 아래 [그림 1-14]와 같이 Q06UDV CPU를 기준으로 설명한다.

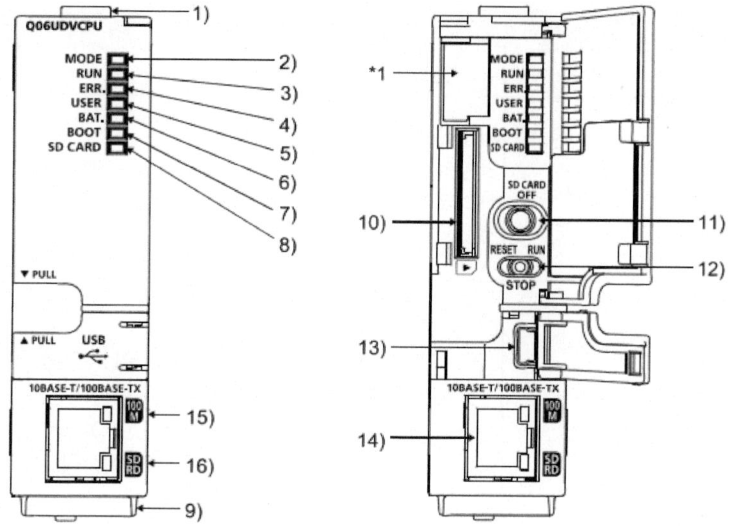

[그림 1-14. Q06UDV CPU의 하드웨어 외관]

[표 1-7. Q CPU의 하드웨어 각 부의 명칭]

번호	명칭	기능
1	모듈 고정용 훅	각 모듈을 베이스 모듈에 고정하는 훅
2	MODE LED	CPU 모듈의 모드를 나타낸다. 일반적으로 점등되어 있으며, 메모리 카드에 의한 CPU 모듈 교환 기능 혹은 외부에서 입출력을 강제로 ON/OFF 실행 시 점멸한다.
3	RUN LED	CPU 모듈의 동작 상태를 나타낸다. 점등: RUN/STOP/RESET 스위치가 RUN으로 운전 중일 때 소등: RUN/STOP/RESET 스위치가 STOP으로 정지 일 때 점멸: RUN/STOP/RESET 스위치가 STOP상태에서 파라메터 혹은 프로그램을 쓰기한 후 STOP→RUN상태로 변경하였을 때
4	ERR LED	점등: 자기 진단 에러를 검출시 소등: 정상 상태 점멸: 운전을 정지하는 에러 검출시
5	USER LED	점등: 에넌시에이터(F)가 ON 되었을 때 소등: 정상 상태
6	BAT LED	CPU 모듈의 배터리 상태를 나타낸다.
7	BOOT LED	부트 운전을 시작할 때 점등한다.
8	SD CARD LED	SD 메모리 카드를 상요할 때 점등 혹은 점멸한다.
9	시리얼 No. 표시판	시리얼 No.를 표시한다.
10	SD 메모리 카드 슬롯	SD 메모리카드를 삽입하는 슬롯이다.
11	SD 메모리 카드 스위치	SD 메모리 카드를 사용할 때 사용하는 스위치이다.
12	딥 스위치	RUN: 시퀀스 프로그램의 연산 실행 STOP: 시퀀스 프로그램의 연산 정지 RESET: 하드웨어 리셋, 연산 이상 시의 리셋 및 연산의 초기화를 실행
13	USB 커넥터	PC↔PLC간 접속을 위한 커넥터 (커넥터 타입은 USB Mini B 타입)
14	Ethernet 커넥터	Ethernet 호환기기와 접속하기 위한 RJ-45 커넥터
15	100M LED	Ethernet 연결이 되어있을 때 점등한다.

CPU 유니트에는 내장 메모리가 존재한다. 내장 메모리란 CPU 모듈에 내장되어 있는 메모리의 총칭이다. 아래 [그림 1-15]는 CPU 모듈의 메모리 구성을 나타낸다.

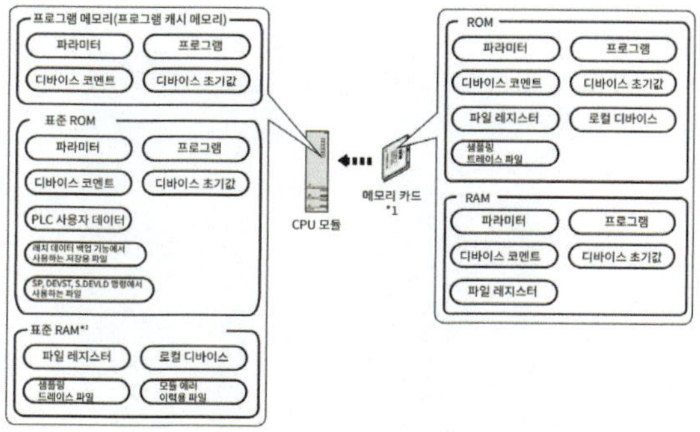

[그림 1-15. Q CPU 모듈의 메모리 구성]

a. **프로그램 메모리**: Q CPU가 연산하기 위한 프로그램, 파라메터를 저장하는 메모리이다. 프로그램의 연산은 프로그램 메모리에서 프로그램 캐시 메모리에 전송하여 실행한다.

b. **프로그램 캐시 메모리**: 프로그램의 연산을 하는 메모리이다. 프로그램의 연산은 프로그램 메모리에 저장되어 있는 프로그램을 프로그램 캐시 메모리에 전송하여 실행한다.

c. **표준 RAM(Standard RAM)**: 메모리 카드를 장착하지 않고 파일 레지스터(ZR), 로컬 디바이스, 샘플링 트레이스 파일을 사용하기 위한 메모리이다. 표준 RAM을 파일 레지스터로 사용하면 데이터 레지스터와 같이 고속으로 접근할 수 있다.

d. **표준 ROM(Standard ROM)**: 파라메터, 프로그램 등의 데이터를 저장하는 메무리이다.

e. **메모리 카드(RAM)**: 파라메터, 프로그램 등과 로컬 디바이스, 고장 이력 데이터 등을 저장한다.

f. **메모리 카드(ROM)**: Flash 카드는 파라메터, 프로그램 등과 파일 레지스터를 저장하며, ATA 카드의 경우 파라메터, 프로그램 등과 PLC 사용자 데이터를 저장한다.

IV. 입력 유니트

외부 기기(스위치, 센서 등)에서 입력된 전기신호를 ON/OFF 데이터로 변환하여 CPU 모듈에 전달하는 역할을 한다. 입력 점수, 입력 신호의 종류(직류, 교류 등), 인터페이스(단자대, 커넥터) 방식에 따라 종류를 선택한다.

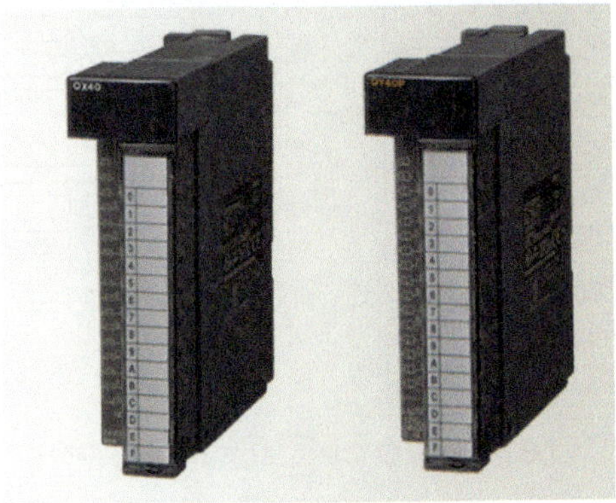

[그림 1-16. 입력 유니트]

입력 유니트의 형식명은 아래 [표 1-8]을 따른다. 예를 들어 QX41 형식명을 가지는 입력 유니트의 경우 DC24V, 24V COM을 입력으로 받고, 입력 점수는 32점을 의미한다.

[표 1-8. 입력 유니트]

기호(1)	기호(2)	기호(3)
X: 입력 모듈	1: AC110V	0: 입력점수: 16점
	2: AC220V	1: 입력점수: 32점
	4: DC24V, 24V COM	2: 입력점수: 64점
	8: DC24V, 0V COM	-

V. 출력 유니트

CPU 모듈에서 신호의 출력 지령을 받아 외부 기기(램프, 솔레노이드 등)에 전기신호를 출력하는 유니트이다. 출력 점수, 출력 신호의 종류(직류, 교류), 인터페이스(단자대, 커넥터)에 따라 유니트의 종류를 선택한다.

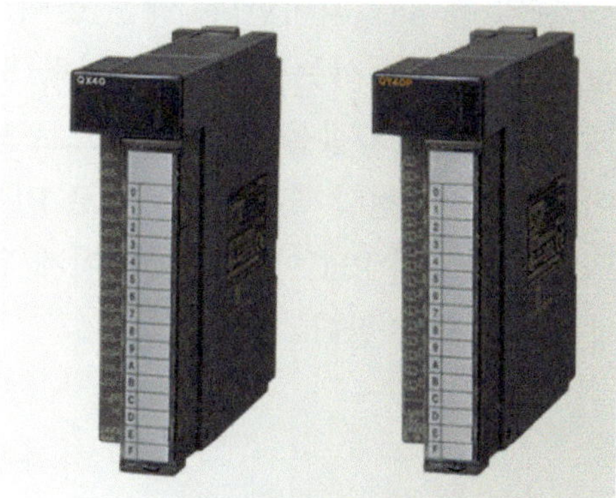

[그림 1-17. 출력 유니트]

출력 유니트의 형식명은 아래 [표 1-9]를 따른다. 예를 들어 QY41P 형식명을 가지는 출력 유니트의 경우 트랜지스터(TR) 출력, 싱크(Sink) 타입, 32점의 출력점수를 가진다. 형식명 마지막에 P는 프로젝터 내장(단락보호기능)을 의미한다.

[표 1-9. 출력 유니트]

기호(1)	기호(2)	기호(3)
Y: 출력 모듈	1: 릴레이	0: 입력점수: 16점
	2: 트라이액	1: 입력점수: 32점
	4: 트랜지스터 출력, 싱크타입	2: 입력점수: 64점
	8: 트랜지스터 출력, 소스타입	-

VI. 인텔리전트 유니트

앞서 살펴 보았던 입력 유니트 및 출력 유니트를 제외한 모듈 중 인텔리전트 모듈의 종류에는 아날로그 입출력(AD/DA) 모듈, 네트워크(통신) 모듈, 고속 카운터 모듈, 위치 결정 모듈 등이 존재한다. 인텔리전트 모듈은 ON/OFF 만으로는 제어할 수 없는 기기에 대해서 전류/전압을 출력하여 제어하거나 네트워크에 접속하여 데이터를 송수신 하는 등 특수한 기능을 가지고 있는 모듈의 총칭을 의미한다. 예를 들어 온도센서의 값을 읽는다고 가정해보자. 온도센서의 값을 읽기 위해서는 아날로그 입력 모듈(AD 모듈)이 많이 사용된다. 아날로그 입력 유니트는 아날로그 값을 디지털 값으로 변환하는 유니트이다. 온도센서로부터의 온도 값은 아날로그 값(전압 혹은 전류)으로 PLC의 아날로그 입력 모듈에 전달되게 되며 디지털 값으로 변환되어 PLC에서 받아들이게 된다. 아날로그 입출력 모듈에 관한 내용은 추후 5장에서 다루도록 한다.

VII. 네트워크 유니트

제조 현장에서는 일반적으로 전체의 시스템을 계층 별로 구분하여 관리한다. Q CPU는 Ethernet, CC-Link, MELSECNET/H 등 네트워크를 통해 각 계층 별로 통신을 실시할 수 있으며, 네트워크 모듈은 이러한 각 산업용 통신을 지원하는 모듈을 의미한다.

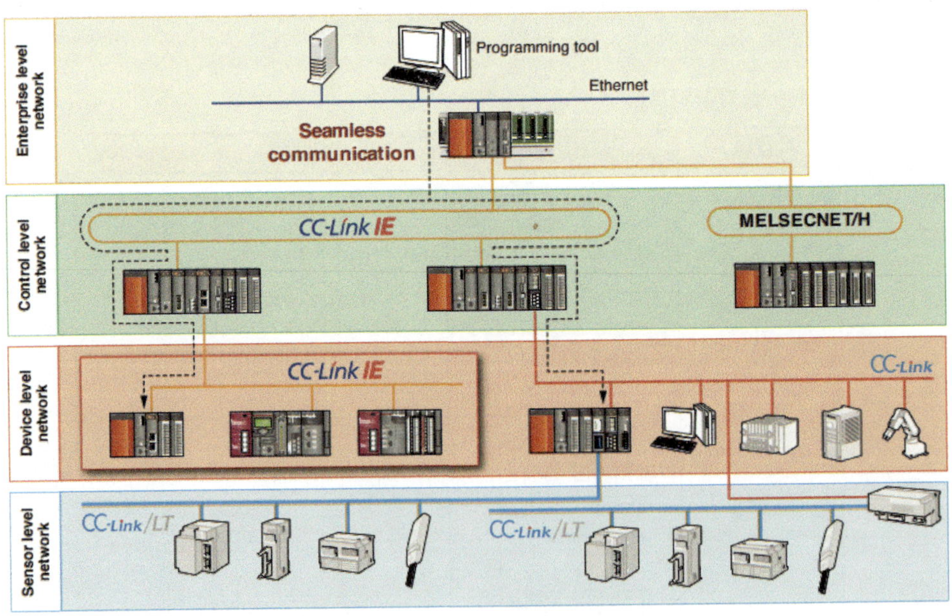

[그림 1-18. MELSEC-Q PLC의 네트워크 구성]

1.3 수의 체계 및 입출력 할당

1.3.1 PLC에서 사용하는 수의 체계

CPU 모듈에서는 데이터를 OFF(0) 및 ON(1)의 상태로 표현한다. 이렇게 0 또는 1로 데이터를 표현하는 진수를 BIN(Binary) 2진수라고 한다. 그리고 이러한 BIN 데이터를 4비트로 묶어서 관리하여 HEX(Hexadecimal) 16진수, BCD(Binary -Coded Decimal) 2진화 16진수, 실수 등으로 사용할 수 있다. 아래 [표 1-10]은 이러한 BIN, HEX, BCD, DEC의 수의 체계를 나타낸다.

[표 1-5. Power 유니트]

DEC (10진수)	HEX (16진수)	BIN (2진수)				BCD (2진화 10진수)			
0	0				0				0
1	1				1				1
2	2				10				10
3	3				11				11
. .	. .				. .				. .
9	9				1001				1001
10	A				1010			1	0000
11	B				1011			1	0001
12	C				1100			1	0010
13	D				1101			1	0011
14	E				1110			1	0100
15	F				1111			1	0101
. .	. .				. .				. .
47	2F			10	1111			100	0111
. .	. .				. .				. .
32767	7FFF	0111	1111	1111	1111	–			

I. BIN(2진수)

CPU 모듈은 기본적으로 BIN으로 연산을 실시한다. CPU 모듈의 각 레지스터(데이터 레지스터, 링크 레지스터 등)는 16비트로 구성되어 있다. DEC(10진수)에서는 0부터 값이 증가하여 9에 도달하면 그 다음에 자릿수를 올려 10이되지만, BIN은 0, 1의 다음에 자릿수를 올려 10이 된다. 아래 [표 1-11]은 BIN과 DEC의 수치 표현을 나타낸다.

[표 1-11. 2진수와 10진수의 수치 표현]

12DEC(10진수)13	BIN(2진수)
0	0000
1	0001
2	0010(자리올림)
3	0011
4	0100(자리올림)
5	0101
6	0110
7	0111
8	1000(자리올림)
9	1001
10	1010
11	1011

CPU 모듈의 레지스터는 -32768 ~ 32767의 16bit 값을 저장할 수 있다. CPU 모듈의 각 레지스터의 수치 표현은 아래 그림과 같이 표현될 수 있다.

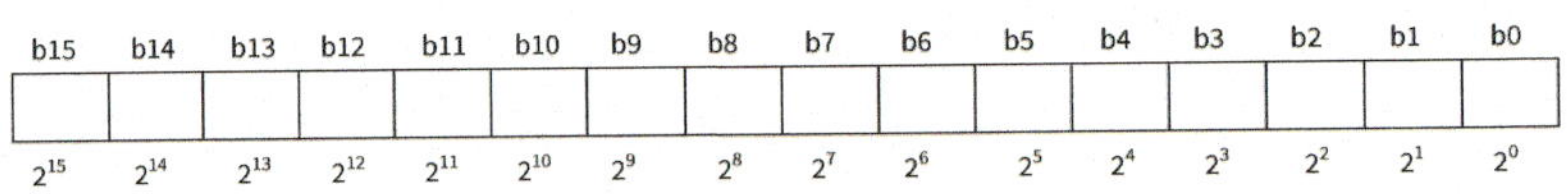

[그림 1-19. CPU 모듈의 각 레지스터의 수치 표현]

II. HEX(16진수)

16진수(HEX)는 2진수(BIN)의 4bit를 1자리로 표현한 값을 의미한다. 여기서 4bit는 Digit 혹은 Nibble이라고 값을 표현하며, 16bit는 Word, 32bit는 Double Word라는 단위로 표현될 수 있다.

즉, BIN값은 4bit로 사용하면 0~15의 값으로 표현할 수 있다. HEX에서는 0~15를 1

자리로 표현하기 위해 9 다음의 10은 A, 11은 B, 마지막으로 15는 F로 표현한다. 15(F) 이후의 값은 자릿수를 올린다. CPU 모듈의 각 레지스터는 16bit로 구성되어 있으며 0~FFFF의 값을 지정할 수 있다. 아래 [표 1-12]는 BIN, HEX, DEC의 수치 표현을 나타낸다.

[표 1-12. 2진수와 10진수, 16진수의 수치 표현]

DEC(10진수)	HEX(16진수)	BIN(2진수)	
0	0		0
1	1		1
2	2		10
3	3		11
. .	. .		. .
9	9		1001
10	A		1010
11	B		1011
. .	. .		
15	F		1111
16	10		0000
47	2F		1111

III. BCD(2진화 10진수 : Binary Coded Decimal)

BCD는 DEC의 1자리를 BIN로 표현한 것이다. HEX와 마찬가지로 4bit로 표현하지만 HEX에서 사용하는 A~F는 사용하지 않는다. BCD를 사용하면 10진수와 같이 볼 수 있기 때문에 직관적으로 이해하기가 쉽다는 장점이 있다. 이는 특히 FND와 같은 디지털 디스플레이 장치와 같이 10진수를 다루는 장치에서 사용에 용이하다는 장점이 있다. 반면에 16bit의 경우 HEX가 0~FFFF까지의 범위를 가지는 반면 BCD는 0~9999까지의 범위를 가지므로 범위가 작고 변환하는 과정에서 메모리 효율이 낮을 수 있기 때문에 사용 목적 및 요구 사항에 따라 BCD를 선택하여 사용하는 것이 중요하다. 아래 [표 1-13]은 BIN, BCD, DEC의 수치 표현을 나타낸다.

[표 1-13. BIN, BCD, DEC의 수치 표현]

DEC(10진수)	BIN(2진수)	BCD(2진화 10진수)	
0	0		0
1	1		1
2	10		10
3	11		11
4	100		100
5	101		101
6	110		110
7	111		111
8	1000		1000
9	1001		1001
10	1010	1	0000
11	1011	1	0001
12	1100	1	0010

1.3.2 입출력 할당(I/O Assignment)

PLC의 입력과 출력 할당은 프로그램에서 외부 장치와의 상호 작용을 정의하는 과정이다. CPU 모듈은 전원 투입 혹은 리셋 시 I/O 할당에 의해 입출력 번호를 할당하게 된다. 본 베이스 모듈에 CPU 모듈이 장착되어 있는 시스템에서 CPU로부터의 우측에 장착된 순서부터 입출력 할당이 된다. 여기서 CPU 모듈에 대한 ON/OFF 데이터의 수신은 입력(X), CPU 모듈에서의 ON/OFF 데이터의 출력(Y)로 실행하며 입출력 번호는 16진수로 표현한다. 이 책에서 사용하는 PLC의 구성은 아래와 같다.

[그림 1-20. 실습용 MELSEC-Q PLC]

입력 모듈 QX40(16점) 2개, 출력 모듈 QY10(16점) 2개를 사용하며, 인텔리전트 모듈은 Q64AD2DA(16점), QD75D1N(32점), QJ61BT11N(32점)을 각 1개씩 사용한다. 입출력 할당은 CPU 장착된 순서대로 할당 되므로 입력 모듈이 00~0F, 10~1F로 각 16점씩 할당된다. 이어서 출력 모듈이 20~2F, 30~3F로 각 16점씩 할당된다. Q64AD2DA(아날로그 입출력 모듈) 또한 16점을 사용하므로 40~4F가 할당된다. QD75D1N(위치 결정 모듈)은 32점을 사용하므로 50~6F 입출력이 할당되고 마찬가지로 QJ61BT11N(CC-Link 모듈) 또한 32점을 사용하므로 70~7F 입출력이 할당된다. 따라서 PLC에 할당된 입출력 주소 번지는 아래 [그림 1-21]과 같이 확인할 수 있다. 여기서 슬롯 번호(Slot number)는 1부터 시작하는 것이 아니라 0부터 시작한다는 것을 기억하도록 한다.

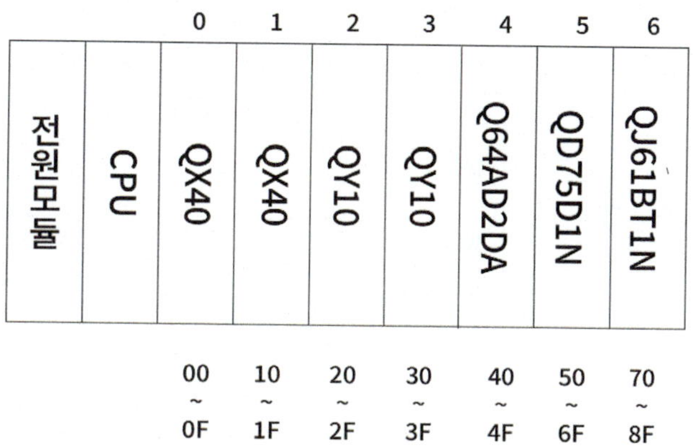

[그림 1-20. 실습용 MELSEC-Q PLC]

1.3.3 MELSEC-Q 디바이스 일람

CPU 모듈에서 사용할 수 있는 디바이스에 대해서 살펴본다. 먼저 X 디바이스는 디지털 입력을 나타내는 디바이스로 스위치, 센서 등의 신호를 받아들인다. PLC에서는 X1,X1,X2 등의 주소로 표시된다. Y 디바이스는 출력 상태를 나타내는 디바이스로 램프 등의 신호를 출력하며 Y20,Y21,Y22 등의 주소로 표시된다. M 디바이스는 내부 릴레이로 외부로의 입출력을 행하지 않고 PLC 내부에서만 사용되는 릴레이 영역이다. 그 외에도 T 디바이스는 일정한 시간을 계산하고 프로그램의 지연이나 주기적인 동작을 제어하는데 사용되는 디바이스이며, C 디바이스는 특정 이벤트가 발생한 횟수를 계산하고 프로그램의 특정 조건에 도달했을 때 동작을 제어하는데 사용된다. D 디바이스는 데이터를 저장하고 처리하는데 사용되며 프로그램에서 임시적으로 값을 보관하는데 활용된다. 이러한 디바이스들은 PLC 프로그래밍 시에 주로 사용되며 이러한 디바이스를 조합하여 제어 프로그램을 작성한다. CPU 모듈에서 사용할 수 있는 디바이스와 사용 범위는 아래 [표 1-14]와 같다.

[표 1-7. Q CPU의 하드웨어 각 부의 명칭]

<table>
<tr><th rowspan="2">분류</th><th rowspan="2">종류</th><th rowspan="2">디바이스명</th><th colspan="2">초기값</th></tr>
<tr><th>점수</th><th>사용 범위</th></tr>
<tr><td rowspan="15">내부 사용자
디바이스</td><td rowspan="9">비트 디바이스</td><td>입력</td><td>8192점</td><td>X0~1FFF(16진)</td></tr>
<tr><td>출력</td><td>8192점</td><td>Y0~1FFF(16진)</td></tr>
<tr><td>내부 릴레이</td><td>8192점</td><td>M0~8191(10진)</td></tr>
<tr><td>래치 릴레이</td><td>8192점</td><td>L0~8191(10진)</td></tr>
<tr><td>어넌시에이터</td><td>2048점</td><td>F0~2047(10진)</td></tr>
<tr><td>에지 릴레이</td><td>2048점</td><td>V0~2047(10진)</td></tr>
<tr><td>스텝 릴레이</td><td>2048점</td><td>S0~511/블록(10진)</td></tr>
<tr><td>링크 릴레이</td><td>8192점</td><td>B0~1FFF(16진)</td></tr>
<tr><td>링크 특수 릴레이</td><td>2048점</td><td>SB0~7FF(16진)</td></tr>
<tr><td rowspan="6">워드 디바이스</td><td>타이머</td><td>2048점</td><td>T0~2047(10진)</td></tr>
<tr><td>적산 타이머</td><td>0점</td><td>ST0~2047(10진)</td></tr>
<tr><td>카운터</td><td>1024점</td><td>C0~1023(10진)</td></tr>
<tr><td>데이터 레지스터</td><td>12288점</td><td>D0~12287(10진)</td></tr>
<tr><td>링크 레지스터</td><td>8192점</td><td>W0~1FFF(16진)</td></tr>
<tr><td>링크 특수 레지스터</td><td>2048점</td><td>SW0~7FF(16진)</td></tr>
<tr><td>모듈 액세스
디바이스</td><td>워드
디바이스</td><td>인텔리전트
기능 모듈
디바이스</td><td>65536점</td><td>Un\G0 ~ 654535(10진)</td></tr>
<tr><td>인덱스
레지스터</td><td>워드
디바이스</td><td>인덱스 레지스터</td><td>20점</td><td>Z0~19(10진)</td></tr>
</table>

II MELSEC-Q PLC 시작하기

이 장에서는 GX-Works2의 기능 및 특징 등 소프트웨어 환경에 대해서 살펴보고 래더 프로그램의 작성 및 모니터링 방법 등에 대해서 살펴본다.

2.1 GX-Works2의 기능 및 특징

2.1.1 GX-Works2의 주요 기능

MELSEC-Q PLC에서 프로그램의 작성 및 편집은 PLC 소프트웨어인 GX Works2를 사용하여 작성할 수 있다. PLC의 설정, 프로그래밍, 디버그, 유지보수 까지 많은 기능을 가진 소프트웨어로 필요한 조작부터 차례로 학습하도록 한다.

I. 프로그램 작성

기존의 GX-Developer 혹은 GX-Works2에서 심플 프로젝트 및 구조화 프로젝트를 생성하여 PLC 프로그램을 작성할 수 있다.

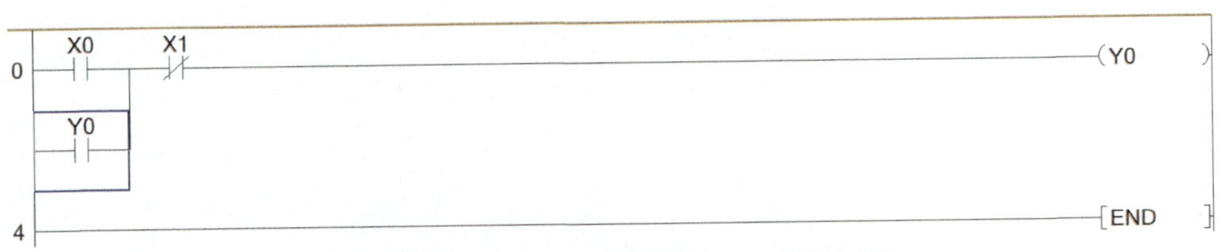

[그림 2-1. GX Works2에서의 프로그램 작성]

II. 파라메터 작성

PLC에서 파라메터란 일반적으로 해당 PLC의 동작 및 구성을 하는데 사용되는 설정값들을 의미한다. 이러한 파라메터는 PLC의 하드웨어 및 소프트웨어 구성과 관련이 있으며 사용자의 요구사항에 맞게 조정할 수 있다. 이러한 파라메터에서는 PLC가 다른 장치 또는 시스템과 통신하기 위한 통신 설정이 있다. 예를 들면 통신 프로토콜, 통신 속도, 주소 설정 등이 해당된다. 또한 입출력 모듈 설정, 스캔 주기, 타이머 값과 같은 제어 및 타이밍 설정, 알람 및 이벤트 설정, 보안 및 액세스 등의 권한을 설정할 수 있다.

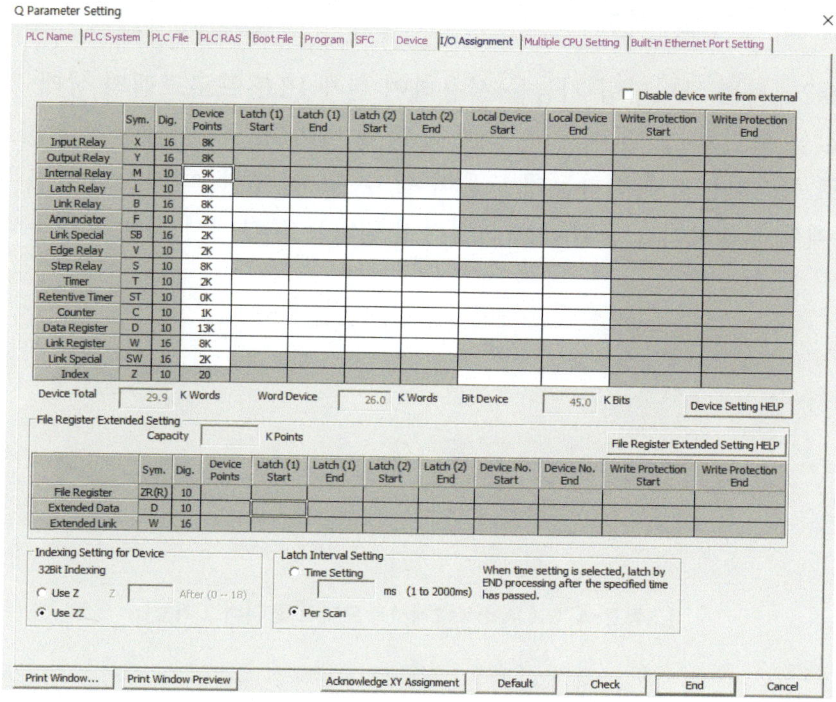

[그림 2-2. GX Works2에서의 파라메터 설정]

III. PLC CPU 읽기/쓰기 기능

PLC의 읽기 및 쓰기 기능이란 업로드(Upload) 및 다운로드(Download) 기능과도 같다. PLC에 작성된 프로그램은 GX-Works2에서 업로드, 즉 읽기 기능을 실행하여 PLC에 저장된 프로그램을 PC로 가져올 수 있다. 이를 통해 현재 PLC에 적용된 프로그램을 백업하거나 수정할 수 있다. 또한 다운로드, 즉 쓰기 기능을 실행하여 GX-Works2에서 작성한 프로그램을 다운로드 기능을 실행하여 컴파일된 프로그램을 PLC에 전송한다. 이때 PLC의 메모리에는 프로그램이 저장되고 다운로드가 완료되면 PLC를 재부팅하거나 재시작하여 새로운 프로그램을 실행한다.

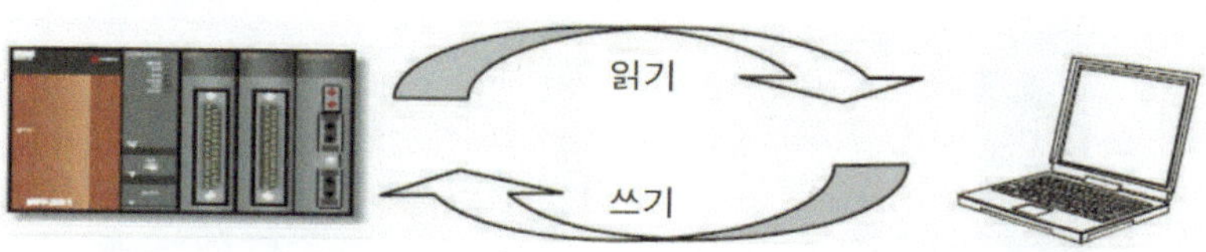

[그림 2-2. GX Works2에서의 파라메터 설정]

IV. 모니터 및 디버그 기능

GX-Works2에서는 모니터링 기능을 사용하여 현재 PLC 프로그램의 상태 및 각 디바이스의 현재값을 확인할 수 있다. 이는 디버깅 중에 디바이스의 상태를 확인하고 프로그램이 예상대로 동작하는지 확인하는데 도움이 될 수 있다. 또한, 디버깅 모드를 통해 프로그램을 한 단계씩 실행하거나 중단점을 설정하여 원하는 부분에서 실행을 멈출 수 있다.

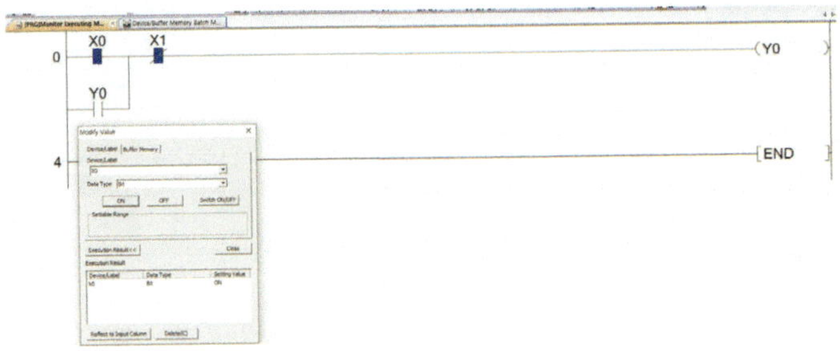

[그림 2-4. GX Works2에서의 모니터 및 디버그 기능]

V. 진단 기능

진단(Diagnostics) 기능이란 PLC의 상태를 모니터링하고 문제를 식별하는데 사용된다. 예를 들어 PLC의 전원 상태, 통신 상태, CPU 및 메모리 사용량 등을 확인하거나, 연결된 입력/출력 모듈, 인텔리전트 모듈 등에서 발생한 문제를 확인하고 모듈이 올바르게 작동하는지 여부, PLC 프로그램 실행 중의 프로그램 오류 등을 확인할 수 있다.

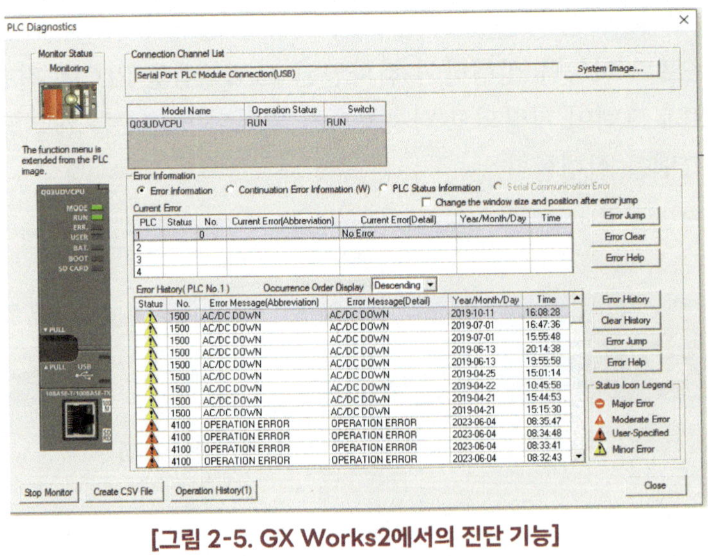

[그림 2-5. GX Works2에서의 진단 기능]

2.1.2 GX-Works2의 특징

미쓰비시 PLC에서의 심플 프로젝트(Simple Project)와 구조화 프로젝트(Structured Project)는 PLC 프로그램의 설계 및 구성 방식을 나타낸다. 각각의 프로젝트 유형은 다른 프로그래밍 방법 및 구조를 사용하여 PLC를 제어하고 관리할 수 있다.

I. 심플 프로젝트

심플 프로젝트는 Ladder logic 또는 간단한 프로그래밍 언어를 사용하는 방식이다. 단순한 프로그램 구조를 가지고 있으며, 일반적으로 GX-Works2에서 사용하는 프로젝트 방식이다.

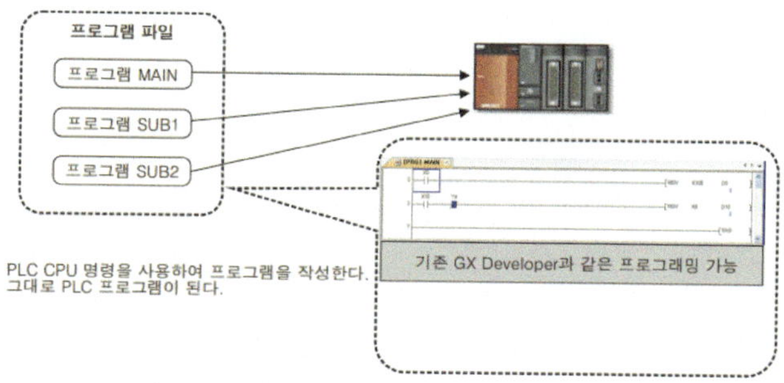

[그림 2-6. GX Works2의 심플 프로젝트 예]

II. 구조화 프로젝트

구조화 프로젝트의 프로그램은 기능별로 모듈화 된다. 각 모듈은 특정 작업 또는 함수를 수행하며 재사용 하도록 설계된다. GX-Works2에서는 심플 프로젝트에 비해 많이 사용되시는 않으나, GX-Works3부터는 그 사용 빈도가 증가하고 있다.

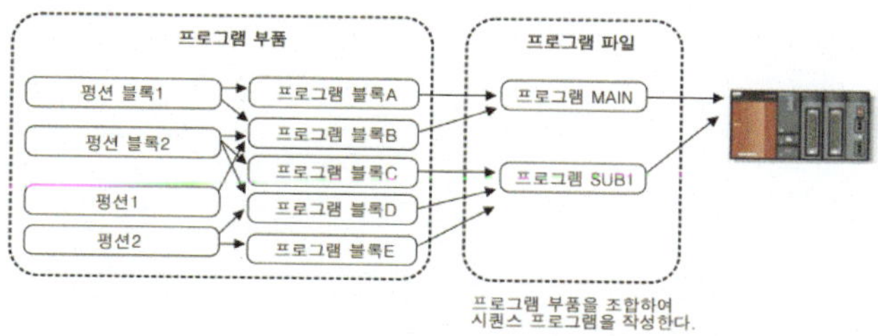

[그림 2-7. GX Works2의 구조화 프로젝트 예]

III. 다양한 프로그램 언어 지원

GX-Works2에서는 전통적인 PLC 프로그램인 래더 프로그램(LD) 방식, 단계별 프로그래밍과 상태 전이를 시각적으로 나타내는 SFC 방식, 펑션 및 펑션블록을 사용하여 논리를 다이어그램 형태로 나타내는 구조화 래더 방식, 고급 프로그래밍 언어로 C언어와 유사한 구문을 사용하는 ST(Structured Text) 방식 등의 프로그램 언어를 지원한다.

2.2 GX-Works2 시작하기

2.2.1 프로젝트 생성

실습을 위해 설치된 GX-Works2를 기동시켜 프로젝트를 생성시켜 보자. 실행 중인 GX-Works2에서 좌측 상단에 위치한 [Project]-[New]를 클릭하면 신규 프로젝트를 생성할 수 있다. 프로젝트 생성시에는 PLC의 시리즈 및 타입, 프로젝트 타입(심플 프로젝트/구조화 프로젝트) 및 언어 방식을 선택해야 한다. 이 책에서 사용하는 PLC CPU의 타입은 Q03UDV CPU를 사용하므로 아래와 같이 설정하도록 한다.

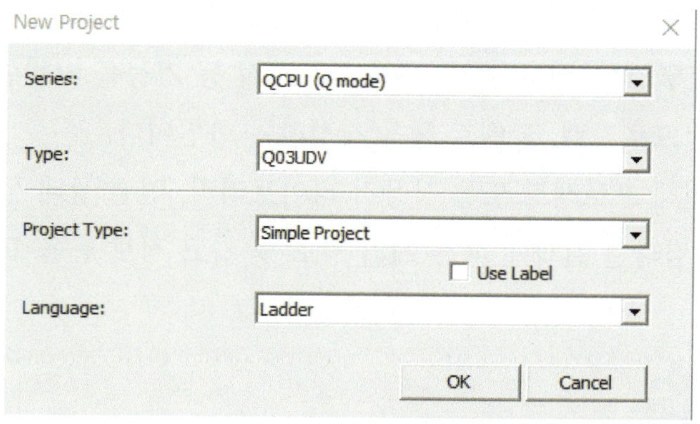

[그림 2-8. 신규 프로젝트 생성]

2.2.2 GX-Works2의 화면 구성

신규 프로젝트를 생성한 후에 아래 [그림 2-9]와 같은 화면 구성을 확인한다.

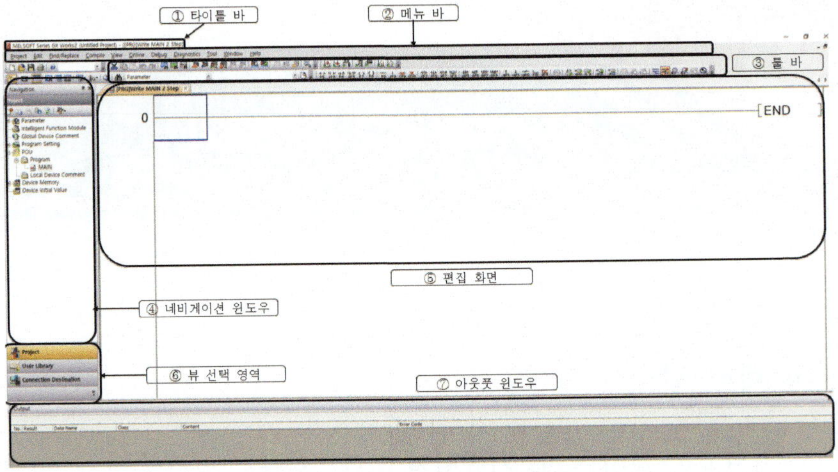

[그림 2-9. GX Works2의 화면 구성]

①. **타이틀 바**: 현재 열려 있는 프로젝트명의 표시와 윈도우의 조작 아이콘 등이 표시된다.

②. **메뉴 바**: 각 메뉴를 선택하면 드롭 다운 메뉴가 표시된다.

③. **툴 바**: 사용 빈도가 높은 기능이 아이콘 버튼으로 배치되어 있다. 메뉴 바를 선택하는 것과 동일하게 목적으로 하는 기능을 직접 실행시킬 수 있다.

④. **네비게이션 윈도우**: 파라메터 설정, 프로그램 작성 등 기능을 지원한다.

⑤. **편집 화면**: 래더 프로그램, 코멘트 등을 작성하는 화면이다.

⑥. **뷰 영역 선택**: 현재 프로젝트 또는 사용자 라이브러리, 연결 상태 등을 선택할 수 있다.

⑦. **아웃풋 윈도우**: 컴파일 결과에 따른 에러 정보 및 경고 정보 등을 표시하는 창이다.

2.2.3 PLC 연결

다음은 PLC와 PC간의 접속을 하기 위한 방법에 대해서 설명하도록 한다. Q03 UDV CPU는 PC와의 인터페이스를 위해 USB, Ethernet을 지원하고 있으므로 2가지 방식에 대해서 설명하도록 한다.

I. USB 연결 방식

①. CPU의 USB 포트를 PC의 USB 포트와 서로 연결한다.

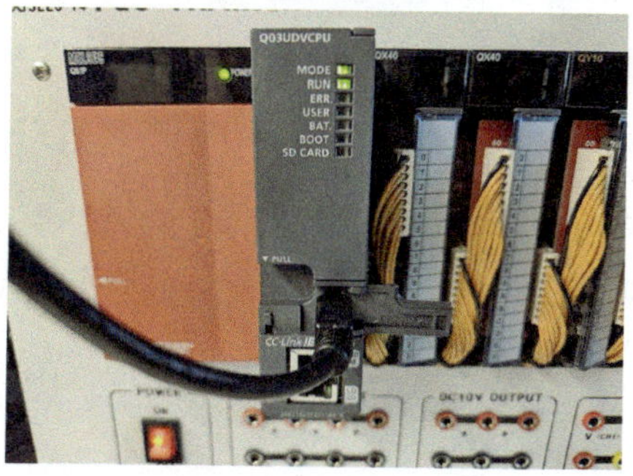

②. GX-Works2의 좌측 네비게이션 윈도우 아래에 [Connection Destination]을 클릭하고 [Connection1]을 더블 클릭한다.

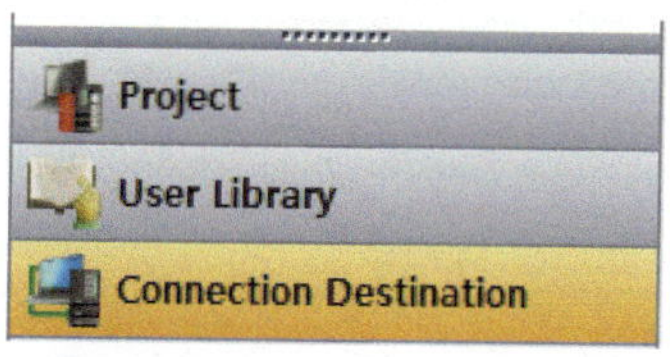

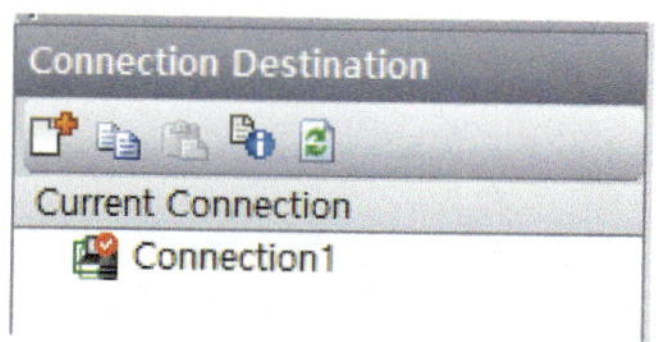

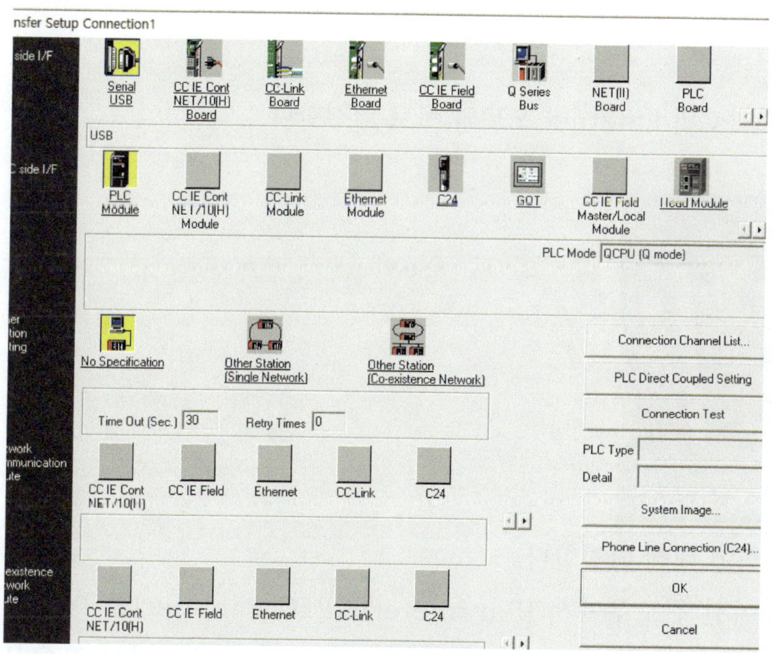

③. [Transfer Setup Connection1] 화면이 표시되며 PC 측과 PLC측의 I/F(인터페이스) 방법을 선택할 수 있다.

i. 먼저, PC측은 USB를 사용하여 연결하므로 [Serial USB]를 선택한다.

ii. 둘째로, PLC측은 CPU의 Ethernet 포트를 사용하므로 [PLC Module]을 선택한다. 여기서 [Ethernet Module]을 선택하는 하는 것이 아니라는 점에 주목한다. [Ethernet Module]은 CPU 외에 별도의 Ethernet 모듈을 사용할 때 체크한다.

iii. 마지막으로, Other Station Setting은 현재 PC에서 PLC 1대만 연결하므로 [No Specification]을 선택한다. 모두 설정이 완료 되었으면 우측에 [Connection Test]를 클릭한다.

④. 설정이 정상적으로 이뤄져 있다면 아래와 같이 정상적으로 연결되었다는 메시지를 확인할 수 있다.

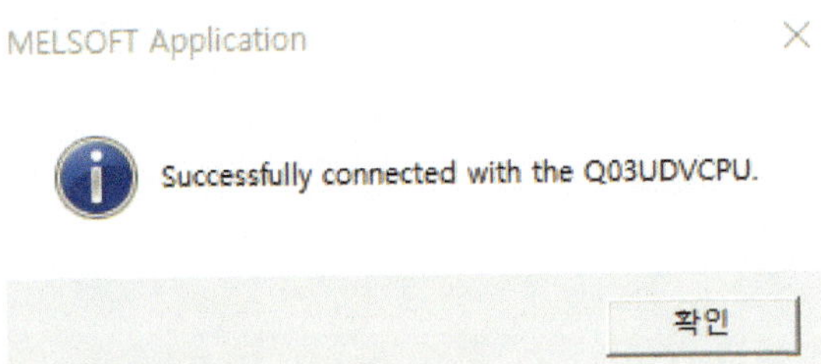

II. Ethernet 연결 방식

①. CPU의 Ethernet 포트를 PC의 Ethernet 포트와 서로 연결한다.

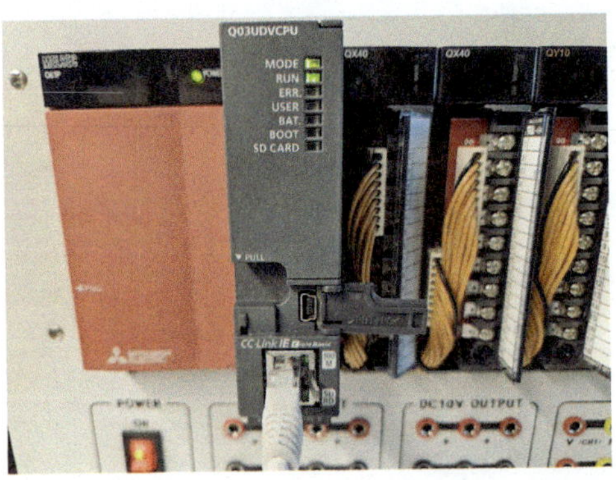

②. 먼저 PLC의 IP 설정 방법에 대해 확인한다.

- GX Works2 네비게이션 윈도우에서 [Parameter]-[PLC Pameter]를 더블 클릭하고 [Q Parameter Setting]-[Built-in Ethernet Port Setting]에서 PLC IP

Address를 확인한다.

- 기본 IP Address는 공장 출하시 기본값으로 [192.168.3.39]임을 확인할 수 있다.

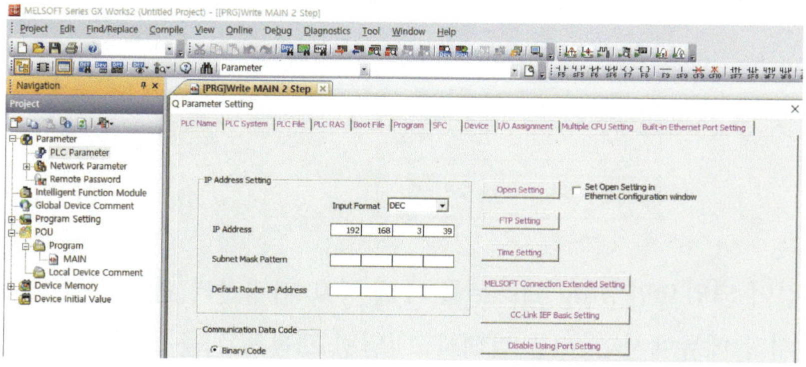

③. 다음은 PC의 IP Address 설정 방법에 대해 확인한다.

- [제어판]-[네트워크 및 인터넷]-[네트워크 및 공유 센터]에서 현재 연결되어 있는 이더넷 정보를 확인한다.

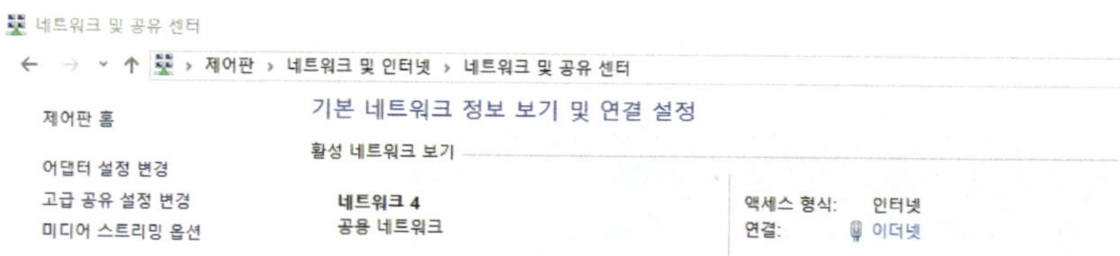

④. [속성]을 클릭하고 이더넷 속성에서 [인터넷 프로토콜 버전4(TCP/IPv4)]를 마우스 더블클릭한다.

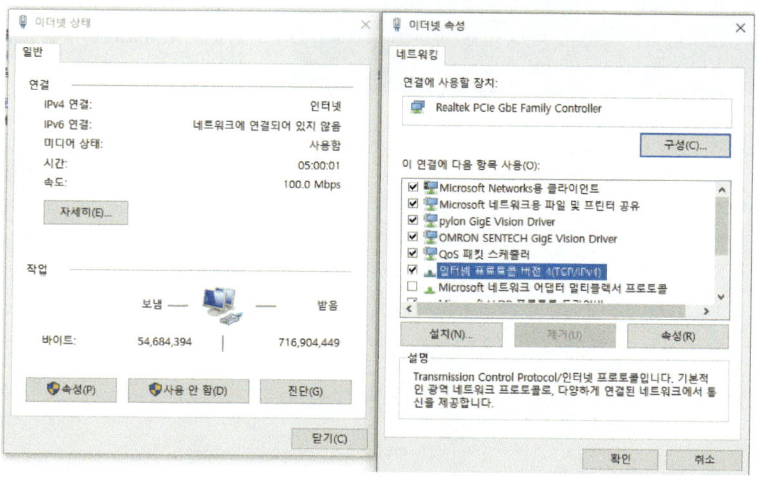

⑤. PC의 IP Address를 [192.168.3.10]으로 설정하고, 서브넷 마스크를 [255.255.255.0]으로 작성하고 확인을 클릭한다.

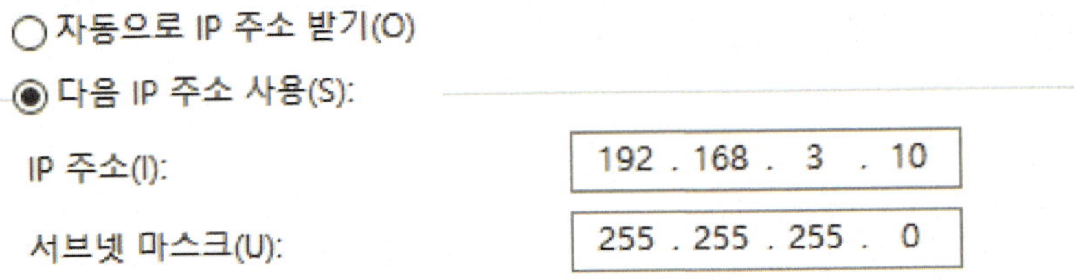

⑥. PC 및 PLC의 IP 설정이 되었으면 ping 테스트를 통해 상호 기기간의 연결이 잘 되어 있는지를 확인한다. 시작 메뉴에서 cmd를 검색하고 [명령 프롬포트]를 클릭한다.

⑦. 명령어를 [ipconfig]로 검색하여 PC의 IP주소가 [192.168.3.10]으로 설정되었는지 확인할 수 있다.

⑧. PLC와의 Ethernet 연결 상태 확인을 위해 [ping 192.168.3.39]로 검색하여 상대기기인 PLC로부터 응답 결과를 확인한다.

```
C:₩Users₩user>PING 192.168.3.39

Ping 192.168.3.39 32바이트 데이터 사용:
192.168.3.39의 응답: 바이트=32 시간=1ms TTL=64
192.168.3.39의 응답: 바이트=32 시간=1ms TTL=64
192.168.3.39의 응답: 바이트=32 시간<1ms TTL=64
192.168.3.39의 응답: 바이트=32 시간<1ms TTL=64

192.168.3.39에 대한 Ping 통계:
    패킷: 보냄 = 4, 받음 = 4, 손실 = 0 (0% 손실),
왕복 시간(밀리초):
    최소 = 0ms, 최대 = 1ms, 평균 = 0ms
```

⑨. 만약 정상적으로 IP 설정이 이뤄지지 않았거나 Ethernet 케이블이 비정상상태라면 응답 회신이 이뤄지지 않는다.

```
C:₩Users₩user>ping 192.168.3.39

Ping 192.168.3.39 32바이트 데이터 사용:
요청 시간이 만료되었습니다.
요청 시간이 만료되었습니다.
요청 시간이 만료되었습니다.
요청 시간이 만료되었습니다.

192.168.3.39에 대한 Ping 통계:
    패킷: 보냄 = 4, 받음 = 0, 손실 = 4 (100% 손실),
```

⑩. 다음으로 PLC측 인터페이스는 USB와 마찬가지로 Ethernet은 CPU에 Bulit-in되어 있으므로 [PLC Module]을 선택한다. 하지만 Ethernet 방식은 USB와 달리 접속하고자 하는 상대 기기의 IP 주소를 할당 해줘야한다. [PLC Module]을 더블 클릭한다.

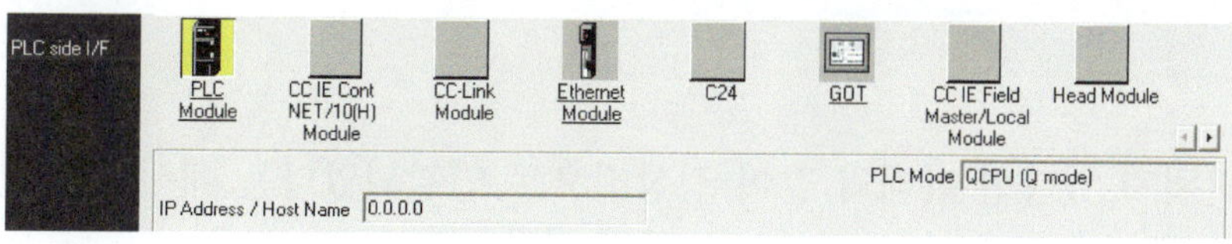

⑪. 이어서 접속하고자 하는 PLC의 IP Address를 입력한다.

i. 상대 기기와의 접속 방식 및 IP 주소를 할당하기 위해 [Connection via HUB]를 선택하고, IP Address를 [192.168.3.39]로 작성한다. 해당 IP Address는 PLC의 IP Address이며 공장 출하시의 IP Address이다. 만약 PLC가 다른 IP Address를 사용하고 있다면 해당 IP Address를 기입해야 한다.

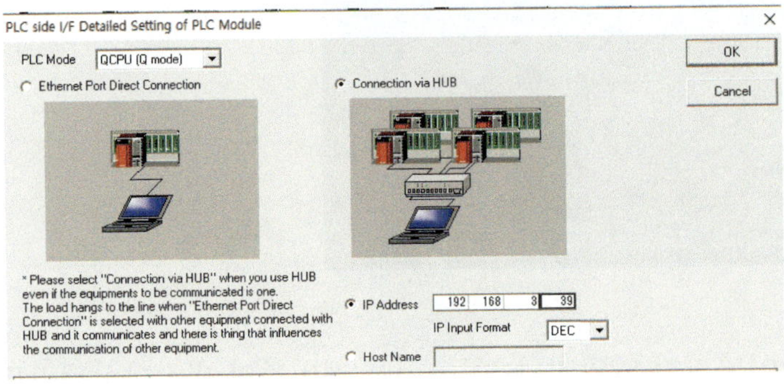

⑫. 설정이 완료된 [Transfer Setup Connection1] 화면을 확인하고 [Connection Test]를 클릭한다.

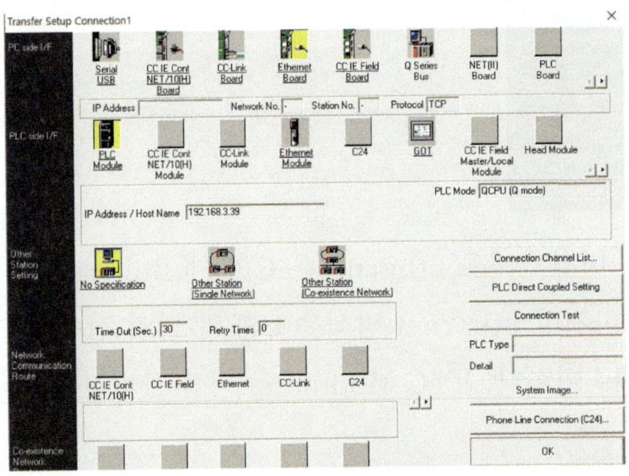

⑬. 설정이 정상적으로 이뤄져 있다면 아래와 같이 정상적으로 연결되었다는 메시지를 확인할 수 있다.

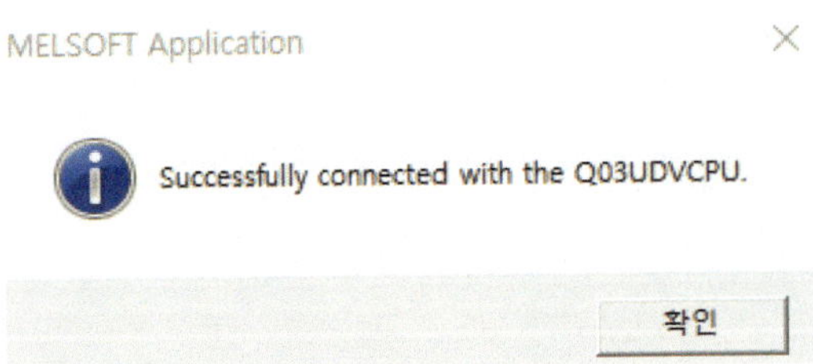

참고

Ethernet 통신을 위해서는 IP 주소의 구성을 알 필요가 있다. PLC와의 통신을 위한 TCP/IPv4에서는 32bit가 네트워크 부와 호스트 부로 나뉘게 된다. 네트워크 부는 네트워크 식별 번호이며, 호스트 부는 엔드 노드 식별 번호를 말한다. 기본적으로 IP 주소는 8bit를 10진수로 나타낸 닷(dot) 기법으로 나타낸다. 예를 들어 192.168.3.39의 형태로 나타낼 수 있다. 네트워크 부와 호스트 부의 길이는 이용하는 형태에 따라 3종류로 나뉠 수 있다.

①. **클래스 A**: 네트워크 부가 8bit, 호스트 부가 24bit인 경우로 대규모 시스템의 경우 사용

네트워크부 8bit	호스트부 24bit

②. **클래스 B**: 네트워크 부가 16bit, 호스트 부가 16bit인 경우로 중간규모 시스템에 사용

네트워크부 16bit	호스트부 16bit

③. **클래스 C**: 네트워크 부가 24bit, 호스트부는 8bit인 경우로 소규모 시스템에 사용

네트워크부 24bit	호스트부 8bit

이러한 클래스 A, B, C의 IP 주소는 아래의 예와 같이 사용될 수 있다.

클래스 A 의 프라이빗 IP 주소 :	10.0.0.0~10.255.255.255
클래스 B 의 프라이빗 IP 주소 :	172.16.0.0~172.31.255.255
클래스 C 의 프라이빗 IP 주소 :	192.168.0.0~192.168.255.255

2.2.4 PLC 포맷과 클리어

사용자의 PLC 사용 환경에 따라 신규 프로젝트를 생성 하더라도 PLC 내에 기존의 메모리가 존재하는 경우가 있다. 따라서 신규 프로젝트를 생성한 이후에는 PLC의 메모리를 포맷하는 작업이 필요할 수 있다. 이번에는 PLC 메모리 포맷에 대해서 살펴보도록 하자.

①. 메모리 포맷을 위해서는 PLC의 운전상태가 중지(STOP) 상태여야 한다. 딥 스위치를 통해 [RUN]→[STOP] 상태로 변경한다.

②. Q CPU의 프로그램 메모리를 포맷하기 위해 [Online]-[PLC Memory Operation]-[Format PLC Memory]를 클릭한다.

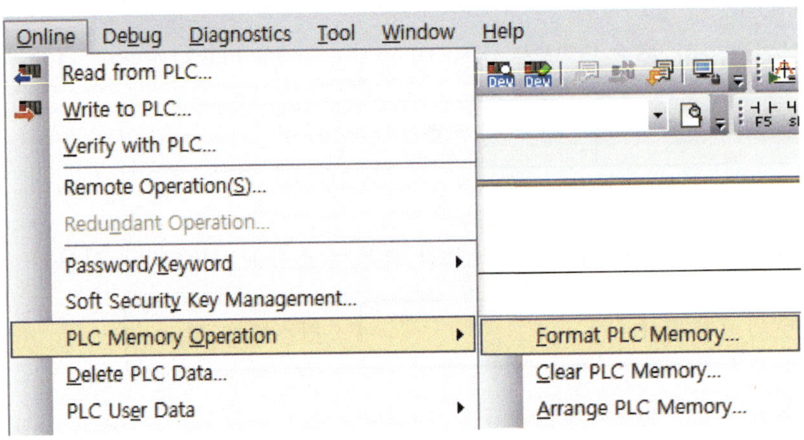

③. [Target Memory]를 Program Mermory로 설정하고 Execute 버튼을 클릭한다.

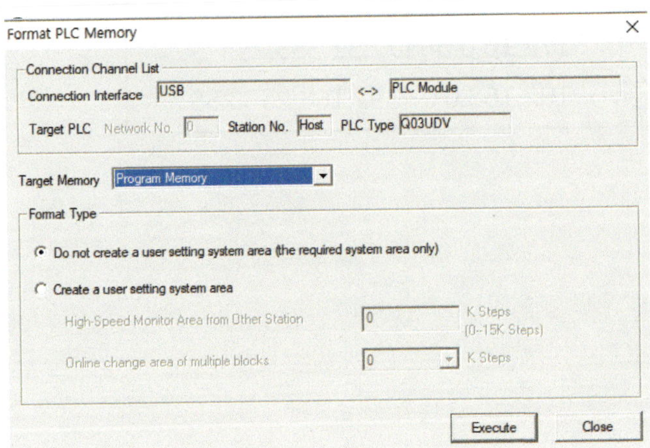

다음은 PLC 메모리 클리어에 순서에 대해서 살펴보자.

①. 메모리 클리어를 위해서는 PLC의 운전상태가 중지(STOP) 상태여야 한다. 딥 스위치를 통해 [RUN]→[STOP] 상태로 변경한다.

②. Q CPU의 프로그램 메모리 클리어를 하기 위해 [Online]-[PLC Memory Operation]-[Clear PLC Memory]를 클릭한다.

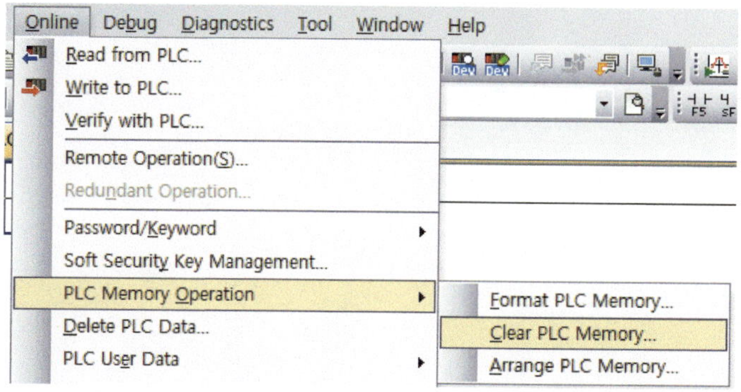

③. [Clear Device's whole Memory]를 선택하고 Execute 버튼을 클릭하여 메모리 클리어를 진행한다.

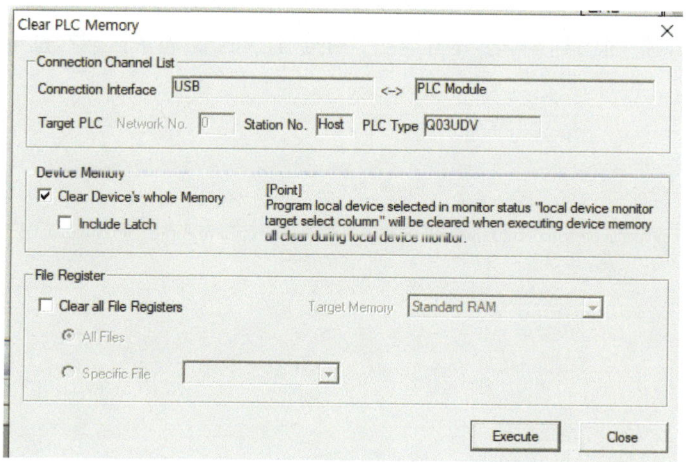

2.2.5 PLC 시계 데이터

PLC에서 사용되는 시계 데이터는 PLC에 내장된 배터리에 의해서 저장된다. PLC의 시계 데이터는 생산 이력관리, 생산 정보 모니터링 등 다양한 용도로 활용된다. 이러한 시계 데이터는 년, 월, 일, 시, 분, 초, 요일 등을 설정할 수 있다. 시계 데이터 설정 방법에 대해서 살펴보자.

①. [Online]-[Set Clock]을 선택한다.

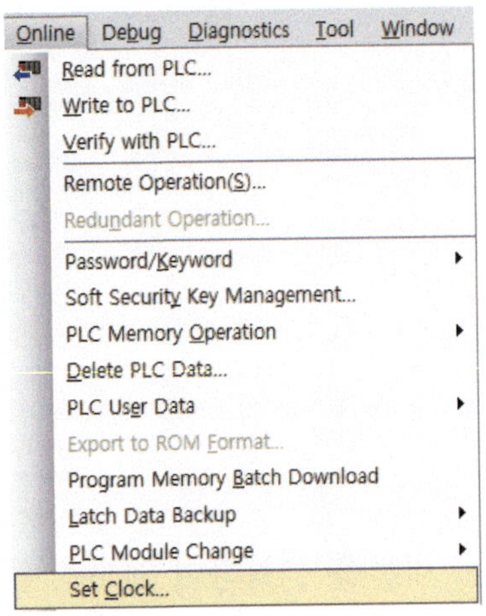

②. 시계 데이터는 현재 PC의 시계 데이터와 일치하지 않는 경우 [Get Time From PC] 버튼을 클릭하여 현재 PC의 시계 데이터와 동기시킨다. 다음 [Execute] 버튼을 클릭하여 저장하도록 한다.

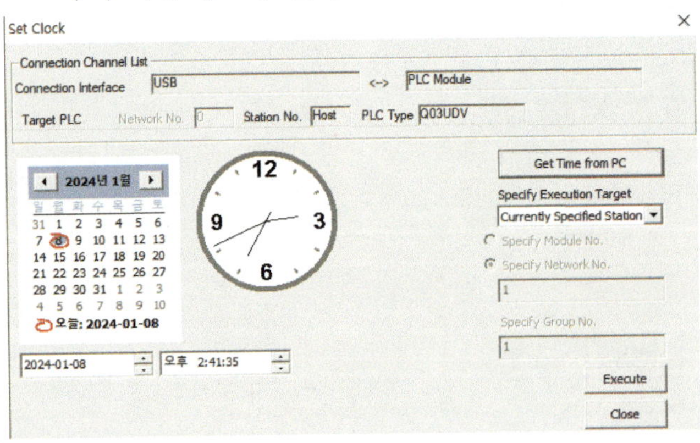

2.3 파라메터 설정과 다운로드 및 업로드

2.3.1 파라메터 설정

신규 프로젝트의 생성 및 PC와의 연결 이후는 파라메터 설정이 필요하다. 신규 프로젝트는 빈 프로젝트나 마찬가지이므로 사용자가 사용하는 PLC 모듈에 대한 정보를 PLC에 다운로드(쓰기)할 필요가 있다. 먼저 파라메터 중 I/O Assignment를 통해 사용중인 PLC가 어떤 입력이 어떤 모듈에 연결이 되었고, 어떤 출력이 어떤 모듈에 할당되었는지 알 수 있다. 이는 PLC의 프로그램이 올바른 입력 및 출력을 사용하여 외부 장치와 통신하는데 중요한 역할을 한다. 그럼 파라메터 설정 순서에 대해 살펴보자.

①. 네비게이션 윈도우에서 [Parameter]-[PLC Parmeter]를 더블 클릭한다.

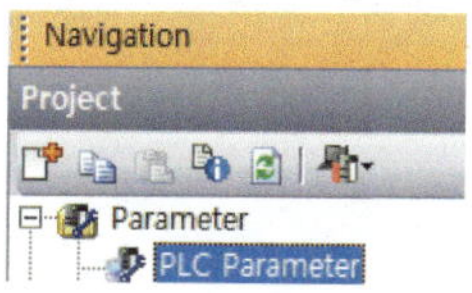

②. [Q Parameter Setting]-[I/O Assignment]를 클릭한다. 우측 하단의 [Read PLC Data]를 클릭한다.

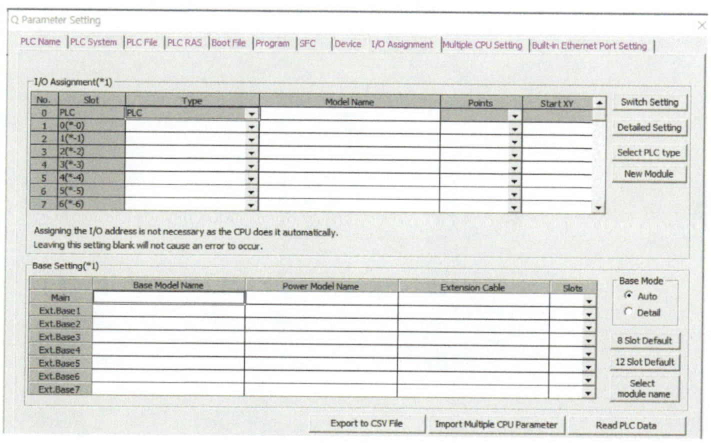

③. 현재 PLC에 연결 되어있는 모듈에 대한 정보가 불러온 것을 확인할 수 있다.

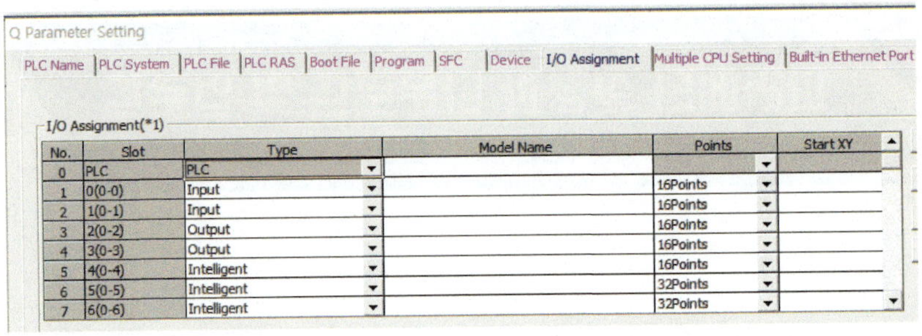

No.	Slot	Type	Model Name	Points	Start XY
0	PLC	PLC			
1	0(0-0)	Input		16Points	
2	1(0-1)	Input		16Points	
3	2(0-2)	Output		16Points	
4	3(0-3)	Output		16Points	
5	4(0-4)	Intelligent		16Points	
6	5(0-5)	Intelligent		32Points	
7	6(0-6)	Intelligent		32Points	

④. [Model Name]에 각 모듈의 형식명을 추가한다. 생략하여도 무방하나 형식명을 작성해 놓으면 향후 관리가 용이하다는 장점이 있다.

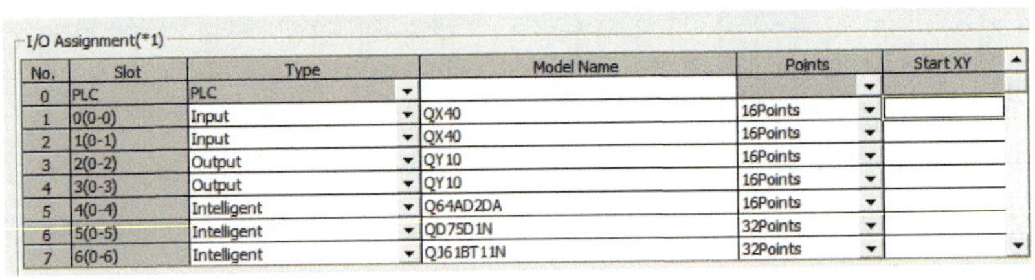

No.	Slot	Type	Model Name	Points	Start XY
0	PLC	PLC			
1	0(0-0)	Input	QX40	16Points	
2	1(0-1)	Input	QX40	16Points	
3	2(0-2)	Output	QY10	16Points	
4	3(0-3)	Output	QY10	16Points	
5	4(0-4)	Intelligent	Q64AD2DA	16Points	
6	5(0-5)	Intelligent	QD75D1N	32Points	
7	6(0-6)	Intelligent	QJ61BT11N	32Points	

⑤. 파라메터 작성후에는 반드시 [Check]를 클릭하고 [End]로 창을 빠져나온다. [Check]를 하지 않고 [End]로 창을 닫을 경우 파라메터 설정값이 저장되지 않으니 주의한다.

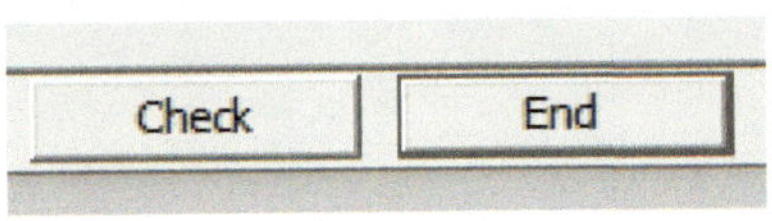

⑥. 다음은 [Q Parameter Setting]에서 [Program] 탭을 클릭한다. 초기 파라메터 세팅은 [Main] 프로그램이 추가 되어 있지 않다. [Main]을 [Insert] 버튼을 클릭하여 추가한다.

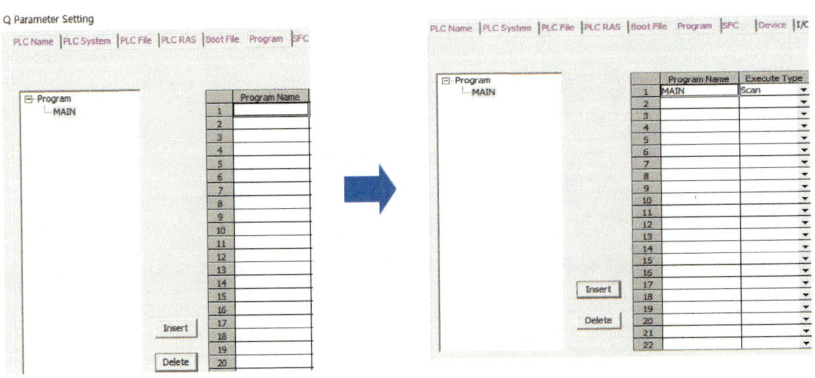

⑦. 이어서 [Q Parameter Setting]-[Device]를 선택한다.

i. MELSEC-Q PLC에서 사용할 수 있는 디바이스 영역이 표시된다. 이책에서 실습에 사용하는 Q03UDV CPU는 Device Total 크기를 30K Word내에서 각 디바이스 크기의 조절이 가능하다.

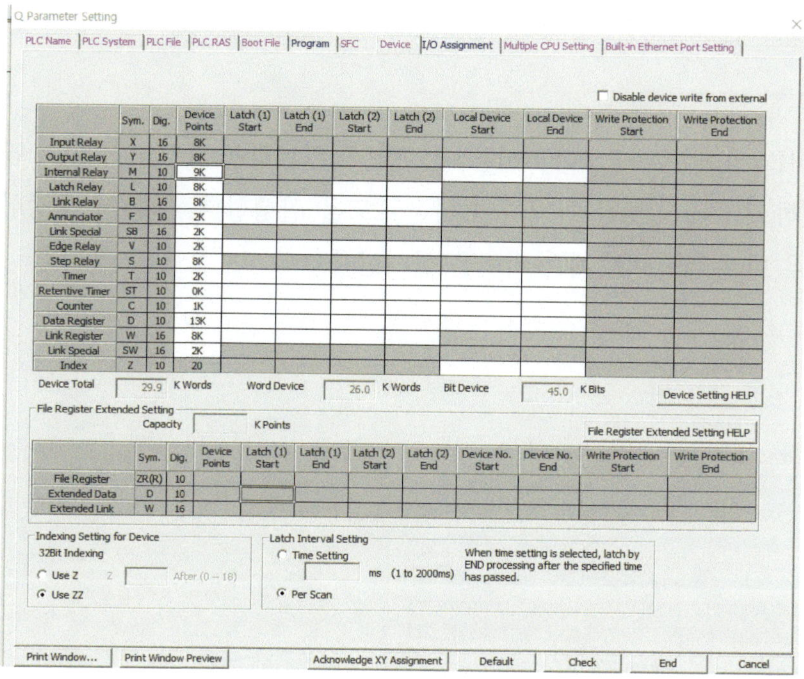

2.3.2 다운로드

신규 프로젝트의 생성과 파라메터 설정을 마친 이후에는 파라메터 설정값 및 작성한 프로그램을 PLC에 적용하기 위해서 다운로드(쓰기) 과정을 진행해야 한다. 즉 PLC에서 다운로드란 GX-Works2(PC)에서 작성한 파라메터 및 프로그램을 PLC로 전송하여 PLC가 해당 프로그램을 실행할 수 있도록 하는 과정을 의미한다. 그러면 PLC 다운로드 방법에 대해서 살펴보도록 하자.

①. [Online]-[Write to PLC]를 클릭한다.

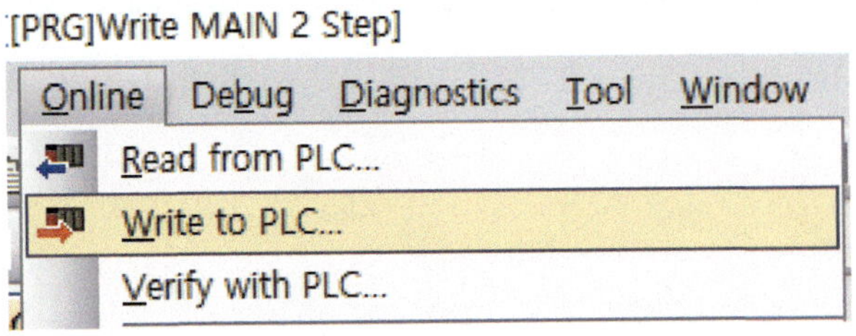

②. [PLC Module]에서 [Parameter+Program]을 체크한다. 기본값을 체크되어 있지 않으므로 체크를 확인하고 Execute를 클릭하여 다운로드를 실행한다. 여기서 수정한 파라메터가 있을 경우 다운로드 이후에는 리셋을 실시한다.

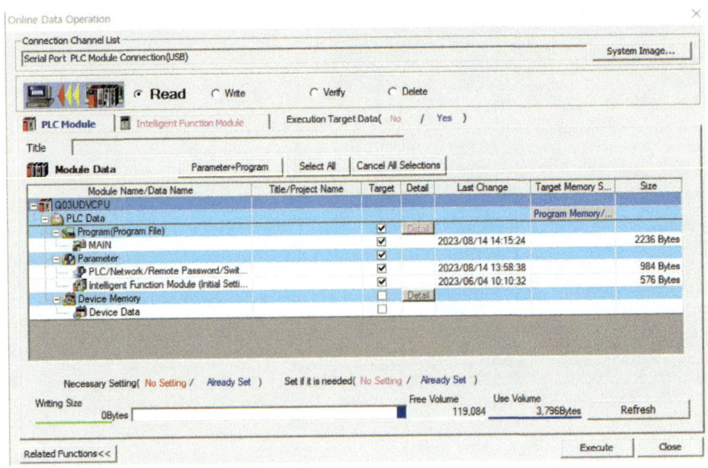

2.3.3 업로드

다운로드가 프로그램을 PLC로 전송하여 PLC가 해당 프로그램을 실행할 수 있도록 하는 과정이었다면, 업로드는 반대로 PLC에 저장되어 있는 프로그램 정보를 PC로 가져오는 과정이다. 순서는 다음과 같다.

①. [Online]-[Read from PLC]를 클릭한다.

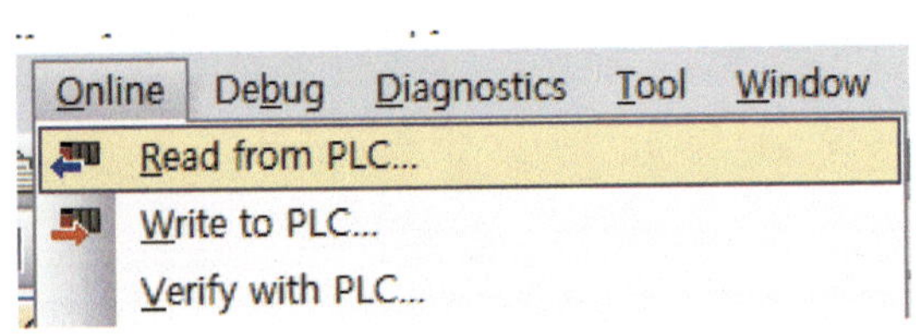

②. [PLC Module]에서 [Parameter+Program]을 체크한다. 기본값을 체크되어 있지 않으므로 체크를 확인하고 Execute를 클릭하여 다운로드를 실행한다. 여기서 수정한 파라메터가 있을 경우 다운로드 이후에는 리셋을 실시한다.

2.4 래더 프로그램 작성 및 모니터링

이장에서는 GX-Works2 소프트웨어를 통해 PLC 래더 프로그램을 작성하는 방법에 대해 살펴보도록 하자.

2.4.1 래더 프로그램 작성 규칙

①. 회로는 위에서 아래로 실행되며 같은 회로 상에서 접점은 왼쪽에서 오른쪽으로 실행된다.

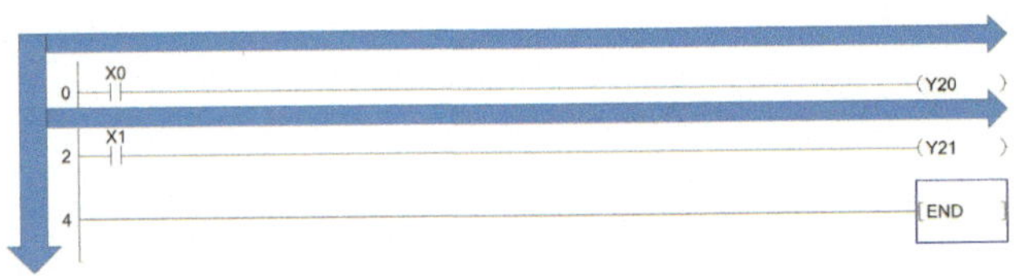

②. 회로의 오른쪽 끝에는 접점 입력을 할 수 없다.

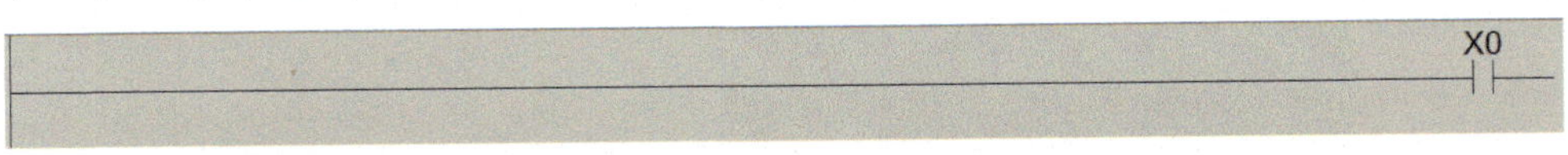

③. 내용이 없는 빈 회로는 작성할 수 없다. 최소 1줄 이상의 회로가 작성 되어야 되며 부품이 추가 되어야 한다.

④. 코일 뒤에는 코일 이외에 접점 혹은 명령어를 삽입할 수 없다.

⑤. 코일을 사용할 경우 입력 조건이 존재해야 한다.

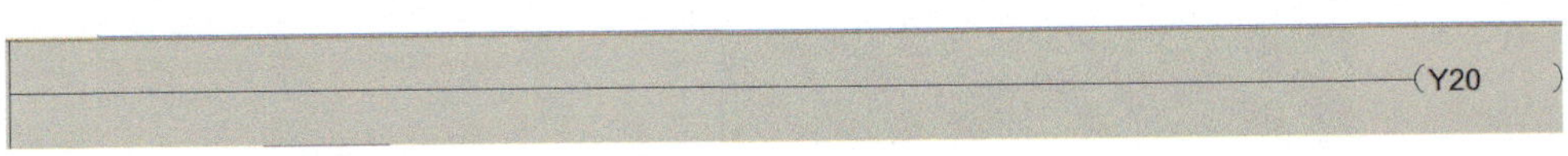

⑥. 입력 회로의 출력 회로의 병렬 분기가 가능하다.

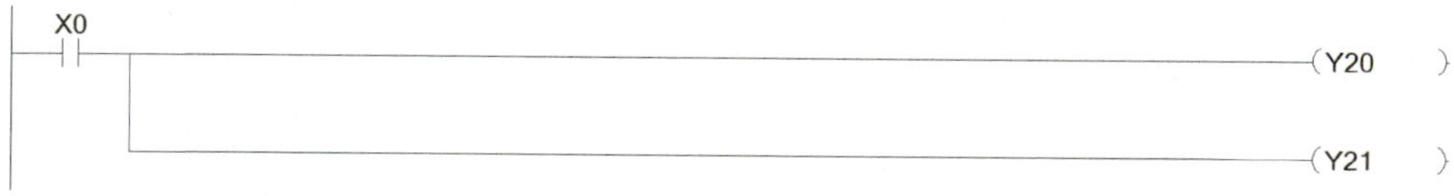

2.4.2 단축키 일람

래더 프로그램은 메뉴 바에서 아이콘을 드래그&드롭 방식으로 작성할 수도 있지만 단축키를 사용하여 좀 더 프로그램을 빠르게 작성할 수도 있다. 아래 [표 2-1]은 일반적으로 GX-Works2에서 사용되는 단축키를 나타낸다. 자주 사용하는 단축키는 암기하여 사용하면 프로그램 작성시 편리하기 때문에 기억하도록 한다. 아래 표 외에도 다양한 단축키가 있지만 자주 사용하는 단축키 위주로 정리하였다.

[표 2-1. GX-Works2 대표 단축키]

단축키	기능	내용
Shift+Insert	행 삽입	커서 위치에 행을 삽입한다.
Shift+Delete	행 삭제	커서 위치에 행을 삭제한다.
Ctrl+Insert	열 삽임	커서 위치에 열을 삽입한다.
Ctrl+Delete	열 삭제	커서 위치에 열을 삭제한다.
Shift+F2	읽기 모드	프로젝트를 읽기 모드로 한다.
F2	쓰기 모드	프로젝트를 쓰기 모드로 한다.
F5	a접점	a접점을 추가한다.
F6	b접점	b접점을 추가한다.
Shift+F5	a접점 OR	a접점(OR)를 추가한다.
Shift+F6	b접점 OR	b접점(OR)를 추가한다.
F7	코일	코일(Out)을 추가한다.
F8	명령	명령어를 추가한다.
Shift+F7	펄스 상승	상승 펄스를 추가한다.
Shift+F8	펄스 하강	하강 펄스를 추가한다.
F4	변환(Compile/Build)	작성한 프로그램을 컴파일한다.
Shift+F4	변환(Online Program Change)	프로그램 실행(Run)중에 CPU에 쓰기한다.
F3	모니터	래더 프로그램 모니터를 시작한다.
Ctrl+F3	모니터(모든 윈도우)	열려있는 모든 프로그램의 모니터를 시작한다.
Shift+F3	모니터(쓰기 모드)	모니터 중에 쓰기 모드를 실행한다.
Alt+F3	모니터 정지	모니터를 정지한다.
Ctrl+Alt+F3	모니터 정지 (모든 윈도우)	열려있는 모든 프로그램의 래더 프로그램 모니터를 정지한다.

2.4.3 Device Buffer Memory Batch

Device Buffer Memory Batch(디바이스 버퍼 메모리 일괄 모니터) 기능은 디바이스 값을 모니터링하여 읽거나 쓸 수 있는 기능을 의미한다. 해당 기능에 대해 다음과 같은 순서로 작성해보자.

①. 아래와 같은 프로그램을 작성한다.

②. 작성한 프로그램을 다운로드 한다.

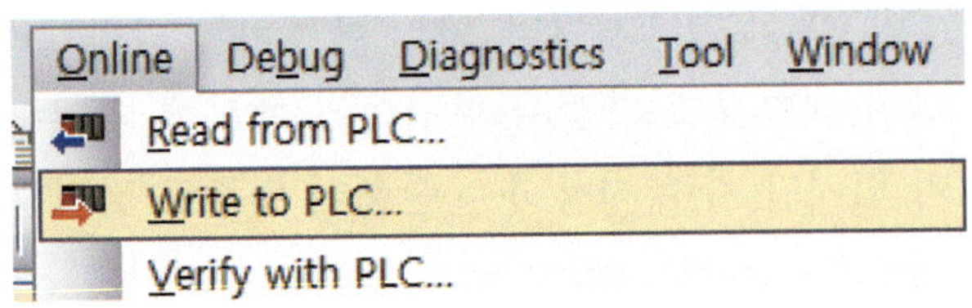

③. [F3]버튼을 클릭하여 모니터 모드로 전환한다.

④. X0의 입력을 ON한다. 물리 스위치를 ON하거나 혹은 Shift+Enter키를 통해 ON시킬 수 있다.

⑤. [Online]-[Monitor]-[Device/Buffer Memory Batch]를 클릭한다.

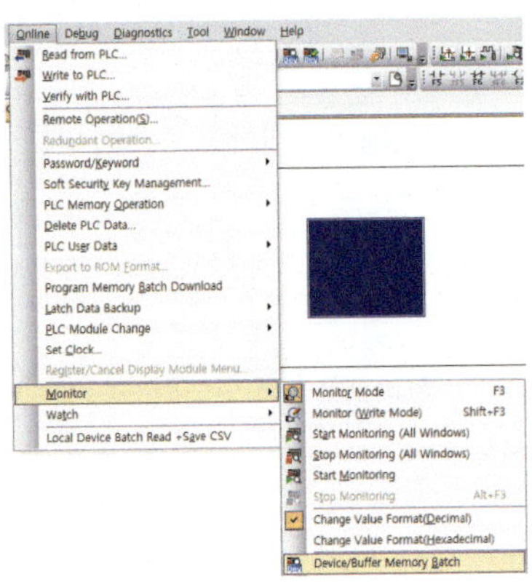

⑥. X0, Y20 각 디바이스를 검색하여 출력 결과값 1이 들어온 것을 확인할 수 있다.

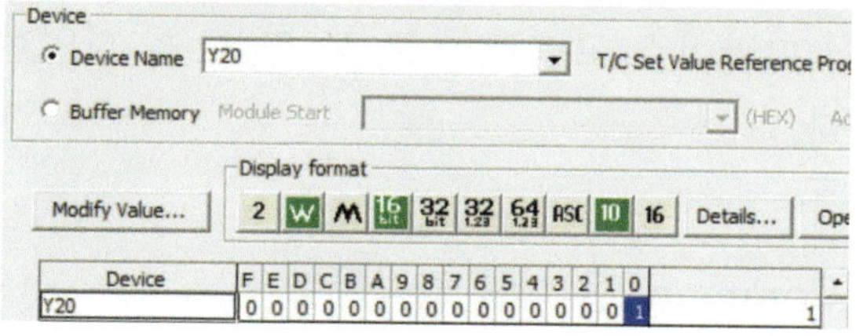

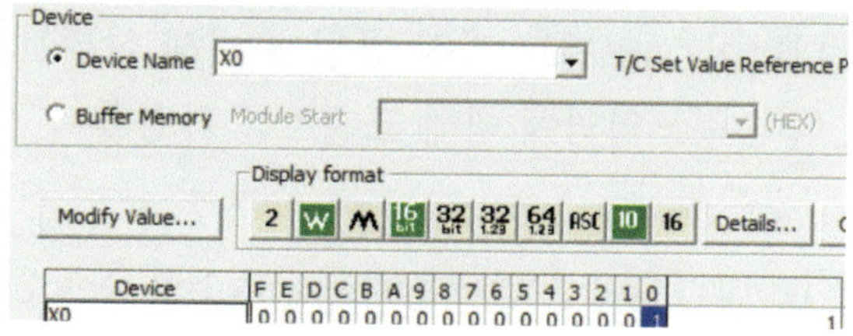

2.4.4 코멘트 입력

GX-Works2에서는 다음의 3가지 종류의 코멘트를 입력할 수 있다. 이러한 코멘트를 작성하면 PLC 프로그램을 작성하는 사용자 외에도 유지보수 등의 이유로 다른 사용자가 해당 PLC 프로그램을 보았을 때 이해하기가 쉽고 유지보수를 용이하다는 장점이 있다.

[표 2-2. 코멘트의 종류]

종류	목적
디바이스 코멘트	각 디바이스 마다 역할이나 용도를 나타내는 코멘트
스테이트먼트	래더 블록에 대해 역할이나 용도를 나타내는 코멘트
노트	출력 명령에 대해 역할이나 용도를 나타내는 코멘트

[그림 2-11. 코멘트 작성의 예]

I. 디바이스 코멘트

디바이스 코멘트 작성 방법에 대해 살펴보자. 디바이스 코멘트는 X, Y, T, C 등 다양한 디바이스 영역에 대해 코멘트를 작성할 수 있다.

①. 네비게이션 윈도우에서 [Global Device Comment]를 더블 클릭한다.

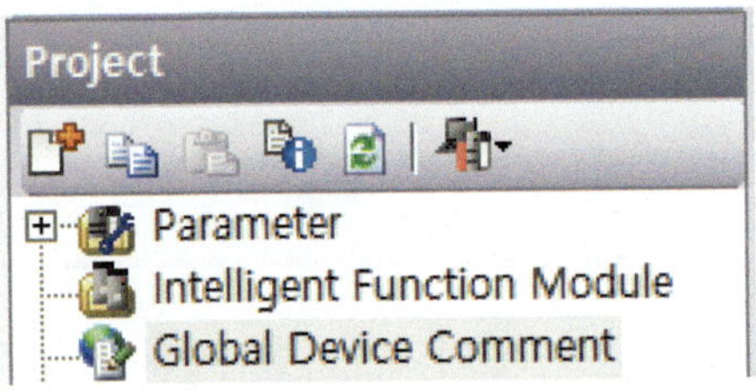

②. Device Name에서 X0를 입력하고, X0 디바이스부터 코멘트를 작성한다.

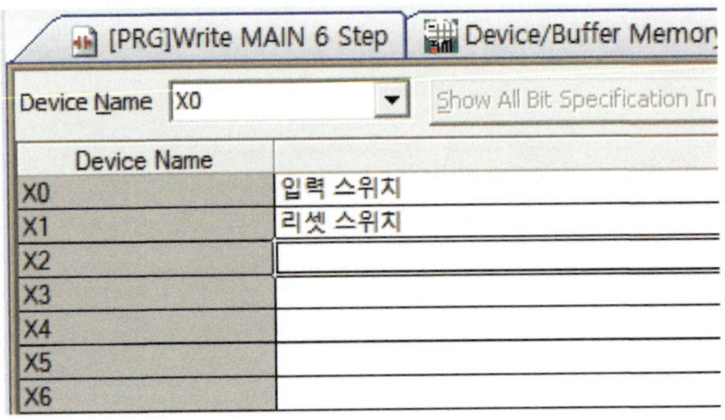

③. Device Name에서 Y20를 입력하고, Y20 디바이스부터 코멘트를 작성한다.

④. 초기 설정은 Comment 보기가 비활성화 이므로 [View]-[Comment]를 클릭한다.

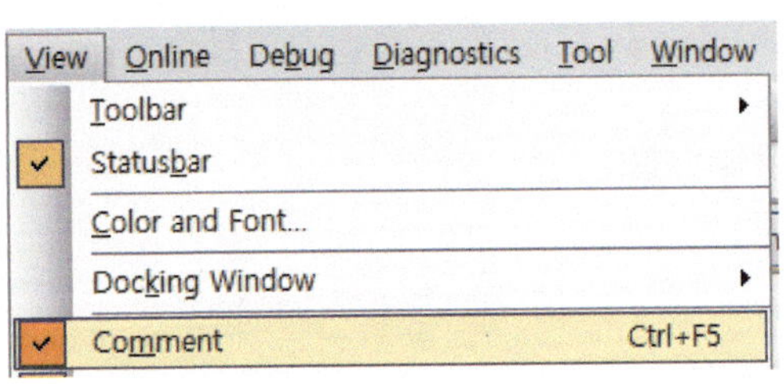

⑤. [Tool]-[Options]를 클릭한다.

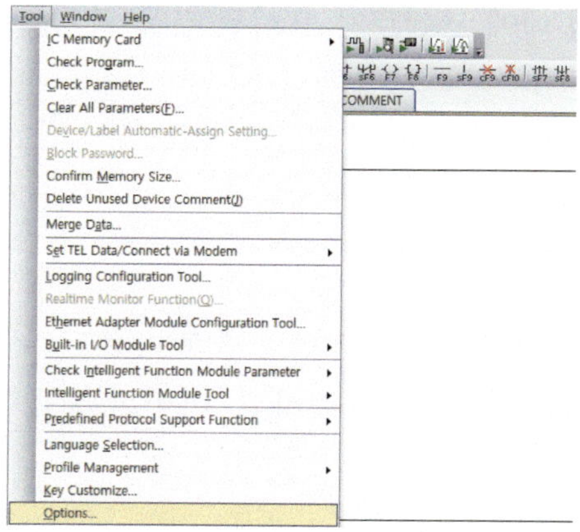

⑥. [Program Editor]-[Ladder]-[Comment]를 클릭한다. Device Comment Display/Format을 통해 Row, Column을 조정할 수 있다.

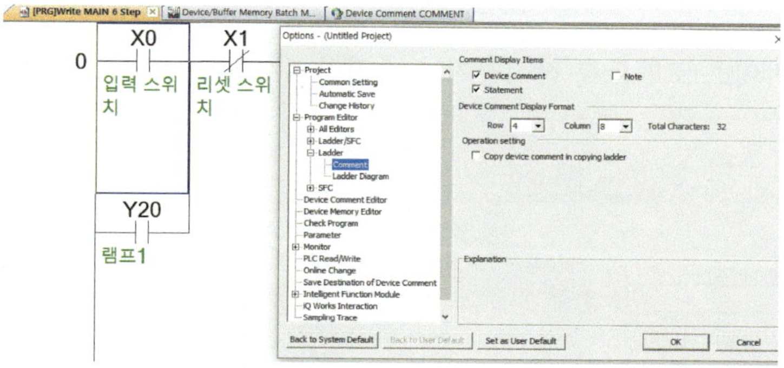

⑦. [Program Editor]-[Ladder]-[Ladder Diagram]의 Display Format에서 Contacts 값을 조정할 수 있다. Contacts값이 높을수록 프로그램창에서 표현되는 부품의 수가 증가한다.

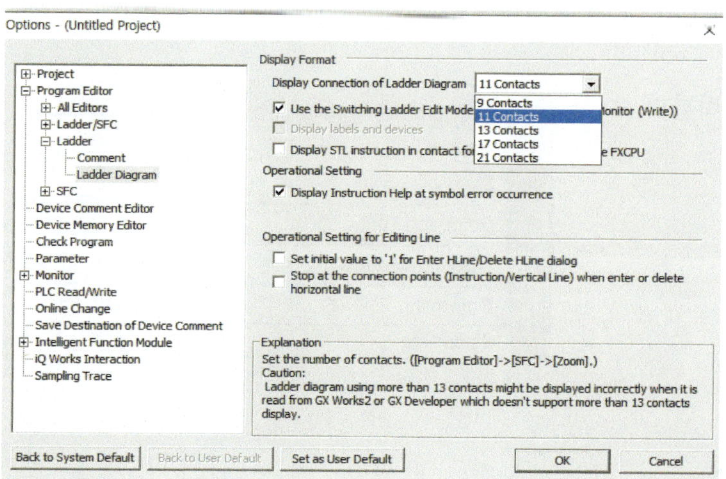

⑧. 프로그램 내에 코멘트가 표시된 것을 확인할 수 있다.

⑨. Global Device Comment 외에도 프로그램 창에서도 코멘트를 수정할 수 있다. 해당 접점 혹은 코일을 클릭하고 아이콘을 클릭한다.

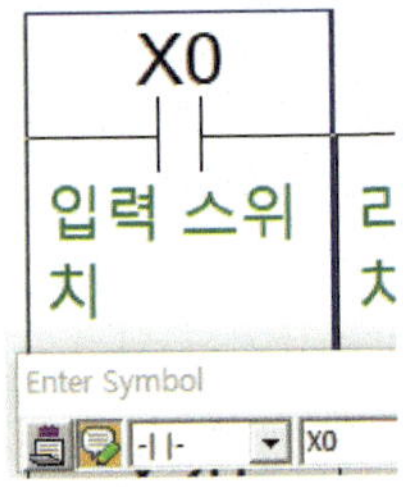

⑩. [OK] 버튼을 클릭하면 디바이스 코멘트를 작성하거나 수정할 수 있다.

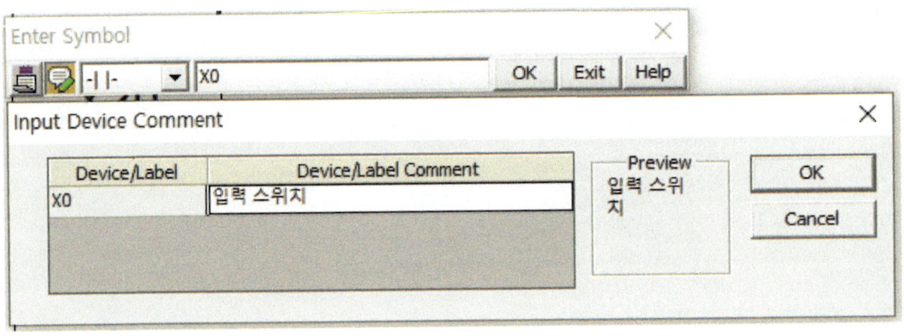

II. 스테이트먼트

이번에는 스테이트먼트 작성 방법에 대해 살펴보자.

①. [View]-[Statement]를 클릭한다.

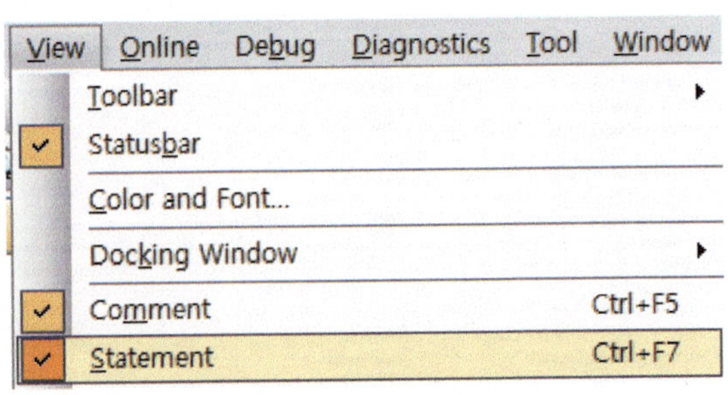

②.  를 클릭하고 코멘트를 붙이고자 하는 래더 블록을 더블 클릭한다.

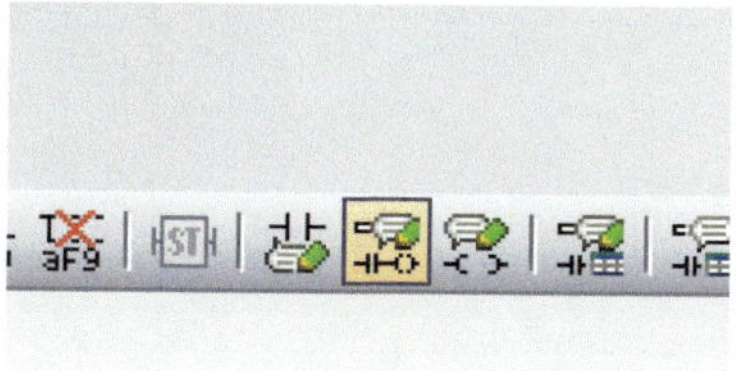

③. 행간 스테이트먼트 입력 대화상자가 표시되면 코멘트를 입력하고 [OK] 버튼을 클릭한다.

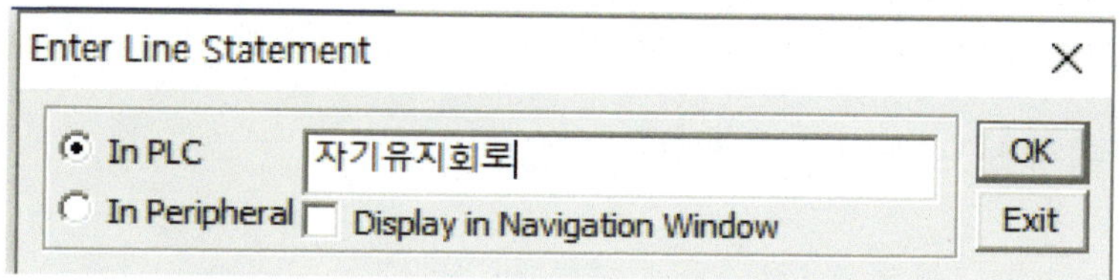

④. 프로그램 창에 스테이트먼트가 적용되어 있는 것을 확인한다.

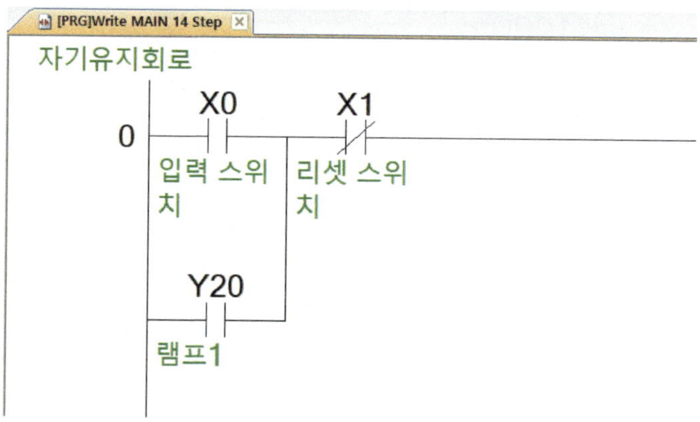

III. 노트

마지막으로 노트 작성 방법에 대해 살펴보자.

①.  를 클릭하고 코멘트를 붙이고자 하는 래더 블록을 더블 클릭한다.

②. 노트 입력 대화상자가 표시되면 코멘트를 입력하고 [OK]버튼을 클릭한다.

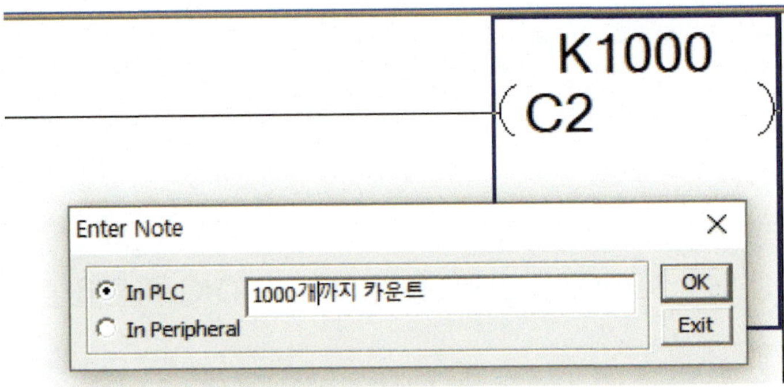

③. 프로그램 창에서 노트가 적용되어 있는 것을 확인한다.

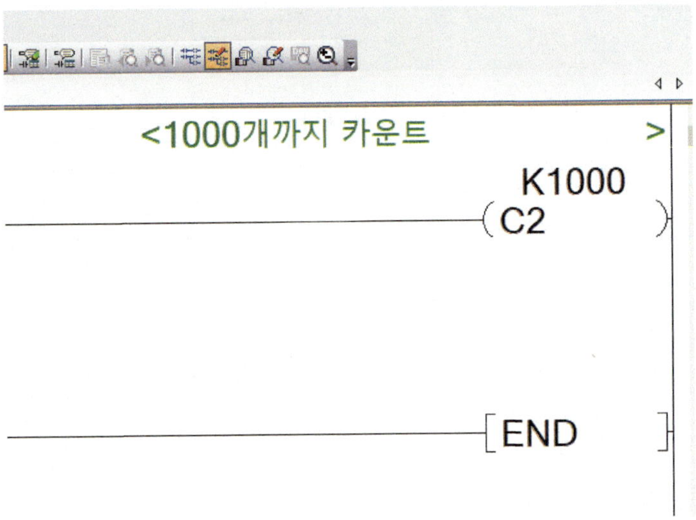

III 래더 프로그램 작성

이 장에서는 AND 회로, OR 회로, 자기 유지 회로, 인터록 회로, 타이머 회로, 카운터 회로 등 MELSEC-Q PLC의 기본 명령어를 통한 래더 프로그램 작성 방법에 대해서 살펴본다.

3.1 래더 프로그램 입문

3.1.1 자동화의 3요소와 래더 기호

PLC는 스위치 및 센서와 같은 입력 장치의 정보를 기준으로 프로그램을 실행하고 그 결과로 디스플레이 램프 및 릴레이와 같은 외부 장치로 신호를 출력한다. 프로그램의 구성 및 작성 방법에 따라 출력 장치의 작동 방식이 결정되며 프로그램 방식의 장점은 작동 중인 제어 수단에 쉽게 변경을 할 수 있다는 점이다. 아래 그림과 같이 스위치 혹은 센서 등의 입력기기로부터 입력을 받아 컨트롤러(PLC)는 정보 읽기 및 프로그램 실행 등 연산을 실시하여 외부에 있는 램프 혹은 모터와 같은 출력기기를 제어할 수 있다. 이러한 입력기기, 제어기기, 출력기기는 자동화의 3요소라고도 한다.

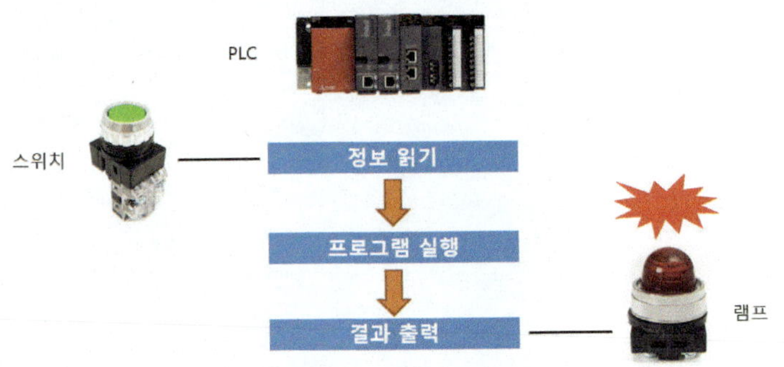

[그림 3-1. 자동화의 3요소]

이러한 PLC 프로그래밍은 앞서 설명한 것처럼 여러 유형의 언어가 존재하지만 시퀀스 회로 다이어그램을 논리적으로 표현하는 래더 프로그램이 대표적이다. 래더(Ladder)라는 이름의 사다리에서 유래되었다. 마치 두 모선 사이에 접점이나 코일이 배치되어 있는 모습이 사다리처럼 보이기 때문이다.

래더 다이어그램과 시퀀스 회로의 다이어그램을 유사한 특징을 갖는다.

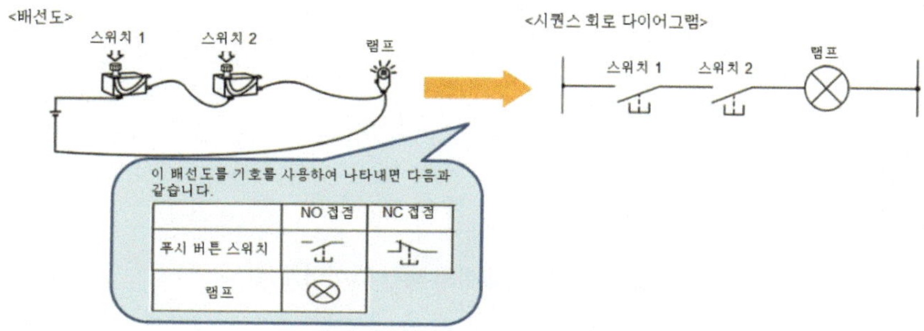

[그림 3-2. 시퀀스 다이어그램]

시퀀스 회로 다이어그램을 래더 다이어그램을 표현하면 다음과 같이 표현될 수 있다.

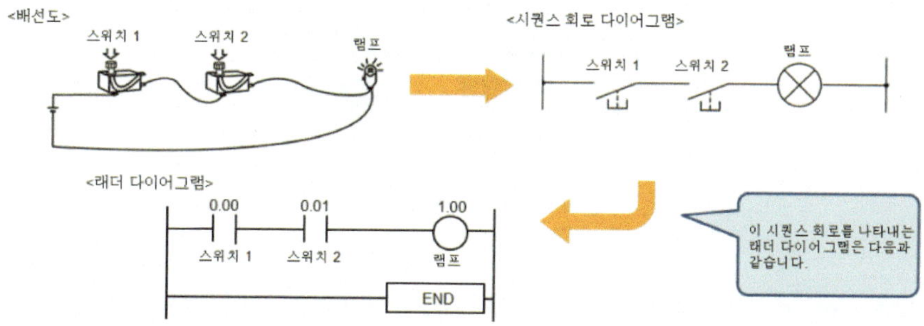

[그림 3-3. 시퀀스 다이어그램과 래더 다이어그램]

이러한 래더 다이어그램은 다음의 기호와 주소를 사용하여 래더 프로그램을 작성한다.

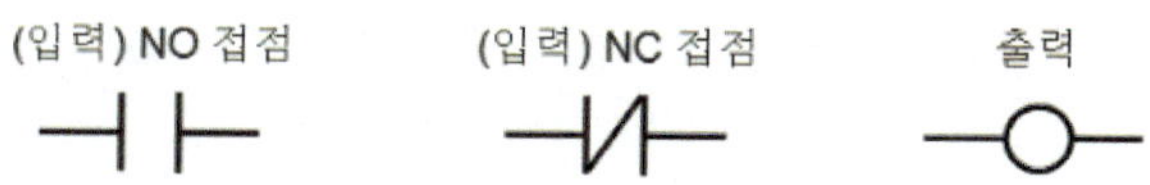

[그림 3-4. 래더 다이어그램의 기호]

먼저 NO(Normally Open)접점 혹은 a접점은 ON되면 접점이 닫히고 도통하는 접점을 의미한다. a접점을 사용한 회로를 생각해보자. 아래 래더도에서는 입력(X0)이 ON하고 있는 동안 출력(Y20)이 ON한다. 스위치가 눌리는 동안 램프가 켜지는 것을 나타내고 있다. 스위치(a접점)를 누르면 램프(코일)이 점등되는 것을 확인할 수 있다.

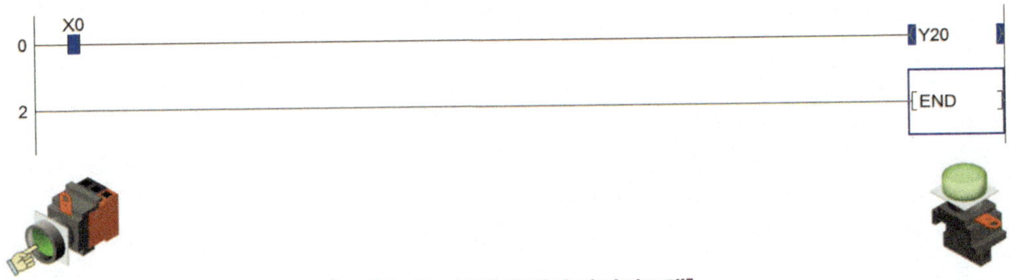

[그림 3-5. a접점의 래더 다이어그램]

아래의 타임차트와 같이 a접점은 X0(스위치)가 ON되어 있을 경우에 Y20(램프)가 점등하며, X0(스위치)가 OFF되어 있을 경우에는 Y20(램프)가 소등된다.

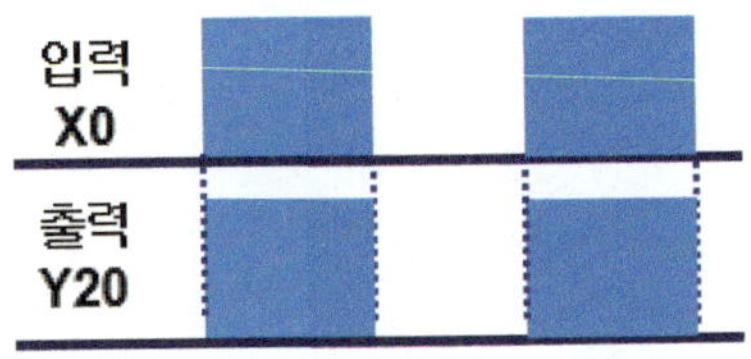

[그림 3-6. a접점의 타임차트]

반면 NC(Normally Close) 혹은 b접점은 a접점과 반대로 입력이 ON되면 접점이 열려 도통하지 않는 타입을 말한다. 이번에는 b접점을 사용하는 회로를 생각해보자. 아래 래더 다이어그램에서는 입력(X0)이 켜져 있는 동안 출력(Y20)이 소등된다. 즉 처음부터 램프가 켜지고 스위치를 누르고 있는 동안에는 램프가 소등된다.

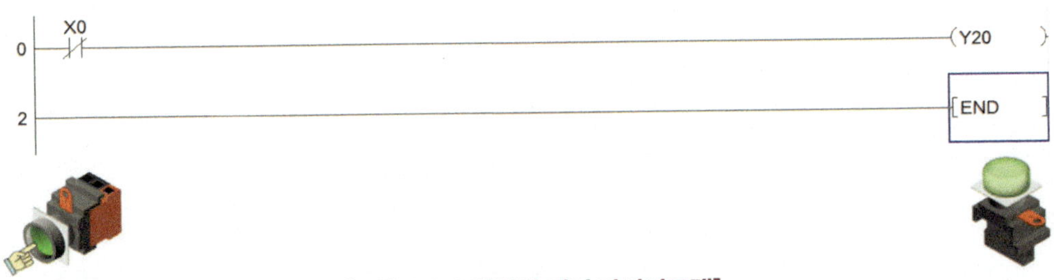

[그림 3-7. b접점의 래더 다이어그램]

아래 타임 차트와 같이 b접점은 X0(스위치)가 OFF되어 있을 경우 Y20(램프)가 점등되며, X0(스위치)가 ON되어 있을 경우 Y20(램프)는 소등된다.

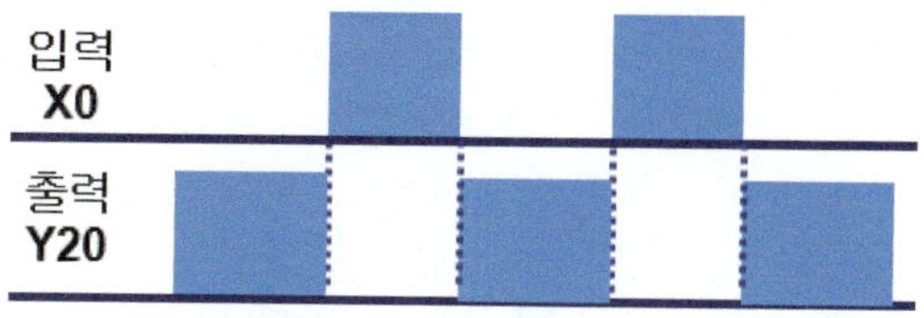

[그림 3-8. b접점의 타임차트]

3.1.2 AND 회로

두 개 이상의 접점을 직렬로 나열한 조건에 의해 출력되는 동작을 AND 회로 라고 한다. 아래의 AND 회로를 살펴보자. 이 회로에서는 입력1(X0)과 입력2(X1)가 동시에 ON하고 있는 동안에 출력(Y20)이 ON한다. 입력 중 어느 한쪽만 ON해도 출력은 ON하지 않는다. 2개의 입력이 동시에 ON되어 있는 동안 램프가 점등되는 그림을 나타낸다.

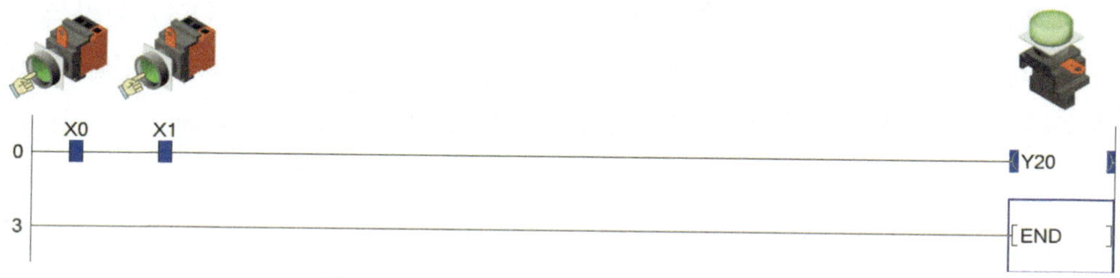

[그림 3-9. AND 회로의 래더 다이어그램]

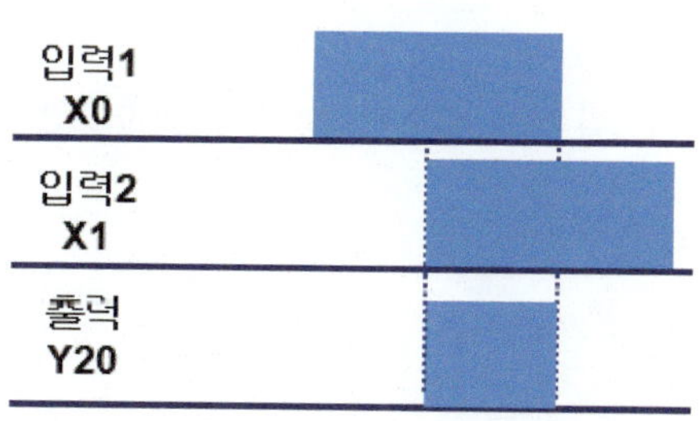

[그림 3-10. AND 회로의 타임차트]

AND 회로의 사용 예로써 프레스 가공기에서의 안전 대책을 볼 수 있다. 프레스 가공기에서 두 버튼을 동시에 누르지 않으면 프레스기가 동작하지 않는 프로그램으로 되어 있다. 프레스기의 좌우에 있는 푸시 버튼을 양손으로 동시에 누르면 프레스기가 가동된다. 양손이 스위치 위에 놓여 있기 때문에 프레스기에 손이 끼일 위험을 피할 수 있게 된다.

[그림 3-11. 프레스 가공기의 AND 회로 사용 예]

3.1.3 OR 회로

두 개 이상의 접점을 병렬로 나열한 조건에 의해 출력되는 동작을 OR 회로라고 한다. 아래의 OR 회로를 살펴보자. OR 회로에서는 입력1(X0) 또는 입력2(X1)의 어느 한쪽이 ON하고 있는 동안 출력(Y20)이 ON한다. 입력의 어느 한쪽만 ON인 경우에 출력(Y20)은 ON한다. 따라서 두 입력 중 하나가 입력되고 있는 동안 램프가 ON하게 된다.

[그림 3-12. OR 회로의 래더 다이어그램]

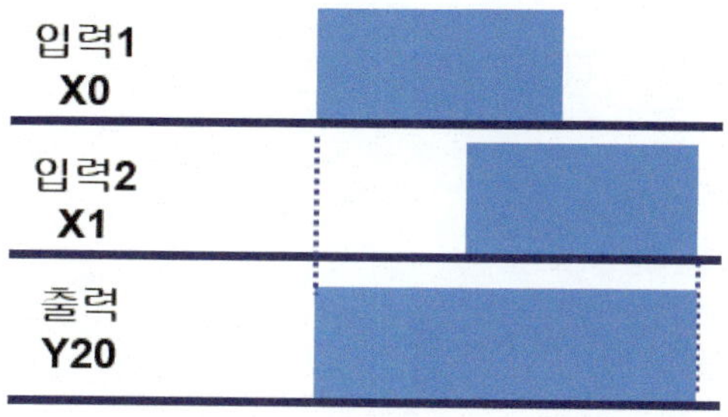

[그림 3-13. OR 회로의 타임차트]

OR 회로를 사용한 예로 장치의 이상 표시 등을 볼 수 있다. 장치 내에 이상을 검지하는 센서는 여러 곳에 설치되어 있다. 이러한 경우 여러 센서 중 적어도 어느 하나가 ON되면 표시등이 점등되어 장치에 이상이 발생했음을 알릴 수 있게 된다.

연습문제 1

센서 입력에 따른 출력 프로그램 작성하기

지금까지 배운 지식을 통해 프로그램(래더도)를 작성해보자. 아래의 연습문제에서 어떤 장치는 3개의 센서가 모두 켜져 있어야 운전을 시작할 수 있다. 모든 센서가 ON되어 있으면 운전 가능 램프를 점등시키고, 하나라도 OFF된 센서가 있다면 준비중 램프를 점등시키는 프로그램을 작성해보자.

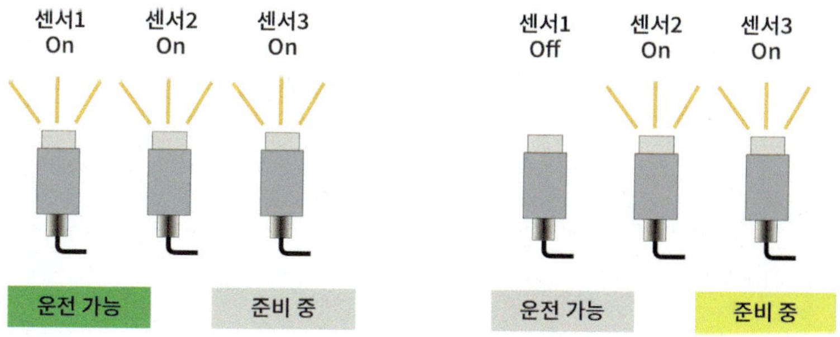

[그림 3-14. 연습 문제1]

사용하는 기기의 각 디바이스는 다음과 같다.

- X0 : 센서1
- X1 : 센서2
- X2 : 센서3
- Y20 : 운전 가능 램프
- Y21 : 준비 중 램프

〈연습 문제1 해설〉

운전 가능 램프는 모든 센서가 ON일 때 점등하므로 a접점의 AND 회로를 구성합니다. 준비 중 램프는 센서1,2,3 중 어느 하나가 OFF되면 점등되므로 b접점의 OR회로를 구성한다.

[그림 3-15. 연습 문제1의 래더 다이어그램(1)]

또 다른 방법을 살펴보자. 운전 가능 램프가 Off되어 있다면 준비 중으로 생각할 수 있다. 운전 가능 램프가 Off일 때는 준비 중 램프가 On이라고 생각 한다면 준비 중 램프는 Y20을 b접점으로 입력하여 Y21의 출력으로 연결하는 것도 가능하다. Y20은 램프이므로 입력 기기는 아니지만 래더 프로그램 상에서 이론상 입력 점점으로 사용할 수도 있다.

[그림 3-16. 연습문제1의 래더 다이어그램(2)]

3.1.4 자기 유지 회로

지금까지 학습한 회로에서는 예를 들어 a접점이라면 스위치를 누르고 있는 동안만 램프가 점등했다. 그렇다면 스위치를 눌러 손을 뗀 이후에도 램프가 계속 켜지려면 어떻게 해야 할지 생각해보자. 램프가 계속 켜지게 하기 위해서는 자기 유지 회로를 구성하면 된다. 일단 출력이 ON하면 스위치 등의 입력 조건이 OFF된 후에도 출력이 유지되는 회로를 자기 유지 회로라고 한다. 아래의 자기 유지 회로를 살펴보면 입력(X0)이 켜지면 출력(Y20)이 켜진다. 그리고 입력과 병렬로 연결된 출력(Y20)이 ON하게 된다. 입력(X0)이 OFF된 후에도 병렬 회로에 계속 전기가 흐르므로 출력(Y20)은 계속 켜져 있게 된다. 리셋 입력(X1)이 켜지지 않는다면 PLC 동작이 정지될 때까지 출력이 유지된다.

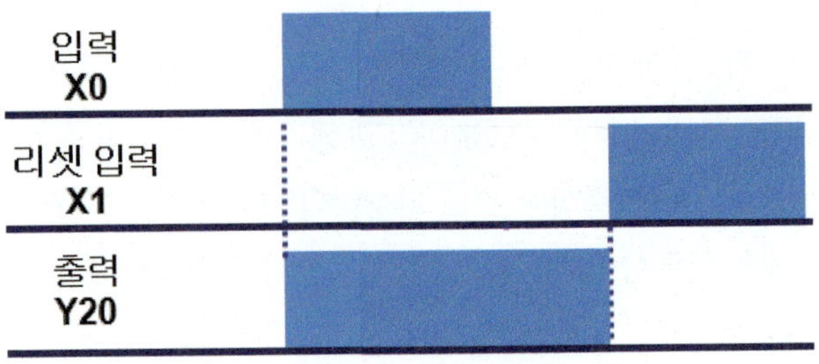

[그림 3-17. 자기 유지 회로의 타임차트]

[그림 3-18. 자기 유지 회로의 래더 프로그램]

3.1.5 내부 릴레이(Internal Relay)

내부 릴레이(M)는 X, Y 디바이스와 같이 외부로 입력 혹은 출력을 행하지는 않고 프로그램 내부에서만 동작되는 릴레이이다. 이러한 내부 릴레이는 프로그램 실행 중 외부 출력 기기를 ON/OFF 하지 않으므로 중간 상태나 중간 결과를 저장하는데 사용될 수 있으며 PLC 프로그램에서 순차적인 제어를 수행할 때 내부 릴레이를 주로 사용할 수 있다.

[그림 3-19. 내부 릴레이를 사용한 프로그램]

자기 유지 회로를 다른 형태로 작성해보자. 이번에는 내부 릴레이(Internal Relay)을 사용하여 자기 유지 회로를 작성해본다. 아래 [그림 3-20]과 같이 내부 릴레이를 사용하여 자기 유지 회로를 작성해보자. 앞서 자기 유지 회로와 동작은 동일하다.

[그림 3-20. 내부 릴레이를 사용한 자기 유지 회로]

3.1.6 래치 릴레이(Latch Relay)

래치 릴레이는 비휘발성으로 디바이스 영역은 L 디바이스를 사용한다. 전원을 OFF→ON 하더라도 그 상태를 유지하는 기능을 수행하는 릴레이다. 아래 [그림 3-21]과 같이 X0 스위치를 ON하면 래치 릴레이 L0이 ON된다. 이때 X2, X3, X4 입력에 따라 Y20, Y21, Y22이 ON하게 된다. L0는 자기 유지 되어 있으므로 전원을 OFF→ON 하더라도 그 출력을 유지할 수 있다.

[그림 3-21. 래치 릴레이를 사용한 자기 유지 회로]

3.1.7 특수 릴레이(SM)

특수 릴레이는 PLC 시스템에 의해 명칭 등의 모든 속성이 미리 정의되어 있으며 특정 기능이 할당되어 있는 릴레이 영역이다. 명칭 등의 속성을 사용자가 변경할 수 없고 시퀀스 프로그램 상에서 일반적인 내부 릴레이처럼 사용할 수 없다. 단 필요에 따라서 CPU 모듈을 제어하기 위한 ON/OFF는 실시할 수 있다. 아래 [표 3-1]에서는 시퀀스 프로그램 상에서 대표적으로 많이 사용하는 특수 릴레이를 정리하였다.

[표 3-1. 특수 릴레이 일람]

번호	명칭	내용
SM0	진단에러	• 진단의 결과가 있으면 ON한다. (어넌시에이터의 ON, CHK명령에 의한 에러검출 시도 포함) • 이후 정상이 되어도 ON의 상태를 유지한다.
SM1	자기진단에러	• 자기진단의 연산에러가 있다면 ON한다. (어넌시에이터의 ON, CHK명령에 의한 에러검출 시는 포함하지 않는다.) • 이후 정상이 되어도 ON의 상태를 유지한다.
SM5	에러공통 정보	• SM0이 ON했을 때 에러공통 정보가 있다면 ON한다.
SM50	에러해제	• 에러해제 동작을 실행한다.
SM51	배터리 저하래치	• CPU 모듈, 메모리 카드의 배터리 전압이 규정이하로 저하되면 ON한다. • 이후 배터리전압이 정상이 되어도 ON의 상태를 유지한다.
SM52	배터리 저하	• SM51과 같지만 배터리 전압이 정상이 되면 OFF한다.
SM62	어넌시에이터 검출	• 어넌시에이터(F)가 하나라도 ON하면 ON한다.
SM400	항시 ON	• 항시 ON한다.
SM401	항시 OFF	• 항시 OFF한다.
SM402	RUN후 1스캔만 ON	• RUN후, 1스캔만 ON한다.
SM409	0.01초 클록	• 5ms마다 ON/OFF를 반복하는 클록펄스이다.
SM410	0.1초 클록	• 0.05s마다 ON/OFF를 반복하는 클록펄스이다.
SM412	1초 클록	• 0.5s마다 ON/OFF를 반복하는 클록펄스이다.
SM413	2초 클록	• 1s마다 ON/OFF를 반복하는 클록펄스이다.

3.1.8 특수 레지스터(SD)

특수 레지스터는 특수 릴레이와 마찬가지로 PLC 내부에서 사양이 결정되어 있는 내부 레지스터이다. 따라서 시퀀스 프로그램 상에서 일반 내부 레지스터와 같이 사용할 수는 없다. 단, 필요에 따라서 CPU 모듈 및 리모트 I/O 모듈을 제어하기 위한 데이터로는 사용할 수 있다.

특수 레지스터에 저장되는 데이터는 특별한 지정이 없으면 BIN값으로 저장된다. 아래 [표 3-2]는 특수 레지스터에서 대표적으로 많이 사용되는 특수 레지스터를 표로 정리한 것이다.

[표 3-1. 특수 릴레이 일람]

번호	명칭	내용	상세내용
SD0	진단에러	진단에러 코드	진단 시에 에러가 발생했을 때의 에러코드가 BIN코드로 저장된다. 고장이력의 최신 정보와 같은 내용이다.
SD1	진단에러 발생시각	진단에러발생시 각	SD0의 데이터가 갱신된 년, 월을 BCD코드 2자리로 저장한다. (예) 95년 10월 → H9510 b15 ~ b8 b7 ~ b0 년(0~99) | 월(1~12)
SD2			SD0의 데이터가 갱신된 일, 시를 BCD코드 2자리로 저장한다. (예) 25일 10시 → H2510 b15 ~ b8 b7 ~ b0 일(1~31) | 시(0~23)
SD3			SD0의 데이터가 갱신된 분, 초를 BCD코드 2자리로 저장한다. (예) 35분 48초→ H3548 b15 ~ b8 b7 ~ b0 분(0~59) | 초(0~59)
SD51	배터리 저 하 래치	배터리 저하가 발생한 대상의 비트 패턴	배터리저하가 발생한 경우에 대응하는 비트가 1(ON)된다. 이후 배터리 전압이 정상이 되도 1의 상태를 유지한다. 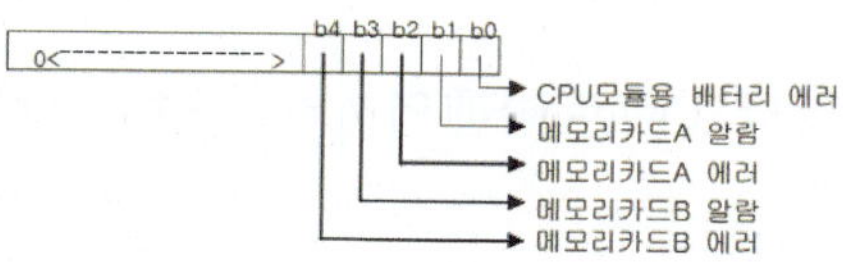
SD52	배터리 저 하	배터리 저하가 발생한 대상의 비트 패턴	SD51과 유사하지만, 배터리 전압이 정상으로 돌아오면 0(OFF)이 된다.
SD62	어넌시에이터 번호		가장 빠르게 검출된 어넌시에이터의 번호가 저장
SD63	어넌시에이터 개수		어넌시에이터를 검출한 총 개수를 저장
SD64 . . . SD79	어넌시에이터 검출번호		OUT F 혹은 SET F에 의해 F가 ON하면 SD64~SD79에 순차적으로 ON한 F번호가 등록된다. RST F에 의해 OFF된 F번호가 SD64~SD79에서 삭제된다.

번호	명칭	내용	상세내용
SD210	시계데이터	년, 월	년, 월을 BCD 코드로 저장
SD211		일, 시	일, 시를 BCD 코드로 저장
SD212		분, 초	분, 초를 BCD 코드로 저장

3.1.9 어넌시에이터(F)

어넌시에이터란 운영하는 설비에 대해 이상 혹은 고장 검출용 프로그램에 사용하기 위한 내부 릴레이이다. 어넌시에이터는 특수 릴레이와 특수 레지스터와 관련이 있다. 어넌시에이터를 ON하면 특수 릴레이(SM62)가 ON 되고, 특수 레지스터(SD62~79)에 ON한 어넌시에이터의 개수와 번호가 저장된다. 이러한 어넌시에이터는 고장 검출 프로그램에 사용하면 특수 릴레이(SM62)가 ON 되었을 때 특수 레지스터(SD62~79)를 모니터하여 설비 이상 및 고장 유무를 확인할 수 있다. 어넌시에이터의 ON 방법은 2가지로 나뉠 수 있다.

먼저 SET F 명령은 입력 조건이 상승펄스 시에만 어넌시에이터를 ON한다. 입력 조건이 OFF 되더라도 어넌시에이터는 ON 상태를 유지한다.

다음으로 OUT F 명령을 사용하는 방법이다. OUT F 명령을 사용해서 어넌시에이터의 ON/OFF를 할 수 있지만, 매 스캔마다 처리하므로 SET F 명령을 사용하는 것보다 스캔 타임이 늘어난다. OUT F 명령으로 어넌시에이터를 OFF 하더라도 RST F, LEDR, BKRST 명령 등의 실행이 필요하므로 어넌시에이터의 ON은 SET F 명령을 사용하는 것이 권장된다. 또한 어넌시에이터가 ON이되면 CPU의 USER LED가 점등된다.

어넌시에이터의 OFF 방법으로는 아래의 4가지 방법으로 실행이 가능하다.

①. **RST F 명령**: SET F 명령으로 ON된 어넌시에이터 번호를 OFF 하는 경우에 사용한다.

②. **LEDR 명령**: SD62, SD64에 저장되어 있는 어넌시에이터 번호를 OFF하는 경우에 사용한다.

③. **BKRST 명령**: 지정 범위의 어넌시에이터 번호를 일괄로 OFF 하는 경우에 사용한다.

④. **OUT F 명령**: 어넌시에이터의 번호를 ON/OFF를 동일한 명령으로 실행한다. 하지만 OUT F 명령으로 어넌시에이터 번호를 OFF 하더라도, RST F, LEDR, BKRST 명령의 실행이 필요하다.

그럼 어넌시에이터, SET/RST 명령을 활용한 PLC 프로그램을 작성해보자.

①. 내부 릴레이 및 SET/RST 명령을 사용하여 아래와 같이 프로그램을 작성한다.

②. 어넌시에이터가 ON하였을 때 특수 레지스터에 저장되는 정보를 취득하기 위해 MOV 명령을 사용하여 특수 레지스터(SD)의 정보를 데이터 레지스터 영역으로 전송한다.

③. M10을 ON했을때에는 LEDR 명령을 사용하여 어넌시에이터를 OFF할 수 있도록 추가한다.

④. 내부 릴레이를 순서적으로 ON 시켜보도록 하자. 내부 릴레이는 M4→M2→M0 순서로 ON한다. 이에 따라 어넌시에이터는 F2→F1→F0 순으로 ON된다. 또한 하나의 어넌시에이터라도 ON되어 있을 경우 특수 릴레이 SM62이 ON되어 M100가 ON된다.

⑤. 어넌시에이터가 ON되어 CPU의 USER LED가 점등되어 있는 것을 확인할 수 있다.

⑥. D10000은 SD62로부터 최초 고장이 발생한 어넌시에이터 번호를 저장한다. F2가 가장 먼저 ON 되었으므로 어넌시에이터값 2가 저장된 것을 확인 할 수 있다.

⑦. SD63은 어넌시에이터가 ON된 전체값을 나타낸다. F2, F1, F0 어넌시에이터 총 3개가 현재 ON되어 있으므로 D10001에는 3의 값이 표현된다.

⑧. SD64~66은 어넌시에이터가 ON된 순서대로 값이 저장된다. F2→F1→F0 순으로 ON되었으므로 SD64, SD65, SD66에 차례대로 어넌시에이터 번호가 저장된다.

⑨. 어넌시에이터를 OFF 하기 위해 M10을 ON하여 LEDR 명령을 실행하여 어넌시에이터, SM62, USER LED가 OFF 되었는지 확인할 수 있다.

3.1.10 인터록 회로

다음은 일반적으로 모터의 정회전 및 역회전에 사용되는 인터록 회로를 살펴보자. 모터의 정회전 및 역회전과 같이 양방향으로 사용하는 경우에는 동시에 동작하지 않도록 안전 회로를 구성해야 한다. 이러한 두 입력 신호 중 먼저 동작하는 쪽을 우선으로 하고 다른 쪽 동작을 금지하는 회로를 인터록 회로라고 한다.

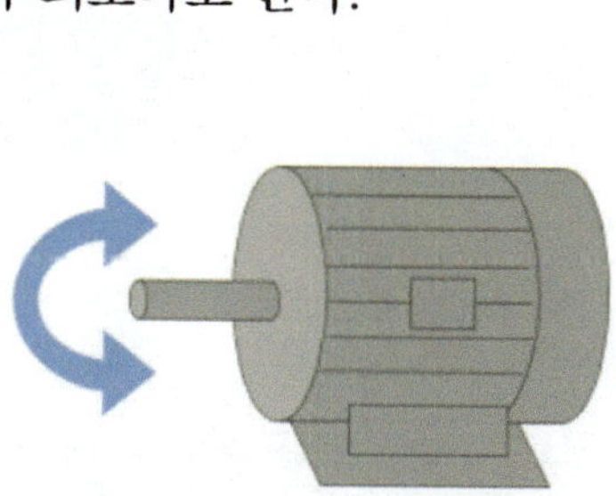

[그림 3-22. 인터록 회로의 예]

그럼 인터록 회로를 생각해보자. 입력1(X0)이 ON하면 출력1(Y20)이 ON한다. 마찬가지로 입력2(X1)이 ON하면 출력2(Y21)이 ON하게 된다. 인터록 회로에서는 각각의 출력이 동시에 동작하는 일이 없도록 출력 전에 각 출력의 b접점을 교대로 추가한다. 이것으로 인해 출력1(Y20)이 ON되어 있을 때에는 출력2(Y21) 앞의 b접점이 끊어지므로 출력2(Y21)이 동작하는 일은 발생하지 않는다. 반대의 경우도 마찬가지이다.

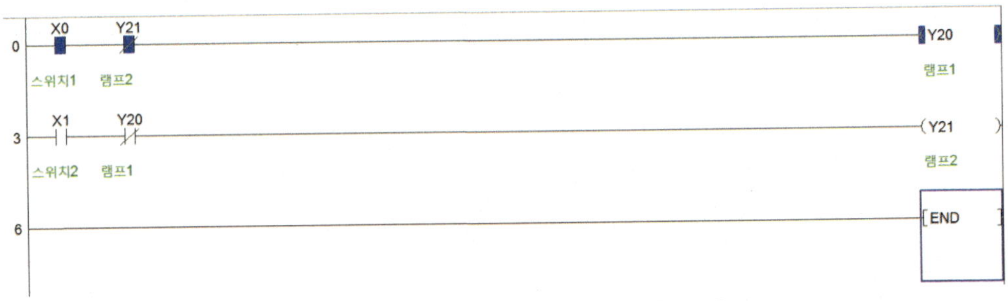

[그림 3-23. 인터록 회로의 래더 다이어그램]

그러면 이러한 인터록 회로를 사용한 예로써 전동 셔터 개폐의 예를 살펴보자. 열림 스위치를 누르면 상승 모터가 ON하고 셔터가 열리고, 닫힘 스위치를 ON하면 하강 모터가 ON하며 셔터가 닫히게 된다. 이러한 경우에 상승 모터와 하강 모터가 동시에 움직이는 일이 없도록 인터록 회로를 구성한다. 모터가 상승하고 있을 때에는 하강 측은 회로가 열리고 도통하지 않는 움직임이 된다. 이에 따라 상승 모터와 하강 모터가 동시에 움직이는 일이 없는 안전회로를 구성할 수 있다.

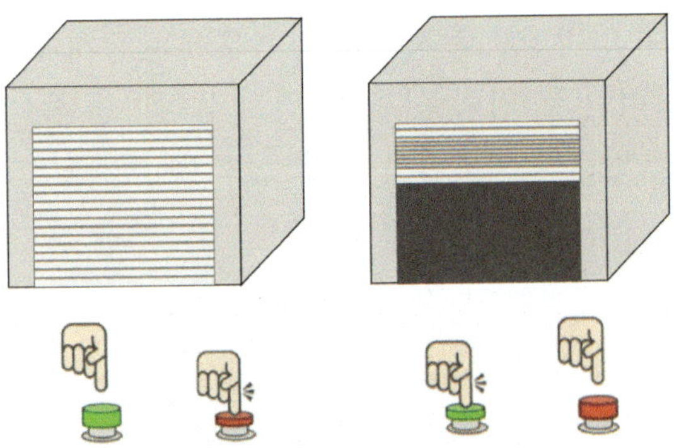

[그림 3-24. 인터록 회로의 사용 예]

3.2 기본 명령어

3.2.1 SET/RST 명령

SET(세트) 명령은 동작 유지 출력 명령, RST(리셋) 명령은 동작 유지 해지 명령이라고도 한다. 기존의 방식의 경우 입력(X0)이 ON되면 Y20을 ON하고, 입력이 OFF된 시점에서 출력도 OFF하였다.

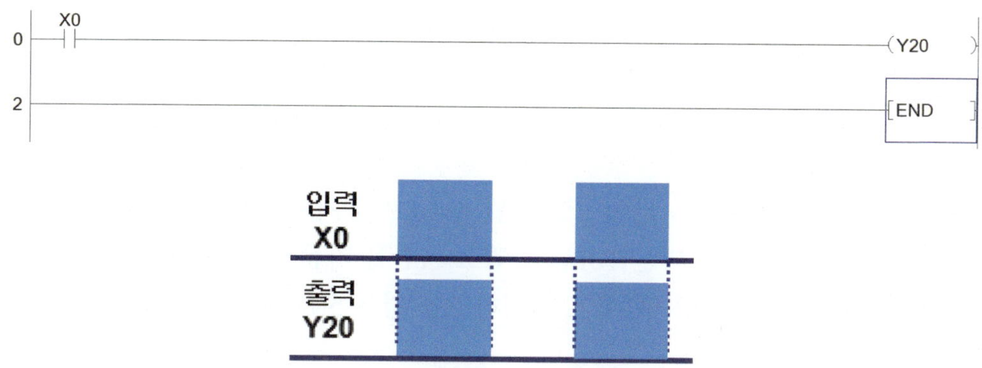

[그림 3-25. OUT 명령]

SET 명령은 입력(X0)이 ON되면 출력(Y20)을 ON하고, 입력이 OFF 되어도 ON상태를 유지한다. 출력의 ON 상태가 계속 유지 되므로, 출력을 OFF 하기 위해서는 RST 명령을 사용한다.

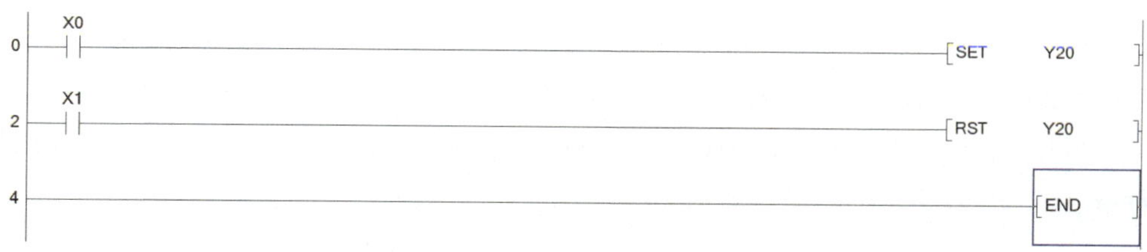

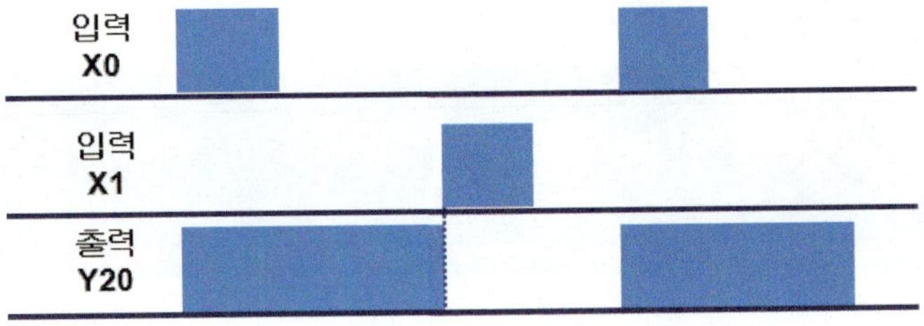

[그림 3-26. SET/RST 명령]

3.2.2 타이머 명령

타이머는 온 딜레이(On delay timer)가 대표적이다. 온 딜레이 타이머는 클럭 펄스를 가산하여 설정값에 달했을 때 출력이 동작하는 타이머를 의미한다. 설정 값으로는 정수(K)를 입력하거나 데이터 레지스터(D)로 간접 지정할 수 있다. 먼저 일반 타이머에 대해서 살펴보자

I. 일반 타이머

타이머는 저속 타이머와 고속 타이머로 나뉠 수 있으며 저속 타이머는 100ms 단위로 시간은 카운트하고, 고속 타이머는 10ms 단위로 시간을 카운트 한다. 예를 들어 저속 타이머에서 설정값을 정수값 50(K50)으로 설정하였을 경우 50×100ms = 5000ms이므로 설정값은 5s가 된다.

[표 3-3. 타이머의 종류]

종류	타이머 번호
저속 타이머	T0~T2047(초기값)
고속 타이머	
저속 적산 타이머	파라메터에서 변경 가능
고속 적산 타이머	

기본적으로 저속 타이머는 100ms, 고속 타이머는 10ms로 설정되어 있으나 설정값을 변경하는 것도 가능하다. 아래와 같이 저속 타이머와 고속 타이머의 설정값 변경 방법에 대해 살펴보자.

①. 네비게이션 윈도우에서 [Parameter]-[PLC Parameter]를 더블 클릭한다.

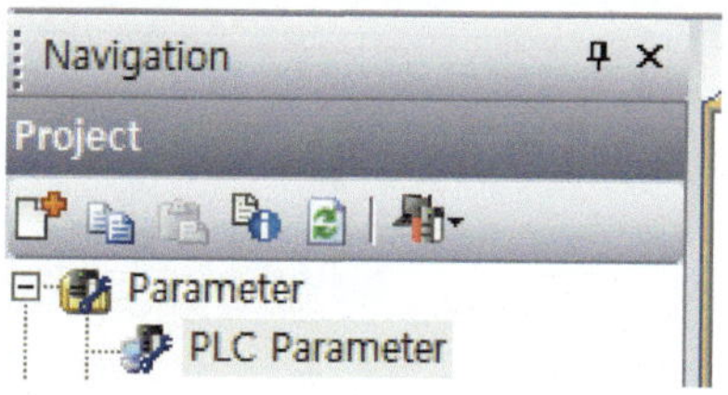

②. [PLC System] 탭을 클릭하고 Timer Limit Setting에서 저속 타이머(Low Speed) 및 고속 타이머(High-Speed)의 설정값을 변경한다.

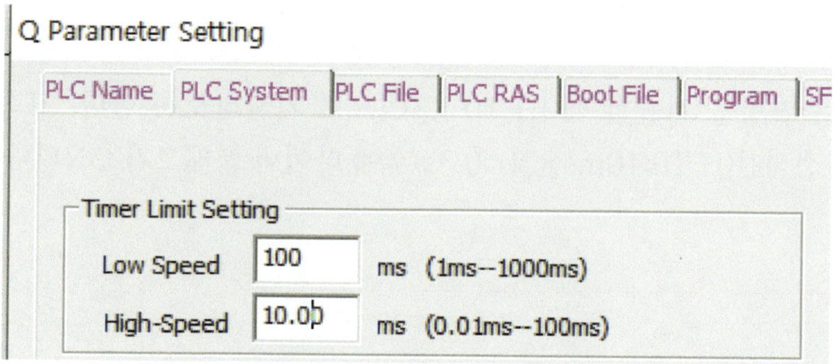

아래 [그림 3-27]과 같이 타임 차트를 통해 프로그램을 작성해보자. 입력 조건 X0가 ON 되면 타이머 T0가 계시를 시작하고 지정시간(T0:100ms×30=3s)후에 T0가 ON된다. X0가 OFF되면 타이머의 계시는 리셋되고 T0도 OFF된다.

[그림 3-27. 저속 타이머의 타임 차트]

[그림 3-28. 저속 타이머의 프로그램]

고속 타이머를 사용할 경우는 명령을 기술할 때 [H T0 K30]으로 기술하도록 한다. 고속 타이머가 계시를 시장하고 지정시간(H T0:10ms×30=0.3s)후에 타이머 플래그가 ON된다.

[그림 3-29. 고속 타이머의 프로그램]

II. 적산 타이머(Retentive Timer)

적산 타이머는 입력 조건이 ON 되면 코일이 ON되어 덧셈을 시작한다. 현재값이 설정값과 같아지면 접점이 ON되며 덧셈 중에 입력 조건이 OFF되면 코일은 OFF 되지만 현재값은 유지되며 다시 입력 조건이 ON 되면 코일이 ON 되어 덧셈을 재시작하므로 현재값은 적산된다. 적산 타이머는 기본값이 사용 안함으로 설정되어 있으므로 파라메터에서 설정을 변경할 필요가 있다.

①. 네비게이션 윈도우에서 [Parameter]-[PLC Parameter]를 더블 클릭한다.

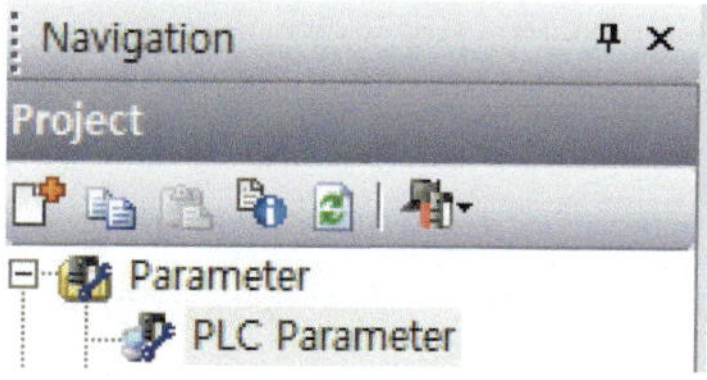

②. [Device]탭을 클릭한다. Retentive Timer(ST)에 Device Point를 할당해야하지만, 기본적으로 Q03UDV CPU에서는 Device Total 값이 30KWord에 맞춰서 할당되어 있다. 따라서, Data Register 값을 13K→12K로 변경하고, Retentive Timer의 값을 0K→1K로 증가시킨다.

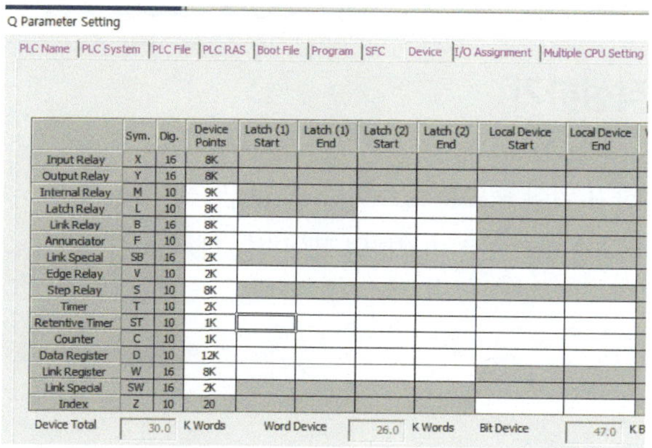

Q Parameter Setting

PLC Name | PLC System | PLC File | PLC RAS | Boot File | Program | SFC | Device | I/O Assignment | Multiple CPU Setting

	Sym.	Dig.	Device Points	Latch (1) Start	Latch (1) End	Latch (2) Start	Latch (2) End	Local Device Start	Local Device End
Input Relay	X	16	8K						
Output Relay	Y	16	8K						
Internal Relay	M	10	9K						
Latch Relay	L	10	8K						
Link Relay	B	16	8K						
Annunciator	F	10	2K						
Link Special	SB	16	2K						
Edge Relay	V	10	2K						
Step Relay	S	10	8K						
Timer	T	10	2K						
Retentive Timer	ST	10	1K						
Counter	C	10	1K						
Data Register	D	10	12K						
Link Register	W	16	8K						
Link Special	SW	16	2K						
Index	Z	10	20						

Device Total 30.0 K Words　Word Device 26.0 K Words　Bit Device 47.0 K B

아래 [그림 3-30]과 같이 타임 차트를 통해 프로그램을 작성해보자. 입력 조건 X0가 ON되면 적산 타이머 ST1이 실행된다. 이때 X0가 OFF되면 적산 타이머는 계수를 정지한다. 다시 X0이 ON되면 적산 시간 5초가 되었을 때 ST1 플래그가 ON되고 출력 Y20이 ON 한다.

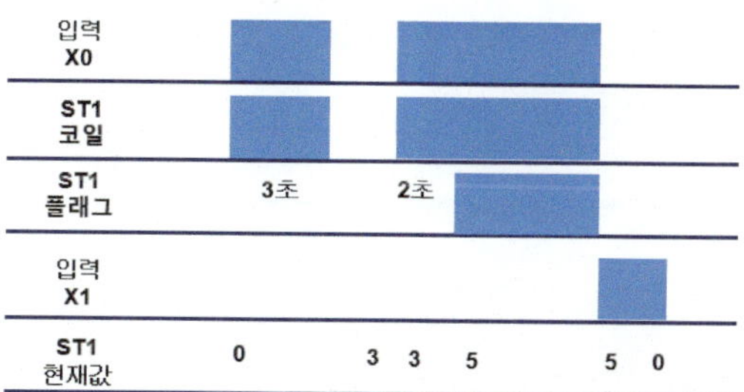

[그림 3-30. 적산 타이머의 타임 차트]

[그림 3-31. 적산 타이머의 래더 프로그램]

연습문제 2

타이머를 사용한 신호등 프로그램 작성하기

자동 신호등 시스템은 도로 교통 흐름을 관리하기 위한 중요한 요소이다. 이번 연습문제에서는 신호등의 색상 변경(빨강, 노랑, 파랑)을 5초마다 순서적으로 변경하여 제어하는 예제를 실습해 보자.

사용하는 입력 및 출력 디바이스는 다음과 같다.

- Y20 : 빨간색 등
- Y21 : 노란색 등
- Y22 : 파란색 등

①. D100의 값이 0이므로 Y20(빨간색 등)이 ON되며 이때 T0(타이머)가 5초간 동작한다 5초후에는 타이머 플래그(T0)가 ON되고 K100의 값이 D100에 전달된다. D100의 값이 K100이므로 [= D100 K0]의 조건을 만족하지 않으므로 빨간색 등은 OFF된다. 이와 마찬가지로 노란색 등 또한 5초간 동작한다.

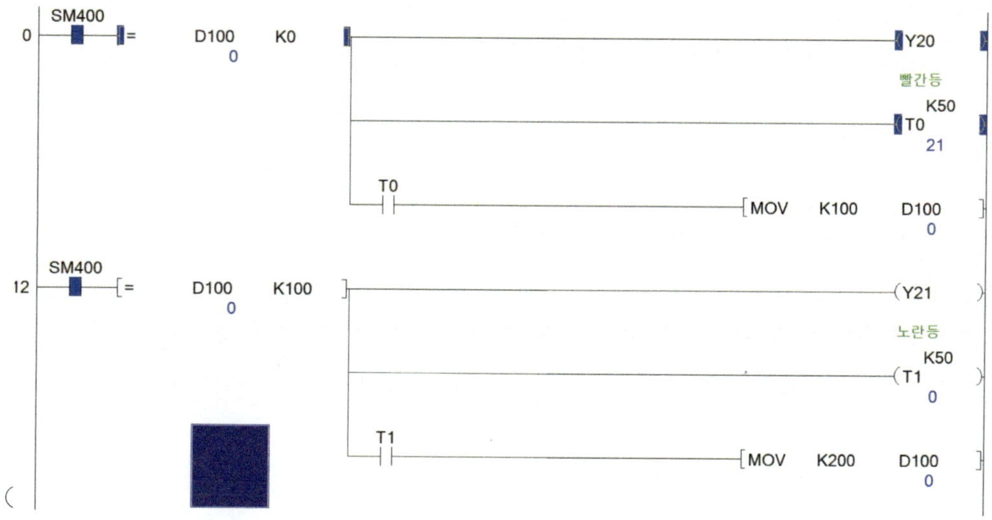

②. 같은 방법으로 파란색 등까지 ON한 후에는 다시 D100의 값이 K0이 되어 빨간색 등부터 순차적으로 반복을 실행한다.

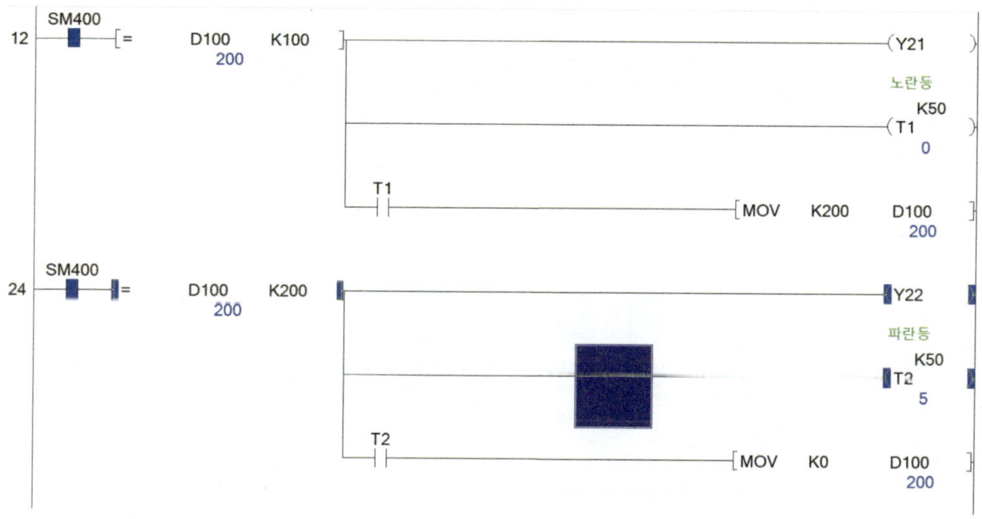

연습문제 3

타이머를 사용한 에스컬레이터 프로그램 작성하기

에스컬레이터는 동작 시 사용자의 안전 및 제어 요소를 고려해야 한다. 이러한 에스컬레이터를 제어하는데 PLC가 사용된다. PLC는 에스컬레이터의 안전 뿐만 아니라 유지보수 등 다양한 측면에서 사용이 용이하다는 장점이 있다.

본 연습문제의 에스컬레이터는 사람이 진입 전까지 에너지 절감을 위해 정지해 있다. 그리고 사람이 센서(X0)를 통과하면 모터(Y20)가 동작을 시작하고, 마지막 사람이 통과한 후 5초 뒤에 모터가 멈춘다.

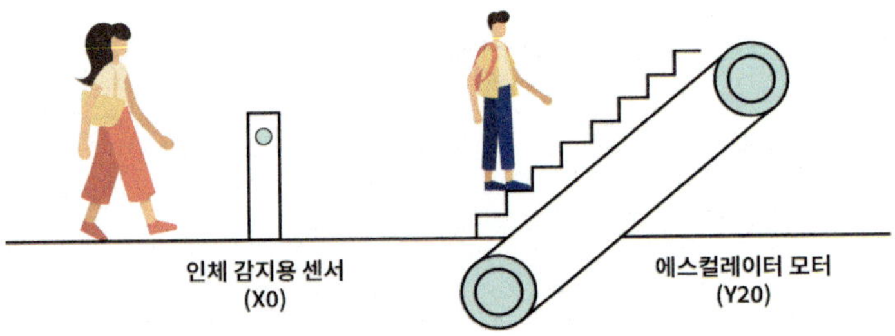

[그림 3-32. 연습문제3의 그림 예]

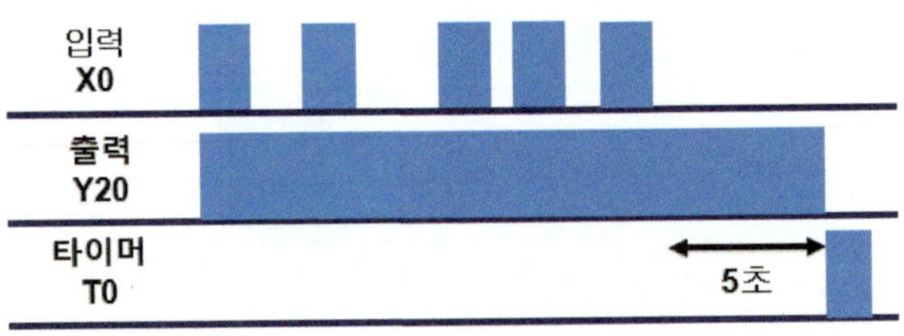

[그림 3-33. 연습문제3의 타임 차트]

①. 사람이 센서(X0)를 통과하면 모터(Y20)가 ON 되고 자기 유지된다. Timer가 계측을 시작한다.

②. 다시 사람이 센서를 통과하면 타이머는 리셋 된다.

③. Stop 스위치를 누르면 모터는 정지하고, 타이머의 현재값은 리셋 된다.

④. 마지막 사람이 센서를 통과하고 5초 동안 경과 후에 자동으로 모터가 정지되고, 타이머의 현재값도 리셋된다.

연습문제 4

타이머를 사용한 에스컬레이터 프로그램 작성하기

연습문제3을 통하여 X, Y, T 디바이스를 사용하여 에스컬레이터 프로그램을 작성할 수 있었다. 이번에는 내부 릴레이(M)을 사용하여 동일하게 동작을 하는 에스컬레이터 프로그램을 작성해 보자.

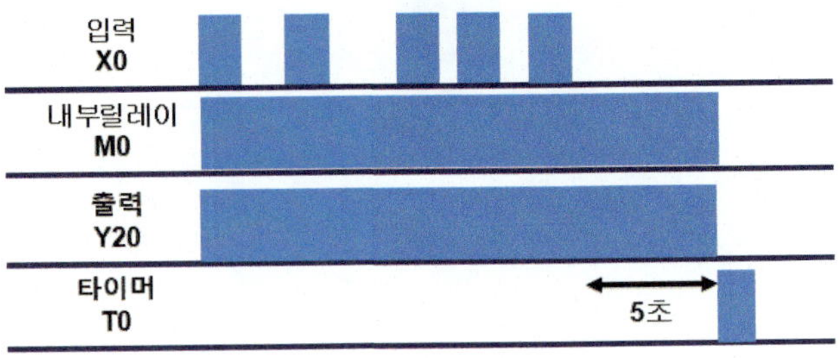

[그림 3-34. 연습문제4의 타임 차트]

[그림 3-35. 연습문제4의 PLC 프로그램]

3.2.3 카운터 명령

카운터(C)는 입력된 횟수가 설정값에 도달하면 출력을 행한다. 카운터는 가산 카운터와 감산 카운터로 나뉠 수 있다. 가산 카운터는 입력이 될 때마다 값이 현재값이 증가하며 감산 카운터는 입력이 될 때마다 값이 현재값이 감소하는 차이가 있다. 아시아권에서는 일반적으로 가산 카운터를 많이 사용하나, 유럽 권에서는 감산 카운터를 많이 사용하는 경향이 있다. 이 책에서는 가산 카운터를 살펴보도록 한다. 동작 조건은 아래와 같다.

①. 카운터 입력 X3이 OFF→ON이 될 때마다 카운터의 현재값이 증가하고 설정값에 도달하면 출력 코일이 ON한다.

②. 카운터 업 후에 카운터의 현재값은 변하지 않고 출력 코일도 동작한 그대로가 된다.

③. 리셋 입력 X2를 ON하면 카운터의 현재값은 0이 되고 출력 코일도 OFF 된다.

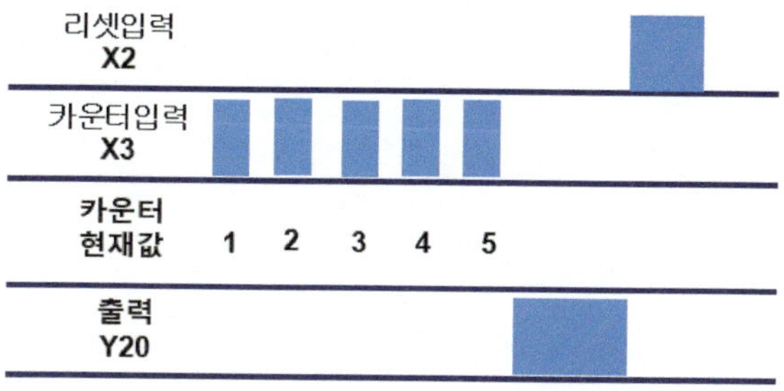

[그림 3-36. 카운터 회로의 타임 차트]

[그림 3-37. 카운터 회로의 PLC 프로그램]

연습문제 5

타이머를 사용한 에스컬레이터 프로그램 작성하기

컨베이어의 운전 지령 스위치(X0)를 ON 하면, 3초간 부저(Y20)가 ON하고 이후 컨베이어가 운전(Y21)을 시작하는 프로그램을 작성해보자. 여기서 제품이 6개를 계수한 것을 검출(X1)하면 컨베이어는 자동으로 정지한다.

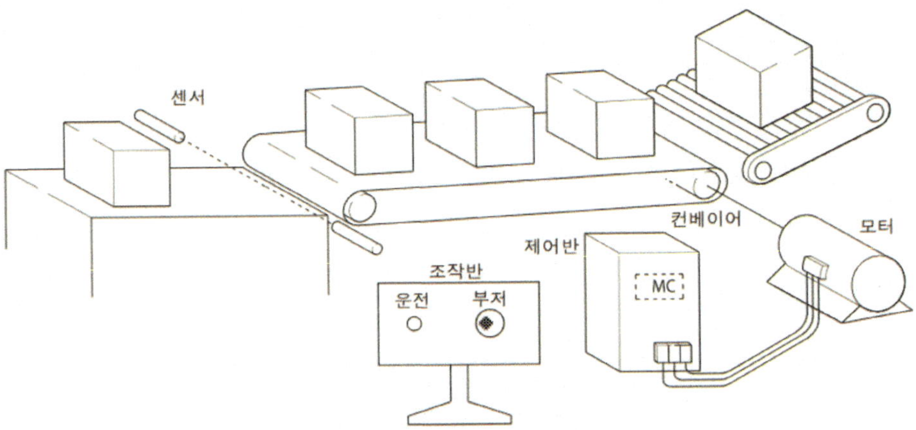

연습문제 6

카운터를 이용한 램프 제어 프로그램 작성하기

입력 신호(X0)가 3번 입력이 되면 램프(Y20)가 점등되고, 5번 입력이 되는 때에 램프가 소등되는 프로그램을 작성해보자. 리셋 신호(X1)가 입력되면 카운터의 값은 초기화된다.

①. 입력 신호(X0)가 3번 입력되면 카운터 플래그(C0)가 ON이 되고 출력 램프(Y20)가 ON한다.

②. 입력 신호가 2번 더 입력되어 입력 신호가 총 5번 입력 되면 카운터 플래그(C1)가 ON 되고 리셋 신호(X1)를 b접점이 끊어지어 출력 램프가 OFF한다.

③. 리셋 신호(X1)를 입력하면 카운터의 값이 초기화 된다.

3.2.4 PLS, PLF 명령

PLS 명령은 상승 엣지 펄스 출력, PLF 명령은 하강 엣지 펄스 출력 명령을 말한다. PLS 명령은 입력 신호의 상승(OFF→ON)시에 1사이클만 출력을 ON한다. 반면에 PLF 명령은 입력 신호의 하강(ON→OFF)시에 1사이클만 출력을 ON한다. 아래 [그림 3-38]과 같이 입력 신호(X0)의 상승 시에 M0는 1사이클 ON하고, 입력 신호의 하강 시에 M1이 1사이클 ON하게 된다.

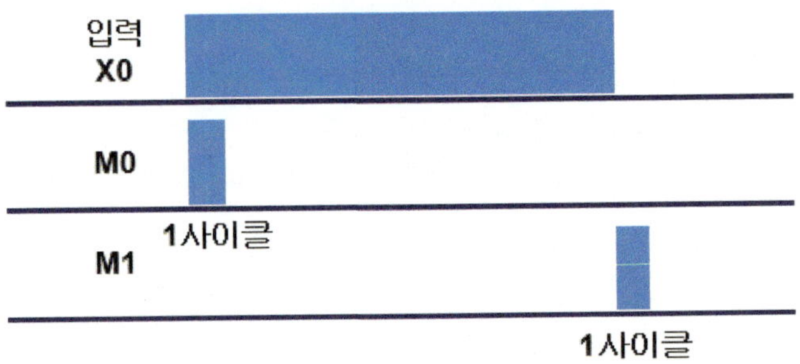

[그림 3-38. PLS/PLF 명령의 타임 차트]

PLS/PLF 명령을 PLC 프로그램으로 작성하여 타임 차트와 같이 동작함을 확인해보자.

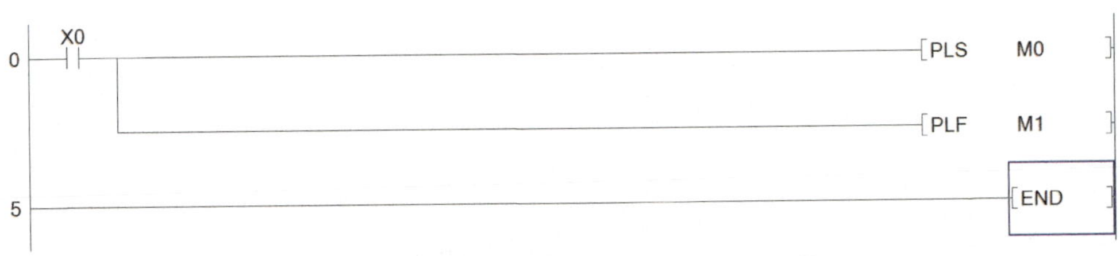

[그림 3-39. PLS/PLF 명령의 PLC 프로그램]

참 고

접점에 상승 펄스, 하강 펄스 기능을 지정할 수도 있다.

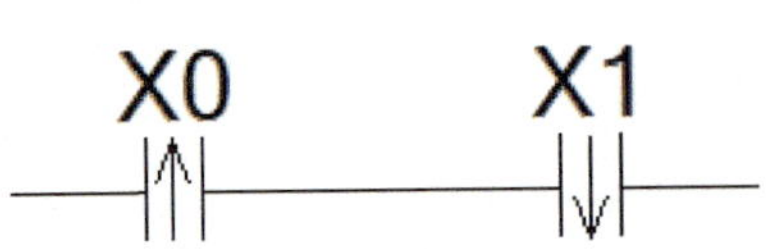

3.2.5 MC/MCR 명령

MC(마스터 컨트롤)에서 MCR(마스터 컨트롤 리셋)까지의 프로그램을 스캔한다. 이러한 기능은 중첩이 가능한 인터록 명령어로써 멀티 인러록 기능을 의미한다. 중첩이란 MC, MCR 명령 사이에 또 다른 MC, MCR 명령이 존재하는 구조를 가르킨다. 명령어 기술 방식은 MC 명령의 경우 [MC N□ M□], MCR 명령의 경우 [MCR N□]형식으로 작성한다. N은 네스팅 번호를 의미하고 M을 접점을 의미하며 네스팅 번호는 N0~N14의 범위에서 사용이 가능하다. 아래 [그림 3-40]과 같이 X0가 ON되었을 경우, X1의 입력시 Y20은 ON되지만. X3 입력에 따른 Y21은 ON되지 않는다.

[그림 3-40. MC/MCR 명령의 PLC 프로그램(1)]

따라서 Y21을 ON하기 위해서는 X2 입력을 ON하여 Y21를 ON함을 [그림 3-41]과 같이 확인할 수 있다.

[그림 3-41. MC/MCR 명령의 PLC 프로그램(2)]

3.2.6 CJ/SCJ 명령

CJ/SCJ 명령은 둘 다 입력 조건이 참일 때 지정된 포인트 번호로 이동하여 프로그램을 실행하는 명령이다. CJ는 입력 조건이 참일 때 지정된 위치에서 해당 포인트 번호로 즉시 점프를 실시하고, SCJ 명령은 입력 조건이 참일 때 현재 스캔을 1스캔 실행하고 다음 스캔부터 지정된 포인터 번호로 이동하여 실행하는 차이가 있다.

아래의 [그림 3-42]와 같이 X0가 ON되면 CJ 명령을 통해 P10으로 이동하고, 포인트 10으로 바로 점프를 하기 때문에 Y20은 ON되어 있다. 이때 X2 입력을 ON하면 Y21은 ON된다. 반면에 X1이 ON되어 있을 경우 SCJ 명령은 1스캔 실행 후 점프를 실시 하기 때문에 X2 입력이 ON되었을 때 Y21은 ON되지만, X1 b접점이 끊어져 Y20이 OFF된다.

[그림 3-42. CJ/SCJ 명령의 PLC 프로그램]

연습문제 7

신호등 제어 프로그램 작성하기

이번에는 신호등 제어 프로그램을 작성해보자. PLC를 RUN하면 신호등 램프를 파란색(Y22)을 10초 ON, 노란색(Y21) 5초 ON, 빨간색(Y20)을 10초 ON하는 프로그램을 작성하도록 한다. 이 프로그램을 작성하기 위한 입출력 할당은 아래와 같다.

■ 입출력 할당

입력		출력	
X0	제어 시작	Y20	빨간색 램프
X1	제어 정지	Y21	노란색 램프
-		Y22	파란색 램프

①. 제어시작(X0) 신호가 ON 되면 M1을 1스캔 ON한다.

②. M1이 1스캔 ON하면 파란색 램프(Y20)가 자기 유지되고 Y20을 10초간 ON한다.

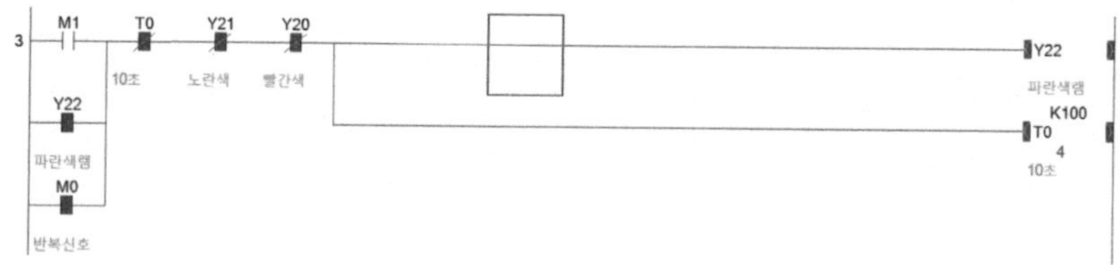

③. 파란색 램프(Y20)가 OFF되면 다음으로 노란색 램프(Y21)를 5초간 ON한다.

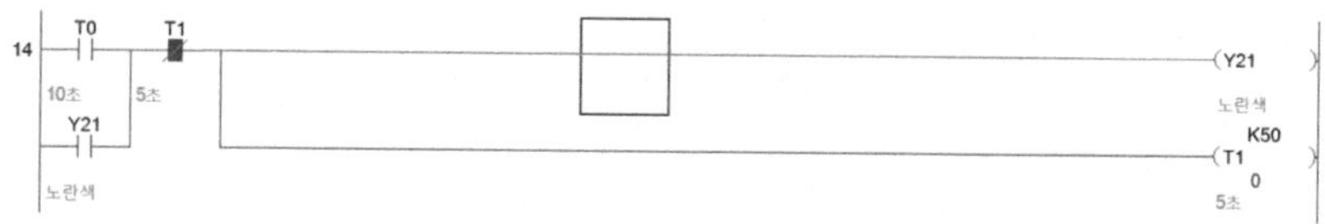

④. 노란색 램프(Y21)가 OFF되면 다음으로 빨간색 램프(Y20)를 10초간 ON한다.

⑤. 빨간색 램프(Y20)가 OFF되면 다시 처음으로 돌아가서 반복제어를 실시한다. 여기서 제어정지(X1) 입력이 ON하면 M0이 리셋되어 반복을 정지한다.

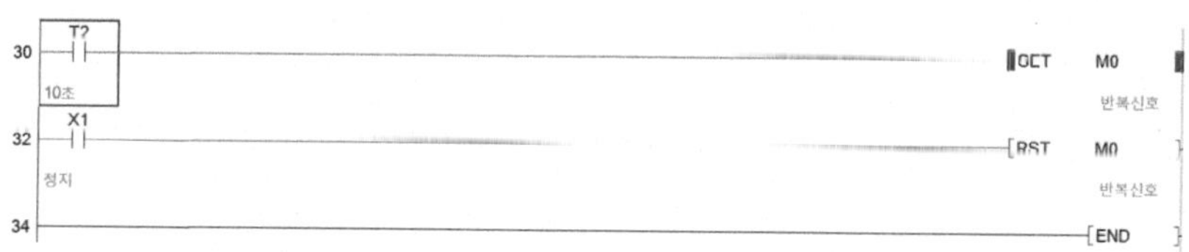

연습문제 8

컨베이어 제어 프로그램 작성하기

이 컨베이어 시스템은 시작 버튼(X0)을 누르면 부저(Y23)가 5초가 울린다. 이후 모터 전진(Y20)이 ON되어 컨베이어가 운전을 시작한다. 모터 전진중에는 운전중 램프(Y21)가 ON한다. 이때 통과 센서(X2)가 워크를 5개 검출하면 생산완료 램프(Y22)가 ON하고 10초후에 컨베이어가 정지한다. 그리고 정지 버튼(X1)이 눌리면 시스템이 정지하고, 시작 버튼(X0)을 ON하면 다시 시작한다.

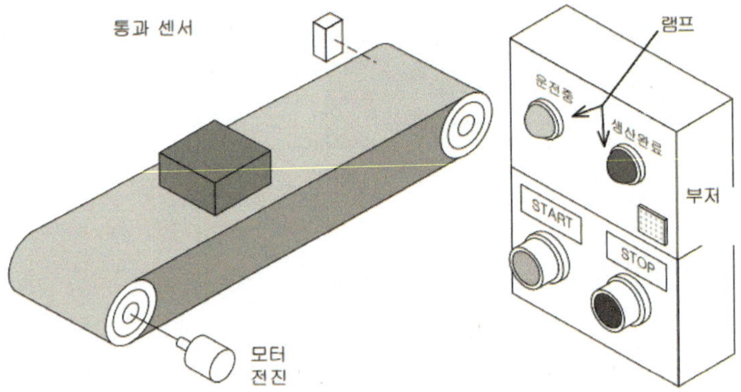

■ 입출력 할당

입력		출력	
X0	시작 버튼	Y20	모터 전진
X1	정지 버튼	Y21	운전중 램프
X2	통과 센서	Y22	생산완료 램프
-		Y23	부저

①. 먼저 제어 개시 지령을 위해서 시작 버튼(X0)이 ON하면 M10을 1스캔 처리한다.

②. 컨베이어 구동을 위해 M10이 1스캔 ON하면 M0은 자기유지된다.

③. 컨베이어의 동작 상태 초기화를 위해 운전을 하기 전에 M1을 통해 램프 및 카운터의 현재 값을 초기화한다.

④. 자기유지(M0) 신호가 ON시 타이머를 통해 부저(Y3)를 5초간 실행한다.

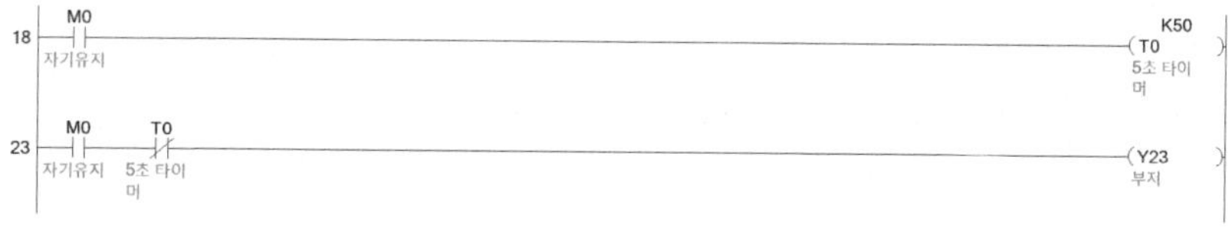

⑤. 5초간 부저가 울린후에 운전중 램프(Y21)와 모터 전진(Y20)을 ON시킨다.

⑥. 워크가 통과될 때마다 통과 센서(X2)가 카운터를 통해 카운터 업하게 되고, 5번 카운트 되면 통과센서 카운트 플래그가 ON하여 생산완료 램프(Y22)가 ON한다. 카운트 완료 후에 타이머를 통해 컨베이어를 10초간 동작시킨다. 컨베이어 정지 후에 운전을 정지시키기 위해 펄스를 ON한다.

3.2.7 CPU 유니트의 동작

I. 사이클 타임(Cycle time)

PLC의 CPU 유니트는 아래 [그림 3-43]과 같은 순서로 동작한다. 연산처리(명령 실행)후 I/O 리프레쉬, 주변 서비스를 실행하고 이 과정을 계속해서 반복한다. 이러한 일련의 처리 과정에 걸리는 시간을 사이클 타임이라고 한다. 먼저 전원투입 후 I/O 메모리 클리어, 장착된 유니트의 인식 및 등록 등 초기처리가 이뤄진다. 둘째로, 배터리 이상을 체크하거나 사용자 프로그램의 메모리 체크 등의 공통처리가 실시되고, 셋째 PLC 운전중에 사용자 프로그램을 실행하는 연산처리가 실행된다. 다음으로 입력 유니트의 정보가 I/O 메모리에 저장되어 출력 유니트에 출력이 I/O 리프레쉬를 통해 실행된다.

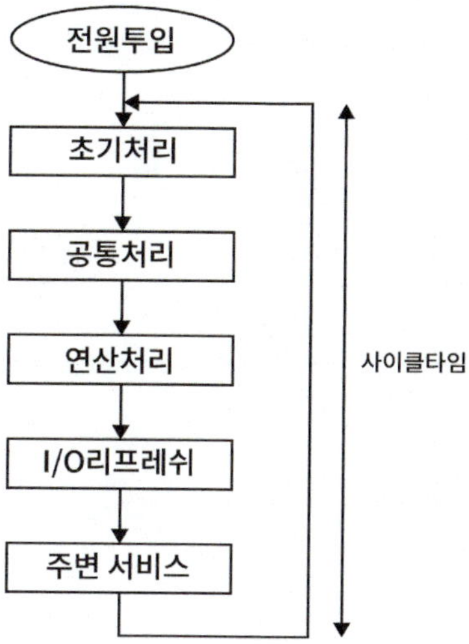

[그림 3-43. 사이클 타임]

II. I/O 리프레쉬

입력 유니트에 연결된 입력 기기의 ON/OFF 정보는 I/O 리프레쉬 타이밍에 I/O 메모리에 들어간다. 또한 프로그램의 실행 결과는 즉시 출력되는 것이 아니라 다음 I/O 리프레쉬 시에 출력 유니트를 통해 출력 기기에 반영된다.

III. PLC에 필요한 입력신호의 길이

PLC는 I/O 리프레쉬 시에 입력 정보를 받아들인다. 그렇기 때문에 입력 정보가 사이클 타임보다 짧은 경우에는 타이밍에 따라 입력 정보를 받아들이지 못하는 경우가 발생한다. 정확하게 입력 정보를 받아들이기 위해서는 입력 정보의 길이를 사이클 타임보다 길게 하거나, 펄스 캐치 기능이 있는 유니트를 사용해야 한다.

아래 [그림 3-44]에서는 X0 입력 정보가 사이클 타임보다 짧은 예를 나타낸다.

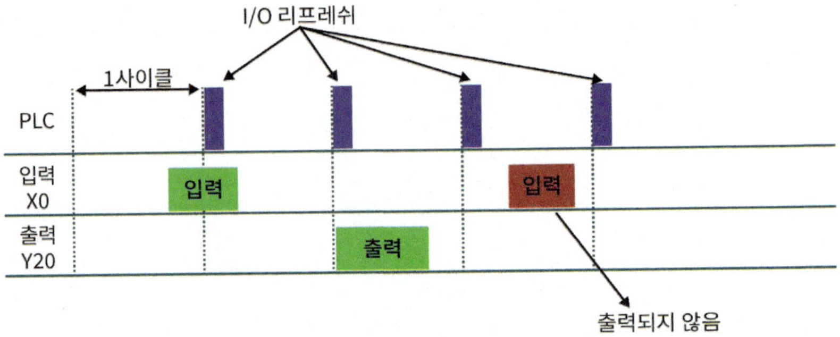

[그림 3-44. 입력 정보가 사이클 타임보다 짧은 예]

3.2.8 선 입력 신호 우선 회로

선 입력 신호 우선 회로는 먼저 입력된 신호로 출력이 ON하고 있더라도, 후에 들어온 신호로 기존의 출력이 OFF 되고, 새로 입력된 신호에 따라 출력이 ON하는 회로를 의미한다. 아래 [그림 3-45]의 타임 차트를 살펴보면 입력 신호(X0)가 ON했을 때 출력 신호(Y20)가 ON하고, 다음의 입력 신호(X2)가 입력 되었을 때는 ON되어 있던 출력 신호가 OFF된다.

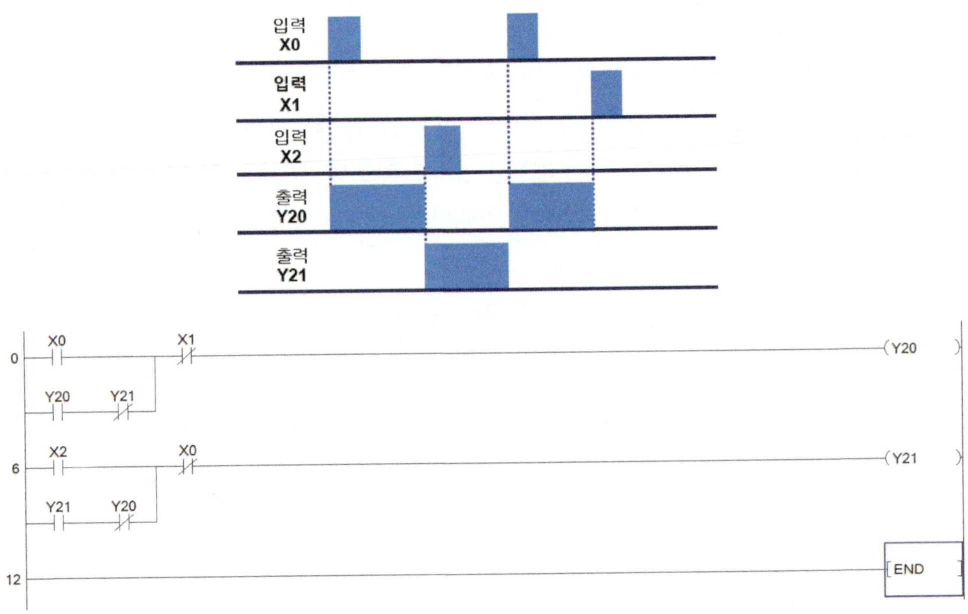

[그림 3-45. 선 입력 신호 우선 회로의 타임차트 및 PLC 프로그램]

3.2.9 푸시 온(Push On) / 푸시 오프(Push Off) 회로

푸시 온/푸시 오프 회로는 먼저 들어온 입력으로 출력을 ON하고, 그 다음 두 번째 입력으로 출력을 OFF를 하는 회로를 말한다. 아래 [그림 3-46]의 타임 차트와 같이 입력 조건이 ON할 때마다 출력이 반전되는 회로를 의미한다. 이러한 푸시 온/푸시 오프 회로를 사용하면 여러 개의 스위치를 사용하지 않고 스위치 1개를 사용해서 간단한 동작을 구현할 수 있다는 장점이 있다.

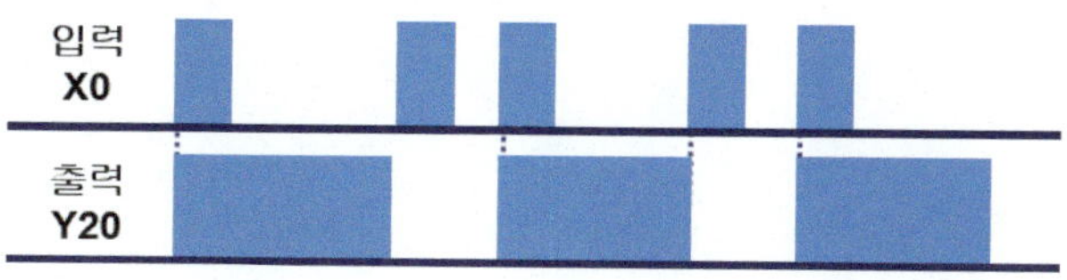

[그림 3-46. 푸시 온/푸시 오프 회로의 타임 차트]

[그림 3-47. 푸시 온/푸시 오프 회로의 PLC 프로그램]

IV MELSEC-Q PLC 응용 명령

이 장에서는 데이터 전송 명령, 비교 명령, 사칙연산 명령, 시프트 명령, 시계용 명령, 인덱스 레지스터 등 응용 명령에 대해서 살펴본다.

4.1 데이터 전송 명령

4.1.1 MOV 명령어

앞서 기본 명령에서는 주로 1bit 단위로 ON/OFF 데이터를 취급하였다. 응용 명령어에서는 16bit를 1Word로 보고, Word 단위로 데이터를 취급하는 경우가 많다. 채널 단위로 데이터를 취급하면 생산 수량이나 온도 값 등의 수치 데이터의 처리가 가능하다. 아래와 같이 16bit ON/OFF 상태를 1Word 데이터로 나타낼 수 있다.

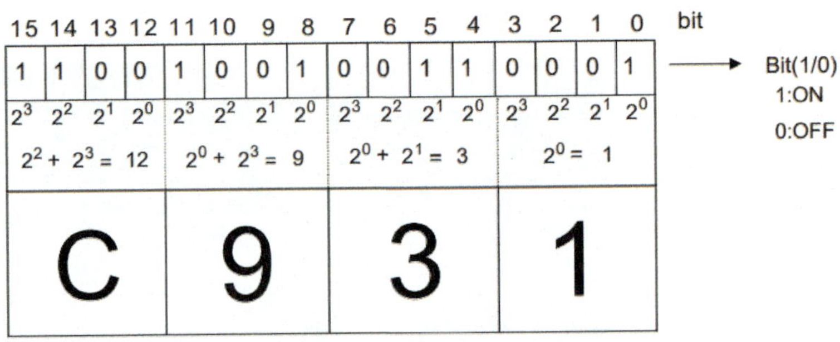

[그림 4-1. Word 데이터]

MOV 명령(데이터 전송 명령)은 ON, OFF 데이터 혹은 수치 데이터를 전송 소스(Source)에서 전송 상대(Destination)에 전달하는 기능을 수행한다. 데이터를 일시적으로 기억하거나 저장을 할 때 반드시 사용하는 대표적인 데이터 전송 명령이다. 이러한 데이터 전송 명령에는 단순히 데이터를 전송하는 경우도 있지만 BIN, BCD와 같이 데이터를 변환하는 경우도 있다. 각 데이터 값은 BIN값으로 전송된다. 이러한 MOV 명령을 사용하는 경우에 대해서 살펴보자.

I. 워드 디바이스(16bit) → 워드 디바이스(16bit) 간의 전송

아래는 D0(16bit)의 데이터를 D1(16bit)에 전송하는 PLC 프로그램 및 데이터 전송의 예를 나타낸다.

	b15	b14	b13	b12	b11	b10	b9	b8	b7	b6	b5	b4	b3	b2	b1	b0
D0	0	0	1	0	1	0	0	1	0	0	1	1	0	0	0	1

⇩

D1	0	0	1	0	1	0	0	1	0	0	1	1	0	0	0	1

II. K(10진수) → 워드 디바이스 전송

아래는 K1234(10진수)를 BIN 값으로 취급하고 D1(16bit)로 전송하는 PLC 프로그램 및 데이터 전송의 예를 나타낸다.

K1234(10진수)

	b15	b14	b13	b12	b11	b10	b9	b8	b7	b6	b5	b4	b3	b2	b1	b0
K1234	0	0	0	0	0	1	0	0	1	1	0	1	0	0	1	0

⇩

D1	0	0	0	0	0	1	0	0	1	1	0	1	0	0	1	0

III. 비트 디바이스 → 워드 디바이스 전송

아래는 전송 소스가 K1X0 ~ K3X0 등 상위 bit가 부족한 데이터(16bit가 아닌 데이터)를 전송할 때 상위 데이터는 전송되지 않는 예를 PLC 프로그램과 데이터 전송의 예로 나타낸다.

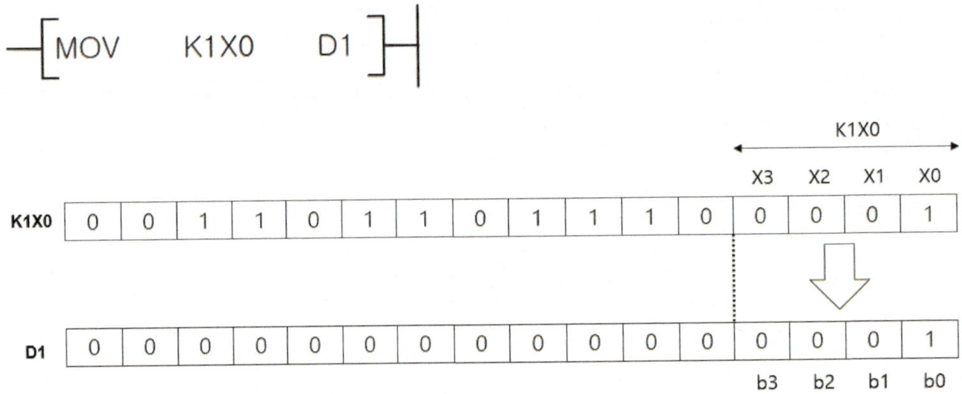

IV. 워드 디바이스 → 비트 디바이스 전송

전송 소스가 K1Y0 ~ K3Y0등 상위 bit가 부족한 데이터(16bit가 아닌 데이터)를 전송할 때 상위 데이터는 전송되지 않는 예를 PLC 프로그램과 데이터 전송의 예를 나타낸다.

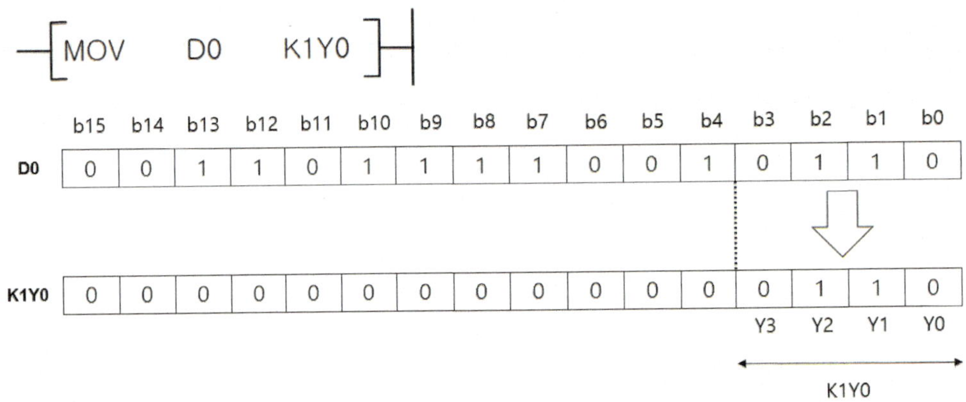

참 고

MOV와 MOVP를 사용해야 하는 경우가 있다. MOVP의 P는 펄스(Pulse)의 P를 의미한다. 일반적으로 변경하는 데이터를 상시적으로 읽을 때는 MOV 명령을 사용하지만 데이터 설정 및 이상 시 데이터 읽기 등과 같이 순간적으로 데이터를 전송하는 경우에는 MOVP 명령을 사용한다. MOV 명령의 동작을 아래의 타임 차트와 PLC 프로그램으로 작성하여 확인해보도록 하자.

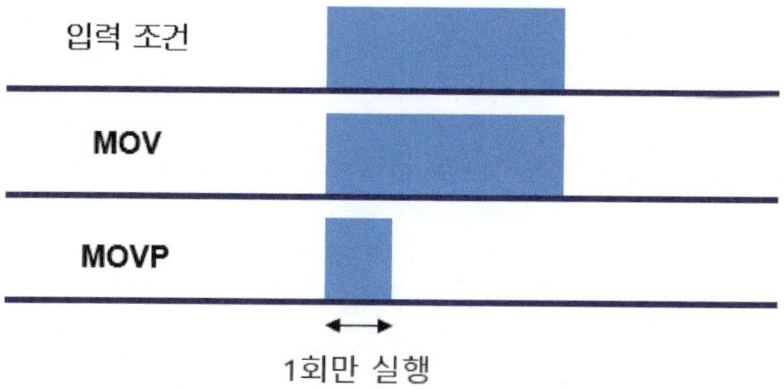

[그림 4-2. MOVP 명령과 MOV명령의 타임차트]

[그림 4-3. MOVP 명령의 PLC 프로그램 예]

MOV 명령의 경우 WORD 영역에서 표현이 가능한(-32768 ~ 32767) 값으로 표현이 가능하기 때문에 예를 들어 K40000과 같이 그 이상의 값을 표현하기 위해서는 DMOV 명령을 사용해야 한다.

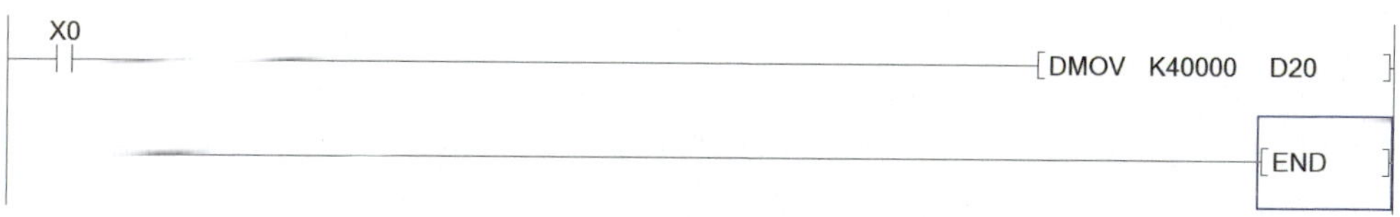

[그림 4-4. DMOV 명령의 PLC 프로그램 예]

앞서 MOV, DMOV 명령을 사용하여 정수의 값을 해당 레지스터로 전송할 수 있었다. 만약 문자를 전송하거나 실수를 전송한다면 어떻게 될까? 문자열을 전송할 때는 $MOV 명령을 사용하여 전송할 수 있다. 이때 소스값은 문자열을 표현하기 위해 “”을 붙이도록 한다. 예를 들어 ABCD 문자열의 값을 D15로 전송할 때는 [$MOV “ABCD” D15]와 같은 형식으로 작성해야 한다.

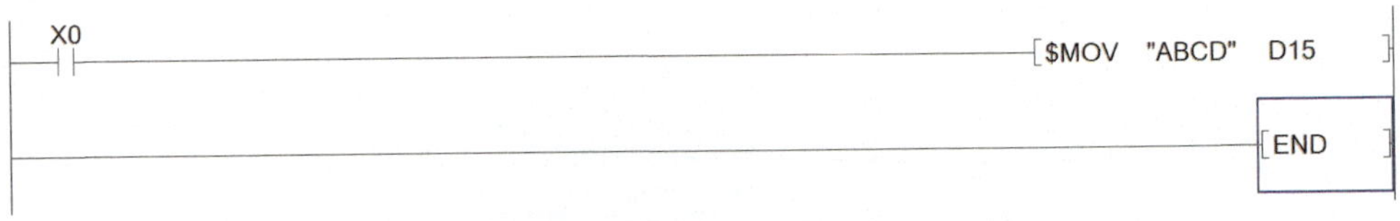

[그림 4-5. $MOV 명령의 PLC 프로그램 예]

뿐만 아니라, 실수값을 전송할 때는 EMOV 명령을 사용하여 전송할 수 있다. EMOV를 사용하지 않고 일반 MOV, DMOV를 사용하여 실수를 전송할 때는 프로그램 에러가 발생하기 때문에 주의하도록 하자. 아래는 실수 1.45의 값을 D16으로 전송하는 PLC 프로그램의 예를 나타낸다.

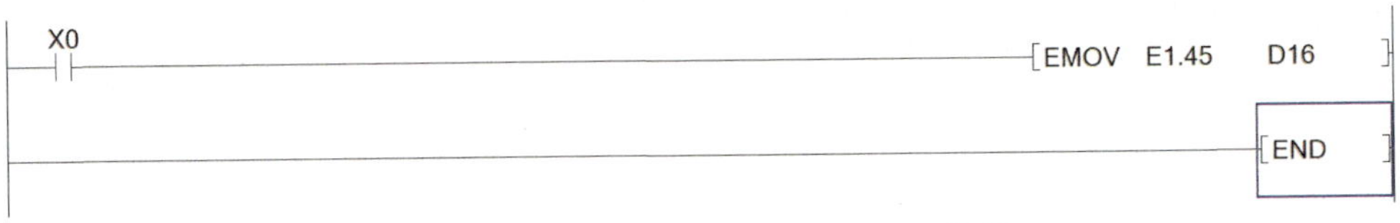

[그림 4-6. EMOV 명령의 PLC 프로그램 예]

4.1.2 BCD → BIN 데이터 변환 명령어

PLC 내부적으로는 수치를 모두 BIN값으로 취급하고 있다. 따라서 BCD의 디지털 스위치 정보 등을 PLC에서 수집할 때는 BCD → BIN 변환 명령어를 사용할 수 있다. BIN 명령은 구동 입력이 ON했을 때 전송 소스의 BCD값을 BIN값으로 변환하여 전송한다. 일반적인 디지털 스위치는 BCD 코드를 발생시키는 기기이다. 따라서 디지털 스위치의 데이터를 PLC로 보낼 때는 BIN 명령을 사용한다. 입력 조건이 ON되면 소스(S)로 지정된 디바이스의 데이터를 2진화 10진수(BCD 코드)로 보아 2진수(BIN 코드)로 변환하여 데스티네이션(D)으로 지정된 디바이스에 전송한다. 아래 [그림 4-7]을 살펴보자. 디지털 스위치의 주소는 K4X20으로 가정한다. 여기서 BIN으로 변환하여 입력한 경우는 1024+128+64+16+2=1234의 값으로 변환되는 반면에, BCD 그대로 입력한 경우는 4096+512+32+16+4=4660의 값으로 변환된 것을 확인할 수 있다.

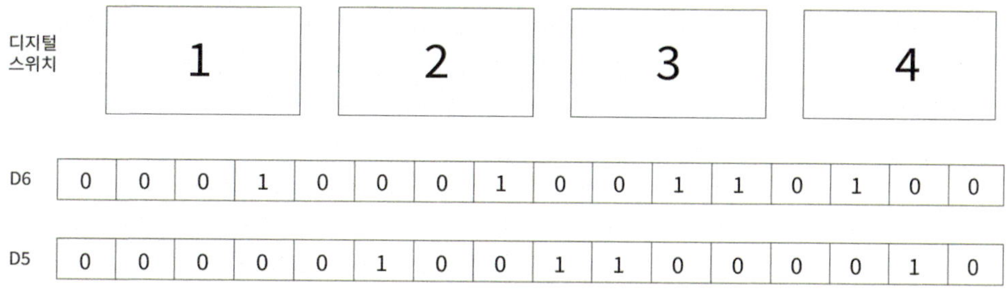

[그림 4-7. BCD → BIN 명령의 예]

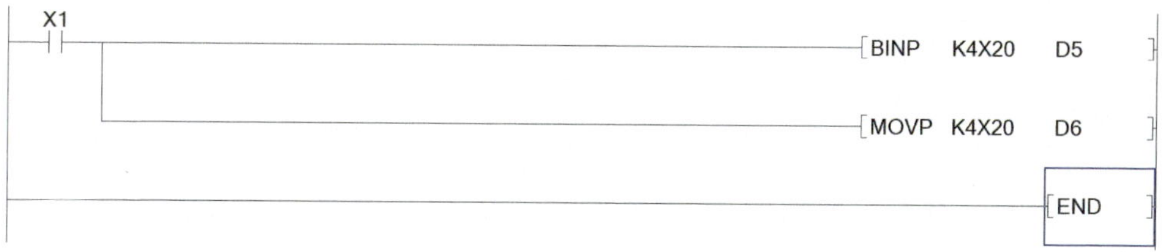

[그림 4-8. BCD → BIN 명령의 PLC 프로그램]

4.1.3 BIN → BCD 데이터 변환 명령어

이번에는 BCD 명령을 사용해보도록 하자. BCD의 7-Segment 표시기에 출력할 때는 BIN → BCD 변환 명령을 사용할 수 있다. BCD 명령은 구동 입력이 ON했을 때 전송 소스의 BIN값을 BCD값으로 변환하여 전송한다. 7-Segment와 같은 대부분의 디지털 표시기는 BCD 코드로 값을 표시한다. 따라서 PLC의 데이터(타이머 및 카운터의 현재값, 연산 결과의 데이터 레지스터의 값)를 표시하는 경우에 사용할 수 있다. 아래 [그림 4-9]와 같이 C10의 BIN값이 1024+128+32+16+8+4+1-1213인 경우 BCD로 변환되어 디지털 표시기에서 해당 값을 확인할 수 있다.

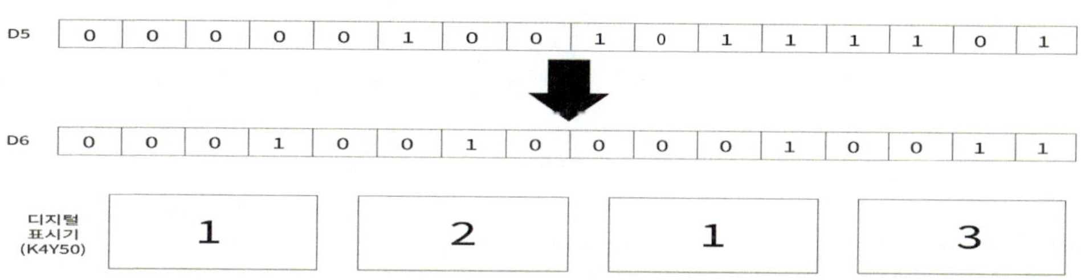

[그림 4-9. BIN → BCD 명령의 예]

[그림 4-10. BIN → BCD 명령의 PLC 프로그램]

4.1.4 FMOV 명령어

FMOV 명령은 동일 데이터의 일괄 전송을 수행하는 명령이다. 소스로 지정된 디바이스의 값을 데스티네이션으로 지정된 디바이스를 선두로 n개분 전송한다. 그리고 전송된 n 개분의 데이터는 모두 같은 데이터가 된다.

명령어의 기술 방식은 [FMOV 전송소스 전송상대 전송개수]로 작성한다. 예를 들어 K1234의 값을 D20~D23의 4점에 전송할 경우 [FMOV K1234 D20 K4]로 작성할 수 있다.

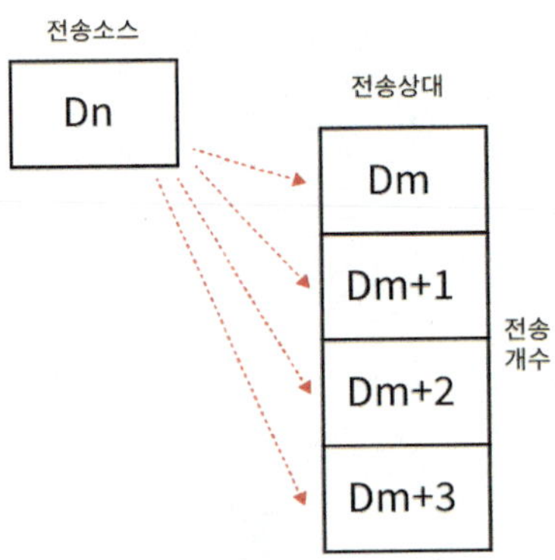

[그림 4-11. FMOV 명령]

FMOV 명령을 사용하여 PLC 프로그램을 작성해보자. 이번 예제에서는 D10에 저장되어 있는 값을 D20~D23에 4점 전송하는 예제이다.

①. X0 입력이 ON될 때 FMOV 명령이 수행되는 PLC 프로그램을 작성한다.

②. D10의 값을 할당하기 위해 [Online]-[Monitor]-[Device/Buffer Memory Batch]를 클릭한다.

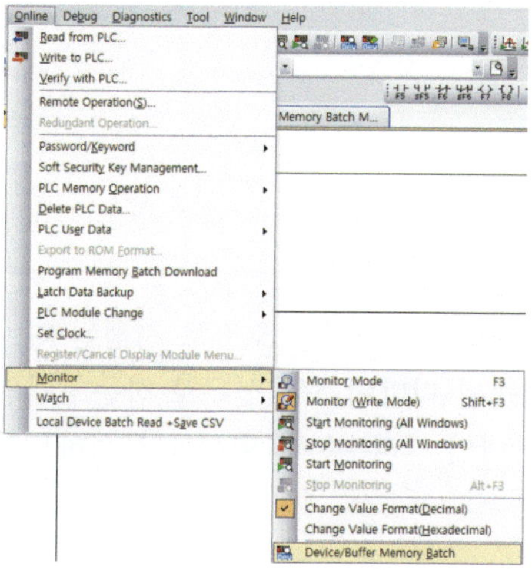

③. D10에 값을 10진수로 1234값을 할당한다.

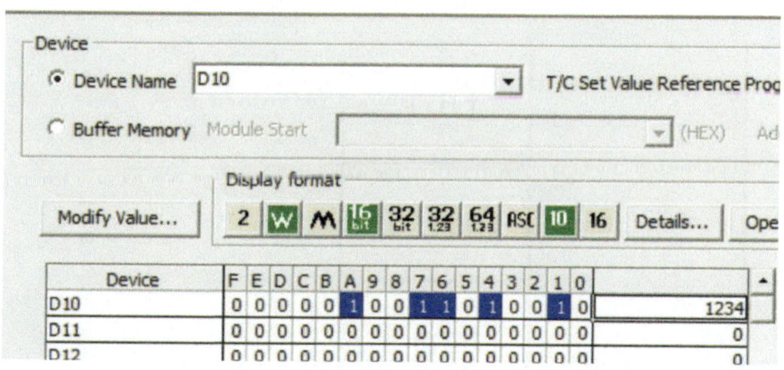

④. X0 입력을 ON하여 FMOV 명령을 실행한다.

⑤. 마찬가지로 [Online]-[Monitor]-[Device/Buffer Memory Batch]에서 D20을 작성하고 D20~D23에 10진수 1234가 일괄 전송된 것을 확인한다.

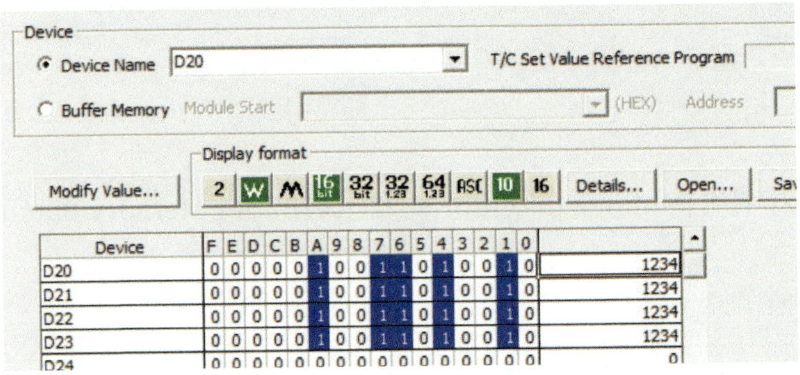

4.1.5 BMOV 명령어

BMOV 명령은 블록 단위로 데이터를 일괄 전송하는 명령이다. 전송 소스로 지정된 디바이스를 선두로 하는 n개의 데이터를 전송 상대로 지정된 디바이스를 선두로 하는 n개의 디바이스로 일괄 전송한다. 이때 전송 소스와 전송 상대의 자리수는 동일하게 작성하도록 한다.

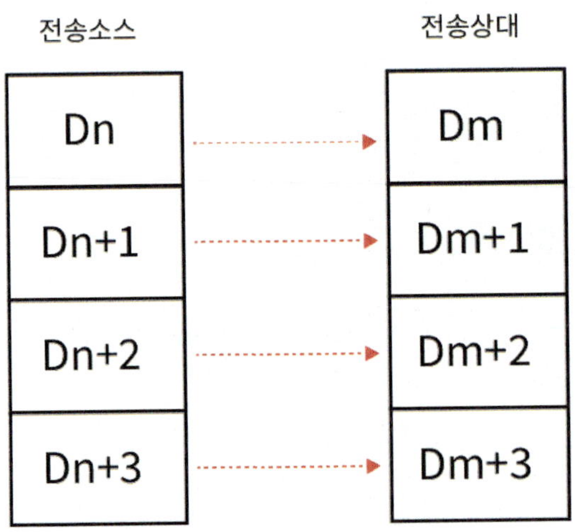

[그림 4-12. BMOV 명령]

블록단위 전송을 위해 BMOV 명령을 사용하여 PLC 프로그램을 작성해보자. 이번 예제에서는 D0~D2의 3점을 D10~D12의 3점으로 일괄 전송하도록 한다.

①. BMOV를 사용하여 PLC 프로그램을 작성한다. 데이터는 K10→D0에 전송, K25→D1에 전송, K50→D2에 전송하고 구동 입력이 ON되면 D0~D2의 3점을 D10~D12의 3점으로 일괄 전송하는 프로그램이다. 프로그램을 작성한 뒤 X0 입력을 ON하여 BMOV 명령을 실행시킨다.

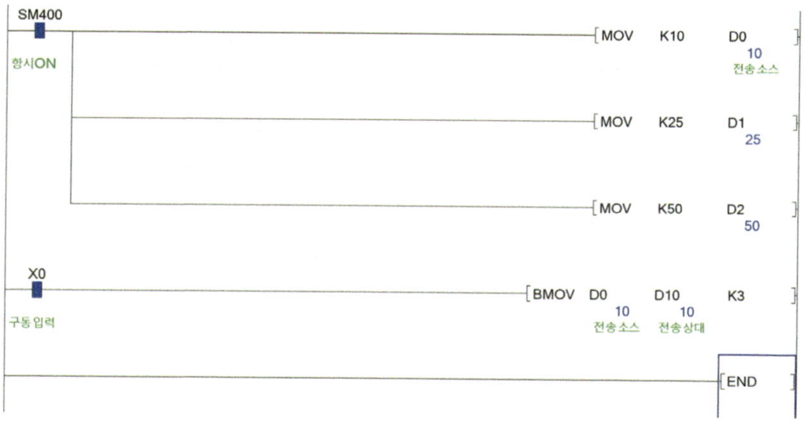

②. [Online]-[Monitor]-[Device/Buffer Memory Batch]에서 D10~D12에 일괄 전송된 것을 확인한다.

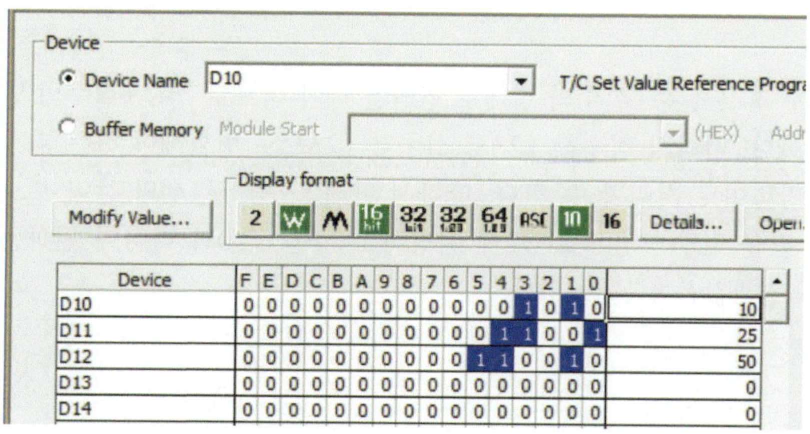

4.1.6 FLT/INT 명령어

FLT 명령어는 BIN 16비트 혹은 32비트의 데이터를 부동 소수점으로 변환하는데 사용하는 명령어이다. 즉 정수값을 부동 소수점 값으로 변환하는데 주로 사용된다. 기술 방식은 [FLT S1 D1]으로 기술된다. 여기서 D1(Destination)은 변환된 부동 소수점 값을 저장할 레지스터이며, S1(Source)는 변환할 정수 값이나 다른 레지스터를 의미한다. 이러한 FLT 명령어는 실수 연산이 필요한 경우나 센서 등에서 수신한 데이터를 실수로 처리해야 할 때 유용하게 사용될 수 있다.

예를 들어 정수 123값과 실수 1.234값을 PLC에서 더해서 연산해야 하는 경우를 살펴보자. 앞서 데이터 전송 명령에서 정수값은 MOV, 소수값은 EMOV를 사용하여 데이터를 처리할 수 있었다. 123+1.234=124.234의 결과값이 출력되야 하지만 그렇지 않은 것을 확인할 수 있다.

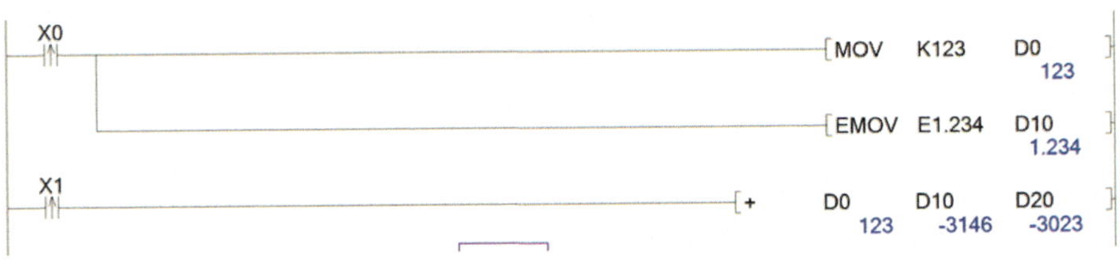

[그림 4-13. 정수부와 실수부 연산의 오류 예]

이는 PLC에서 정수+정수 혹은 실수+실수의 형태로 연산을 해야 하므로 정수+실수의 연산을 할 수 없음을 의미한다. 따라서 정수값 123을 실수값 123으로 변환해야 하는 과정이 필요하며 이를 FLT 명령어로 처리할 수 있다. 따라서 아래 [그림 4-14]와 같이 프로그램을 작성하여 D0의 값을 FLT 명령으로 D2에 저장하고 이를 D10과 더하여 원하는 123+1.234=124.234의 결과값을 얻을 수 있다.

[그림 4-14. FLT 명령을 사용한 정수부와 실수부 연산 프로그램]

FLT 명령어가 정수값 데이터를 소수값 데이터로 변환하는 명령어 였다면, INT 명령어는 반대로 소수값 데이터를 정수값 데이터로 변환하는 명령어이다. INT 명령어는 [INT S1 D1]에 기술 방식을 따른다. D1(Destination)은 변환된 정수값을 저장할 레지스터이며, S1(Source)는 변환할 부동 소수점 값이나 다른 레지스터를 의미한다. 따라서 INT 명령어는 S1의 값을 정수로 변환하여 D1에 저장한다. 이러한 INT 명령어를 사용하면 센서 등에서 수신한 부동 소수점 값이나 계산 결과를 정수로 변환하여 필요한 경우에 사용할 수 있다. INT 명령어는 소수점 이하를 버리고 정수값을 반환하는 점을 기억하도록 한다.

이번에는 정수값 123과 실수값 1.234를 정수부만 더해서 123+1=124의 정수를 갖는 결과값을 출력해보도록 하자. 아래 [그림 4-15]과 같이 D10은 실수값이기 때문에 D0와 D10을 바로 더할 수 없다. 따라서 실수값 D10을 INT 명령을 사용하여 정수값으로 변환된 값을 D12에 저장한다. 이후 D0과 D12를 더한값을 D20에 전송함으로써 원하는 123+1=124의 정수값을 얻을 수 있다.

[그림 4-13. 정수부와 실수부 연산의 오류 예]

4.1.7 STR 명령어

STR 명령어는 정수값을 문자열로 변환하는데 사용되는 명령어이다. 이러한 STR 명령어는 정수값을 문자열로 표현함으로써 다른 연산이나 통신에 활용될 수 있다. STR 명령어는 [STR S1 S2 D]의 기술 방식을 따른다. S1은 전체 자리수 및 소수점 이하 자리를 설정하며, S2는 변환할 정수 데이터를 의미한다. 그리고 문자열로 변환된 데이터는 D에 저장된다. PLC에서 정수값을 문자열로 변환하면 HMI(Human Machine Interface)등에서 값을 표시하거나 통신 프로토콜을 통해 다른 장치에 전송하는데 용이하게 사용될 수 있다. 예를 들어 아래 [그림 4-16]과 같이 정수값 12672을 문자열 1267.2로 변환하는 경우를 살펴보자.

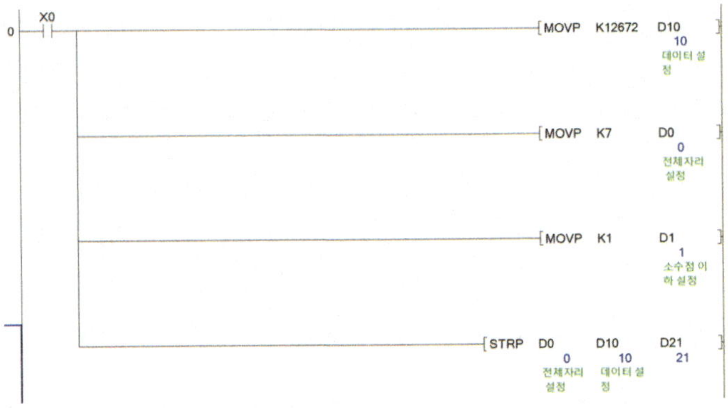

[그림 4-16. STR 명령을 사용한 문자열 변환 프로그램]

해당 프로그램에서는 K12672의 값을 문자열 1267.2로 변환하는 프로그램을 나타낸다. STR 명령은 [STRP D0 D10 D21]로 실행된다. 먼저 D0은 문자열의 전체자리를 설정한다. 변환하고자 하는 값이 1267.2이고 .(dot)을 포함한 문자열의 수는 D0의 값이 K7이므로 전체 자리수 7자리를 의미한다. S1+1의 주소 D1은 소수부 자리를 의미한다. D1의 값이 K1이므로 소수부 자리는 1자리로 표현된다. D10은 변환하고자 하는 소스 데이터를 의미하고. S1 및 S2를 통해 변환된 값이 21에 저장된다.

X0 입력을 ON하여 명령어를 실행시킨 후 [Device/Buffer Memory Batch]에서 D21의 값을 확인해보자. 16bit 및 16진수를 체크하고 아래와 같은 결과값을 확인할 수 있다. 16진수의 아스키 코드(Ascii code)값으로 표현되는 것을 확인할 수 있다. D21의 하위 바이트(20h)는 아스키 코드에서 스페이스를 나타내며 양의 값을 의미한다. 만약 소스의 값이 음의 값이라면 2Dh의 값이 저장된다. D21의 상위 바이트(31h)는 아스키 코드에서 1을 나타낸다. 따라서 아스키 코드로 해석한다면 _1267.2의 결과값이 변환된 것을 확인할 수 있다.

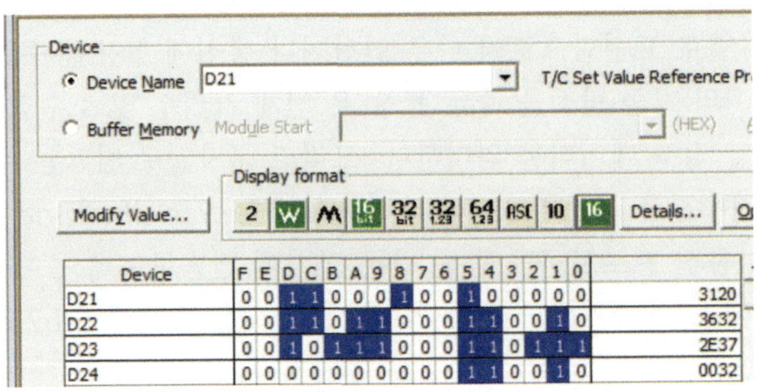

[그림 4-17. STR 명령을 사용한 문자열 변환값 모니터링(1)]

[Device/Buffer Memory Batch]에서 16bit가 아닌 ASC를 클릭하면 다음과 같이 문자열로 표현된 값을 확인할 수 있다.

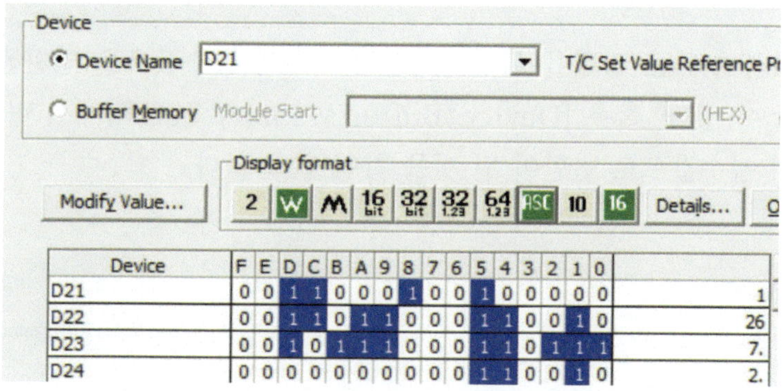

[그림 4-18. STR 명령을 사용한 문자열 변환값 모니터링(2)]

4.1.8 VAL 명령어

앞서 STR 명령어는 정수값을 문자열로 변환하는데 사용되는 명령어였다. VAL 명령어는 반대로 문자열을 정수값으로 변환하는 명령어이다. VAL 명령어는 [VAL S D1 D2]의 기술 방식을 따른다. S는 정수로 변환하는 문자열이 저장되어 있는 디바이스이며, D1은 변환 후의 자리를 저장하는 선두 번호, D2는 변환 후의 데이터가 저장되는 디바이스 선두 번호를 의미한다.

예를 들어 S에 -123.45의 문자열이 지정되었을 때 정수값 -12345로 변환하는 경우를 살펴보자. 아래 [그림 4-19]와 같이 VAL 명령어를 사용한 PLC 프로그램을 작성한다.

[그림 4-19. VAL 명령을 사용한 문자열 변환 프로그램(1)]

$MOV 명령은 문자열 데이터 전송 명령을 나타내고 -123.45의 값이 D20에 저장된다. D20에 저장된 문자열 데이터를 정수값으로 변환하기 위해 VAL 명령을 사용한다. -123.45는 전체 자리수 7자리, 소수부가 2자리 이므로 D10=7, D11=2의 값이 저장된다. 아래와 같이 프로그램을 추가한다.

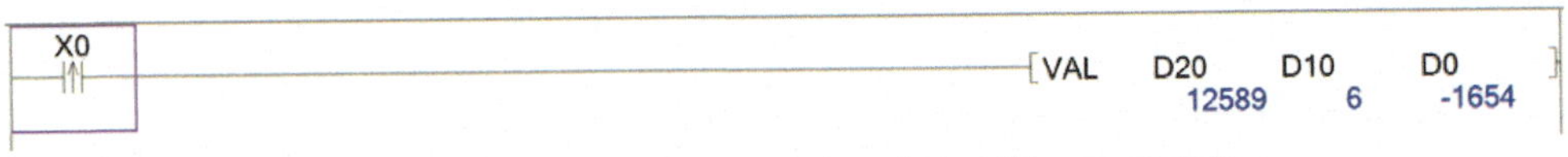

[그림 4-20. VAL 명령을 사용한 문자열 변환 프로그램(2)]

X0 입력을 ON하여 VAL 명령을 실행시켜보자. D0에 정수값으로 변환된 데이터가 저장된 것을 확인할 수 있다. 혹은 [Device/Buffer Memory Batch]에서 아래와 같이 D0의 값이 -12345의 정수값으로 변환이 된 것을 확인할 수 있다.

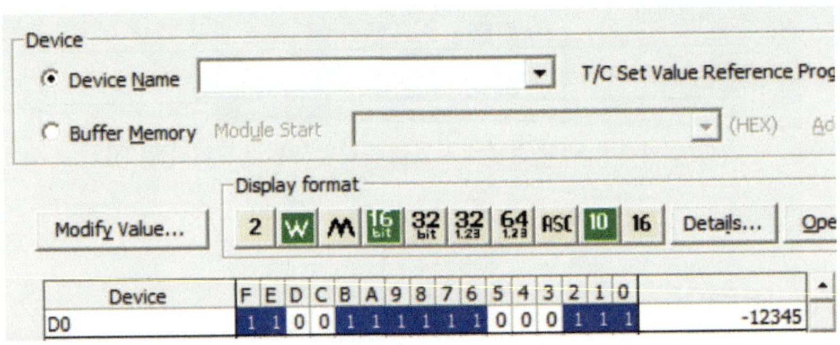

[그림 4-21. VAL 명령을 사용한 문자열 변환값 모니터링]

4.1.9 ESTR 명령어

ESTR 명령어는 앞서 STR 명령어와 유사한 명령어이다. STR 명령어가 정수값을 문자열로 변환하는 명령어라면 ESTR 명령어는 실수값을 문자열로 변환하는 명령어이다. 이러한 ESTR 명령어는 예를 들어 추후 다룰 AD/DA(아날로그 입출력 모듈)에서 아날로그값을 디지털값으로 변환했을시 값은 실수값이므로 문자열로 변환할 시에는 ESTR 명령어를 사용하여 변환할 수 있다. ESTR 명령어는 [ESTR S1 S2 D]의 기술 방식을 따른다. S1은 소수값 데이터가 저장되어 있는 디바이스, S2는 수치의 표시 지정을 의미하고, D는 변환 후의 문자열이 저장되는 디바이스를 의미한다.

예를 들어 전체 자리가 8, 소수부 자리가 3으로 -1.23456이 지정되었을 때를 살펴보자. 해당 경우는 아래와 같이 문자열로 변환 되어질 수 있다. 여기서 00h는 문자열의 마지막에 자동으로 저장된다.

D	b15------------b8	b7-------------------b0
D+1	20h(스페이스)	2Dh(-)
D+2	31h(1)	20h(스페이스)
D+3	32h(2)	2Eh(.)
D+4	35h(5)	33h(3)
D+5	00h	

이번에는 전체 자리수 7, 소수부 자리가 3으로 0.0327457이 지정되었을 경우의 예를 살펴보자. 먼저 0.0327457의 소스값을 EMOV 명령을 사용하여 D1000에 저장한다.

ESTR 명령어를 사용하기 위한 프로그램을 추가한다. D1010은 소수점 형식을 사용할 때는 값이 0을 사용한다. D1011은 전체 자리수 7자리, D1012는 소수부 자리수 3자리를 의미한다.

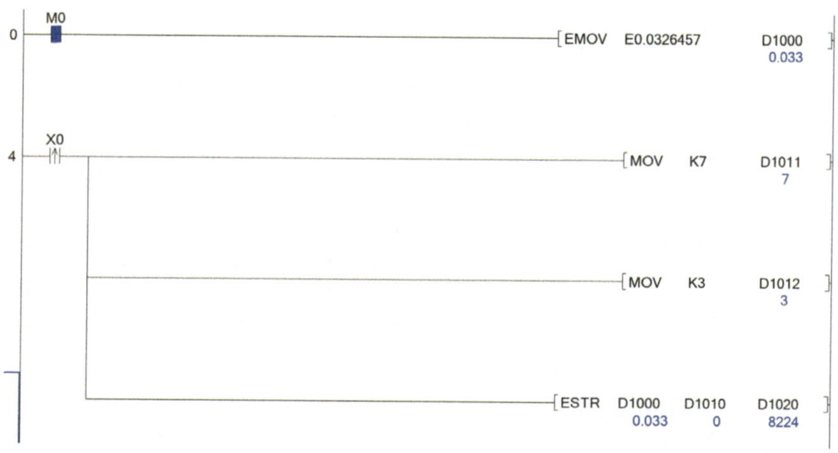

0.033의 실수값은 아래와 같은 문자열로 변환되어질 수 있다. D1020의 하위 바이트는 부호의 아스키 코드 값을 나타낸다. D1020의 상위 바이트는 마찬가지로 공백의 값으로 스페이스로 처리된다.

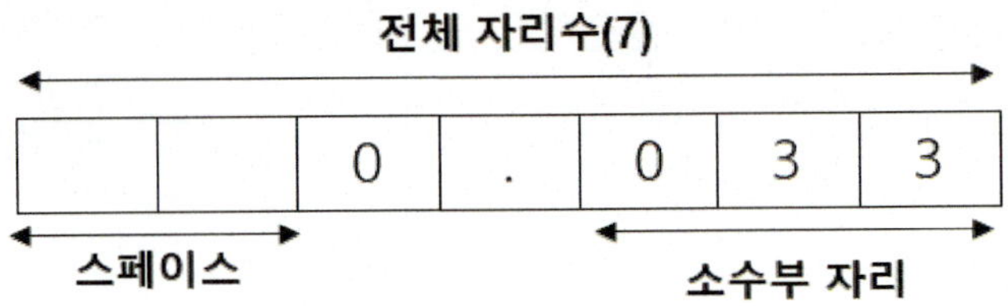

D	b15------------b8	b7-------------------b0
D+1	20h(스페이스)	20h(스페이스)
D+2	2Eh(.)	30h(0)
D+3	33h(3)	30h(0)
D+4	00h	33h(3)

[Device/Buffer Memory Batch]에서 변환된 값을 확인해보도록 하자. D1020을 모니터링하면 아래와 같은 변환 결과를 확인할 수 있다.

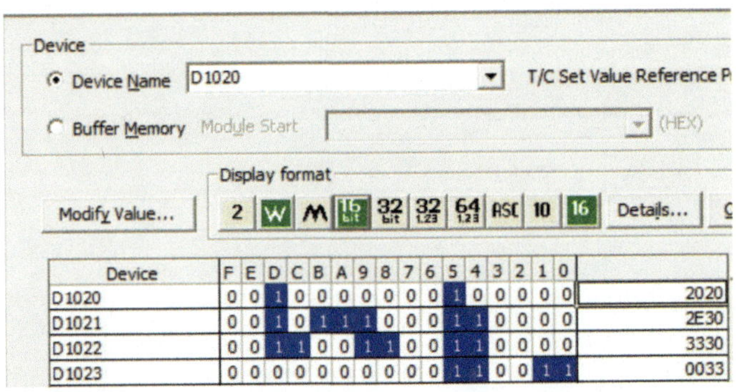

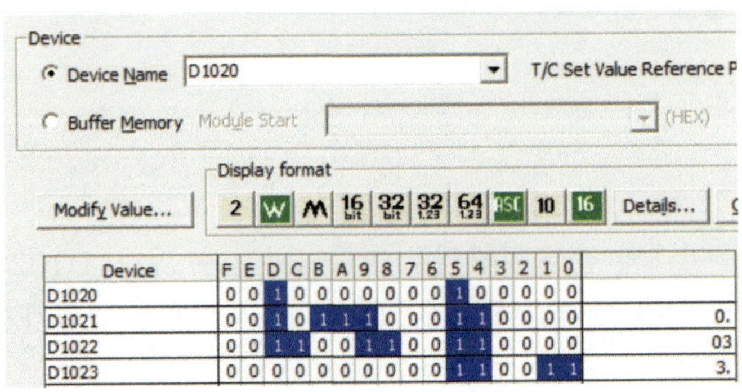

4.1.10 WTOB/BTOW 명령어

WTOB 명령어는 16비트의 word를 바이트 단위로 분리하는데 사용되는 명령어이다. WTOB 명령어는 [WTOB S D n]의 기술 방식을 따른다. S는 분리되기전 소스 데이터를 의미하고, D는 분리된 결과값을 저장하는 데이터, n은 분리하는 바이트 데이터의 개수를 의미한다.

예를 들어 아래 [그림 4-22]와 같이 데이터를 분리한다고 생각해보자. 12395678FEDCh는 총 바이트의 수가 6이다. 만약 여기서 n=5라고 하면 마지막 FEh는 무시되고 D~D+4는 39h부터 DCh의 값이 분리되어 저장된다.

	b15------------b8	b7-------------------b0
S	12h	39h
S+1	56h	78h
S+2	FEh	DCh

	b15------------b8	b7-------------------b0
D	00h	39h
D+1	00h	12h
D+2	00h	78h
D+3	00h	56h
D+4	00h	DCh

[그림 4-22. 바이트 단위 데이터 분리]

실습을 통해서 WTOB 명령어를 살펴보도록 하자. 이번에는 아래 그림과 같이 D10~D12에 저장된 Word값을 바이트 단위로 분리하는 예시를 나타낸다.

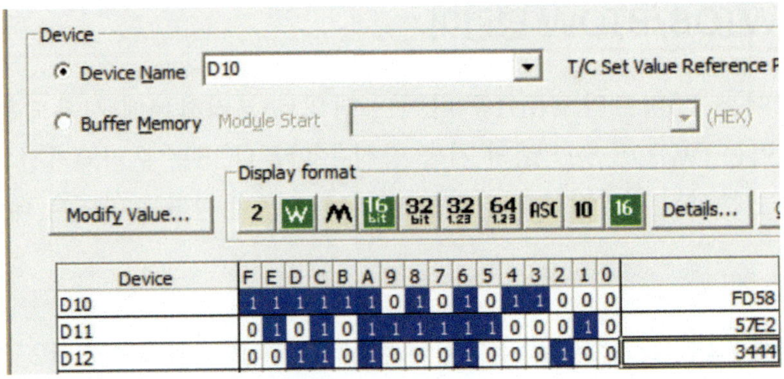

word 데이터를 바이트 단위로 분리하기 위해 WTOB 명령을 작성한다.

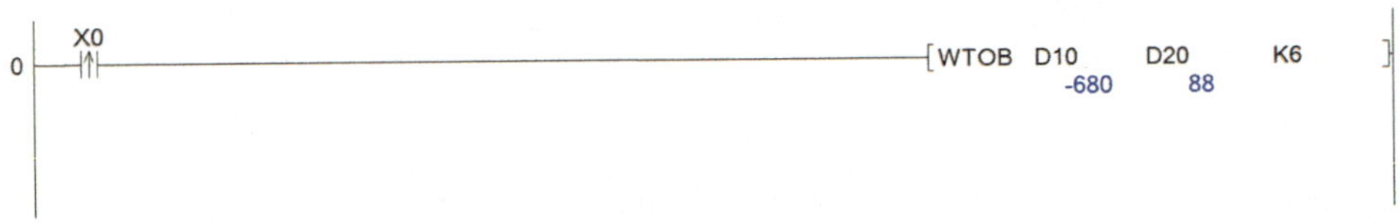

X0 입력을 ON하면 n=6이므로 6개의 바이트로 분리되어 D20~D25에 저장된 것을 확인할 수 있다.

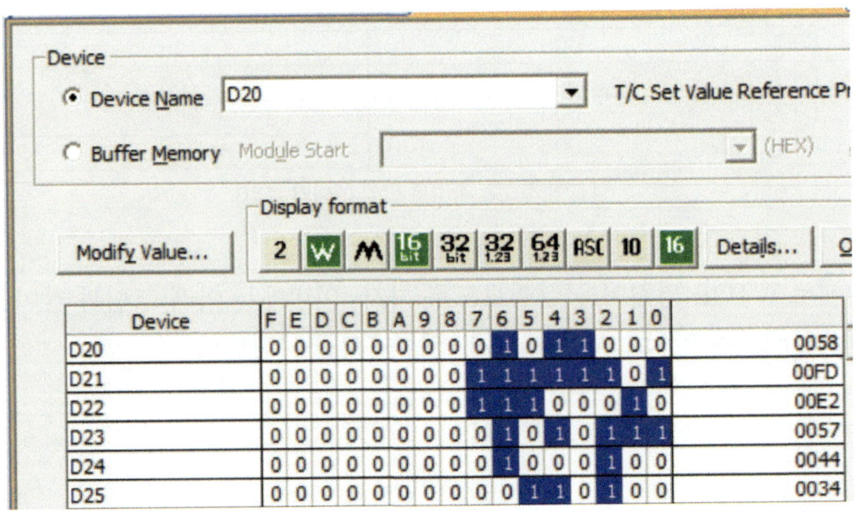

이번에는 BTOW 명령어에 대해 살펴보자. BTOW 명령어는 WTOB 명령어와 반대로 분리된 바이트 데이터를 word 데이터로 결합할 때 사용되는 명령어이다. BTOW 명령어는 [BTOW S D n]의 기술 방식을 따른다. S는 결합하기 전의 데이터를 나타내며 D는 결합한 결과를 저장하는 데이터, n은 결합할 바이트 데이터의 개수를 의미한다. 예를 들어 아래 [그림 4-23]과 같이 바이트 데이터를 word 데이터로 결합한다고 생각해보자. 이때 n=5의 경우에 소스의 5개의 바이트가 결합된다. D+2의 상위 바이트는 값이 존재하지 않으므로 00h가 된다.

	b15------------b8	b7-------------------b0
S	00h	12h
S+1	00h	34h
S+2	00h	56h
S+3	00h	78h
S+4	00h	FEh

	b15------------b8	b7-------------------b0
D	34h	12h
D+1	78h	56h
D+2	00h	FEh

[그림 4-23. 바이트 단위 데이터 결합]

실습을 통해서 BTOW 명령어에 대해 살펴보도록 하자. 먼저 데이터 결합을 위해 분리된 바이트 데이터를 D20~D25에 넣도록 한다.

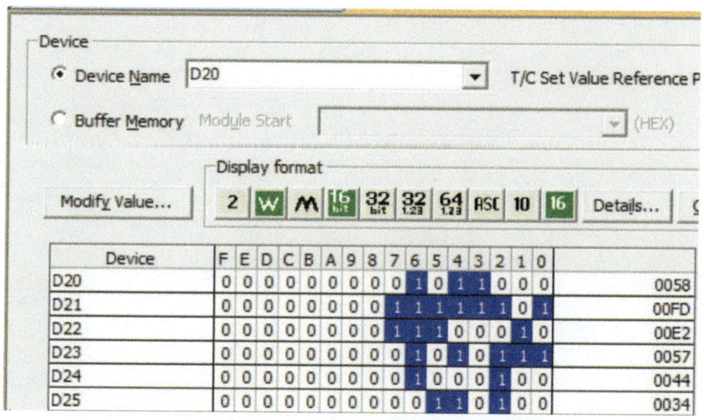

D20~D25의 바이트 데이터를 D30부터 word 데이터로 결합하기 위한 프로그램을 아래와 같이 작성한다.

X0 입력을 ON하여 BTOW 명령을 실행시키고 D30부터 결합된 결과를 확인한다.

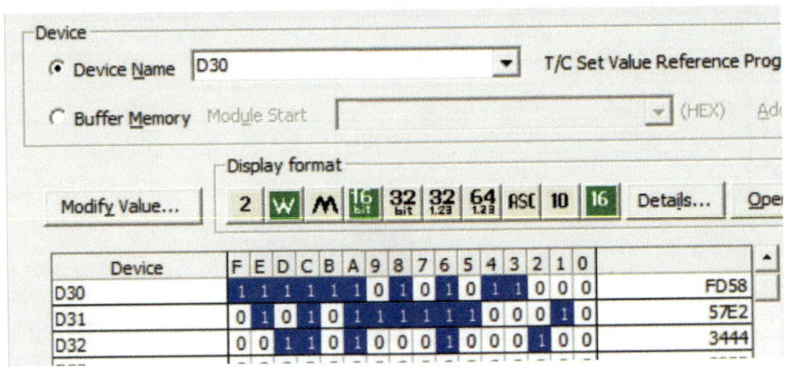

4.2 비교 명령

4.2.1 CMP, ZCP 명령어

비교 명령은 데이터 레지스터의 값이나 타이머, 카운터의 현재값 수치 등을 다른 디바이스 간 비교하는 경우에 사용한다. 비교 명령에는 1점으로 비교하는 CMP 명령과 2점간의 대역으로 비교하는 ZCP 명령이 존재한다. CMP 명령은 구동 입력이 ON되면 비교 명령이 실행되고 비교 소스에 대해 비교 상대가 큰지, 일치하는지, 작은지를 판정하여 출력한다. CMP 명령은 [CMP 비교소스 비교상대 결과출력]의 작성 방식을 따른다. 아래 예제를 통해 동작을 확인해보자. 비교 소스가 비교 상대보다 크면 M20이 ON되며, 비교 소스와 비교 상대가 같으면 M21이 ON되고, 비교 소스가 비교 상대보다 작으면 M22이 ON된다.

①. 비교 소스 K10 〉 비교 상대 → 결과 출력 M20 ON.

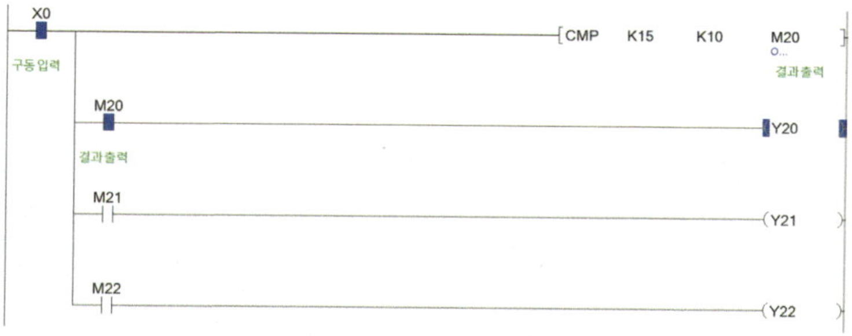

②. 비교 소스 K10 = 비교 상대 → 결과 출력 M21 ON.

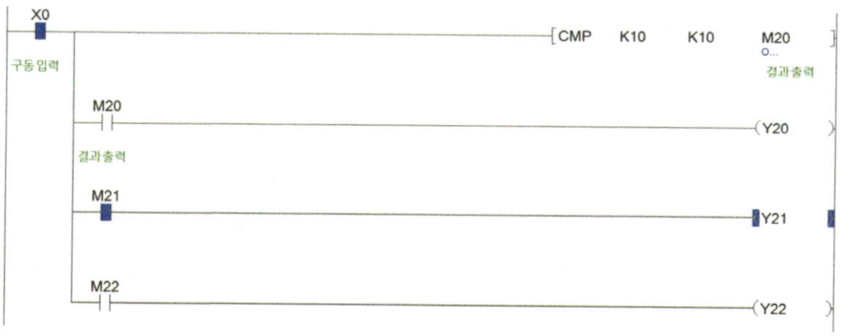

③. 비교 소스 K10 〈 비교 상대 → 결과 출력 M22 ON.

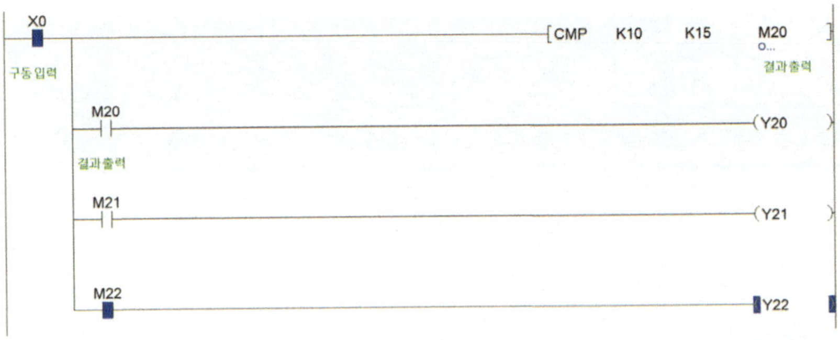

ZCP 명령은 CMP명령과 유사하지만 비교 소스가 2점이 있어 대역으로 비교하는 명령이다. ZCP 명령은 [ZCP 비교소스1 비교소스2 비교상대 결과출력]의 작성 순서를 따른다. 이때 비교 소스1은 비교 소스2보다 반드시 작은 값으로 작성해야 한다.

①. 비교 소스 K100 〉 비교 상대 D10(K10) → 결과출력 M100 ON

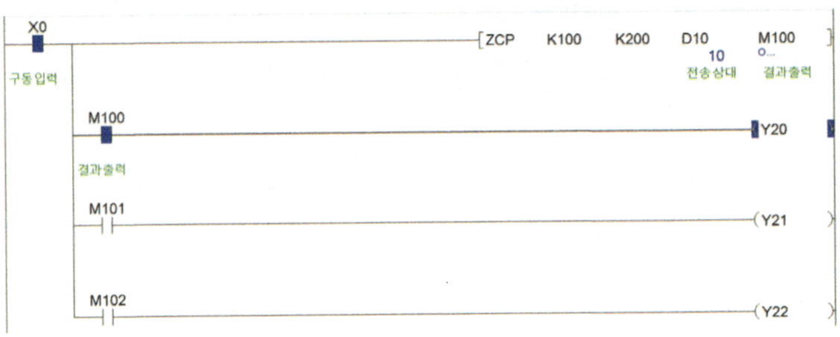

②. K100 ≦ D10 ≦ 비교 소스2 K200 → 결과 출력 M101 ON

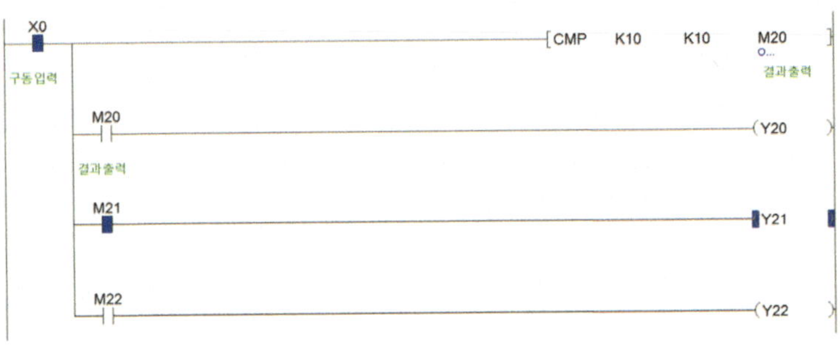

③. D10 > 비교 소스2 K200 → 결과 출력 M102 ON

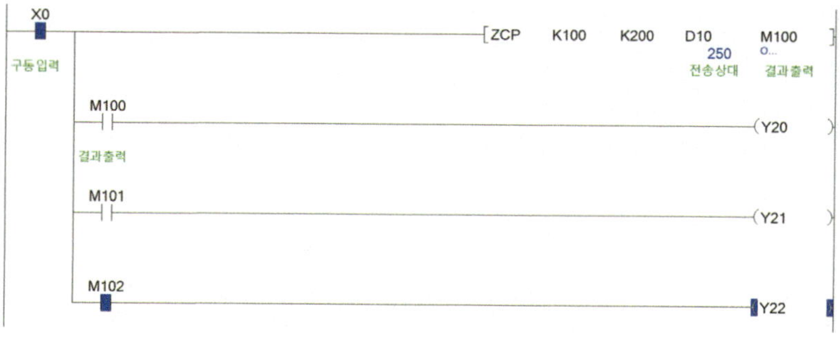

4.2.2 비교 연산 명령어

비교 연산 명령은 소스 1(S1)과 소스 2(S2)의 2개의 데이터를 비교하여 조건이 성립되면 도통하는 명령이다. 조건이 성립하였을 때 도통되기 때문에 1개의 a접점과 같이 간주할 수 있다.

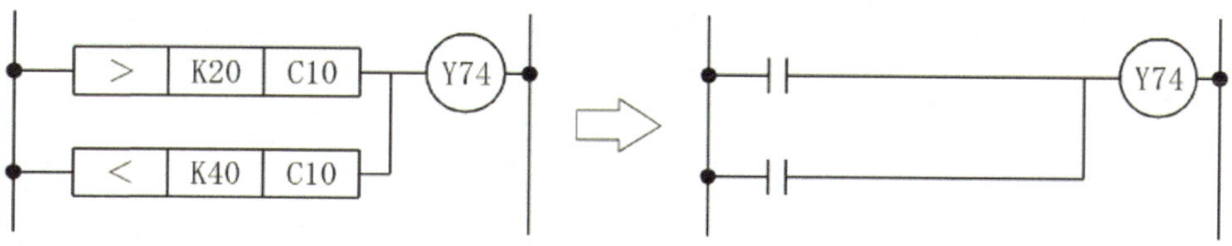

비교 연산 명령에는 아래의 6가지 방법을 사용할 수 있다.

①. [= S1 S2] : 소스 1과 소스 2가 일치하였을 때 도통된다.

②. [〈 S1 S2] : 소스 1이 소스 2보다 작을 때 도통된다.

③. [〉 S1 S2] : 소스 1이 소스 2보다 클 때 도통된다.

④. [〈= S1 S2] : 소스 1이 소스 2보다 작거나 같을 때 도통된다.

⑤. [〉= S1 S2] : 소스 1이 소스 2보다 크거나 같을 때 도통된다.

⑥. [〈〉 S1 S2] : 소스 1과 소스 2가 같지 않을 때 도통된다.

연습문제 9

비교 연산 명령을 사용한 PLC 프로그램 작성하기

아래의 그림을 참고하여 비교 연산 명령을 통해 실행 결과를 도출한다.

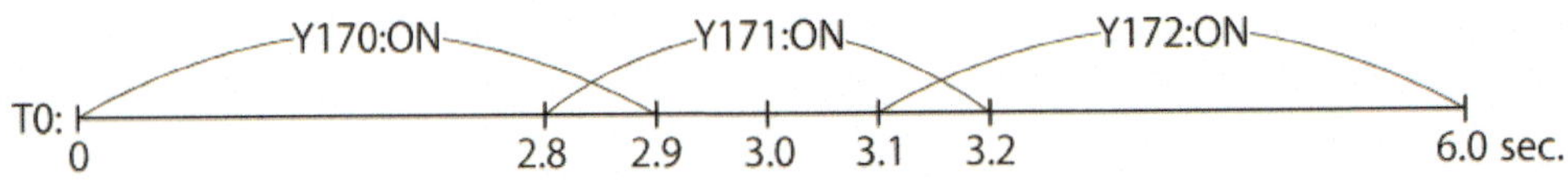

동작 조건 및 출력 결과는 아래와 같이 동작 되도록 한다.

① 0.0sec ≦ T0 〈 3.0sec → Y170 ON

② 2.7sec 〈 T0 〈 3.3sec → Y171 ON

③ 3.0sec 〈 T0 ≦ 6.0sec → Y172 ON

①. X0 구동입력을 ON하면 M0가 SET되고, 60초간 타이머를 기동하는 프로그램을 작성한다.

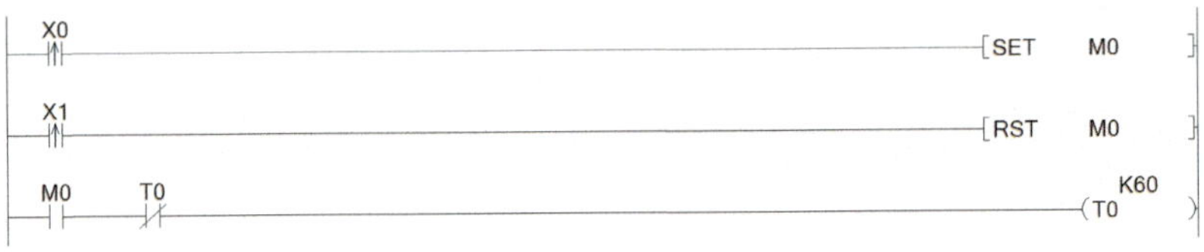

②. 타이머의 동작 시간에 따라 비교 연산 명령을 통한 출력 프로그램을 작성한다.

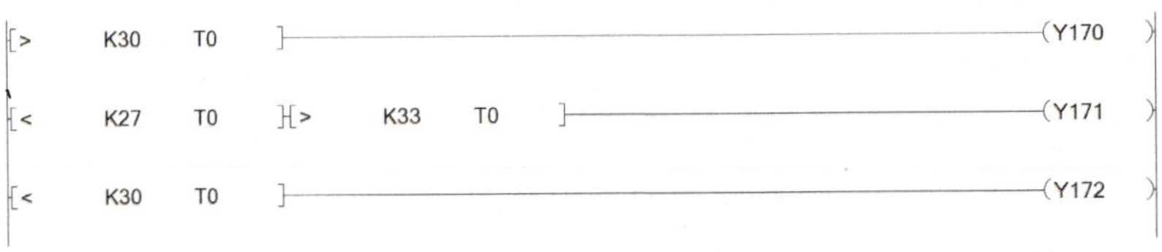

③. 최종 작성된 프로그램을 확인하고, X0 구동입력을 ON하여 동작 조건에 맞추어 출력 결과를 확인한다.

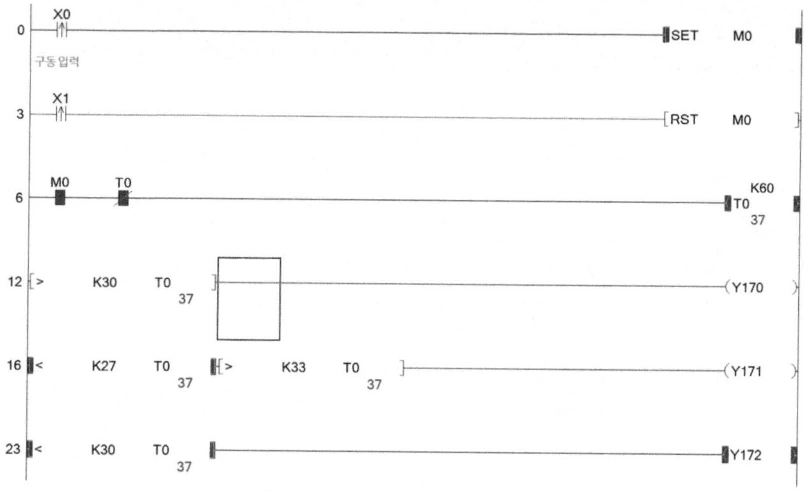

4.3 사칙연산 명령

4.3.1 +, -, *, / 명령

수치를 취급하는 제어에는 연산도 필요하다. 이번에는 사칙 연산의 기본이 되는 정수의 연산에 대해서 살펴본다. 사칙연산 명령은 BIN16비트 데이터 간 가산(더하기), 감산(빼기), 승산(곱하기), 제산(나누기)을 실행하는 명령이다. 이러한 사칙연산은 어느 경우에 사용될 수 있을까? 아래 [그림 4-24]와 같이 한 공장에서 A 생산라인과 B 생산라인이 있다고 가정해보자. 전체 생산수는 A 생산라인과 B 생산라인의 수를 합한 결과가 합계 생산수가 될 것이다. 이러한 경우는 사칙연산 명령을 사용해서 A 라인 생산 수와 B 라인 생산 수를 더하여 합계 생산 수를 구할 수 있다.

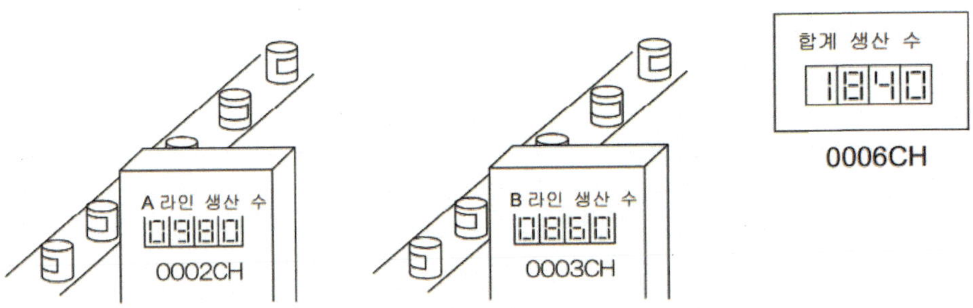

[그림 4-24. 사칙연산 명령의 사용 예]

사칙연산 명령은 [+ S1 D] 혹은 [+ S1 S2 D]의 형태로 작성할 수 있다. 아래 예제를 살펴보자. 첫 번째 행의 경우 입력 조건이 ON할 때마다 지정된 D100 디바이스의 내용에 S로 지정된 K5의 값을 더하여 D100에 저장한다. 따라서 입력 조건이 ON할 때마다 5의 값이 가산된 결과가 D100에 저장된다.

두 번째 행부터 다섯 번째 행까지는 [+ S1 S2 D]의 형식을 따르므로 입력 조건이 ON되면

S1로 지정된 디바이스 내용과 S2로 지정된 디바이스의 내용을 더하여 S1+S2의 결과값을 D에 저장한다. 세 번째 행은 30-20의 결과값이 D2에 저장되고, 세 번째 행은 10*1000의 결과값이 D4에, 다섯 번째행은 10/2의 결과값이 D6에 저장된다. 만약 나눈값의 나머지 값이 있다면 몫은 D6, 나머지는 D7에 저장된다.

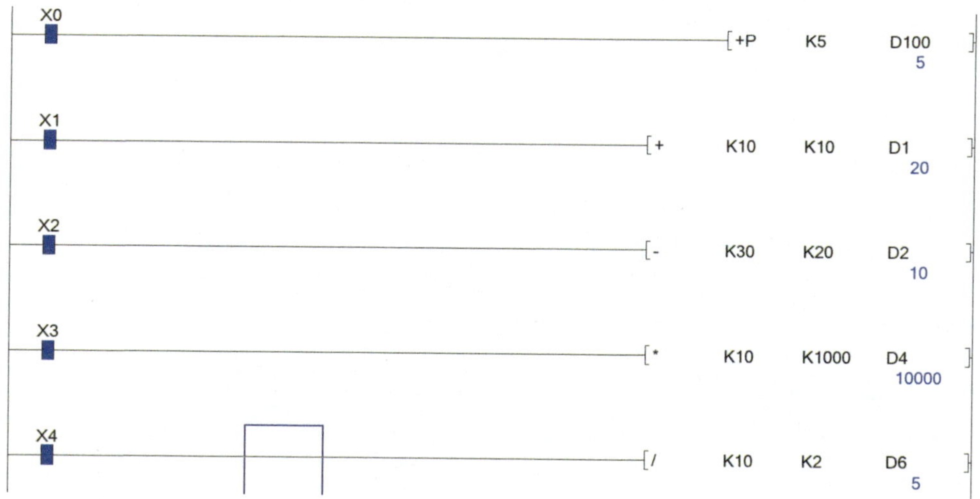

[그림 4-25. 사칙 연산 명령의 PLC 프로그램]

4.3.2 INC, DEC 명령

INC(Increment) 및 DEC(Decrement) 명령은 주로 레지스터의 값을 1씩 증가시키거나 감소시키는데 사용된다. 아래 그림과 같이 제품을 생산하는 라인에서 창고에 적재 될 때 마다 1씩 증가시킨다고 가정했을 때 창고에 위치한 센서가 감지되면 제품수가 1씩 증가해야 할 것이다. INC 및 DEC 명령의 동작은 아래와 같다.

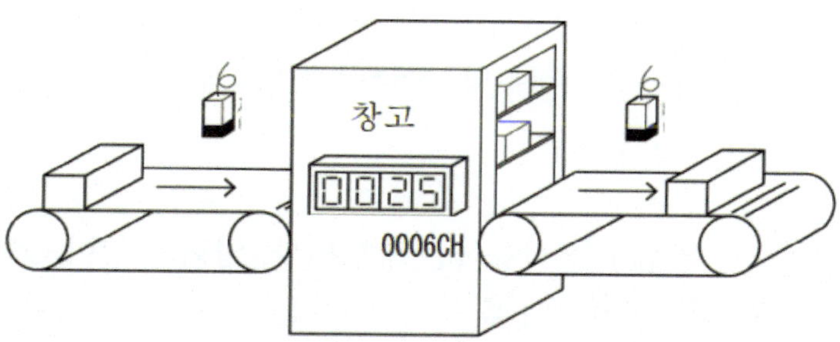

[그림 4-26. INC, DEC 명령의 사용 예]

①. **INC(Increment)**: 1 사이클 마다 해당 레지스터의 데이터를 가산한다.

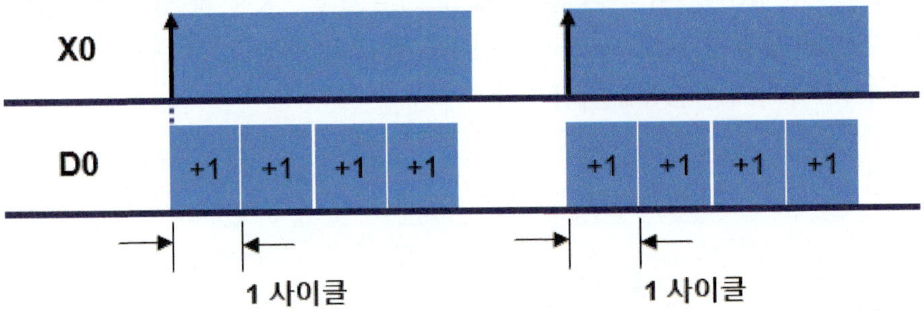

②. **DEC(Decrement)**: 1 사이클 마다 해당 레지스터의 데이터를 감산한다.

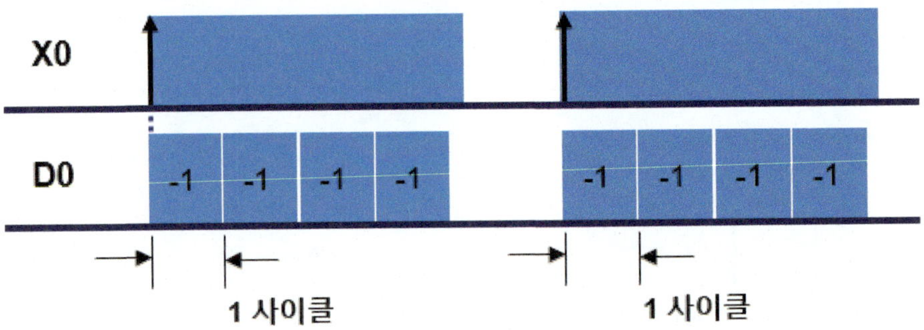

INC, DEC 명령을 사용 할때의 주의 사항은 1사이클 마다 실행되기 때문에 접점 혹은 명령어의 펄스처리를 해야 한다는 점이다. 펄스처리를 하지 않는다면 입력이 ON했을 때 1씩 증가하지 않고 빠르게 값이 증가한다.

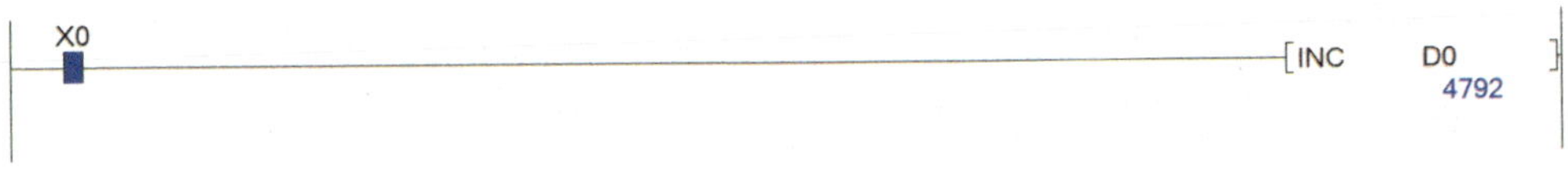

INC의 명령은 16비트 데이터를 매 사이클마다 1씩 증가하게 되고 D0의 값이 32767까지 증가한 후 -32768이 D0에 저장된다. 따라서 X0 입력이 ON할 때마다 1씩 증가시키기 위해서 두 가지의 방법을 설명한다.

첫 번째 방법은 펄스형 명령 P를 사용하는 방법이다. 입력 조건이 ON할 때 1번만 실행하고자 하는 경우에는 명령어 끝에 P를 붙여서 입력 펄스형 명령(입력의 상승 시 1사이클 실행)으로 사용한다. 따라서 INCP 명령을 사용할 경우 입력 상승(OFF→ON)시에 1회만 실행되므로 1값만 가산하게 된다.

두 번째 방법은 입력 조건(접점)에 펄스 기능을 부여하는 것이다. 펄스형 명령 P를 사용하는 것과 마찬가지로 입력 상승(OFF→ON)시에 1회만 실행된다.

4.4 시프트 명령

4.4.1 SFR, SFL 명령

PLC에서 시프트(Shift) 명령어는 워드의 비트들을 좌우로 이동시키는 명령어이다. 우측으로 시프트 명령은 SFR(P) 명령으로 기술 방식은 [SFL(P) D N]으로 기술하며 지정된 데이터(D)에서 N만큼 bit를 우측으로 시프트 한다. 마찬가지로 왼쪽으로 시프트 명령은 SFL(P) 명령으로 기술 방식은 [SFL(P) D N]으로 기술하고 지정된 데이터(D)에서 N만큼 bit를 왼쪽으로 시프트한다.

아래 [그림 4-27]과 같이 D0에 16비트 데이터가 있을 경우 n=6만큼 시프트 하는 경우를 나타낸다. 기존 b6~b15의 bit가 b0~b9에 저장되며 시프트 된 후 기존의 b10~b15의 값은 0이 된다.

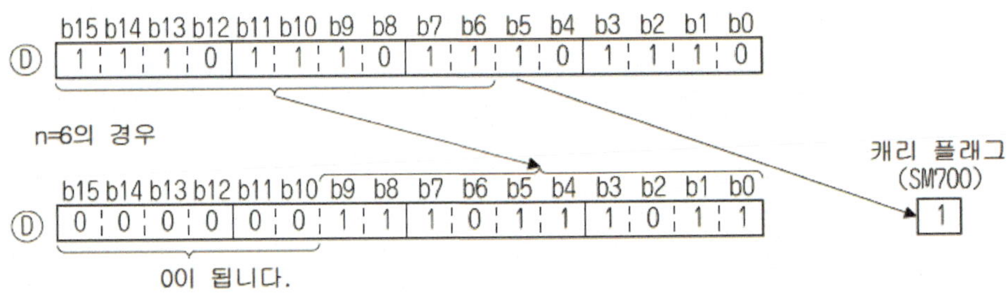

[그림 4-27. SFR 명령어]

실습을 위해 아래 [그림 4-28]과 같이 PLC 프로그램을 예로 작성해보자. 해당 프로그램에서는 X0 입력이 ON하면 D10에는 K38이 전송된다. 이때 X1 입력을 ON하면 우측으로 4개의 bit가 시프트 되며 X2 입력을 ON하면 좌측으로 4개의 bit가 시프트된다.

[그림 4-28. 시프트 명령어의 PLC 프로그램]

SFR 시프트 명령어를 실행하기 전의 D10은 38의 값이 저장되어 있으며 n=4이므로 연산전의 b4의 값부터 연산후의 b0에 저장된다. 연산후의 결과값이 2로 변경된 것을 확인할 수 있다.

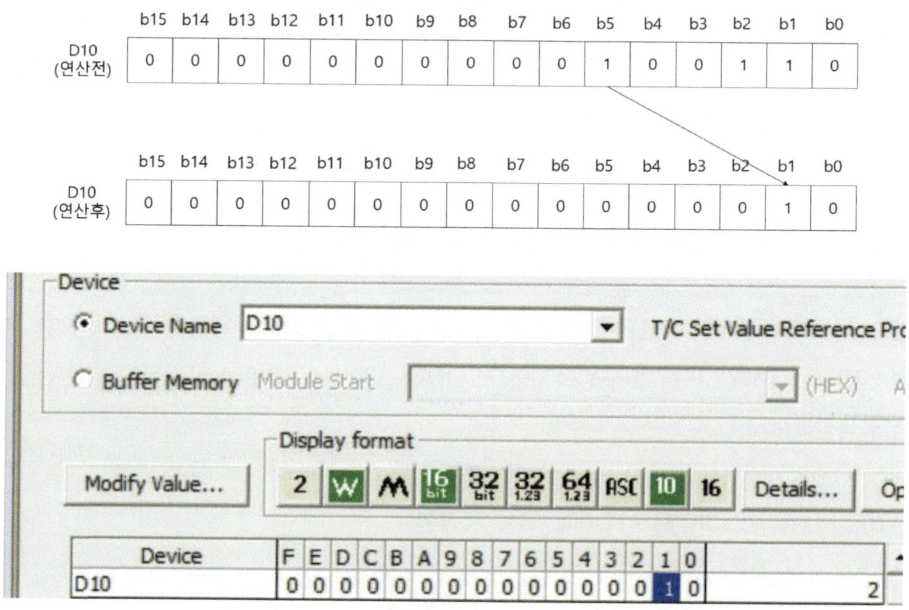

[그림 4-29. SFR 명령 후의 저장되는 데이터]

마찬가지로 SFL 명령어를 사용할 경우 연산전 D10의 b0는 연산후 D10의 b4부터 시프트된다. 연산후의 결과값이 608로 변경된 것을 확인할 수 있다.

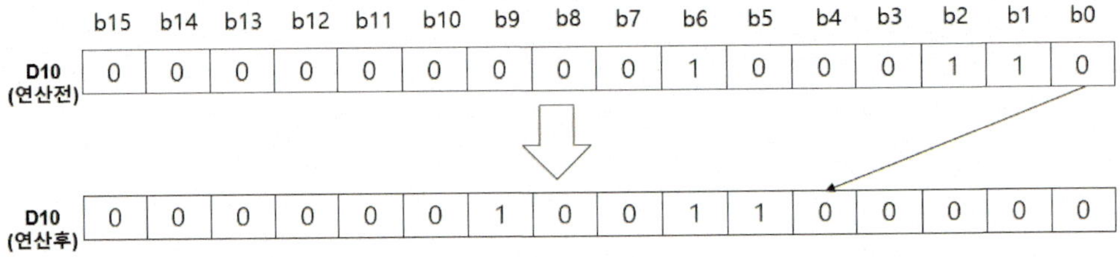

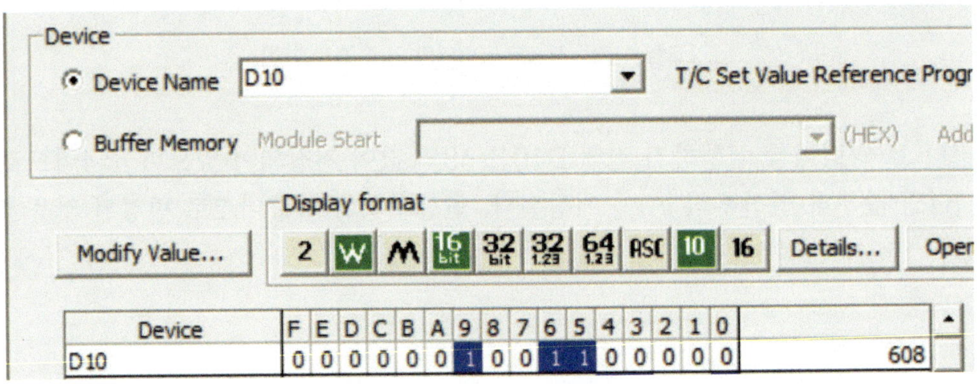

[그림 4-30. SFL 명령 후의 저장되는 데이터]

연습문제 10

시프트 명령을 사용한 PLC 프로그램 작성하기

Y20~Y24까지의 5개의 램프가 있다고 가정하자. 시프트 명령을 사용하여 해당 램프를 순차적으로 Y20→Y21→Y22→Y23→Y24 순으로 ON하고 다시 Y20부터 반복하는 램프 제어 프로그램을 작성해보자.

①. 최초 PLC를 ON하였을 시 D0에 K1을 저장한다.

②. 0.5초 주기로 D0의 값을 SFL 명령을 사용하여 왼쪽으로 1bit씩 시프트 하는 프로그램을 추가한다.

③. 1초마다 D0의 bit가 왼쪽으로 시프트된다. 램프는 b0~b4까지 5개가 ON한후에 다시 b0부터 시작해야 한다. 따라서 b5는 10진수로 32값을 가지므로 b5가 되면 다시 D0을 1로 초기화한다. 또한, 램프를 점등시키기 위해 D0의 값을 b0~b7의 값을 Y20으로 전송한다.

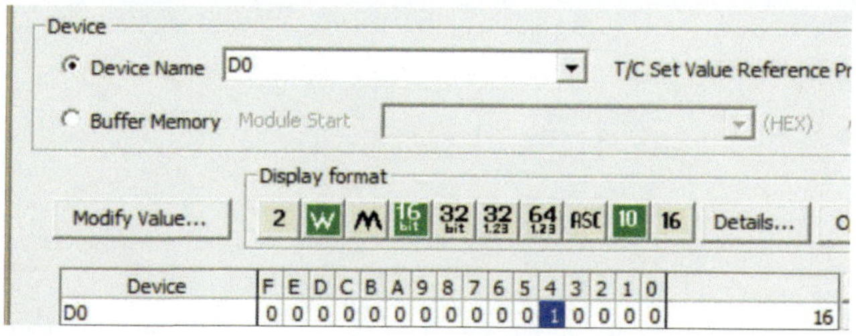

④. 최종 작성된 프로그램 및 램프의 동작을 확인한다. 램프가 Y20→Y21→Y22→Y23→Y24 순으로 동작하는 것을 확인할 수 있다.

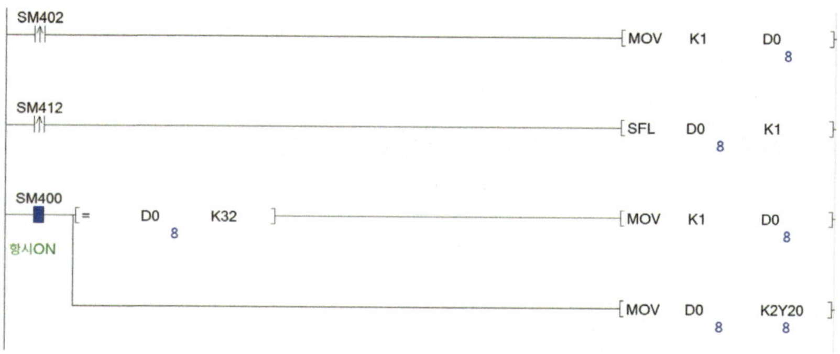

4.5 시계용 명령

4.5.1 DATERD 명령

DATERD 명령은 시계 데이터 읽기 명령으로써 해당 명령어는 시간과 날짜 데이터를 처리하고 제어하는데 사용된다. DATERD 명령어를 사용하여 PLC CPU 모듈로부터 년도, 월, 일, 시, 분, 초, 요일 등의 데이터를 읽을 수 있다. 이러한 DATERD 명령을 사용함으로써 시간과 날짜 데이터를 비교하거나 연산할 수 있다. 예를 들어 특정 시간과 날짜가 지나갔는지 확인하거나 두 시간 간의 차이를 계산하는 등 사용할 수 있다. DATERD 명령은 [DATERD D]의 기술 방식을 따른다. CPU 모듈에서 시계 데이터를 읽고 D로 지정된 디바이스에서 값을 저장한다.

[표 4-1. DATERD 명령어의 저장값]

디바이스	데이터값
D	년도(1980~2079)
D+1	월(1~12)
D+2	일(1~31)
D+3	시간(0~23)
D+4	분(0~59)
D+5	초(0~59)
D+6	요일(0~6)

DATERD 명령어 사용 시 D+6에 저장되는 요일은 일요일부터 토요일까지를 0에서 6의 값으로 저장한다.

요일	일	월	화	수	목	금	토
저장값	0	1	2	3	4	5	6

아래와 같이 DATERD 명령을 사용하여 시계 데이터 읽기 프로그램을 작성해보자.

①. 시계 데이터를 읽기 전에 먼저 PC의 시간과 PLC의 시간을 동기시키는 과정이 필요하다. 이를 위해 [Online]-[Set Clock]을 클릭한다.

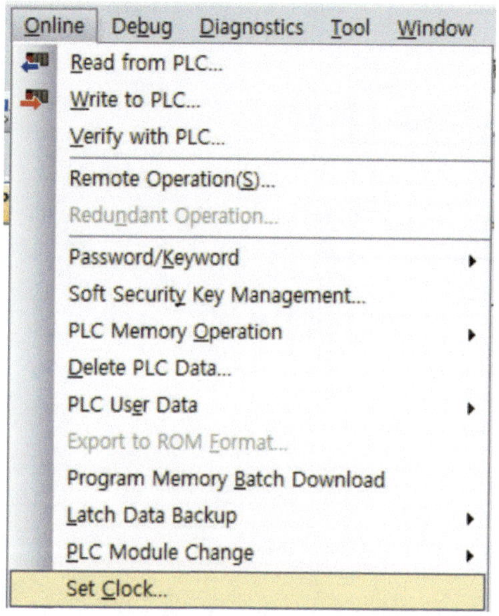

②. PC와 PLC의 시계 데이터가 일치하지 않는 경우 Get Time from PLC를 클릭하여 시계 데이터를 동기화하고 Execute를 클릭하여 저장한다.

③. PLC 프로그램을 추가한다. 시계 데이터는 D0부터 D6까지 7개의 데이터가 저장된다.

④. [Device/Buffer Memory Batch]에서 D0를 검색한다. D0부터 D6에 년도부터 요일까지의 데이터가 저장되어 있는 것을 확인할 수 있다.

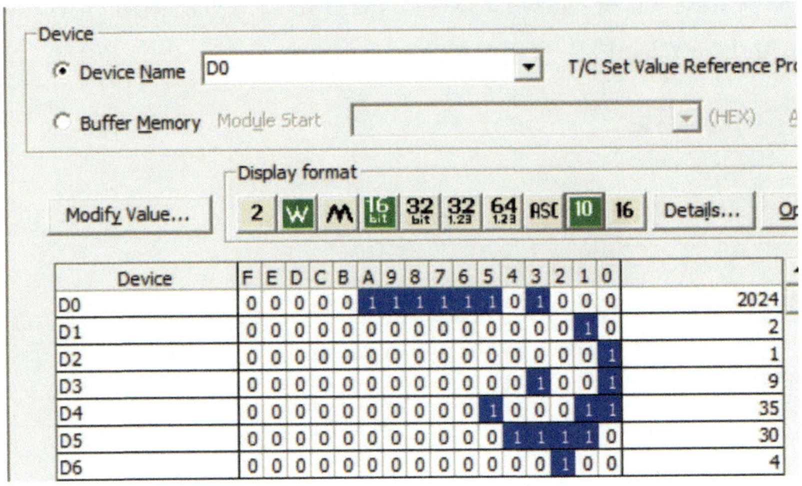

4.5.2 DATEWR 명령

DATEWR 명령은 시계 데이터 쓰기 명령으로써 원하는 년도, 월, 일, 시, 분, 초, 요일 등의 시계 데이터를 쓰기 위한 명령이다. 이러한 DATEWR 명령을 통해 예를 들어 원하는 날짜를 입력하여 PLC의 내부 시계에 해당 날짜를 설정할 수 있다. DATEWR 명령은 [DATEWR S]의 기술 방식을 따른다. S로 지정된 레지스터 이후에 저장되어 있는 시계 데이터를 CPU 모듈의 시계 소자에 값을 쓸 수 있다.

[표 4-2. DATEWR 명령어의 저장값]

디바이스	데이터값
S	년도(1980~2079)
S+1	월(1~12)
S+2	일(1~31)
S+3	시간(0~23)
S+4	분(0~59)
S+5	초(0~59)
S+6	요일(0~6)

DATEWR 명령어 사용 시 DATERD 명령어와 마찬가지로 S+6에 저장되는 요일은 일요일부터 토요일까지를 0에서 6의 값으로 저장한다.

요일	일	월	화	수	목	금	토
저장값	0	1	2	3	4	5	6

아래와 같이 DATEWR 명령어를 사용하여 시계 데이터 쓰기 프로그램을 작성해보도록 하자. 변경 할 시계 데이터 값은 2000년 12월 24일 12시 57분 39초 일요일로 변경해보도록 한다.

①. X0 입력을 ON했을 때 S~S+6(D0~D6)에 변경하고자 하는 시계 데이터값을 전송하도록 하고, DATEWR 명령을 통해 시계 데이터 쓰기 명령을 실행한다.

②. 원하는 시계 데이터값으로 변경되었는지 확인하기 위해 DATERD 명령을 사용하여 D0~D6의 값을 모니터링 할 수 있도록 프로그램을 추가한다.

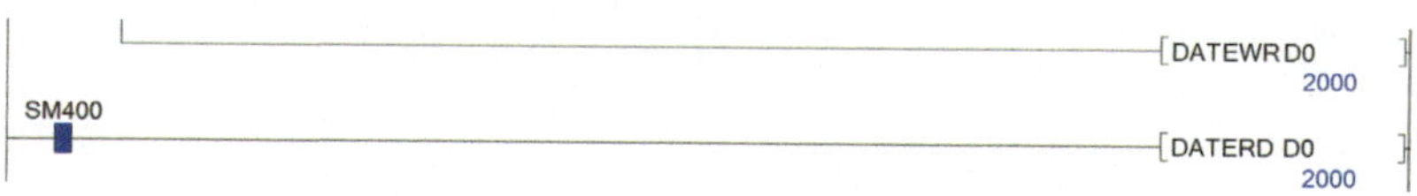

③. [Device/Buffer Memory Batch]창에서 D0~D6의 값을 확인한다. 원하는 시계 데이터 값으로 변경이 된 것을 확인할 수 있다.

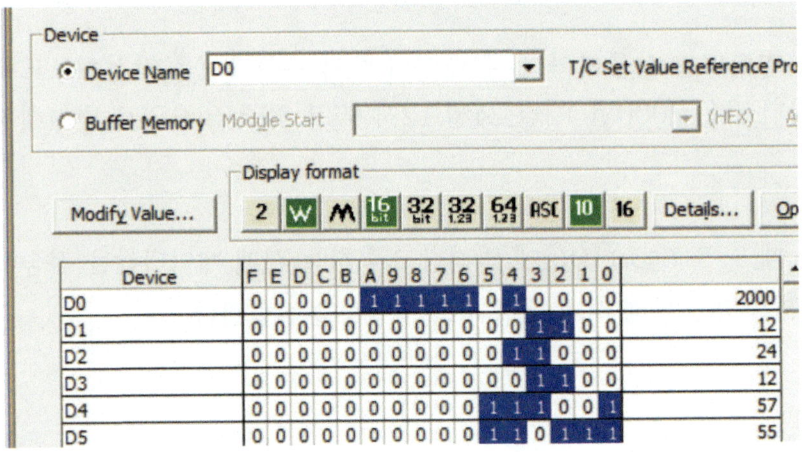

연습문제 11

시계 데이터를 이용한 램프 출력 프로그램 작성하기

DATERD, DATEWR 명령을 사용하여 시계 데이터를 이용한 램프 출력 프로그램을 작성해보자. 프로그램 작성을 위한 조건은 아래와 같다.

홍길동 전자의 창립일은 2002년 4월 1일(토요일)이다. 시계 데이터를 이용하여 X5 스위치를 ON하면 CPU의 시간을 2002년 4월 1일 15시 5분 01초로 설정하고 해당 요일에 따라서 일요일이면 Y20, 월요일이면 Y21, 화요일이면 Y22, 수요일이면 Y23, 목요일이면 Y24, 금요일이면 Y25, 토요일이면 Y26 램프가 ON 되게하는 프로그램을 작성해보자.

①. 조건에 따라 X5 스위치를 ON하면 2002년 4월 1일(토요일)로 설정하기 위한 프로그램을 작성한다. D0~D6까지의 시계 데이터 쓰기가 DATEWR 명령을 통해서 실행된다.

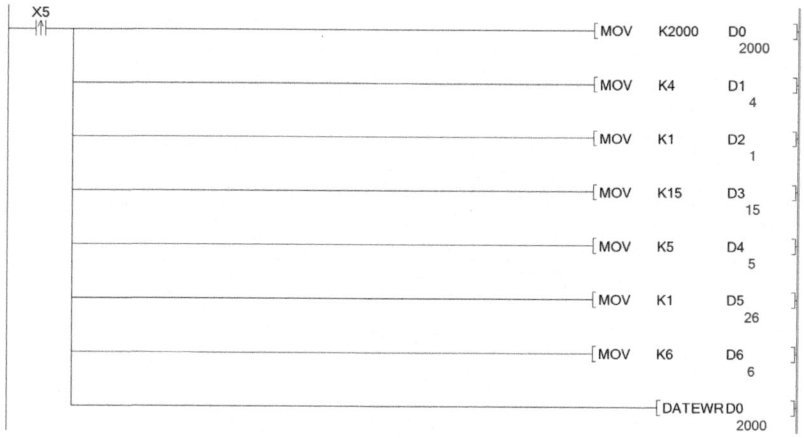

②. DATEWR 명령이 실행된 후 변경된 시계 데이터값을 모니터링 하기 위해 DATERD 명령을 실행한다. D6은 요일 값이 저장되어 있으므로 해당 요일 조건에 따라 비교 명령을 사용하여 각 램프를 출력하도록 한다.

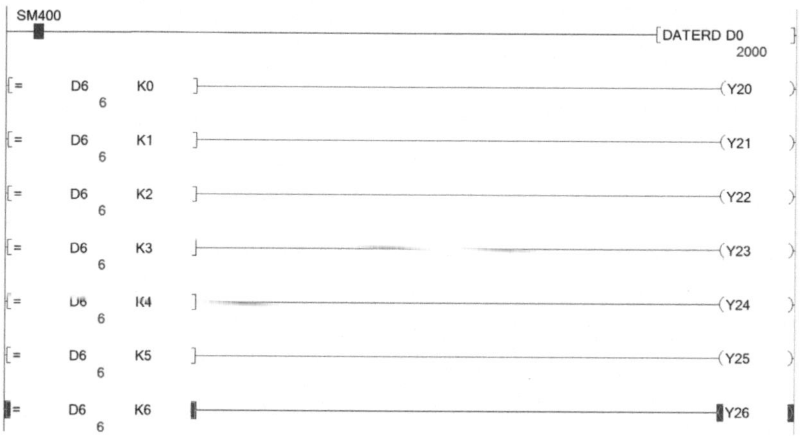

③. [Device/Buffer Memory Batch]창을 통해 D0~D6의 값을 모니터링 해보도록 한다. 원하는 시계 데이터 값으로 변경이 잘 되어 있는 것을 확인할 수 있다.

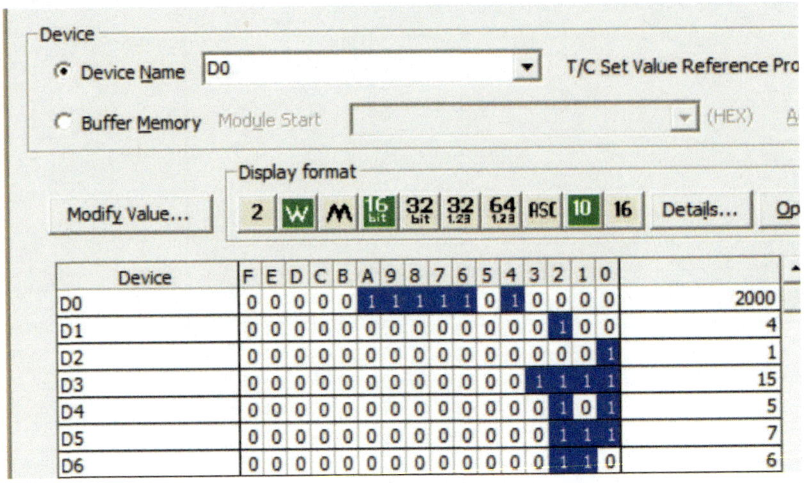

④. [Online]-[Set Clock]을 클릭하여 CPU 모듈의 시계 데이터가 마찬가지로 변경이 되어 있는 것을 확인할 수 있다.

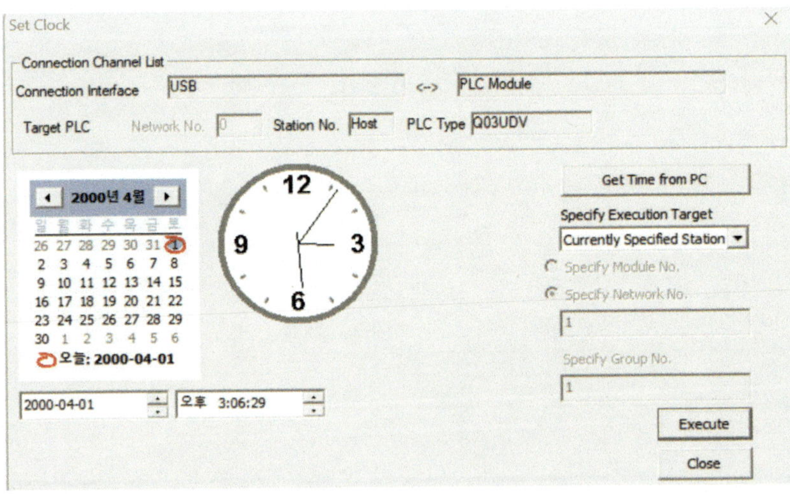

4.6 기타 레지스터

4.6.1 인덱스 레지스터(Z)

지금까지는 지정한 word 혹은 bit의 내용을 데이터 그대로 전송하는 직접 지정 방식을 사용하였다. 하지만 인덱스 레지스터는 이러한 메모리에 직접 지정 방식을 사용하지 않고 사용하는 디바이스를 간접 지정하는데 사용하는 디바이스 영역이다. 이러한 인덱스 레지스터는 프로그램의 유연성과 효율성을 높이는데 도움이 될 수 있다. 데이터에 접근할 때 매번 직접적인 주소를 사용하는 대신 인덱스 레지스터를 통해 간접적인 접근이 가능하므로 코드의 재사용과 유지보수성을 향상시킬 수 있다는 장점이 있다. QnU CPU에서 사용 가능한 인덱스 레지스터의 점수는 Z0~Z9(20점)을 사용할 수 있다. 인덱스 레지스터를 이해하기 위해 아래의 내용을 살펴보자.

①. 먼저 [Device/Buffer Memory Batch]에서 D0의 값을 1234로 할당한다.

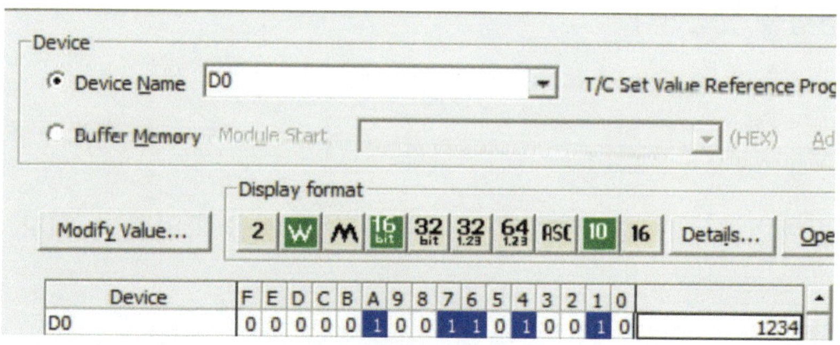

②. 아래와 같은 PLC 프로그램을 작성하고 M0 입력을 ON하면 D0의 값이 D100Z0에 전송이 될 것이다.

③. 인덱스 레지스터 Z0의 초기값은 0이므로 D100+0=D100이 되기 때문에 D100 디바이스에 1234의 값이 저장된다.

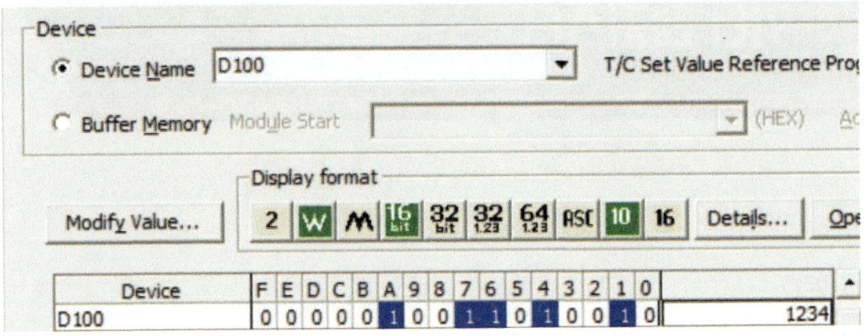

④. 다음으로는 [Device/Buffer Memory Batch]에서 인덱스 레지스터 Z0의 값을 0→1로 변경해보자.

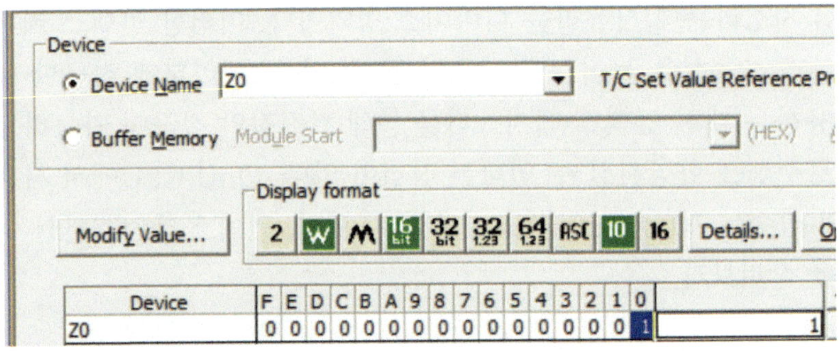

⑤. Z0의 값이 1이므로 D100+Z0=D100+1=D101로 주소가 변경되게 되고 다시 M0 입력을 ON하여 MOV 명령을 실행한다.

⑥. MOV 명령이 실행되면 이번에는 D101에 1234의 값이 전송된 것을 확인할 수 있다.

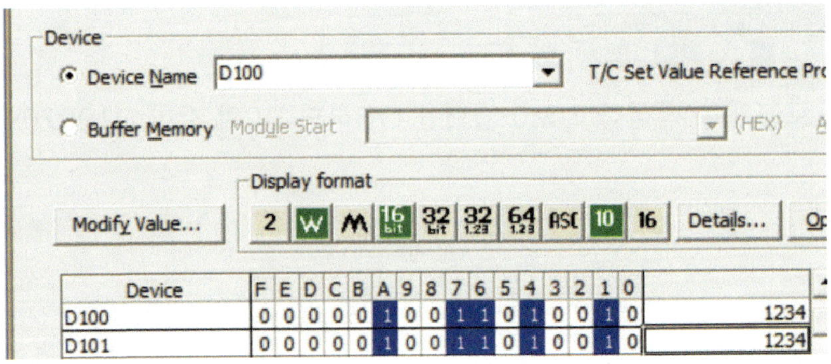

이번에는 인덱스 레지스터를 통해 실습을 응용 해보도록 하자. 이번 실습에서는 프로그램이 실행되었을 때 D1=1, D2=2, D3=3, …, D100=100까지 해당 데이터 레지스터에 값을 전송 해보도록 하자. 기존의 MOV 명령을 사용한다면 D1부터 D100까지 개별적으로 MOV 명령을 사용해야 했지만 인덱스 레지스터를 사용하면 좀 더 간단하게 프로그램을 작성할 수 있다.

①. 아래와 같이 PLC 프로그램을 작성해보자. 프로그램이 실행되었을 때 INC 명령에 의해 D1000와 Z0는 1씩 증가한다. 첫 번째 사이클에서 D1000=0, Z0=0이므로, D1000=D0Z0=D0이 되어 D0=0이 저장된다. 두 번째 사이클에서는 D1000=1, Z0=1이므로 D1000=D0Z0=D1이 되므로 D1=1이 저장된다.

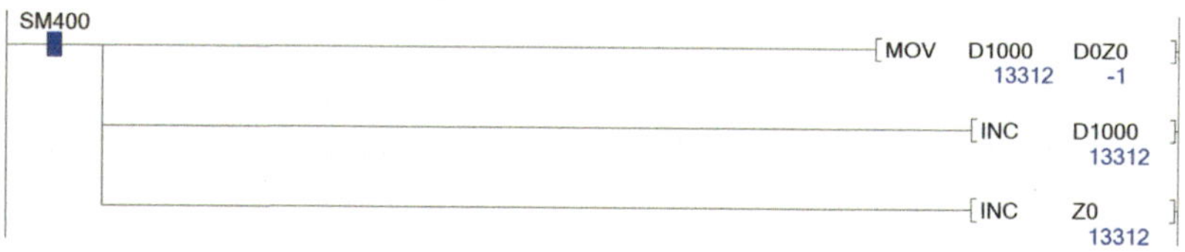

②. [Device/Buffer Memory Batch] 창을 통해 D0부터의 값을 확인해보자. D1=1, D2=2, D3=3, …, D100=100까지 값이 저장이 된 것을 확인할 수 있다. 하지만 조건과 달리 D101이후에도 값이 저장이 되고 CPU에서는 에러가 발생하게 된다.

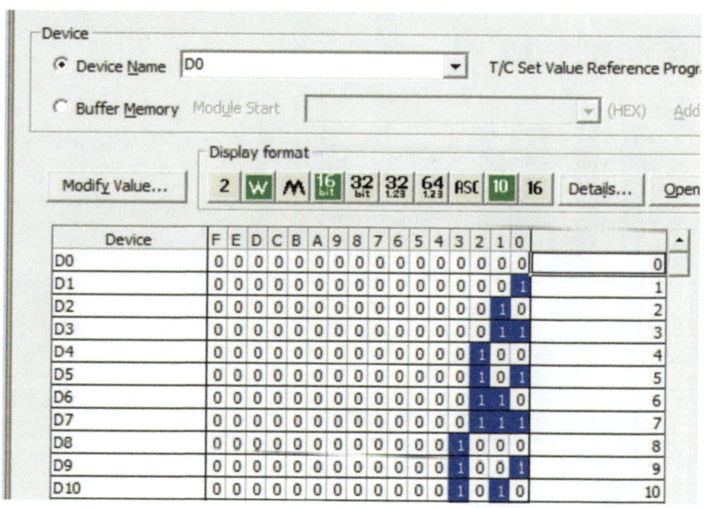

Device	F	E	D	C	B	A	9	8	7	6	5	4	3	2	1	0	
D0	0	0	0	0	0	0	0	0	0	0	0	0	0	0	0	0	0
D1	0	0	0	0	0	0	0	0	0	0	0	0	0	0	0	1	1
D2	0	0	0	0	0	0	0	0	0	0	0	0	0	0	1	0	2
D3	0	0	0	0	0	0	0	0	0	0	0	0	0	0	1	1	3
D4	0	0	0	0	0	0	0	0	0	0	0	0	0	1	0	0	4
D5	0	0	0	0	0	0	0	0	0	0	0	0	0	1	0	1	5
D6	0	0	0	0	0	0	0	0	0	0	0	0	0	1	1	0	6
D7	0	0	0	0	0	0	0	0	0	0	0	0	0	1	1	1	7
D8	0	0	0	0	0	0	0	0	0	0	0	0	1	0	0	0	8
D9	0	0	0	0	0	0	0	0	0	0	0	0	1	0	0	1	9
D10	0	0	0	0	0	0	0	0	0	0	0	0	1	0	1	0	10

③. D0=0부터 D100=100까지 실행시키기 위해서 FOR NEXT 명령을 추가한다. [FOR K100]은 100회 반복 시키기 위한 프로그램이고 FOR문을 통해 100회 실행한 후에 NEXT 이후 D1000 및 Z0를 리셋하여 더 이상 실행되지 않도록 프로그램을 작성한다.

④. FOR-NEXT 명령을 통해 100회만 반복을 실행하고 종료하므로 D0부터 D99까지 값이 저장이 된 것을 확인할 수 있다.

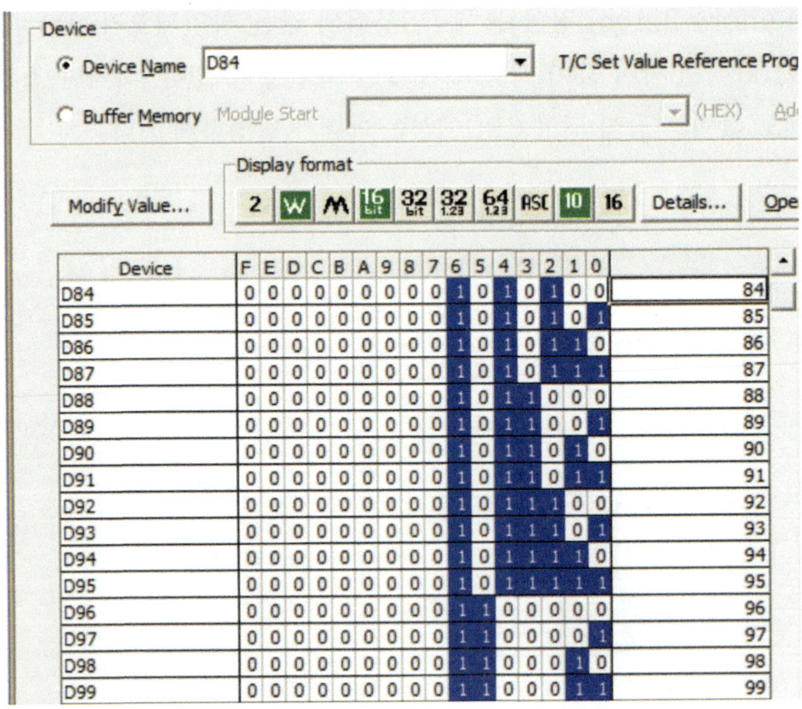

Device

Device Name: D84 T/C Set Value Reference Prog

Buffer Memory Module Start (HEX) Ad

Display format: 2 W M 16bit 32bit 32 1.23 64 1.23 ASC 10 16 Details... Ope

Modify Value...

Device	F	E	D	C	B	A	9	8	7	6	5	4	3	2	1	0	
D84	0	0	0	0	0	0	0	0	0	1	0	1	0	1	0	0	84
D85	0	0	0	0	0	0	0	0	0	1	0	1	0	1	0	1	85
D86	0	0	0	0	0	0	0	0	0	1	0	1	0	1	1	0	86
D87	0	0	0	0	0	0	0	0	0	1	0	1	0	1	1	1	87
D88	0	0	0	0	0	0	0	0	0	1	0	1	1	0	0	0	88
D89	0	0	0	0	0	0	0	0	0	1	0	1	1	0	0	1	89
D90	0	0	0	0	0	0	0	0	0	1	0	1	1	0	1	0	90
D91	0	0	0	0	0	0	0	0	0	1	0	1	1	0	1	1	91
D92	0	0	0	0	0	0	0	0	0	1	0	1	1	1	0	0	92
D93	0	0	0	0	0	0	0	0	0	1	0	1	1	1	0	1	93
D94	0	0	0	0	0	0	0	0	0	1	0	1	1	1	1	0	94
D95	0	0	0	0	0	0	0	0	0	1	0	1	1	1	1	1	95
D96	0	0	0	0	0	0	0	0	0	1	1	0	0	0	0	0	96
D97	0	0	0	0	0	0	0	0	0	1	1	0	0	0	0	1	97
D98	0	0	0	0	0	0	0	0	0	1	1	0	0	0	1	0	98
D99	0	0	0	0	0	0	0	0	0	1	1	0	0	0	1	1	99

4.6.2 파일 레지스터(R/ZR)

파일 레지스터는 데이터 레지스터(D)의 확장용 디바이스로 사용된다. 이러한 파일 레지스터는 CPU에 장착된 내장 배터리에 의해 값이 저장 되므로 CPU를 OFF→ON 하여도 값이 유지된다는 특징이 있다. 따라서 파일 레지스터의 내용을 초기화 할 경우는 [Online]-[Clear PLC Memory]에서 Clear all file registers를 통해 클리어 작업을 실시해야 한다. 파일 레지스터를 저장하는 메모리는 표준 RAM, SRAM 카드, Flash 카드 등이 존재한다.

먼저 표준 RAM을 사용할 시에는 CPU 모듈 별로 파일 레지스터의 용량이 정해져 있으므로 아래 [표 4-3]를 참고하도록 한다.

[표 4-3. CPU 모듈에 따른 파일 레지스터의 용량]

CPU 모듈	점수
Q00U, Q01U, Q02U	64k
Q03UD, Q03UDE	96k
Q04UDH, Q04UDEH	128k
Q06UDH, Q06UDEH	384k
Q10UDH, Q10UDEH, Q13UDH, Q13UDEH	512k
Q20UDH, Q20UDEH, Q26UDH, Q26UDEH	640k

다음으로는 파일 레지스터를 사용하는 경우는 기본값(default)으로 사용안함(Not used)로 체크되어 있기 때문에 파일 레지스터를 사용하기 위해 등록 절차가 필요하다.

①. 먼저 기존의 파일 레지스터를 클리어하기 위해 [Online]-[PLC Memory Operation]-[Clear PLC Memory]를 클릭한다.

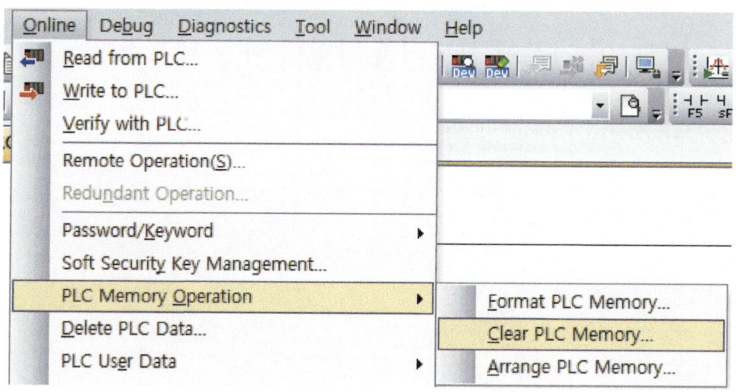

②. 표준 RAM(Standard RAM)을 선택하고 Execute 버튼을 클릭하여 클리어를 실행한다. 이때 클리어를 위해 CPU 모듈은 STOP상태여야 한다.

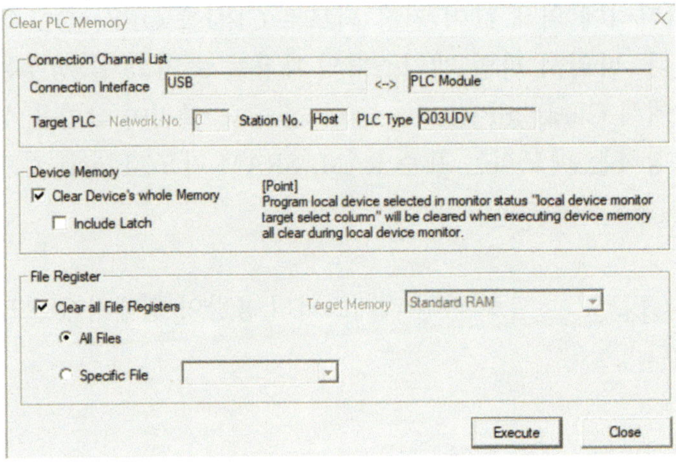

③. 클리어가 완료되었으면 다음으로는 [PLC Parameter]-[PLC File]에서 [File Register]를 아래와 같이 설정한다. 이후 저장을 하고 수정된 Paramater를 Write 하도록 한다.

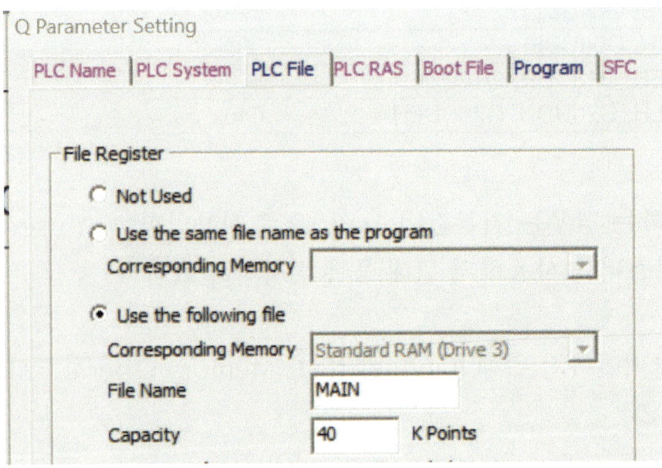

④. [PLC Paramater]-[Device] 하단에 기존에 할당되지 않았던 파일 레지스터가 40K 할당이 되어 있는 것을 확인할 수 있다.

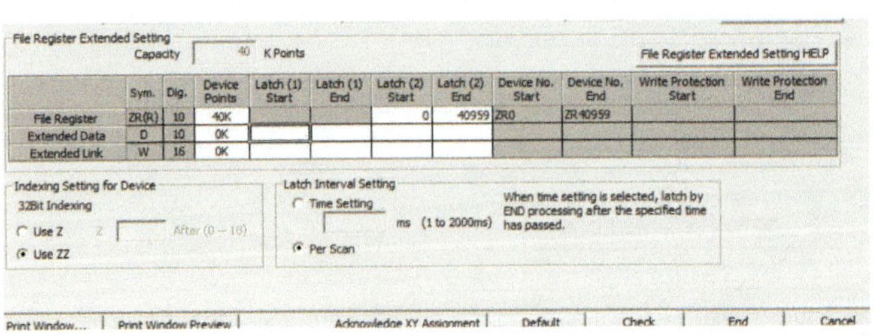

⑤. 아래와 같이 MOVE 명령을 통해 파일 레지스터에 값을 전송해보도록 한다.

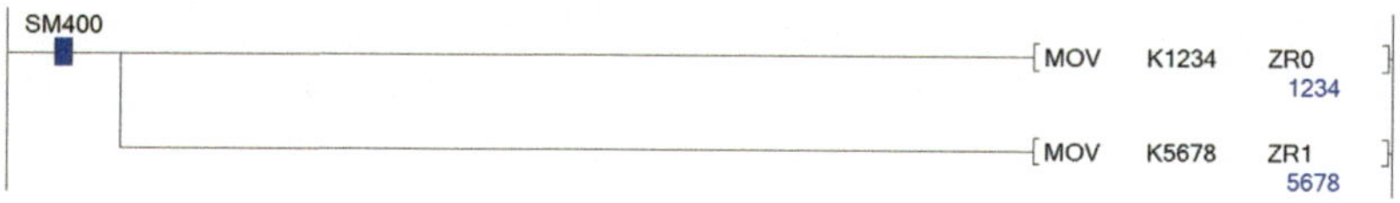

⑥. [Device/Buffer Memory Batch] 창을 통해 ZR0을 검색하면 ZR0 및 ZR1에 MOV 명령을 통해 값이 정상적으로 전송된 것을 확인할 수 있다.

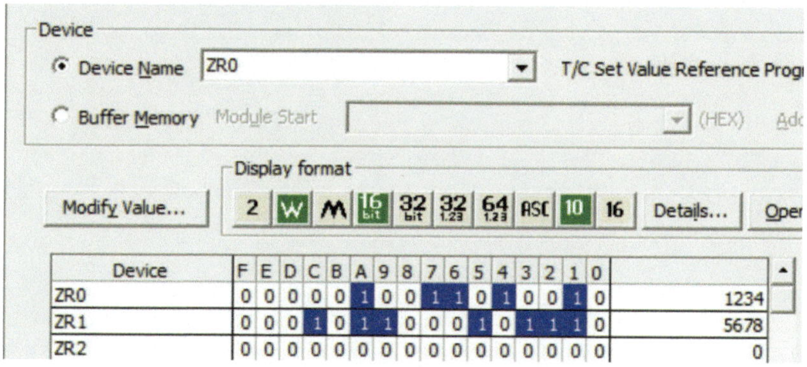

V 아날로그 입출력 모듈

이 장에서는 아날로그 입출력 모듈의 파라메터 설정부터 PLC 프로그램 작성을 통한 아날로그 입출력 변환(AD, DA) 방법에 대해 살펴본다.

5.1 아날로그 입력 모듈

5.1.1 아날로그 입력 모듈이란

아날로그 입력 모듈(A/D 모듈)이란 온도, 유량, 압력 등의 아날로그 데이터를 PLC가 받아들이기 위해 디지털로 변환하는 모듈을 의미한다. 이러한 아날로그 입력 모듈은 센서나 계측 장치로부터 받은 연속적인 아날로그 신호를 디지털 신호로 변환하여 PLC로 전달한다. PLC가 직접 받아들이기 위해서는 아래 [그림 5-1]과 같이 트랜스 듀서 등을 사용하여 전압 혹은 전류의 형태로 변환해야 한다. 본 실습에서 사용하는 Q64AD2DA 유니트는 -10V~10V, 0~10V, 0~5V, 1~5V, 4~20mA 등의 전압 혹은 전류의 입력을 받을 수 있다.

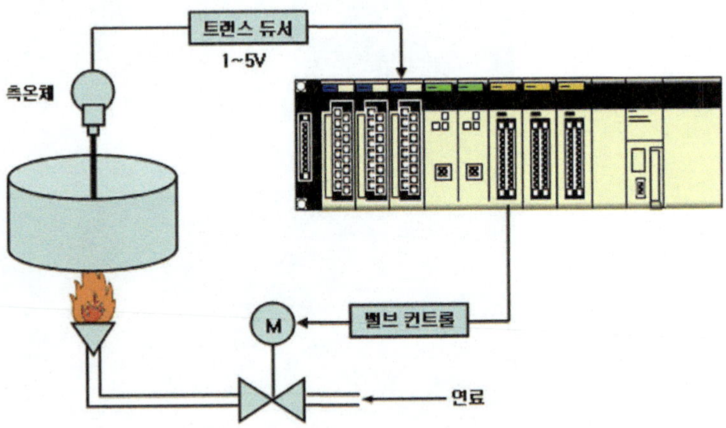

[그림 5-1. 아날로그 입력 모듈]

5.1.2 아날로그 입력 모듈의 외관과 사양

다음은 MELSEC-Q PLC에서 사용하는 아날로그 입력 모듈의 종류에 대해 나타낸다.

①. **Q64AD**: 4채널의 입력을 받을 수 있는 아날로그 입력 모듈이다. 아날로그 입력으로 전압과 전류를 받을 수 있다.

②. **Q68ADV**: 8채널의 입력을 받을 수 있는 아날로그 입력 모듈이다. 아날로그 입력으로 전압을 받을 수 있다.

③. **Q68ADI**: 8채널의 입력을 받을 수 있는 아날로그 입력 모듈이다. 아날로그 입력으로 전류를 받을 수 있다.

④. **Q64AD2DA**: 4채널의 입력을 받을 수 있는 아날로그 입출력 모듈이다. 아날로그 입력으로 전압과 전류를 받을 수 있다.

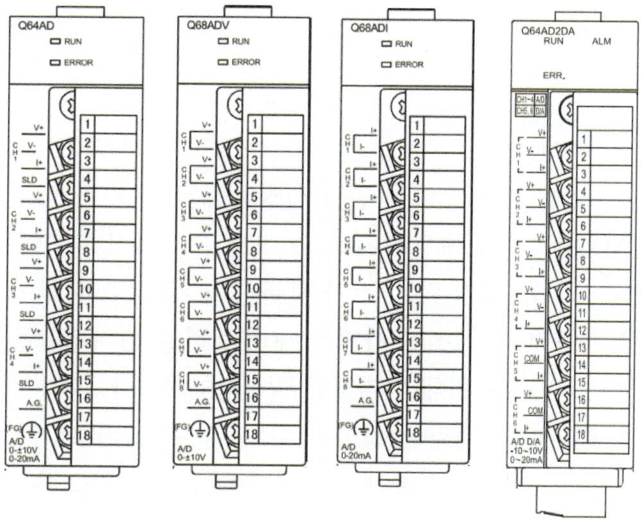

[그림 5-2. 아날로그 입력 모듈의 종류]

5.1.3 아날로그 입력 모듈 입출력 특성 및 분해능

아날로그 입력 모듈을 사용하기 위해서는 사용하고 있는 아날로그 입력 모듈의 전압과 전류의 입력범위, 분해능(Resolution)을 알고 있어야 한다. 아래 [표 5-1]은 아날로그 입력 모듈의 입출력 특성 및 최대 분해능을 나타낸다. MELSEC-Q PLC에서는 일반 분해능 모드(Normal resolution mode)와 고분해능 모드(High resolution mode)를 지원하며 기본값으로는 일반 분해능 모드를 지원한다. 아날로그 출력 범위에 따라 디지털 출력 값에 차이가 있다는 점을 주목하자.

[표 5-1. 아날로그 입력 모듈의 입출력 특성 및 최대 분해능]

<table>
<tr><th colspan="2" rowspan="2">아날로그 입력 범위</th><th colspan="2">일반 분해능 모드</th><th colspan="2">고분해능 모드</th></tr>
<tr><th>디지털 출력값</th><th>최대 분해능</th><th>디지털 출력값</th><th>최대 분해능</th></tr>
<tr><td rowspan="5">전압</td><td>0~10V</td><td rowspan="3">0~4000</td><td>2.5mV</td><td>0~16000</td><td>0.625mV</td></tr>
<tr><td>0~5V</td><td>1.25mV</td><td rowspan="2">0~12000</td><td>0.416mV</td></tr>
<tr><td>1~5V</td><td>1.0mV</td><td>0.333mV</td></tr>
<tr><td>-10~10V</td><td rowspan="2">-4000~4000</td><td>2.5mV</td><td>-16000~16000</td><td>0.625mV</td></tr>
<tr><td>사용자 설정</td><td>0.375mV</td><td>-12000~12000</td><td>0.333mV</td></tr>
<tr><td rowspan="3">전류</td><td>0~20mA</td><td rowspan="2">0~4000</td><td>5μA</td><td rowspan="2">0~12000</td><td>1.66μA</td></tr>
<tr><td>4~20mA</td><td>4μA</td><td>1.33μA</td></tr>
<tr><td>사용자 설정</td><td>-4000~4000</td><td>1.37μA</td><td>-12000~12000</td><td>1.33μA</td></tr>
</table>

5.1.4 전압 입력 특성

아날로그 입력 모듈은 아날로그 입력 범위를 설정하고 이에 따라 디지털 출력값이 존재한다. 예를 들어 Q64AD2DA 모듈에서 0~10V의 아날로그 입력 범위를 사용한다면 일반 분해능 모드를 사용했을 때 0~4000의 디지털 출력값을 가지게 될 것이다. 아래 [그림 5-3]과 같이 만약 아날로그 입력 전압이 0V라면 그에 해당하는 디지털값은 0이 출력되고, 최대 아날로그 입력 전압이 10V라면 최대 디지털값은 4000이 된다. 따라서 아날로그 입력 전압의 중간값인 5V가 입력된다면 대략 출력되는 디지털값은 2000에 가까운 값이 출력된다. 0~10V 및 일반 분해능 모드 사용시 만약 디지털 출력값의 범위를 초과하는 아날로그 값이 입력된 경우는 -4096~4095의 값을 가질 수 있다.

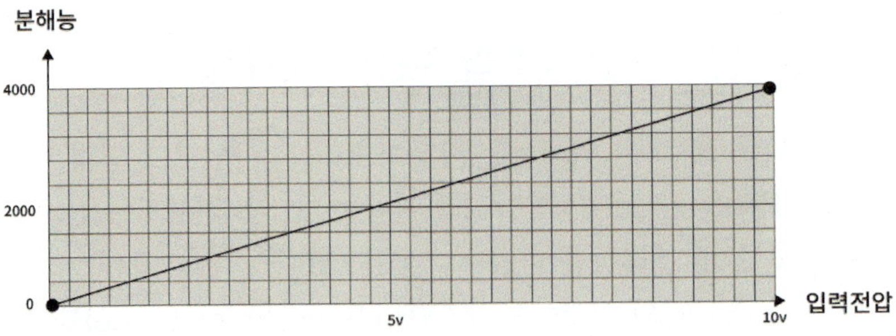

[그림 5-3. 일반 분해능 모드에서의 전압 입력 특성]

다음은 고분해능 모드에서의 전압 입력 특성을 나타낸다. 앞서 [표 5-1]에서 기술 하였듯이 -10V~10V의 아날로그 입력 범위를 사용하고 고분해능 모드를 사용했을 경우의 디지털 출력값은 -16000~16000의 범위를 가진다. 따라서 아날로그 입력의 최소 전압인 -10V가 입력될 때의 디지털 출력값은 -16000, 최대 전압인 10V가 입력될 때의 디지털 출력값은 16000이 출력된다. 중간 전압값인 0V가 입력된다면 디지털 출력값은 0에 가까운 값이 출력된다. -10V~10V 및 고분해능 모드를 사용한 경우는 마찬가지로 디지털 출력값의 범위를 초과하는 아날로그 값이 입력된 경우에는 디지털 출력값은 -16384~16383의 값을 가질 수 있다.

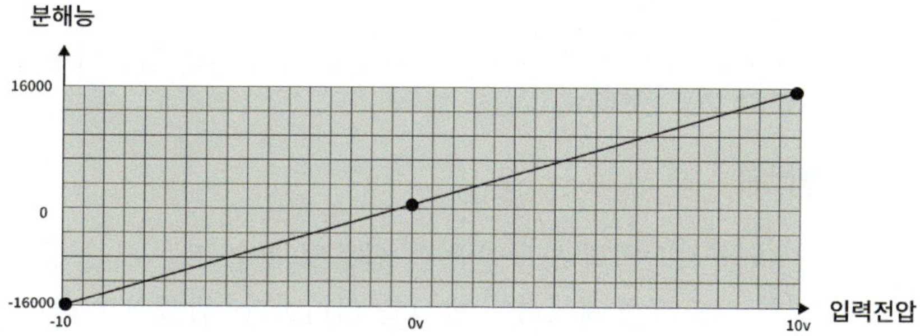

[그림 5-4. 고분해능 모드에서의 전압 입력 특성]

5.1.5 A/D 변환 방식

아날로그 값을 디지털 값으로 변환하는데는 샘플링 처리 방식과 평균화 처리 방식 2가지가 존재한다. 여기서 샘플링 시간이란 아날로그 값을 얼마나 자주 디지털화 하는지의 정도, 수기를 의미한다.

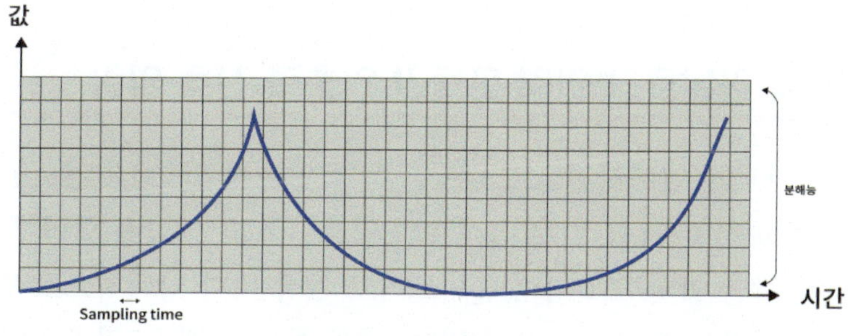

[그림 5-5. 샘플링 시간]

샘플링을 통해 아날로그 값을 얼마나 세밀하게 나눌 지의 정도를 의미하는 분해능 값이 존재한다. A/D 변환 방식의 2가지에 대해 살펴보자.

I. 샘플링 처리 방식

샘플링 처리 방식에서 아날로그 입력 모듈은 샘플링 시간에 따라 주기적으로 입력 신호를 샘플링한다. 즉 아날로그 입력값을 디지털로 변환된 출력값을 버퍼 메모리에 저장한다. 여기서 샘플링 처리 시간은 사용하고 있는 채널수와 온도 드리프트 보정 기능 사용 유무 등에 따라 상이할 수 있다. 예를 들어 온도 드리프트 보정 기능이 없는 경우는 (처리 시간) = (사용 채널 수)×(80μ/1채널)로 처리가 된다. 여기서 (80μ/1채널)값은 A/D 변환속도를 의미한다. 하지만 만약 온도 드리프트 보정 기능을 사용할 경우는 (처리 시간) = (사용 채널 수)×(80μ/1채널)+160μs로 처리 시간이 증가하는 점을 참고하도록 하자.

II. 평균화 처리 방식

평균화 처리 방식은 아날로그 입력 모듈이 입력 신호의 횟수 또는 시간 등을 설정하여 평균값을 계산하여 버퍼 메모리에 저장하는 방식을 의미한다. 샘플링 처리 방식의 경우 입력 신호의 노이즈나 불안정한 신호가 발생할 수 있는 반면 평균 처리 방식은 이러한 입력 신호의 노이즈 및 불안정한 신호에 대한 안정화 효과를 가질 수 있다. 이러한 평균화 처리 방식은 또한 시간 평균 방식(Time Average), 횟수 평균 방식(Count Average) 등으로 나뉠 수 있다. 시간 평균 방식은 일정 시간 동안 입력 신호의 평균 값을 계산하는 방식이다. 예를 들어 1초로 설정한 경우 1초 동안의 입력 신호를 샘플링해서 그 값의 평균값을 계산하는 방식이다. 횟수 평균 방식은 일정 횟수 동안의 입력 신호의 평균값을 계산하는 방식으로써 예를 들어 횟수를 100회로 설정한 경우 100회의 샘플링을 통한 값들의 평균값을 계산하는 방식이다.

5.1.6 CPU와 아날로그 입력 모듈간 입출력 신호 일람

입출력 모듈과는 다르게 인텔리전트 모듈에는 해당 입출력 신호(I/O Signals)의 기능이 정해져 있다. 이를 위해서 Q64AD2DA 유니트의 입출력 신호 일람을 확인할 필요가 있다. 입출력 신호 일람은 같은 아날로그 입력 유니트라도 제품 마다 상이하므로 반드시 해당 유니트의 입출력 신호 일람을 확인할 필요가 있다. 예를 들어 아래 [그림 5-6]과 같이 인텔리전트 모듈(특수 카드)로부터 준비 신호를 받으면 CPU는 인텔리전트 모듈에 동작요구 신호를 송신하고, 동작이 완료되면 다시 인텔리전트 모듈은 동작완료 신호를 CPU에 송신한다. 만약 동작 중 에러가 발생한 경우에는 인텔리전트 모듈에서 에러발생 신호를 송신하고, CPU는 에러 클리어 신호를 인텔리전트 모듈에 요구할 수 있다.

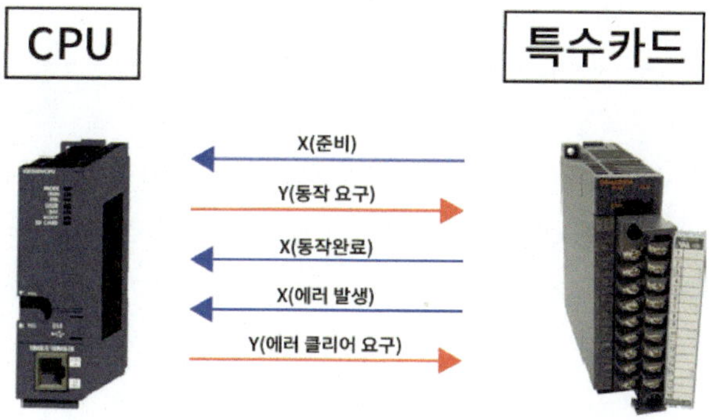

[그림 5-6. CPU와 인텔리전트 모듈간 입출력 신호 교환]

아래 [표 5-2]는 Q64AD2DA 유니트에서 사용할 수 있는 입출력 신호 일람을 나타낸다. Q64AD2DA 모듈은 16점을 점유하며 입출력 신호 일람은 추후 A/D 변환 관련 PLC 프로그램을 작성시 반드시 참고해야 하므로 잘 기억해둘 수 있도록 하자.

[표 5-1. 아날로그 입력 모듈의 입출력 특성 및 최대 분해능]

CPU 모듈 → Q64AD2DA 모듈		Q64AD2DA 모듈 → CPU 모듈	
입력신호	신호명	출력신호	신호명
X0	Module ready	Y0	사용 금지
X1	CH1 Logging hold flag	Y1	CH1 Logging hold request
X2	CH2 Logging hold flag	Y2	CH2 Logging hold request
X3	CH3 Logging hold flag	Y3	CH3 Logging hold request
X4	CH4 Logging hold flag	Y4	CH4 Logging hold request
X5	사용 금지	Y5	CH5 Output enable/disable flag
X6	External power off flag	Y6	CH6 Output enable/disable flag
X7	Input signal error detection signal	Y7	사용 금지
X8	High reolution mode status flag	Y8	
X9	Operating condiction setting completion flag	Y9	Operating condiction setting request

CPU 모듈 → Q64AD2DA 모듈		Q64AD2DA 모듈 → CPU 모듈	
입력신호	신호명	출력신호	신호명
XA	사용 금지	YA	사용 금지
XB		YB	
XC		YC	
XD	Maximum and minimum values reset completion flag	YD	Maximum and minimum values reset request
XE	A/D Conversion completed flag	YE	사용 금지
XF	Error flag	YF	Error clear request

위의 입출력 신호 일람은 CPU에 가장 먼저 장착되었을 때를 가정한다. 예를 들어 Q64AD2DA 유니트가 5번째(slot 4)에 장착되었다면 입출력 신호는 X40~X4F, Y40~Y4F를 사용해야 한다는 점을 기억하도록 하자.

①. **입력 신호**

a. **Module ready**: CPU 모듈의 전원이 켜지거나 재설정 되면 ON되는 신호이다. A/D 변환 또는 D/A 변환 준비가 완료되었음을 의미한다. 만약 하드웨어 오류(오류 코드:1)이 발생하면 모듈 준비신호는 OFF되고 RUN LED도 OFF된다.

b. **Logging hold flag**: 출력 신호의 Logging hold request 신호가 ON되면 ON되는 플래그 신호이다.

c. **External power off flag**: 외부의 전원 공급 장치가 켜지지 않은 경우 ON되는 플래그 신호이다.

d. **Input signal error detection signal**: 아날로그 입력 값이 범위를 벗어날 때 ON되는 신호이다.

e. **High resolution mode status flag**: Switch 4에서 고분해능 모드를 설정할 때 켜지는 플래그 신호이다.

f. **Operating condition setting completion flag**: AD 변환과 관련된 설정이 변경되었을 때 ON되는 플래그 신호이다.

g. **A/D conversion completed flag**: A/D 변환이 완료되었을 때 ON되는 플래그이다.

h. **Error flag**: 쓰기 에러가 발생했을 때 발생되는 에러 플래그이다. 에러 코드를 클리어하기 위해서는 에러 클리어 요구(YF)를 ON해야 한다.

②. **출력 신호**

a. **Logging hold request**: Logging hold 기능을 요청할 시 사용하는 신호이다.
b. **Output enable/disable flag**: D/A 변환 시 출력 허가를 위해 사용되는 플래그이다.
c. **Operating condition setting request**: 동작 설정 관련된 버퍼 메모리가 유효하게 될 때 해당 신호가 ON된다.
d. **Error clear request**: 쓰기 에러 및 입력 신호 에러를 클리어하기 위해 사용되는 신호이다.

5.1.7 Q64AD2DA 모듈의 A/D 버퍼 메모리 할당

이 섹션에서는 Q64AD2DA 유니트의 버퍼 메모리 할당(Buffer Memory Assignment)에 대해 살펴본다. 인텔리전트 모듈은 버퍼 메모리를 활용하여 데이터를 임시적으로 저장하고 처리하는 기능을 가지고 있다. 따라서 인텔리전트 모듈은 버퍼 메모리를 통해 다른 모듈과 장치간의 데이터 통신을 가능하게 하므로 중요한 역할을 한다. A/D 변환에 관련된 버퍼 메모리는 굉장히 많기 때문에 변환에 주로 사용되는 버퍼 메모리에 대해서 살펴보도록 한다. Q64AD2DA의 A/D 변환 관련 버퍼 메모리는 CH1~CH4까지 존재하지만 CH1만 나타내었다.

[표 5-3. A/D 변환 관련 버퍼 메모리]

어드레스(10진)	설명(기본값)	Read/Write
CH1		
0	A/D conversion enable/disable setting(1)	R/W
1	Averaging process method setting(0)	R/W
2	Averaging process (time / number of times) setting(4)	R/W
10	A/D conversion scaling enable/disable setting(1)	R/W
11	A/D conversion scaling lower limit value(0)	R/W
12	A/D conversion scaling upper limit value(0)	R/W
100	Digital output value(0)	R
113	A/D conversion completed flag(0)	R
190	Latest error code(0)	R

①. A/D conversion enable/disable setting(Un\G0)

- A/D 변환을 활성화할지, 비활성화 할지가 설정된다. 설정값이 1이면 비활성화, 설정값이 0이면 활성화 한다. 초기값이 1로 설정 되어 있으므로 변환 허가시 0으로 설정값을 변경하도록 한다.

②. Averaging process method setting (Un\G1)

- 평균화 처리 방식을 설정하는 영역이다. 버퍼 메모리를 사용함으로써 설정할 수 있는 평균화 처리 방식은 아래의 4가지가 존재한다.

[표 5-4. 평균화 처리 방식의 설정 가능한 범위]

설정값	설명	
0	샘플링 처리(Sampling processing)	
1	평균화 처리	시간 평균(Time average)
2		횟수 평균(Count average)
3		이동 평균(Moving average)

③. Averaging process (time/number of times) setting(Un\G2)

- 평균화 처리 방식(1~3)으로 설정되어 있는 경우 시간 또는 횟수값을 설정하는 영역이다. 평균화 처리 방식을 사용할 경우 시간 평균은 2~10000ms, 횟수 평균은 4~20000times, 이동 평균은 2~60times의 값을 설정할 수 있다.

④. A/D conversion scaling enable/disable setting (Un\G10)

- A/D 변환시 디지털 출력 값의 스케일링 변환을 활성화할지 또는 비활성화 할지 여부를 결정한다. 초기값이 1로 비활성화 되어 있으므로 활성화 하기 위해서는 설정값을 0으로 변경해야 한다.

⑤. A/D conversion scaling lower limit value (Un\G11) and CH1 A/D conversion scaling upper limit value (Un\G12)

- 스케일링 변환을 활성화 할 시 변환된 디지털 출력 값의 스케일링 범위를 설정하기 위한 영역이다.

⑥. Digital output value (Un\G100)

- A/D로 변환된 실제 디지털 출력값이 저장되는 영역이다. 저장되는 디지털 값은 16비트의 2진 형태로 버퍼 메모리에 저장된다.

⑦. A/D conversion completed flag(Un\G113)

- A/D 변환의 상태를 확인할 수 있는 영역이다. 최초로 A/D 변환이 가능한 채널에서 A/D 변환이 완료되면 버퍼 메모리에 저장되고 A/D 변환 완료 플래그(A/D Conversion completed flag)가 ON된다.

⑧. Latest error code (Un\G190)

- Q64AD2DA 모듈에서 검출된 가장 최근의 오류 코드와 오류 시간 등을 확인할 수 있다. 해당 에러 시간은 Un\G191~Un\G194 버퍼 메모리에 저장된다.

5.2 아날로그 입력 모듈 운전

5.2.1 파라메터를 사용한 아날로그 입력 모듈 운전

이번 장에서는 GX-Works2를 통해 Q64AD2DA 모듈을 추가하고 설정하는 방법에 대해 살펴보자. 먼저 인텔리전트 모듈을 추가하고 0~10V 입력 범위, 일반 분해능 모드를 설정한다. 이후 Switch Setting에서는 A/D 변환 허가 및 평균화 처리 방식을 결정한다. 일반 분해능 모드에서는 0~10V 입력 시 0~4000의 디지털값으로 출력되고 이를 스케일링(Scaling)을 통해 0~4000의 값을 0~500의 디지털값으로 변환하도록 한다. 즉 0V 입력시의 출력되는 디지털값은 0이며, 최대 10V가 입력될때에는 500의 디지털값이 출력되는 프로그램을 작성해보도록 한다.

①. 실습에 사용되는 Q64AD2DA 인텔리전트 모듈을 추가 하기 위해 Project의 [Intelligent Function Module]을 우클릭하고 [New Module]을 클릭한다.

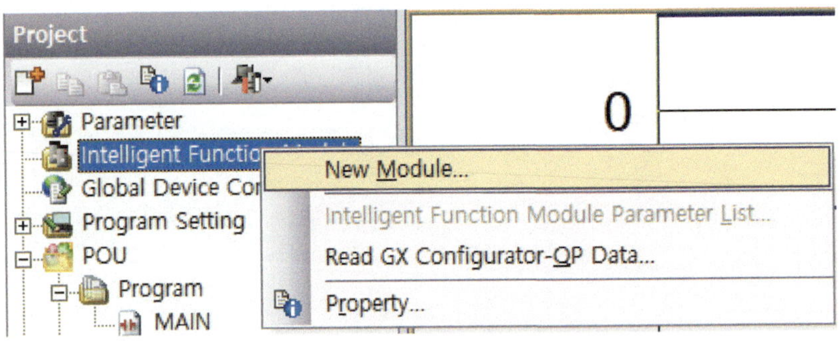

②. 모듈 타입, 모듈 이름, 모듈 슬롯 번호를 아래와 같이 작성하고 확인을 한다. 슬롯 번호는 5번째 장착된 모듈이므로 Mounted Slot No는 4를 작성한다. 만약 모듈 이름에 사용하고 있는 모듈이 없다면 GX-Works2의 낮은 소프트웨어 버전을 사용하고 있으므로 업데이트를 실시해야 한다.

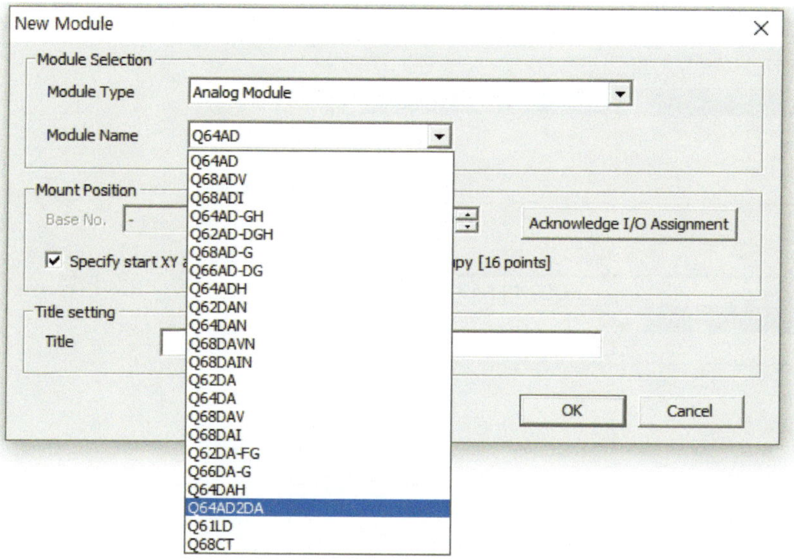

③. 인텔리전트 모듈이 추가된 것을 확인할 수 있다. Switch Setting부터 Auto_Refresh까지 총 4개의 항목을 확인한다.

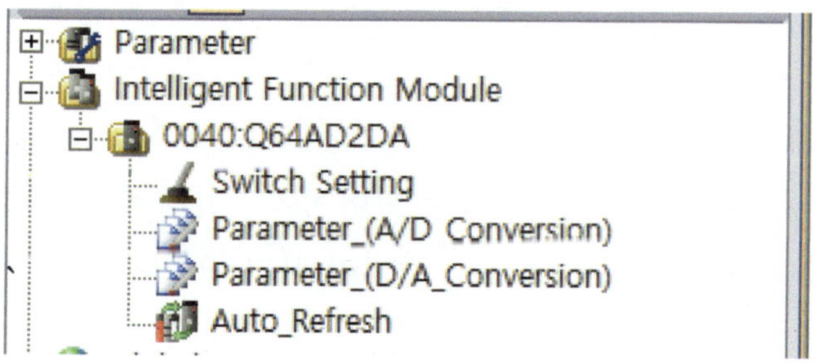

④. 먼저 Swtich Setting에 대해 살펴보자. Q64AD2DA 모듈은 입력 4채널, 출력 2채널을 사용할 수 있다. 실습에서는 CH1을 사용하고 0~10V의 입력 범위, 일반 분해능 모드를 사용하도록 한다.

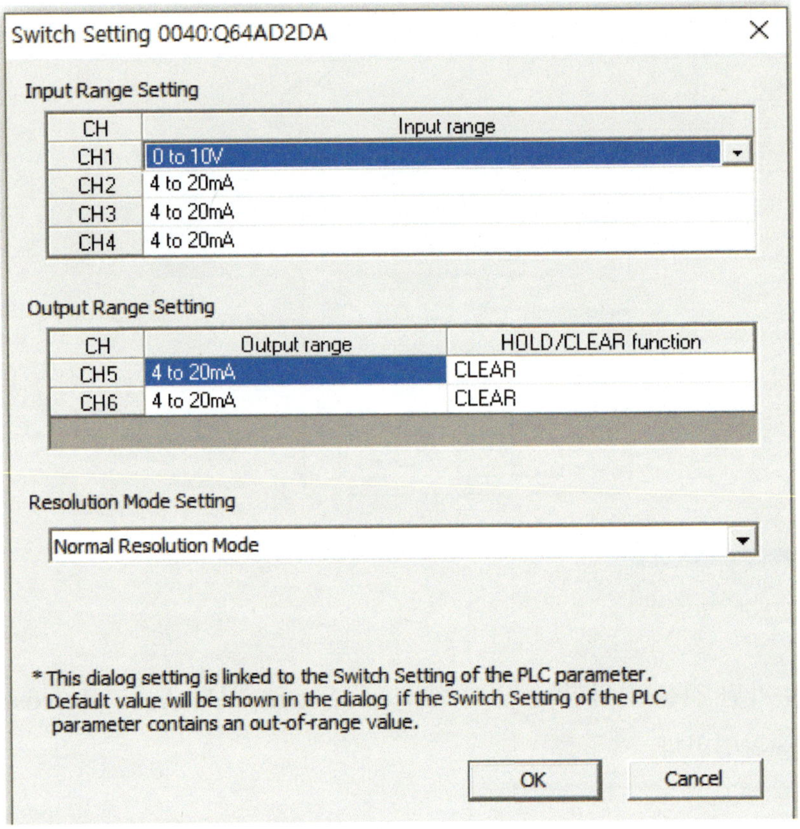

⑤. Parameter_(A/D_Conversion) 설정 방법에 대해 살펴보자. 먼저 Basic setting에서 CH1~CH4는 기본적으로 A/D 변환 비활성화 설정 되어 있다. 따라서 활성화(0:Enable)로 설정한다. 이어서 평균화 처리 세팅의 경우 샘플링 처리 방식이 기본 설정되어 있다. 평균화 처리 방식 중 횟수 평균(Count Average)를 사용하기 위해 설정하고 횟수는 4 Times로 설정한다.

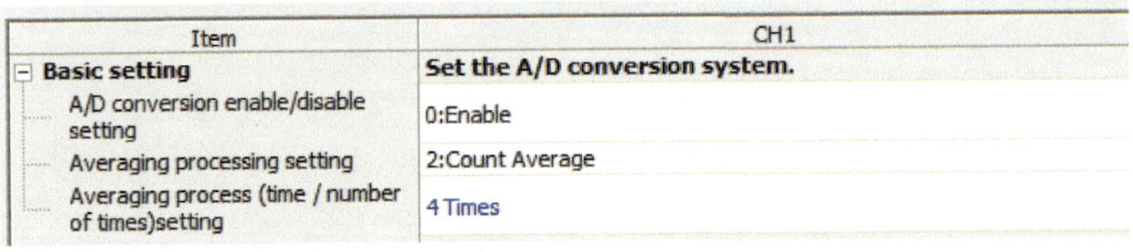

Item	CH1
Basic setting	Set the A/D conversion system.
A/D conversion enable/disable setting	0:Enable
Averaging processing setting	2:Count Average
Averaging process (time / number of times)setting	4 Times

⑥. A/D Conversion scaling function에 대해 살펴보자. 스케일링 기능을 사용하기 위해 A/D Conversion scaling enable/disable setting을 Enable로 활성화 한다. 0~4000의 값을 0~500으로 스케일링 하기 위해 스케일링 하한값(scaling lower limit value)과 스케일링의 상한값(scaling upper limit value)을 아래와 같이 작성한다.

A/D conversion scaling function	Set about the scaling of A/D conversion.
A/D conversion scaling enable/disable setting	0:Enable
A/D conversion scaling lower limit value	0
A/D conversion scaling upper limit value	500

⑦. 마지막으로 Auto_Refresh에서는 디지털 출력값(D100)과 스케일링값(D102)을 저장하기 위한 디바이스를 작성한다.

Item	CH1
A/D conversion	Set the devices of A/D conversion.
Transfer to intelligent function module	The data of the specified device is trans
Shifting amount to conversion value	
Transfer to CPU	The data of the buffer memory is transr
Digital output value	D100
Scaling value	D102

⑧. 작성된 파라메터 내용을 전송하기 위해 [Online]-[Write to PLC]를 클릭한다. Intelligent Function Module에서 해당 모듈의 valid를 체크하고 Execute한다. valid를 체크하지 않으면 해당 모듈을 전송하지 않는다.

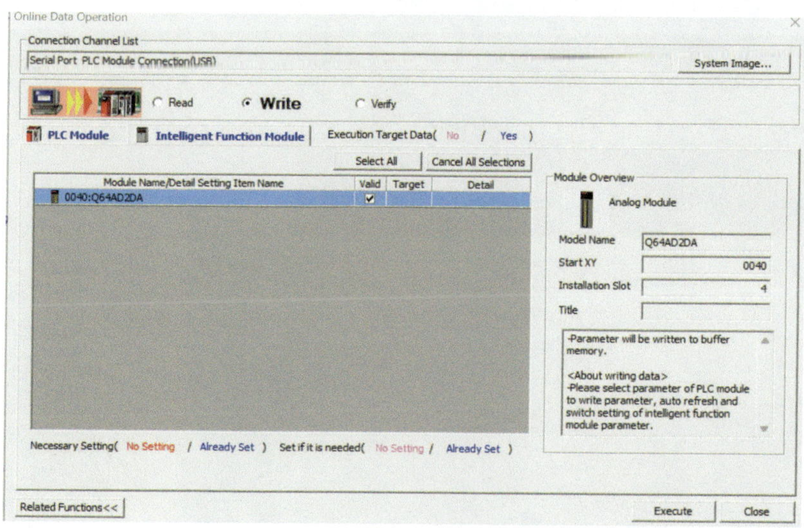

⑨. PLC Module에서 PLC Program과 Parameter를 체크하고 Execute한다. 이때 Parameter에서 Intelligent Function Module이 체크 되어 있는지 확인한다. 전송이 완료되면 파라메터를 변경하였으므로 PLC의 전원을 OFF→ON 한다.

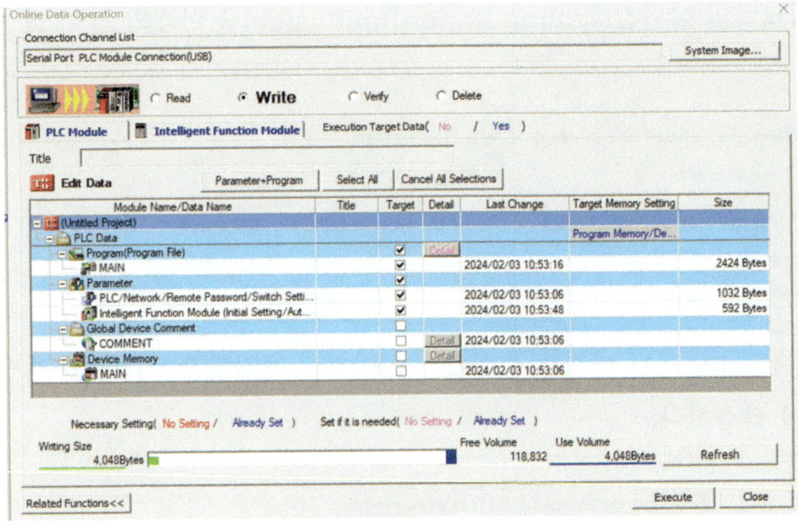

⑩. 0~10V의 입력 전압을 0~4000→0~500으로 스케일링하여 받아들이기 위해 사용하는 전압계에 입력 전압을 5V를 인가한다.

⑪. 앞서 디지털 출력값은 D100, 스케일링값은 D102에 저장하기 위해 설정하였으므로 [Device/Buffer Memory Batch]에서 D100과 D102의 값을 모니터링한다. 현재 입력 전압이 5V이므로 디지털 출력값은 2000, 스케일링값 250이 정상적으로 출력되는 것을 확인할 수 있다. 이후 입력 전압을 조절하여 변화되는 디지털 출력값과 스케일링값을 확인하도록 한다.

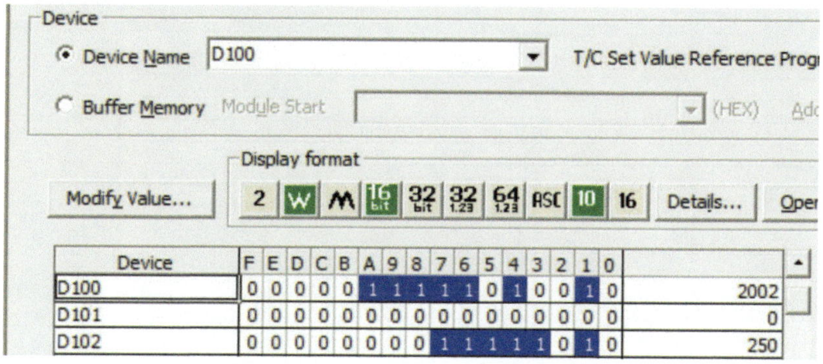

5.2.2 프로그램을 통한 아날로그 입력 모듈 운전

앞서 파라메터를 설정하여 A/D 변환을 통해 디지털 출력값과 스케일링값을 확인하였다. 하지만 실제 현장에서는 파라메터를 사용하지 않고 PLC 프로그램을 통해 아날로그 입력 모듈의 운전을 하는 경우도 존재하기 때문에 이번에는 PLC 프로그램을 작성하여 아날로그 입력 모듈을 운전하는 방법에 대해 살펴보도록 하자.

먼저 인텔리전트 모듈에서 Switch Setting외에 PLC Parameter에서의 Swtich Setting 방법에 대해 살펴보자. [PLC Paramater]-[I/O Assinment]-[Switch Setting]을 클릭한다.

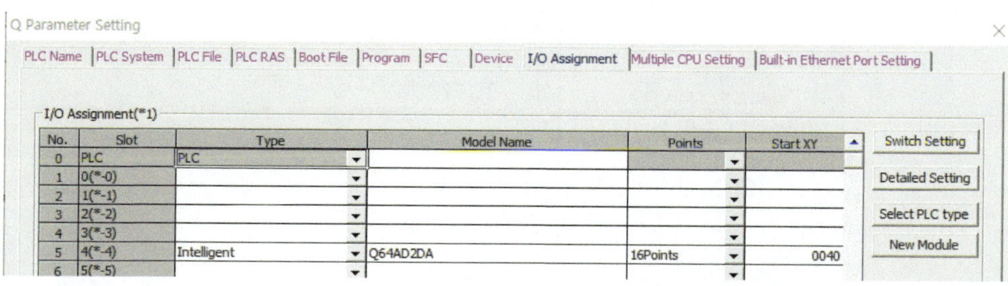

Switch Setting for I/O and Intelligent Function Module 화면이 표시된다. Q64AD2DA 모듈이 Switch1부터 Switch5까지 설정할 수 있는 것을 확인할 수 있다.

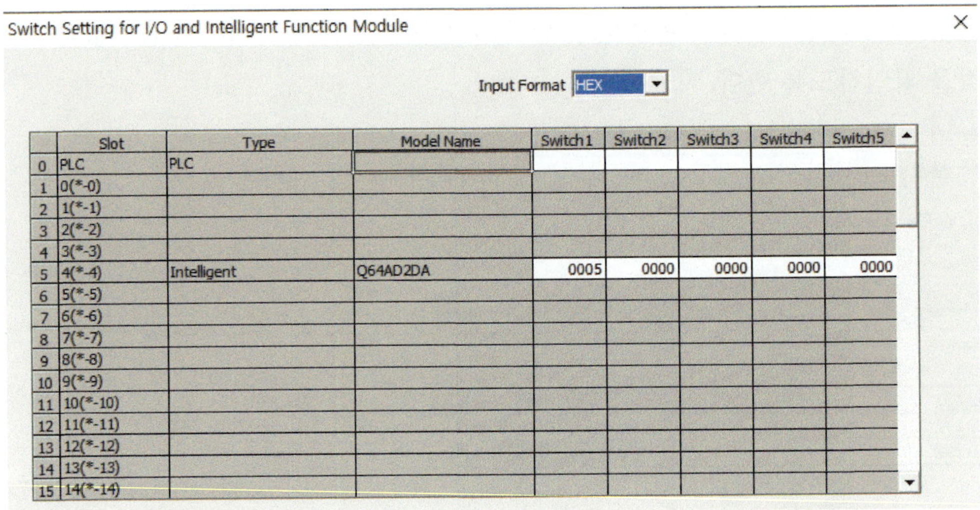

Switch Setting for I/O and Intelligent Function Module

Input Format HEX

	Slot	Type	Model Name	Switch1	Switch2	Switch3	Switch4	Switch5
0	PLC	PLC						
1	0(*-0)							
2	1(*-1)							
3	2(*-2)							
4	3(*-3)							
5	4(*-4)	Intelligent	Q64AD2DA	0005	0000	0000	0000	0000
6	5(*-5)							
7	6(*-6)							
8	7(*-7)							
9	8(*-8)							
10	9(*-9)							
11	10(*-10)							
12	11(*-11)							
13	12(*-12)							
14	13(*-13)							
15	14(*-14)							

아래는 인텔리전트 모듈의 Switch1~Switch5의 Switch Setting에 대해 나타낸다.

[표 5-5. 인텔리전트 모듈의 Switch Setting]

Switch	설정값	
Switch 1	입력 범위 설정 (CH1~CH4) [ ][ ][ ][ ] H Ch4 Ch3 Ch2 Ch1	0h: 4~20mA 1h: 0~20mA 2h: 1~5V 3h: 0~5V 4h: −10~10V 5h: 0~10V Ah: 4~20mA(확장 모드) Bh: 1~5V(확장 모드)
Switch 2	출력 범위 설정 (CH5~CH6) [ ][ ][ ][ ] H 0h로 고정 Ch6 Ch5	0h: 4~20mA 1h: 0~20mA 2h: 1~5V 3h: 0~5V 4h: −10~10V
Switch 3	아날로그 출력 HOLD/ CLEAR 기능 설정 (CH5, CH6) [ ][ ][ ][ ] H 0h로 고정 Ch6 Ch5	0h: CLEAR 1h~Fh: HOLD

Switch	설정값
Switch 4	모드 설정 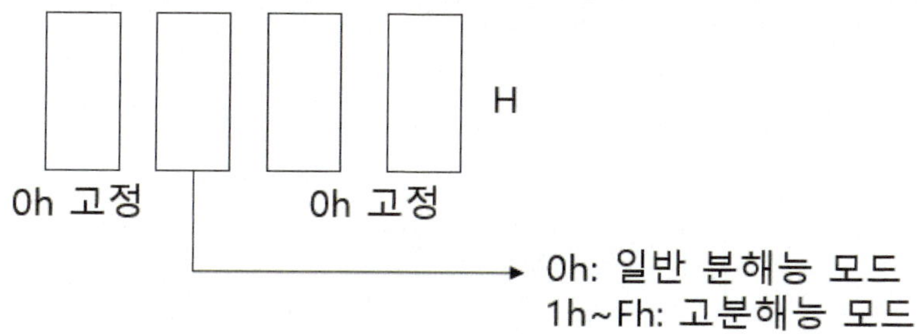
Switch 5	0h 고정

예를 들어 CH1 입력 전압 0~5V, 고분해능 모드를 사용했을 때의 설정값은 아래와 같이 작성 되어질 수 있다.

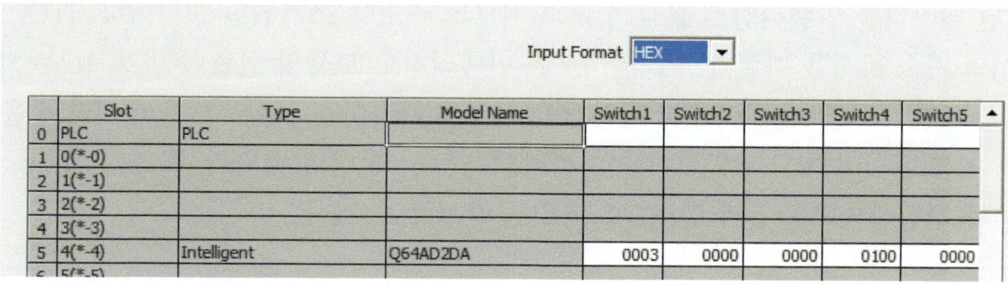

Switch Setting for I/O and Intelligent Function Module

Input Format HEX

	Slot	Type	Model Name	Switch1	Switch2	Switch3	Switch4	Switch5
0	PLC	PLC						
1	0(*-0)							
2	1(*-1)							
3	2(*-2)							
4	3(*-3)							
5	4(*-4)	Intelligent	Q64AD2DA	0003	0000	0000	0100	0000

다시 0~10V의 입력 전압과 일반 분해능 모드로 변환한 이후에는 PLC 프로그램 작성 방법에 대해 살펴보자. 0~10V의 입력 전압을 0~4000의 디지털값으로 변환하고 이를 0~500의 스케일링값으로 변환한다. PLC 프로그램에서 파라메터를 쓰기 위해서는 먼저 인텔리전트 모듈에서의 데이터 읽기(FROM) 명령과 쓰기(TO)명령에 대해서 알 필요가 있다. 이러한 TO/FROM 명령은 CPU와 인텔리전트 모듈 간의 데이터 교환이 가능하게 한다.

I. FROM 명령

인텔리전트 모듈의 버퍼 메모리 주소로부터 데이터를 읽고 저장하는 명령이다. [FROM n1 n2 D n3]의 기술 방식을 따른다. 여기서 n1은 인텔리전트 모듈의 입출력 번호, n2는 읽기 데이터의 선두 어드레스, D는 읽은 데이터를 저장하는 디바이스, n3는 읽기 데이터

수를 의미한다. 만약 8번째 Slot에 위치한 인텔리전트 모듈의 버퍼 메모리 주소 0h로부터 D5에 1개 저장한다면 아래와 같이 FROM 명령을 사용할 수 있다.

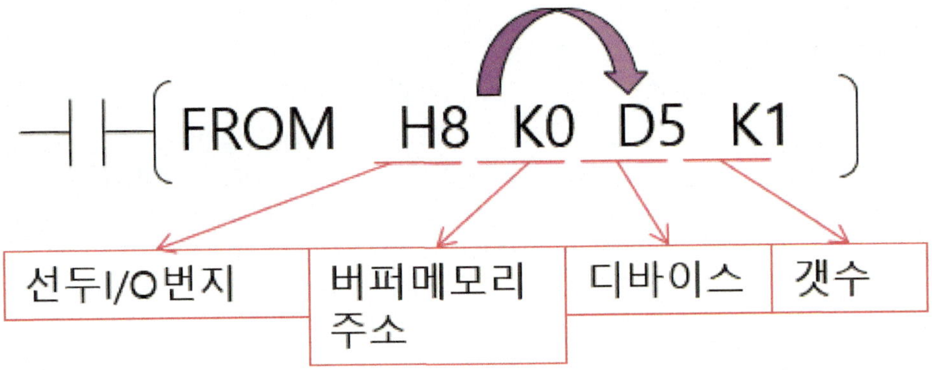

II. TO 명령

지정된 데이터를 인텔리전트 모듈의 버퍼 메모리 주소에 쓰기위한 명령이다. [TO n1 n2 S n3]의 기술 방식을 따른다. 여기서 n1은 인텔리전트 모듈의 입출력 번호, n2는 데이터 쓰기를 위한 어드레스, S는 쓰기 데이터가 저장된 디바이스, n3은 쓰기 데이터 수를 의미한다. 예를 들어 8번 Slot에 위치한 인텔리전트 모듈의 버퍼 메모리 주소 0h에 16진수값 2를 1개 전송한다면 다음과 같이 TO 명령을 작성할 수 있다.

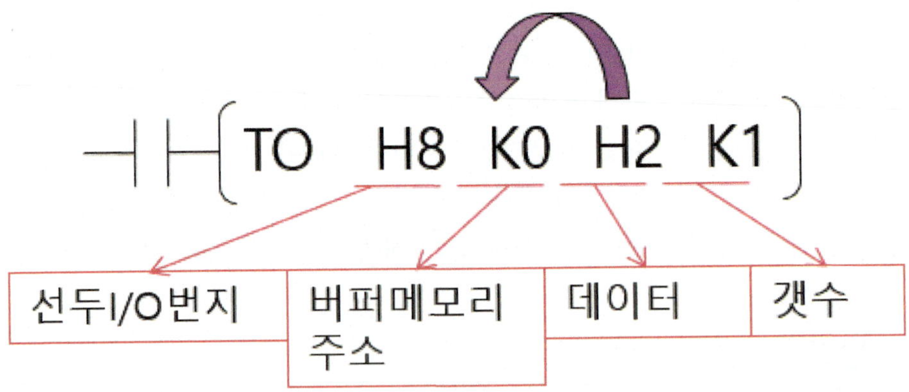

버퍼 메모리와 TO/FROM 명령을 통해 A/D 변환 방법에 대해 살펴보도록 하자.

①. 파라메터 쓰기를 위해 X40(모듈 준비)신호가 ON되었을 때 TO 명령을 사용하여 버퍼 메모리 쓰기를 실행한다. 버퍼 메모리 주소0~2는 A/D 변환 활성화, 평균화 처리 설정, 평균 횟수 설정을 의미하며, TO 명령을 통해 A/D 변환 활성화, 시간 평균, 4회로 설정된다. 이후는 SET 명령을 통해 Y49(동작 조건 설정 요구)신호가 ON된다.

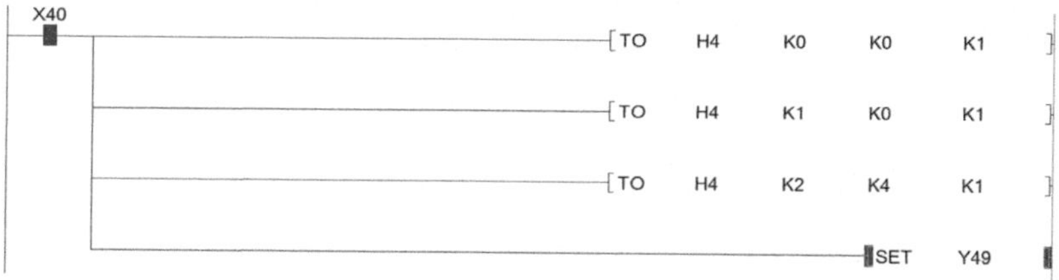

②. M0 신호가 ON되었을 때 Y49를 리셋하는 프로그램을 추가로 작성한다.

③. M1 신호가 ON되었을 때 FROM 명령을 통해 버퍼 메모리 주소(100번지)에 저장된 디지털 출력값을 D1000에 저장하는 프로그램을 추가로 작성한다.

④. 최종 작성된 프로그램을 확인한다. 0~10V의 입력 전압에 따라 0~4000의 디지털 출력값을 D1000에서 확인할 수 있다.

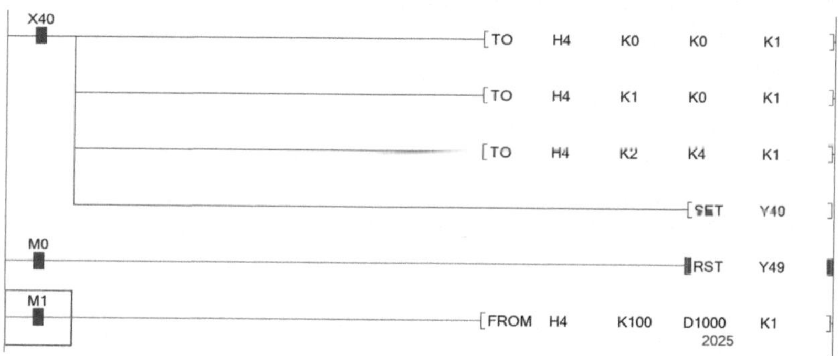

상기 프로그램을 통해 0~10V의 입력 전압은 0~4000의 디지털값으로 변환하였지만 원하는 스케일값 0~500으로 변환하기 위해서는 스케일 명령어(SCL)가 필요될 수 있다. 원하는 스케일값으로 변환하기 위해 스케일 명령어에 대해 살펴보도록 하자. 스케일 명령어는 입력된 값을 원하는 범위로 변환하는 기능을 제공한다. SCL 명령어는 [SCL S1 S2 D]의 기술 방식을 따른다. S1은 스케일링 전의 입력값을 의미하며 S2는 스케일링용 변환 데

이터, D는 SCL 명령에 의해 변환된 출력값이 저장되는 디바이스를 의미한다. 여기서 스케일링용 변환 데이터는 아래와 같이 구성되어질 수 있다.

[표 5-5. 인텔리전트 모듈의 Switch Setting]

항목		디바이스
좌표 포인트수		S2
포인트1	X 좌표	S2+1
	Y 좌표	S2+2
포인트2	X 좌표	S2+3
	Y 좌표	S2+4
...		
포인트n	X 좌표	S2+2n-1
	Y 좌표	S2+2n

A/D 변환시 스케일링은 0~4000→0~500으로 변환하므로 포인트수는 2개가 된다. 따라서 포인트수=2가 되고, 포인트1 X=0, 포인트1 Y=0, 포인트2 X=4000, 포인트2 Y=500으로 할당하여 SCL 명령을 실행해야 한다.

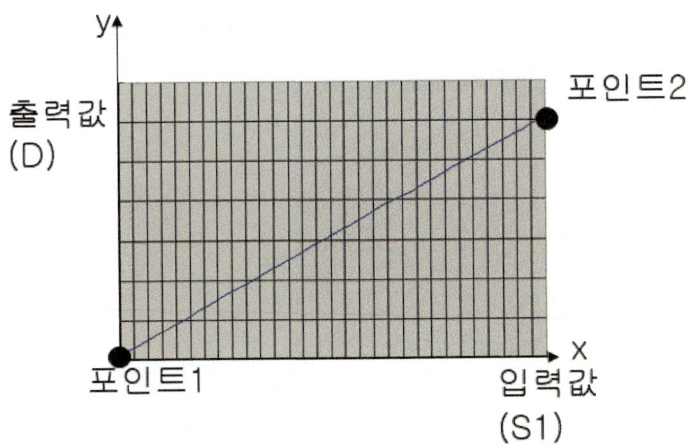

다음은 SCL 명령을 사용하여 프로그램을 추가하여 완성하고 A/D 변환시 스케일값을 확인 해보도록 하자.

①. 스케일링을 위한 SCL 명령을 작성한다. D1000의 입력값(0~4000)을 D80부터 스케일링용 변환 데이터를 입력하고 변환된 스케일값은 D90에 저장된다.

②. D80~D84에 스케일링용 변환 데이터를 작성한다. 포인트수=2가 되고, 포인트1 X=0, 포인트1 Y=0, 포인트2 X=4000, 포인트2 Y=500으로 할당한다.

③. 추가로 작성된 프로그램을 확인하고 M2 입력을 ON했을 때 D90에 스케일값이 표시되는 것을 확인할 수 있다.

④. 최종 작성된 프로그램을 확인한다. 0~10V의 입력 전압에 따라 0~4000의 디지털 출력값을 D1000에서 확인할 수 있다.

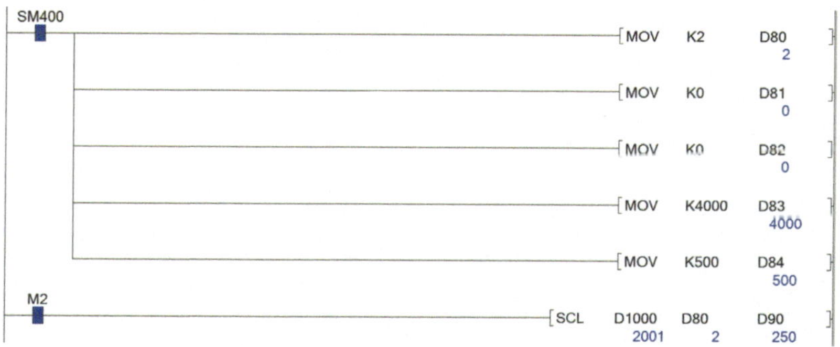

연습문제 12

아날로그 입력 모듈을 통한 A/D 변환 프로그램 작성하기

1. Q64AD2DA 모듈의 CH1에서 아날로그 값을 디지털 값으로 변환하고자 한다. 아래와 같은 조건으로 동작 되도록 구현하시오.

①. CH1을 평균처리 처리 50회로 설정한다.
②. CH1은 전압으로 설정하고 1~5V로 입력 받는다.
③. 고분해능 모드를 사용하여 작성한다.
④. CH1의 디지털 출력값은 상시로 D100에 저장한다.

2. SCL(스케일링) 명령을 사용하여 1~5V의 입력 전압에 대해 0~500의 값으로 스케일링을 실시하고, 스케일링된 디지털 값은 D102에 상시 저장하도록 한다.

5.3 아날로그 출력 모듈

5.3.1 아날로그 출력 모듈이란

아날로그 출력 모듈(D/A 모듈)이란 온도나 유량, 압력, 서보 기기 등의 위치나 속도 등을 제어하기 위해 PLC의 디지털값을 아날로그값으로 변환하여 출력하는 유니트를 의미한다. A/D 모듈과 마찬가지로 PLC에서 입력된 디지털값에 따라 0~5V, 1~5V, 0~10V, -10~10V, 4~20mA 등의 전압 혹은 전류 출력에 의해 외부에 있는 출력기기를 제어하는데 주로 사용된다.

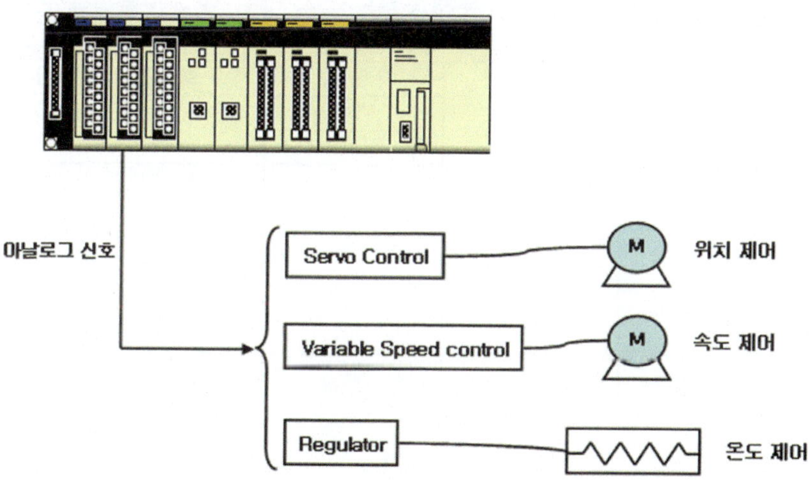

[그림 5-7. 아날로그 출력 모듈]

5.3.2 아날로그 출력 모듈의 종류

다음은 MELSEC-Q PLC에서 사용하는 아날로그 출력 모듈의 종류에 대해 나타낸다.

①. **전압 출력**: Q68DAVN(8채널)

②. **전류 출력**: Q68DAIN(8채널)

③. **전압 · 전류 출력**: Q64DAH(4채널), Q62DAN(2채널), Q62DA-FG(2채널), Q64DAN(4채널), Q66DA-G(6채널), Q64AD2DA(2채널)

5.3.2 아날로그 출력 모듈의 사양

아날로그 출력 모듈을 사용하기 위해서는 사용하고 있는 아날로그 출력 모듈의 전압과 전류의 입력범위, 분해능(Resolution)을 알고 있어야 한다. 아래 [표 5-6]은 아날로그 출력 모듈의 사양을 나타낸다. 아날로그 입력 모듈과 마찬가지로 일반 분해능 모드(Normal resolution mode)와 고분해능 모드(High resolution mode)를 지원하며 기본값으로는 일반 분해능 모드를 지원한다.

[표 5-6. 아날로그 출력 모듈의 사양]

<table>
<tr><th colspan="2" rowspan="2">아날로그 입력 범위</th><th colspan="2">일반 분해능 모드</th><th colspan="2">고분해능 모드</th></tr>
<tr><th>디지털 출력값</th><th>최대 분해능</th><th>디지털 출력값</th><th>최대 분해능</th></tr>
<tr><td rowspan="5">전압</td><td>0~10V</td><td rowspan="3">0~4000</td><td>2.5mV</td><td>0~16000</td><td>0.625mV</td></tr>
<tr><td>0~5V</td><td>1.25mV</td><td rowspan="2">0~12000</td><td>0.416mV</td></tr>
<tr><td>1~5V</td><td>1.0mV</td><td>0.333mV</td></tr>
<tr><td>-10~10V</td><td rowspan="2">-4000~4000</td><td>2.5mV</td><td>-16000~16000</td><td>0.625mV</td></tr>
<tr><td>사용자 설정</td><td>0.375mV</td><td>-12000~12000</td><td>0.333mV</td></tr>
<tr><td rowspan="3">전류</td><td>0~20mA</td><td rowspan="2">0~4000</td><td>5μA</td><td rowspan="2">0~12000</td><td>1.66μA</td></tr>
<tr><td>4~20mA</td><td>4μA</td><td>1.33μA</td></tr>
<tr><td>사용자 설정</td><td>-4000~4000</td><td>1.37μA</td><td>-12000~12000</td><td>1.33μA</td></tr>
</table>

5.3.4 Q64AD2DA 모듈의 D/A 버퍼 메모리 할당

이 섹션에서는 Q64AD2DA 유니트의 아날로그 출력 관련된 버퍼 메모리 할당(Buffer Memory Assignment)에 대해 살펴본다. 인텔리전트 모듈은 버퍼 메모리를 활용하여 데이터를 임시적으로 저장하고 처리하는 기능을 가지고 있다.

Q64AD2DA의 D/A 변환 관련 버퍼 메모리는 CH1~CH4까지 존재하지만 CH1만 나타내었다.

[표 5-7. D/A 변환 관련 버퍼 메모리]

어드레스(10진)	설명(기본값)	Read/Write
CH1		
800	D/A conversion enable/disable setting	R/W
802	Digital input value	R/W
810	D/A conversion scaling enable/disable setting	R/W
811	D/A conversion scaling lower limit value	R/W
812	D/A conversion scaling upper limit value	R/W

①. **D/A conversion enable/disable setting (Un\G800)**

- 버퍼 메모리를 사용하여 D/A 변환을 활성화(Enable)할지 비활성화(Disable)할지를 활성화 하는 영역이다. 초기값은 비활성화(설정값:1)되어 있으므로 사용하기 위해서는 활성화(설정값:0)로 설정값을 변경해야 한다.

②. **Digital input value (Un\G802)**

- 디지털 입력값을 버퍼 메모리에 D/A 변환하기 위해 사용되는 영역이다.

③. **D/A conversion scaling enable/disable setting (Un\G810)**

- 디지털 입력 값의 스케일링 변환을 활성화할지 또는 비활성화할지 여부가 설정된다.

④. **D/A conversion scaling lower/upper limit value**

- 변환된 디지털 입력 값의 스케일링 범위가 설정된다.

5.4 아날로그 출력 모듈 운전

5.4.1 파라메터를 사용한 아날로그 출력 모듈 운전

이번 장에서는 GX-Works2를 통해 Q64AD2DA 모듈을 추가하고 설정하는 방법에 대해 살펴보자. 먼저 인텔리전트 모듈을 추가하고 0~5V 출력 범위, 일반 분해능 모드를 설정한다. 이후 Switch Setting에서는 D/A 변환 허가를 한다. 일반 분해능 모드에서는 0~500의 디지털값을 입력시 0~4000의 디지털값으로 스케일링하고 이를 0~10V의 전압을 출력한다.. 즉 디지털값 0이 입력시 출력되는 아날로그값은 0이며 최대 디지털값 500이 입력될때에는 5V의 아날로그값이 출력되는 프로그램을 작성해보도록 한다.

①. 실습에 사용되는 Q64AD2DA 인텔리전트 모듈을 추가 하기 위해 Project의 [Intelligent Function Module]을 우클릭하고 [New Module]을 클릭한다.

②. 모듈 타입, 모듈 이름, 모듈 슬롯 번호를 아래와 같이 작성하고 확인을 한다. 슬롯 번호는 5번째 장착된 모듈이므로 Mounted Slot No는 4를 작성한다. 만약 모듈 이름에 사용하고 있는 모듈이 없다면 GX-Works2의 낮은 소프트웨어 버전을 사용하고 있으므로 업데이트를 실시해야 한다.

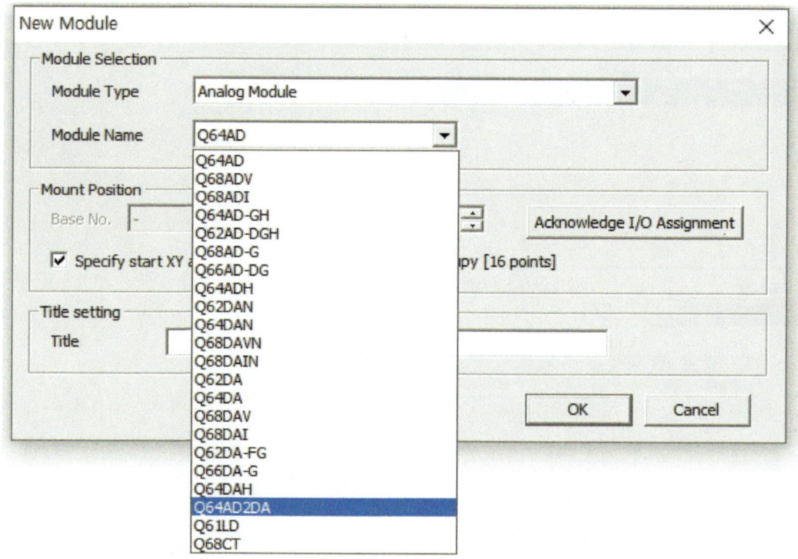

③. 인텔리전트 모듈이 추가된 것을 확인할 수 있다. Switch Setting부터 Auto_Refresh까지 총 4개의 항목을 확인한다.

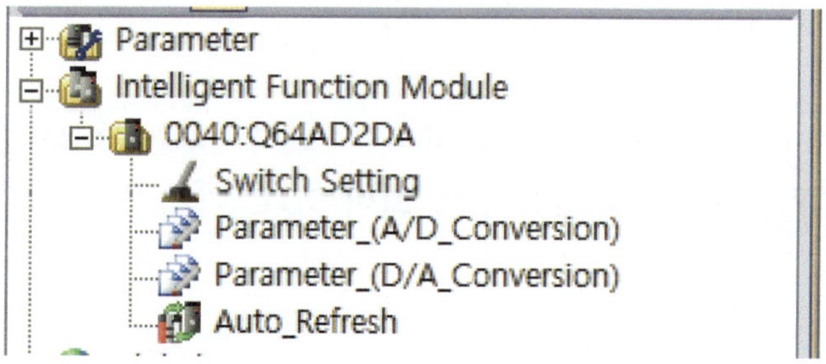

④. 먼저 Switch Setting에 대해 살펴보자. Q64AD2DA 모듈은 출력 2채널을 사용할 수 있다. 실습에서는 CH5을 사용하고 0~5V의 출력 범위, 일반 분해능 모드를 사용하도록 한다.

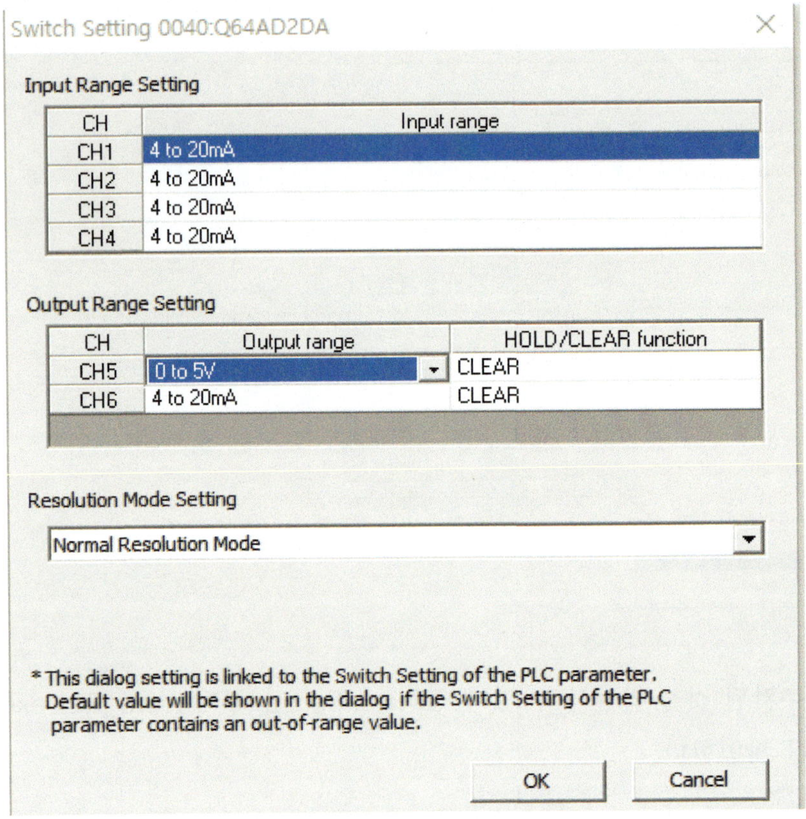

⑤. Parameter_(D/A_Conversion) 설정 방법에 대해 살펴보자. 먼저 Basic setting에서 CH5~CH6는 기본적으로 D/A 변환 비활성화 설정 되어 있다. 따라서 활성화(0:Enable)로 설정한다.

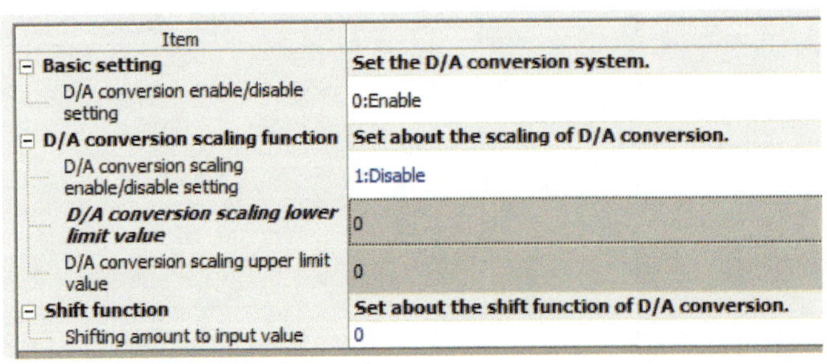

⑥. D/A Conversion scaling function에 대해 살펴보자. 스케일링 기능을 사용하기 위해 D/A Conversion scaling enable/disable setting을 Enable로 활성화 한다. 0~500의 값을 0~400으로 스케일링 하기 위해 스케일링 하한값(scaling lower limit value)과 스케일링의 상한값(scaling upper limit value)을 아래와 같이 작성한다.

Item	
Basic setting	**Set the D/A conversion system.**
D/A conversion enable/disable setting	0:Enable
D/A conversion scaling function	**Set about the scaling of D/A conversion.**
D/A conversion scaling enable/disable setting	0:Enable
D/A conversion scaling lower limit value	0
D/A conversion scaling upper limit value	500

⑦. 마지막으로 Auto_Refresh에서는 사용자에 의해 입력되는 디지털입력값을 D100으로 설정하도록 한다.

Display Filter: Display All

Item	CH5
A/D conversion	**Set the devices of A/D conversion.**
Transfer to intelligent function module	**The data of the specified device is transmitt**
Shifting amount to conversion value	
Transfer to CPU	**The data of the buffer memory is transmitte**
Digital output value	
Scaling value	
Maximum digital output value	
Minimum digital output value	
Maximum scaling value	
Minimum scaling value	
Conversion completed flag	
Input signal error detection flag	
D/A conversion	**Set the devices of D/A conversion.**
Transfer to intelligent function module	**The data of the specified device is transmitt**
Digital input value	D100
Shifting amount to input value	

⑧. 작성된 파라메터 내용을 전송하기 위해 [Online]-[Write to PLC]를 클릭한다. Intelligent Function Module에서 해당 모듈의 valid를 체크하고 Execute한다. valid를 체크하지 않으면 해당 모듈을 전송하지 않는다.

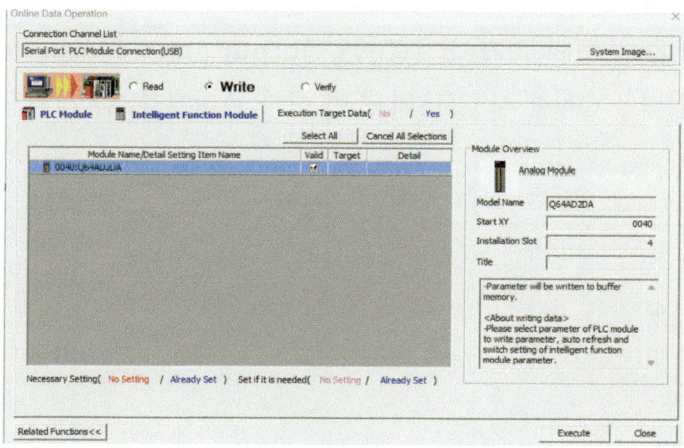

⑨. PLC Module에서 PLC Program과 Parameter를 체크하고 Execute한다. 이때 Parameter에서 Intelligent Function Module이 체크 되어 있는지 확인한다. 전송이 완료되면 파라메터를 변경하였으므로 PLC의 전원을 OFF→ON 한다.

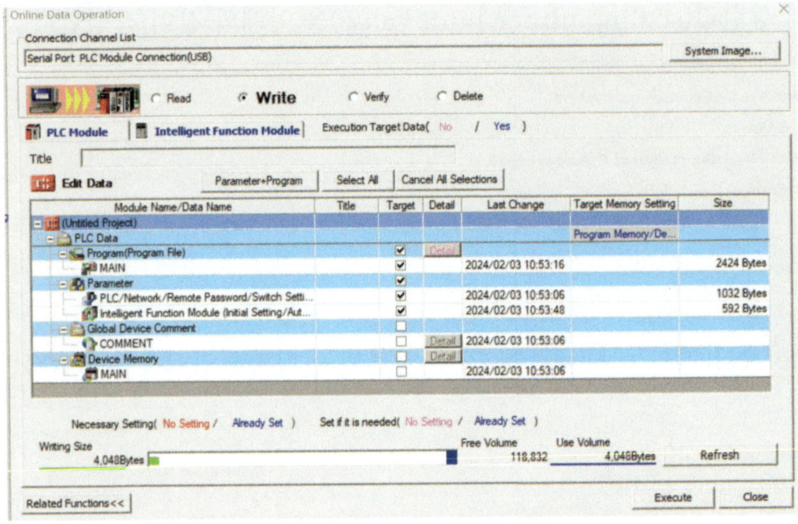

⑩. 0~500의 디지털 입력값을 0~4000→0~500으로 스케일링하여 받아들이기 위해 [Device/Buffer Memory Batch]에서 D100에 최대 스케일값 500을 입력한다.

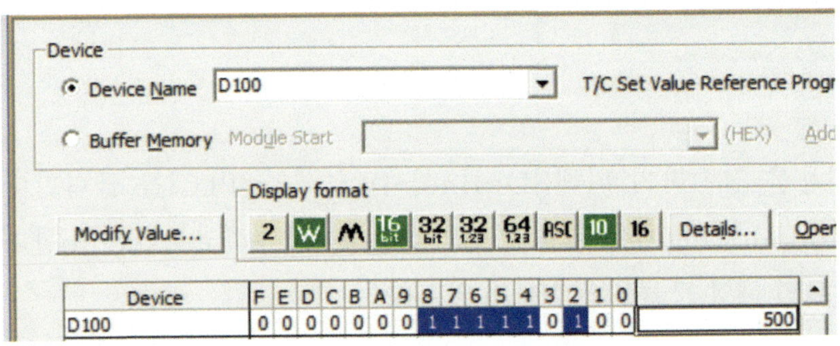

⑪. D/A 모듈은 A/D 모듈과 달리 D/A 변환 허가 신호(CH5 Output enable/disable flag)가 존재한다. 따라서 X0 입력을 ON할 시 CH5의 출력 허가 플래그를 ON시키도록 한다.

⑫. D/A 변환을 통해 디지털값 500에 대한 5V 출력을 확인할 수 있다.

⑬. 이번에는 D100의 값을 250으로 변경한다.

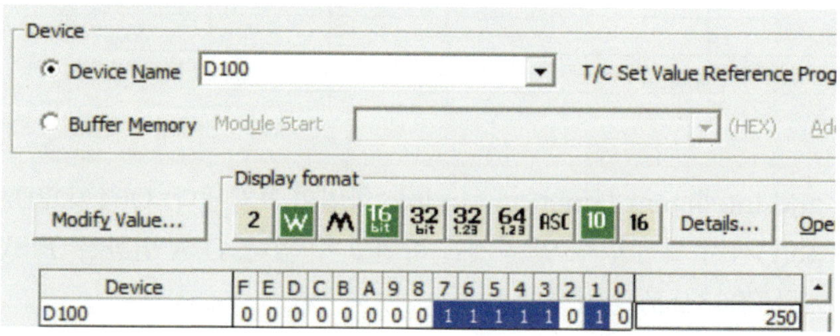

⑭. 0~500의 중간값이므로 250의 디지털 입력값은 2000으로 스케일링되고 이를 통해 아날로그값 2.5V가 출력되는 것을 확인할 수 있다.

5.4.2 프로그램을 통한 아날로그 출력 모듈 운전

앞서 파라메터를 설정하여 D/A 변환을 통해 디지털 출력값과 스케일링값을 확인하였다. 하지만 실제 현장에서는 파라메터를 사용하지 않고 PLC 프로그램을 통해 아날로그 출력 모듈의 운전을 하는 경우도 존재하기 때문에 이번에는 PLC 프로그램을 작성하여 아날로그 출력 모듈을 운전하는 방법에 대해 살펴보도록 하자.

먼저 인텔리전트 모듈에서 Switch Setting외에 PLC Parameter에서의 Switch Setting 방법에 대해 살펴보자. [PLC Paramater]-[I/O Assinment]-[Switch Setting]을 클릭한다.

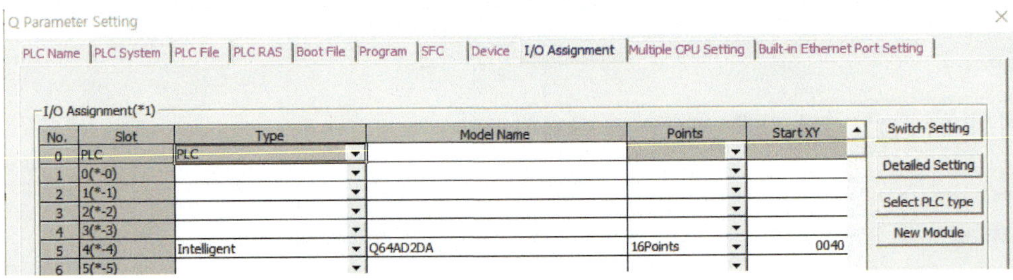

Switch Setting for I/O and Intelligent Function Module 화면이 표시된다. Q64AD2DA 모듈이 Switch1부터 Switch5까지 설정할 수 있는 것을 확인할 수 있다. D/A 변환은 0~5V를 사용하기 위해 Switch2를 0003으로 설정한다.

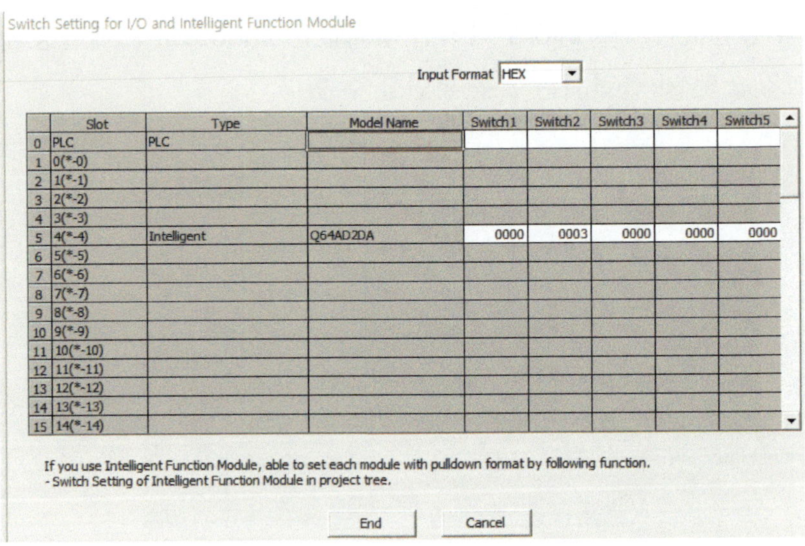

Switch Setting 설정을 완료하였으면 버퍼 메모리와 TO/FROM 명령을 통해 D/A 변환 과정에 대해 살펴보도록 하자.

①. 파라메터 쓰기를 위해 X40(모듈 준비)신호가 ON되었을 때 TO 명령을 사용하여 버퍼 메모리 쓰기를 실행한다. 버퍼 메모리 주소800은 D/A 변환을 Enable하기 위해 0으로 설정한다. 그리고SET 명령을 통해 Y49(동작 조건 설정 요구)신호가 ON된다.

②. M0 신호가 ON되었을 때 Y49를 리셋하는 프로그램을 추가로 작성한다.

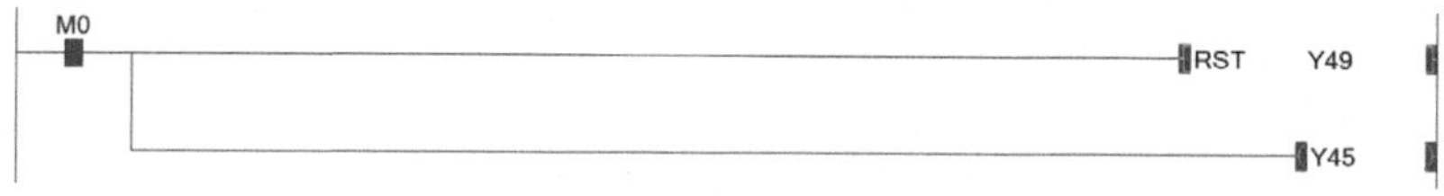

③. TO 명령을 통해 버퍼 메모리 주소(802번지)에 저장된 D300에 디지털 입력값을 입력했을 때 D/A 변환이 되도록 한다. 만약 정수값 2000을 입력한다면 0~5V의 중간값인 2.5V가 출력된다.

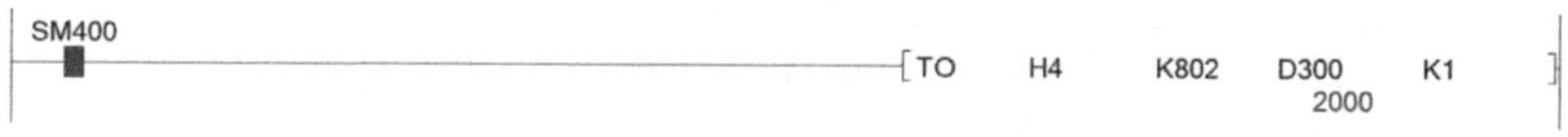

④. 작성된 프로그램을 확인하도록 한다.

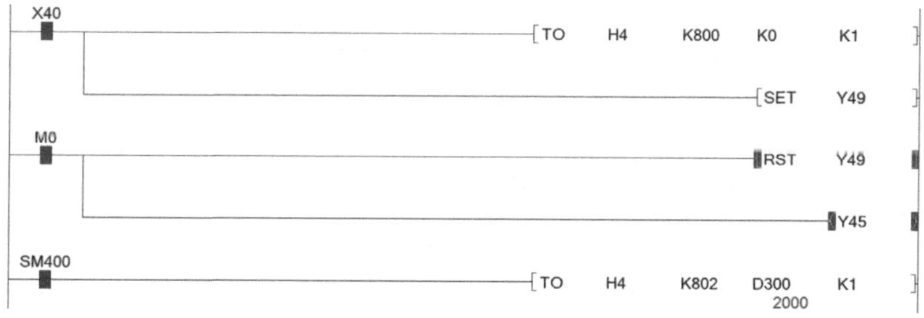

⑤. [Device/Buffer Memory Batch]에서 D300의 값을 2000으로 입력한다.

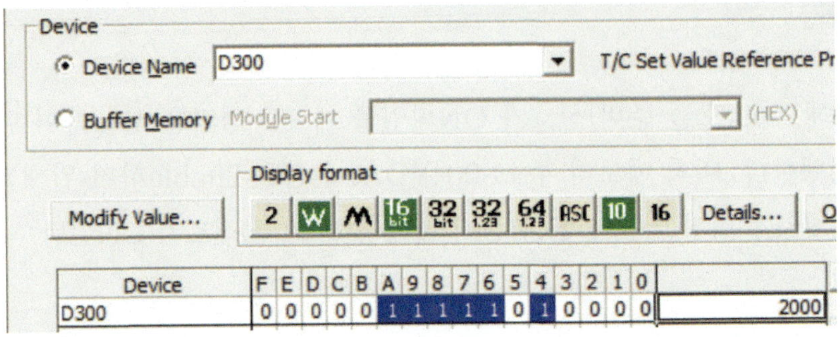

⑥. D/A 변환을 통해 2.5V가 출력되는 것을 전압계를 통해 확인할 수 있다. 정수값 2000 외에 다른 값을 입력하여 D/A 변환 유무를 확인한다.

상기 프로그램을 통해 0~4000의 디지털값을 0~5V의 아날로그값으로 변환하였다. 하지만 만약 사용자가 원하는 디지털값 0~500을 아날로그값 0~5V로 변환하기 위해서는 스케일 명령어(SCL)가 필요될 수 있다.

다음은 SCL 명령을 사용하여 프로그램을 추가하여 완성하고 A/D 변환시 스케일값을 확인해보도록 하자.

①. 스케일링을 위한 SCL 명령을 작성한다. D1100의 입력값(0~500)을 D200부터 스케일링용 변환 데이터를 입력하고 변환된 스케일값은 D300에 저장된다.

②. D200~D204에 스케일링용 변환 데이터를 작성한다. 포인트수=2가 되고, 포인트1 X=0, 포인트1 Y=0, 포인트2 X=500, 포인트2 Y=4000으로 할당한다.

③. TO 명령을 통해서 D300의 값을 버퍼 메모리(802)에 쓰기 실행한다.

④. 최종 작성된 프로그램을 확인한다.

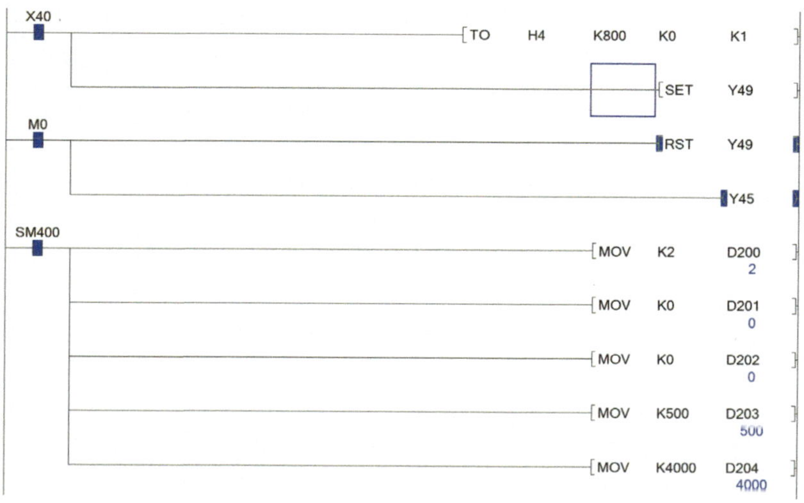

⑤. [Device/Buffer Memory Batch]에서 디지털 입력값은 D1100으로부터 최대값 500을 입력한다.

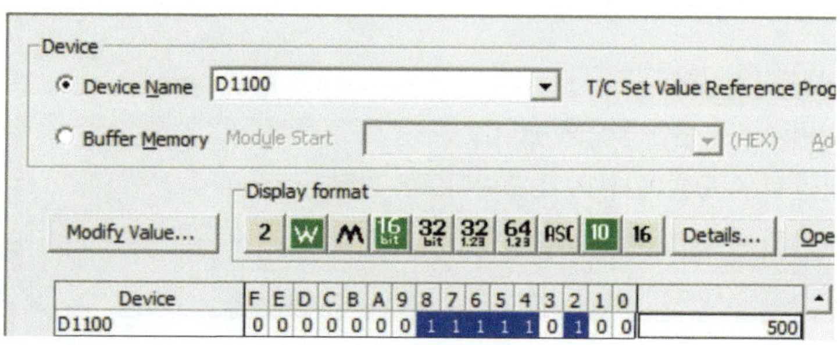

⑥. M1 입력을 ON하여 SCL 명령을 실행하도록 하자. 디지털 입력값 500은 4000으로 변환되고 이를 통해 출력 전압 5V를 확인할 수 있다.

연습문제 13

아날로그 출력 모듈을 통한 D/A 변환 프로그램 작성하기

1. Q64AD2DA 모듈의 CH5에서 디지털값을 아날로그값으로 변환하여 전압을 출력하려고 한다. GX-Works2의 Intellingent Function Module의 파라메터를 사용하지 않고 스위치 설정 및 TO/FROM 명령어를 사용하여 프로그램을 작성하고 동작을 구현한다. 동작 조건은 아래와 같다.

①. CH5를 전압으로 설정하고 1~5V로 출력한다.
②. CH5를 변환/출력 허가로 설정한다.
③. 고분해능 모드를 사용한다.
④. Analog Hold/Clear 기능은 Clear 기능으로 설정한다.
⑤. X1 스위치를 ON하면 CH5의 D1001의 디지털값에 해당하는 전압값이 출력 되도록 한다.

2. 아래의 동작 조건을 만족하는 프로그램을 추가하여 동작이 되도록 구현한다.

①. 스케일 변환 비율은 100~500으로 한다.
②. X2 스위치를 ON하여 SCL 명령어가 실행 되도록 한다.
③. D1100에 값 100을 입력하면 D/A 모듈에서 1V가 출력되도록 한다.
④. D1100에 값 500을 입력하면 D/A 모듈에서 5V가 출력되도록 한다.

VI 모션 제어

이 장에서는 QD75D1N 위치결정모듈의 파라메터 설정을 통해 조그 운전, 원점 복귀, 위치결정 등을 프로그램을 작성하여 동작을 확인하고 HMI를 통해 장치 제어 및 모니터링 프로그램을 작성한다.

6.1 모터의 종류

6.1.1 모터의 동작 원리

제조업 분야에서 사용되는 대표적인 액츄에이터(actuator)로는 모터가 있다. 모터란 전기에너지를 기계력으로 변환하는 기기이다. 여기서 기계력이란 회전력이라고도 하며 모터에 의해 생성된 회전력은 다양한 분야에 사용된다. 대표적으로 산업용 모터는 컨베이어, 팬, 회전 펌프, 로봇 등 다양한 분야에서 사용되어 진다.

이러한 모터는 1820년대에 에르스텟(H. C. Oersted)에 의해 도선에 흐르는 전류가 자계를 생성하고 있다는 것을 발견하였고, 이듬해 마이클 패러데이(Michael Faraday)는 이 자계에 의해 기기를 움직이는 힘을 생성하는 법을 발표했다. 이러한 패러데이의 장치는 영구 자석을 수은이 담긴 용기 안에 넣고, 용기 위에 도선에 전류를 흘리자 도선이 자석 주위에서 회전하는 것을 발견하였다. 이는 훗날에 전동기의 발전에 없어서는 안될 발견이었다.

[그림 6-1. 패러데이에 의한 초기 모터]

[그림 6-2]와 같이 전류가 흐르는 도선을 자계 내에 배치하면 운동력이 발생하여 도선이 움직인다. 이 운동력의 방향은 전류에 대해 수직이고 자력선에 대해서도 수직이다. 플레밍의 왼손 법칙에 의해 엄지손가락은 움직이는 방향(Force, F)를 가리키며, 검지손가락은 전류의 방향(Current, C), 중지손가락은 자기장의 방향(Magnetic field, B)를 가리킨다. 이 세 손가락의 방향은 서로 직각을 이루며 전류가 흐르는 도선에서 자기장이 어떤 방향으로 움직일지 확인할 수 있다.

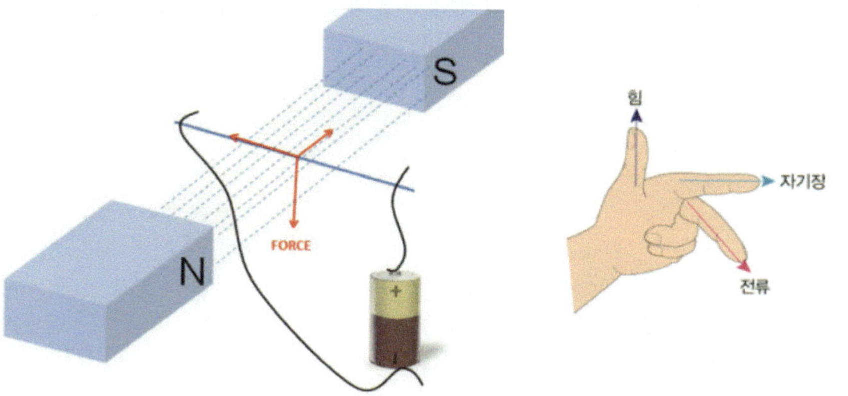

[그림 6-2. 플레밍의 왼손 법칙]

6.1.2 DC 모터

DC 모터는 직류 전원을 사용하여 기계적 에너지를 생성하는 장치이다. 이러한 DC모터는 앞서 설명한 기본 원리에 의해 도선이 감긴 회전자의 주위에 강한 고정 자석이 배치되어 있다. 도선의 권수를 늘리거나 회전자에 흐르는 전류를 강하게 하면 자계가 강해지고 자기장이 강해지면 회전력이 강해져 모터의 회전 속도도 빨라진다. 이러한 DC 모터는 일반적으로 저비용으로 속도와 방향을 쉽게 제어하고 싶을 때 최적의 모터로 사용되어질 수 있다.

6.1.3 AC 모터

기존의 DC 모터에서 사용되던 정류자에 발생하던 문제와 효율성을 개선하기 위해 니콜라 테슬라는 교류 전기를 발전 시켰다. AC 모터는 고정자(stator)와 회전자(rotor)로 구분된다. [그림 6-3]과 같이 AC 모터의 내부의 회전자와 외부의 고정자로 구성되어 있다. 고정자의 내부에는 코일이 있어 변화하는 자장을 생성한다. 회전자에도 자장이 있어 고정자의 자장에 가까이 끌려가거나 반발하게 된다. 자석과 마찬가지로 다른 극은 서로 끌어당기고 같은 극을 밀어낸다. 이 원리를 통해 회전자를 회전시킬 수 있다.

AC 모터는 흔히 유도 모터를 흔히 사용하는데 이는 고정자에 회전 자계를 발생시킴으로써 회전자에 유도 전류가 발생하여 회전하는 원리를 이용한다. 유도 모터의 자장은 고정자에서 발생한다. 이때 자력의 영향을 받는 도체는 회전자 내에 있다. 고정자는 보통 120도 간격으로 배치된 3개의 코일로 구성된다. 고정자에 3상 교류를 공급하면 회전자의 도체 내에 전류가 유도되고 고정자에 의해 생성된 자장과 회전자 내의 도체의 상호 작용으로 회전자는 고정자 주위를 회전하게 된다.

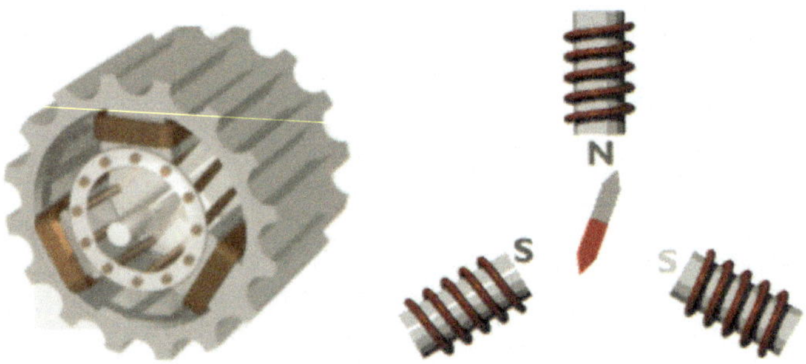

[그림 6-3. AC 모터의 구동 원리]

6.1.4 AC 서보 모터

AC 서보 모터(servo motor)는 브러시리스(Brushless) 모터를 기반으로 한 것이다. 회전자는 강력한 영구 자석을 갖추고 있어 고정자는 복수의 코일로 구성되어 일정 순서로 회전자를 회전시킨다. 이러한 서보모터는 고정밀 및 고속의 제어가 가능하여 고속의 위치제어, 다축제어, 토크와 속도가 정확히 제어가 필요한 경우 사용된다. 서보 모터는 위치 피드백을 위해 엔코더(encoder) 등의 피드백 디바이스를 함께 구성해서 사용한다. 엔코더는 회전자의 위치나 속도를 제어 시스템에 피드백함으로써 엔코더의 피드백에 따라 언제든지 모터의 위치를 제어기가 파악할 수 있다.

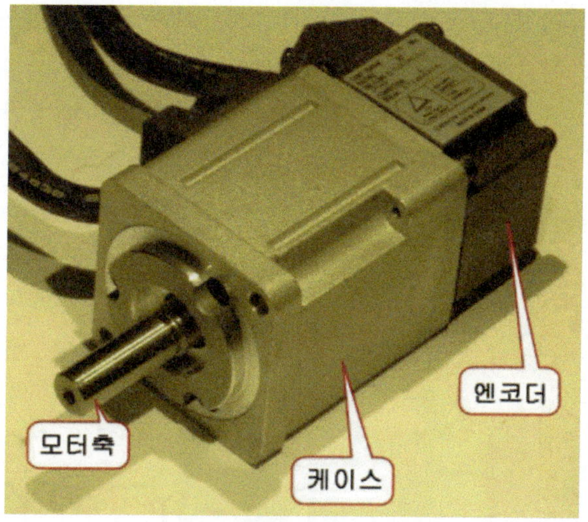

[그림 6-4. 서보모터의 구조]

이러한 서보 모터는 사용하기 위해서는 다음과 같이 조합하여 사용할 수 있다.

①. **제어기기**: 위치(position), 속도(velocity), 토크(torque) 등 모션 제어 프로그램을 실행하기 위한 제어기기로 PLC 등이 있다.

②. **서보 드라이브**: 서보 앰프(amp)라고도 하며 모터에 필요한 전력을 적절한 방법으로 공급하기 위해 필요한 장치이다.

③. **엔코더**: 모터의 동작을 피드백하여 서보 모터의 실제 위치, 속도, 토크를 명령(command)와 비교하여 실제치와 오차를 감지하기 위해 사용한다.

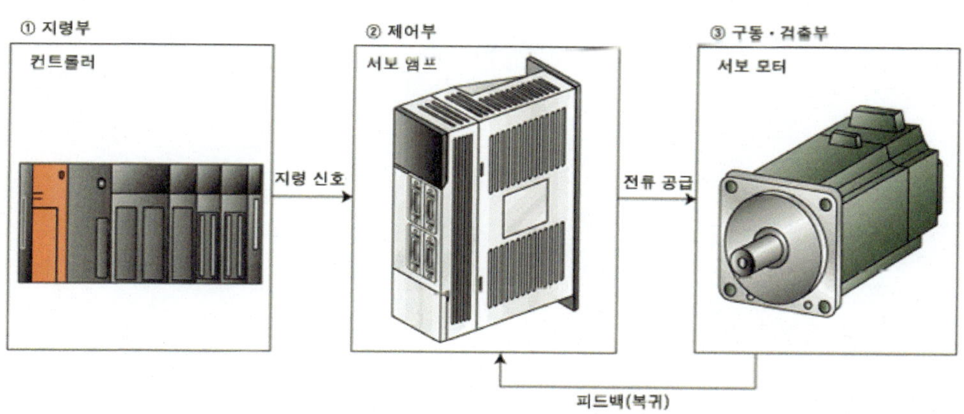

[그림 6-5. 서보 시스템의 구성]

서보 모터는 서보 드라이브, 엔코더와 조합하여 피드백→오차 검출→수정의 사이클을 방복하게 되는데 이를 일반적으로 세미 클로즈 루프(semi closed loop)제어라고 한다. 세미 클로즈 루프 방식은 제어기기에서 지령한 명령값에 대해 모터의 회전량을 모터에 장착된 엔코더를 통해 검출하는 방식으로써 이를 기계의 이동량으로 피드백한다. 명령값과 모터의 실제 회전량의 편차를 산출하고 이 값을 0이 되도록 제어하는 방식을 말한다.

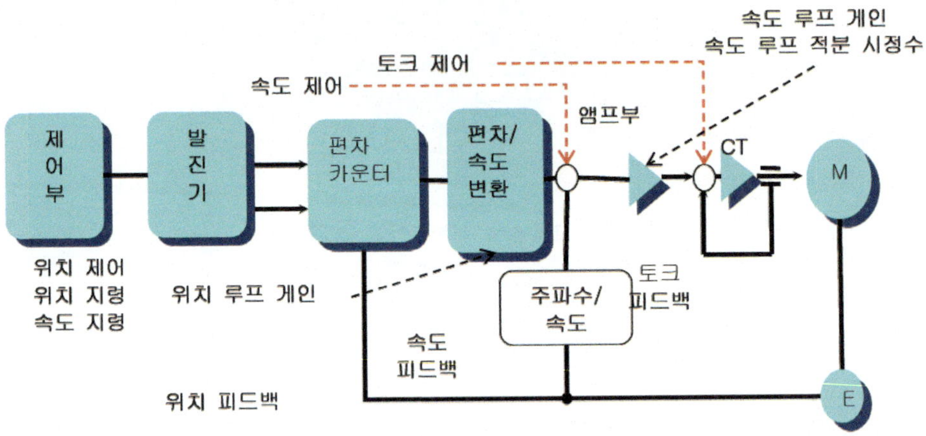

[그림 6-6. 세미 클로즈 루프 방식]

제어 루프에는 위치, 속도 및 토크 제어 루프가 각각 독립적으로 사용되며 모든 어플리케이션에서 3개의 제어 루프가 모두 필요하지는 않다. 일부 어플리케이션에서는 위치 제어를 위해 3개의 루프가 모두 필요하지만 토크 제어를 위해서는 전류 루프만 필요하다.

6.2 서보 드라이브와 주변 기기

6.2.1 서보 드라이브 및 서보 모터

이 책에서는 J4 시리즈의 서보 드라이브를 사용한다. MELSERVO-J4 시리즈는 기존의 MELSERVO-J3 시리즈를 보다 성능을 향상 시킨 모델이다. J4 서보모터는 22bit(4,194,304 pulses/rev)의 앱솔루트 엔코더를 사용하여 고정밀 제어가 가능하다. 이 책에서는 실습에 MR-J4-A 타입의 서보 드라이브를 사용한다.

I. 형식명

다음은 MR-J4 시리즈 서보 드라이브의 형식명을 나타낸다. 실습에서 사용하는 서보 드라이브(M4-J4-10A)는 100W 범용 타입 J4 시리즈의 서보 드라이브를 사용함을 의미한다.

기호	출력(Kw)
10	0.1
20	0.2
40	0.4
100	1
200	2
500	5
22k	22

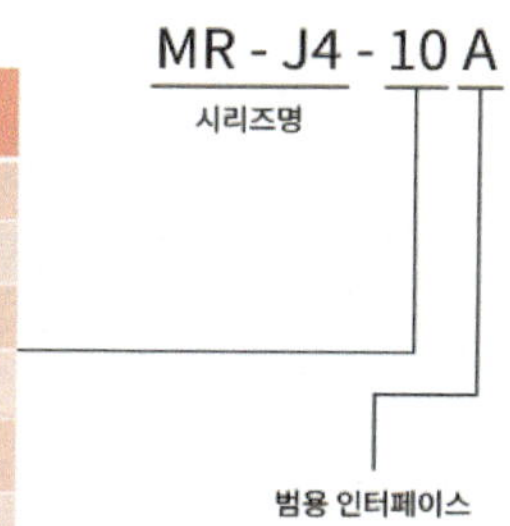

[그림 6-7. M4-J4 서보 드라이브의 형식명]

II. 외관 및 사양

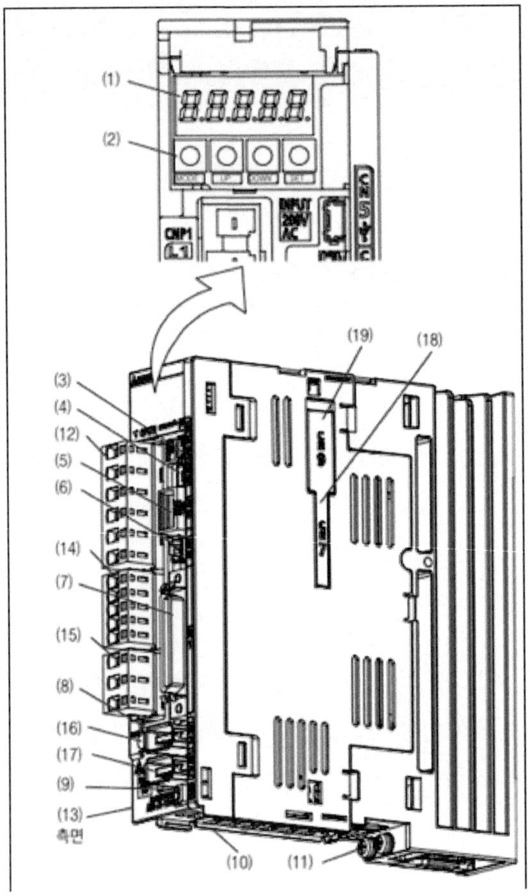

①. **표시부**: 7-Segment LED를 통해 서보 알람 상태를 표시

②. **조작부**: 서보 파라메터를 조작하기 위한 조작 부이다. MODE, UP, DOWN, SET 스위치로 구성되어 있다.

③. **USB 통신 커넥터(CN5)**: PC와 접속하기 위해 사용하는 USB 커넥터

④. **아날로그 모니터 커넥터(CN6)**: 아날로그 모니터 출력용 커넥터

⑤. **RS-422/485 커넥터(CN3)**: RS-422/485 통신 기기와 접속하기 위해 사용하는 커넥터

⑥. **STO 입력신호용 커넥터(CN8)**: 세이프티 기기와 연결하기 위해 사용하는 커넥터

⑦. **입출력 신호용 커넥터(CN1)**: 입출력 신호를 연결하기 위한 커넥터

⑧. **엔코더 커넥터(CN2)**: 서보모터의 엔코더를 연결하기 위해 사용하는 커넥터

⑨. **배터리 커넥터(CN4)**: 앱솔루트 데이터 저장을 위한 배터리를 연결하는 커넥터
⑩. **배터리 홀더**: 앱솔루트 데이터 저장을 위한 배터리를 장착
⑪. **보호 접지(PE) 단자**: 접지 단자
⑫. **주회로 전원 커넥터(CNP1)**: 서보 드라이브의 입력 전원을 위한 커넥터
⑬. **형식명 명판**
⑭. **제어 회로 전원 커넥터(CNP2)**: 제어회로 전원, 회생 옵션 접속을 위한 커넥터
⑮. **서보모터 전원 출력 커넥터(CNP3)**: 서보 모터와 연결되는 위한 커넥터
⑯. **충전 램프**: 주 회로의 전원이 인가 되고 있을 때 점등하는 램프
⑰. **외부 엔코더용 커넥터(CN2L)**: 외부 엔코더 접속시 사용하는 커넥터
⑱. **옵션 유닛용 커넥터(CN7)**: 옵션 유닛을 접속하기 위한 커넥터
⑲. **옵션 유닛용 커넥터(CN9)**: 옵션 유닛을 접속하기 위한 커넥터

6.2.2 엔코더

엔코더는 서보 모터를 구동 시 필요한 하드웨어 요소 중의 하나로 속도와 위치 피드백을 생성한다. 이러한 엔코더는 보통 서보 모터 우측에 같이 부착되어 있다. 일부 용도에서의 엔코더는 독립된 유니트로써 서보 모터에서 떨어진 위치에 설치되기도 한다. 엔코더는 광학식 엔코더와 자기식 엔코더가 있지만 처리 회로가 간단하고 고분해능으로 구현이 용이한 광학식 엔코더가 일반적으로 많이 사용된다. 또한 이러한 엔코더는 검출 방식에 따라 보통 2가지의 종류가 있으며 물리 구조에 따라서 피드백 신호의 종류가 결정된다.

I. 인크리멘탈 엔코더

인크리멘탈 엔코더(incremental encoder)는 보통 광학식 엔코더를 주로 사용하며 글래스 재질의 투명한 디스크를 사용한다. [그림 6-8]과 같이 회전판에 일정한 간격으로 배열된 슬롯(slot)의 수를 카운트하여 그 회전각을 산출한다. 따라서 절대 위치는 알수 없으며 상대적인 위치만을 측정할 수 있다. 이러한 인크리멘탈 엔코더는 서보모디 구동 시에 전원을 OFF 하세 뇌면 원점의 위치를 다시 검출해야 한다. 따라서 정전이 되거나 설비의 전원을 OFF 하게 되면 원점의 위치를 기억하지 못하기 때문에 설비의 전원을 ON시 원점 복귀 동작이 필요로 된다. 이러한 엔코더에는 Z상이라고 하는 펄스 신호가 존재하는데 Z상 펄스 신호는 엔코더가 1회전 할때마다 1회만 출력이 되는 펄스 신호이다. 이러한 Z상 신호는 원점 센서 등

이 존재하지 않을 때 모터의 원점 위치를 지정하는데 사용된다.

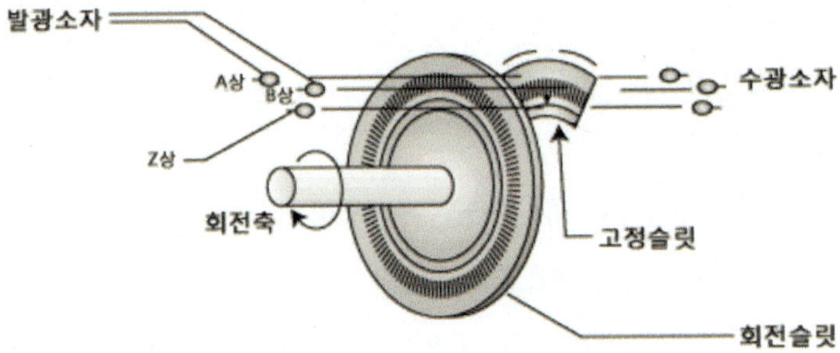

[그림 6-8. 인크리멘탈 엔코더]

II. 앱솔루트 엔코더

앱솔루트 엔코더(absolute encoder)는 절대값 엔코더라고도 하며 인크리멘탈 엔코더와는 다르게 전원 OFF 상태와 관계없이 항상 그 절대 위치를 기억할 수 있다. 이러한 앱솔루트 엔코더는 회전축의 0도가 되는 기준부터 360도까지 일정한 비율로 분할하고 분할된 각도 마다 전기적인 디지털 코드(BCD, Gray 코드 등)를 지정하여 회전 축의 위치 및 각도에 따라 디지털 코드로 출력한다. 이러한 코드 비트 수에 따라 엔코더의 각도 분해능이 정해지게 되는데 이론적으로 12bit의 분해능을 가지는 엔코더는 360도 회전으로 4096의 코드, 즉 0.088도 마다 1개의 코드를 생성할 수 있다.

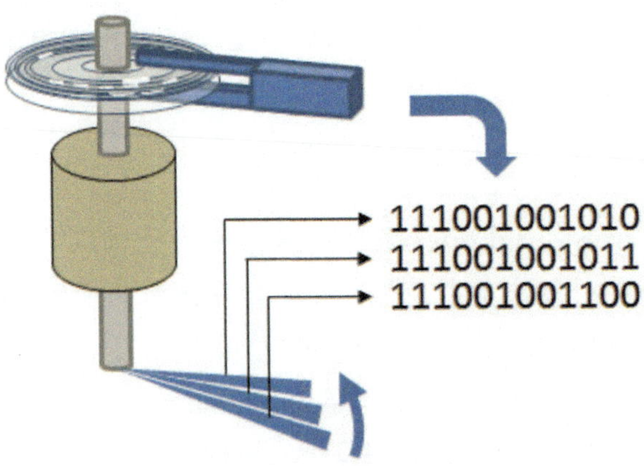

[그림 6-9. 앱솔루트 엔코더]

[표 6-1. 인크리멘탈 엔코더와 앱솔루트 엔코더의 비교]

인크리멘탈 엔코더	앱솔루트 엔코더
• 속도와 이동량 검출 • 원점으로부터 이동량 검출 불가 • 전원 OFF시 원점복귀 필요 • 비교적 구조가 간단하고 저가	• 속도와 이동량 검출 • 1회전 각도 데이터를 검출 • 원점으로부터 이동량 검출 • 전원 OFF시 원점복귀 필요 • 비교적 구조가 간단하고 저가

6.3 위치 결정 모듈

6.3.1 위치 결정 모듈의 종류

위치 결정이란 이동체를 지정한 속도와 위치로 이동하여 목표로 하는 위치에 정확하게 정지시키는 것을 말한다. 이러한 위치 결정은 X, Y축을 통한 프레스, 팔레타이징, 리프터, 인덱스 테이블 등 다양한 어플리케이션에 사용될 수 있다. 위치 결정을 위해서 MELSEC-Q PLC에서는 위치 결정 모듈을 통해 제어할 수 있다. 아래 [그림 6-10]은 위치 결정 모듈을 통한 동작 개요를 나타낸다. 이 책에서 사용하는 위치 결정 모듈은 QD75D1N을 사용하기 때문에 QD75 모듈을 중심으로 설명한다.

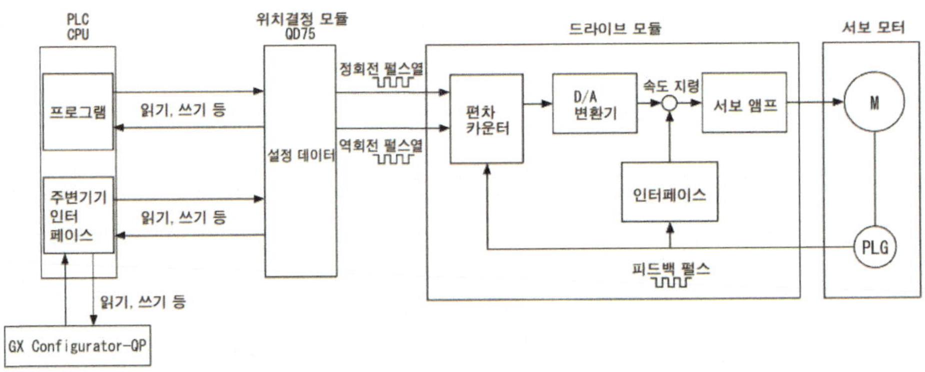

[그림 6-10. 위치결정 모듈을 통한 동작]

여기서, QD75P는 오픈 컬렉터 출력 타입, QD75D는 차동 드라이버 출력 타입을 의미한다. 일반적으로 오픈 컬렉터 출력 타입보다 차동 드라이버 출력 타입이 최대 출력 펄스가 고속이고 각 서보 간의 최대 접속 거리가 길기 때문에 차동 드라이브 타입 사용을 권장하고 있다.

[표 6-2. QD75 모듈의 사양]

형식명	QD75P1N QD75D1N	QD75P2N QD75D2N	QD75P4N QD75D4N
제어 축수	1축	2축	4축
보간 기능	없음	2축 직선 보간 2축 원호 보간	2축, 3축, 4축 직선 보간 2축 원호 보간
제어 단위	mm, inch, degree, pulse		
제어 방식	PTP(Point to Point) 제어, 궤적 제어, 속도·위치 전환 제어, 위치·속도 전환 제어		
위치결정 방식	PTP 제어 : 인크리멘탈, 앱솔루트 방식 속도·위치 전환 제어: 인크리멘탈, 앱솔루트 방식 위치·속도 전환 제어: 인크리멘탈 방식 궤적 제어 : 인크리멘탈, 앱솔루트 방식		
위치결정 범위	앱솔루트(ABS) 방식 • -214748364.8~214748364.7(μm) • -21474.8364.8~21474.8364.7(inch) • 0~359.99999(degree) • -214748364.8~214748364.7(pulse) 인크리멘탈(INC) 방식 • -214748364.8~214748364.7(μm) • -21474.8364.8~21474.8364.7(inch) • -21474.8364.8~21474.8364.7(degree) • -214748364.8~214748364.7(pulse)		
입출력 점수	32점		

6.3.2 CPU와 위치 결정 모듈간 입출력 신호

PLC CPU와 위치 결정 모듈은 입출력 신호를 교환한다. 교환하는 데이터는 제어 신호와 데이터(읽기/쓰기)로 나뉠 수 있다. 먼저 제어 신호는 QD75 모듈로부터 CPU에 모듈 완료 신호, BUSY 신호 등이 전송되며, CPU로부터 QD75 모듈에 PLC 레디 신호, 정지 신호 등이 전송된다. 데이터(읽기/쓰기)는 QD75 모듈과 CPU 간에 파라메터, 위치결정 데이터 등을 서로 주고 받는다.

QD75 모듈은 CPU와 데이터 교환을 위해 입력 32점, 출력 32점을 사용하며, 아래 [표 6-3]은 QD75와 CPU간의 입출력 신호 일람을 나타낸다. 메모리 번지는 슬롯 0번을 기준으로 하기 때문에 예를 들어 슬롯 5번을 사용하고 있다면 QD75 준비 완료 신호는 X50이 된다는 점을 주의한다.

[표 6-3. QD75와 CPU간 입출력 신호 일람]

QD75→CPU		CPU→QD75	
메모리 번호	신호	메모리 번호	신호
X0	QD75 준비 완료	Y0	PLC 준비
X1	동기 플래그	Y1	사용 금지
X2	사용 금지	Y2	
X3		Y3	
X4	축1 M 코드 ON	Y4	축1 정지
X5	축2 M 코드 ON	Y5	축2 정지
X6	축3 M 코드 ON	Y6	축3 정지
X7	축4 M 코드 ON	Y7	축4 정지
X8	축1 에러 검출	Y8	축1 정회전 JOG
X9	축2 에러 검출	Y9	축1 역회전 JOG
XA	축3 에러 검출	YA	축2 정회전 JOG
XB	축4 에러 검출	YB	축2 역회전 JOG
XC	축1 BUSY	YC	축3 정회전 JOG
XD	축2 BUSY	YD	축3 역회전 JOG
XE	축3 BUSY	YE	축4 정회전 JOG
XF	축4 BUSY	YF	축4 역회전 JOG
X10	축1 기동완료	Y10	축1 위치결정 기동
X11	축2 기동완료	Y11	축2 위치결정 기동
X12	축3 기동완료	Y12	축3 위치결정 기동
X13	축4 기동완료	Y13	축4 위치결정 기동
X14	축1 위치결정 완료	Y14	축1 실행 금지 플래그
X15	축2 위치결정 완료	Y15	축2 실행 금지 플래그
X16	축3 위치결정 완료	Y16	축3 실행 금지 플래그
X17	축4 위치결정 완료	Y17	축4 실행 금지 플래그

6.3.3 QD75 모듈의 버퍼메모리 어드레스

다음은 QD75 모듈의 버퍼메모리 어드레스에 대해서 살펴보자. 이 장에서는 대표적으로 많이 사용되는 버퍼메모리 어드레스에 대해서 살펴보도록 한다.

버퍼메모리 주소				내용	비고
축1	축2	축3	축4		
800 801	900 901	1000 1001	1100 1101	이송 현재값	
802 803	902 903	1002 1003	1102 1103	이송 기계값	
804 805	904 905	1004 1005	1104 1105	전송 속도	
806	906	1006	1106	축 에러 번호	

버퍼메모리 주소				내용	비고
축1	축2	축3	축4		
1500	1600	1700	1800	위치결정 기동 번호	
1502	1602	1702	1802	축 에러 리셋	
1518 1519	1618 1619	1718 1719	1818 1819	JOG 속도	
2000	8000	14000	20000	(Da.1)운전 패턴 (Da.2)제어 방식 (Da.3)가속 시간 번호 (Da.4)감속 시간 번호 (Da.5)보간 대상 축	No.1
2004 2005	8004 8005	14004 14005	20004 20005	지령 속도	
2006 2007	8006 8007	14006 14007	20006 20007	위치결정 어드레스, 이동량	
2010 ~ 2019	8010 ~ 2019	14010 ~ 14019	20010 ~ 20019	No.2	
2020 ~ 2029	8020 ~ 8029	14020 ~ 14029	20020 ~ 20029	No.3	

①. **이송 현재값**: 현재 지령하고 있는 어드레스가 저장된다.

②. **이송 기계값**: 기계 좌표에 의한 현재 위치의 어드레스가 저장된다.

③. **전송 속도**: 운전 중의 지령 출력 속도가 저장된다.

④. **축 에러 번호**: 축 에러 검출시 에러 내용에 해당하는 에러 코드가 10진수 형태로 저장된다.

⑤. **축 경고 번호**: 축 경고 검출시 경고 내용에 해당하는 경고 코드가 저장된다.

⑥. **축 동작 상태**: 축의 동작 상태가 저장된다.

축 상태	설정 값
에러 발생 중	-1
대기 중	0
정지 중	1
JOG 운전 중	3
원점 복귀 중	7
위치 제어 중	8
속도 제어 중	9

⑦. **위치결정 기동 번호**: 위치결정의 기동 번호를 설정한다.

내용	버퍼메모리 주소			
	축1	축2	축3	축4
1~600 : 위치결정데이터 번호 9001 : 기계원점복귀 9002 : 고속원점복귀 9003 : 현재값 변경 9004 : 동시 기동	1500	1600	1700	1800

⑧. **축 에러 리셋**: 축 에러 검출, 축 에러 번호, 축 경고 검출, 축 경고 번호 등을 클리어 한다.

⑨. **JOG 속도**: JOG 운전 시의 JOG 속도를 설정한다.

⑩. **운전패턴, 제어 방식, 가속 시간 번호, 감속 시간 번호, 보간 대상축**: 예를 들어 축1을 사용했을 때 운전 패턴(위치결정 종료), 제어 방식(ABS1), 가감속 시간 번호(가감속 시간 0), 보간 대상 축(축 1 지정)으로 설정한 경우 버퍼메모리 어드레스 2000번에 설정되는 값은 0100h이다.

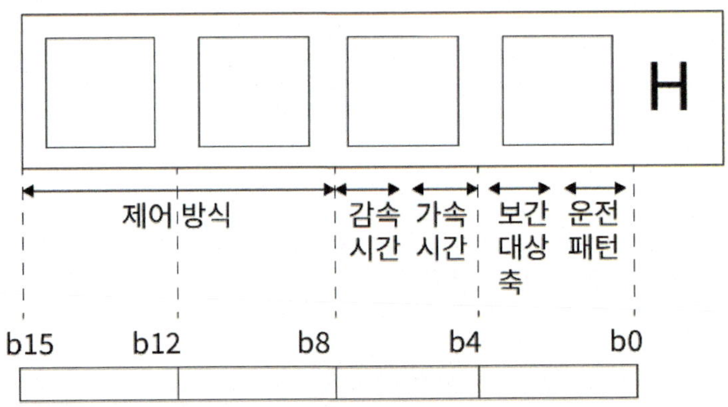

[그림 6-11. 위치결정 데이터]

[표 6-4. 위치결정 데이터]

항목	기능	설정값
운전 패턴(Da.1)	00: 위치결정 종료	00
	01: 연속 위치결정 제어	01
	11: 연속 궤적 제어	11
제어 방식(Da.2)	ABS1: 1축의 직선 제어(ABS)	01H
	INC1: 1축의 직선 제어(INC)	02H
가속 시간 번호(Da.3)	0: 가속 시간 0	00
	1: 가속 시간 1	01
	2: 자속 시간 2	10
	3: 가속 시간 3	11
감속 시간 번호(Da.4)	0: 감속 시간 0	00
	1: 감속 시간 1	01
	2: 감속 시간 2	10
	3: 감속 시간 3	11
보간 대상 축(Da.5)	0: 축 1 지정	00
	1: 축 2 지정	01
	2: 축 3 지정	10
	3: 축 4 지정	11

⑪. **지령 속도**: 위치결정 실행 시의 지령 속도를 설정한다.

⑫. **위치결정 어드레스, 이동량**: 위치결정 제어의 목표값이 되는 어드레스를 설정한다.

6.4 위치 결정 모듈 제어

6.4.1 위치 결정 모듈의 파라메터 설정 및 시운전

위치 결정 모듈을 사용하기 위해서는 인텔리전트 모듈에서 사용하는 위치 결정 모듈을 추가하고 파라메터 작성하는 절차가 필요하다. 이 장에서는 인텔리전트 모듈과 파라메터를 작성하는 방법에 대해서 살펴보고 이를 시운전을 통해서 동작 여부를 확인해본다.

①. [Intelligent Function Module]에서 New Module을 선택한다.

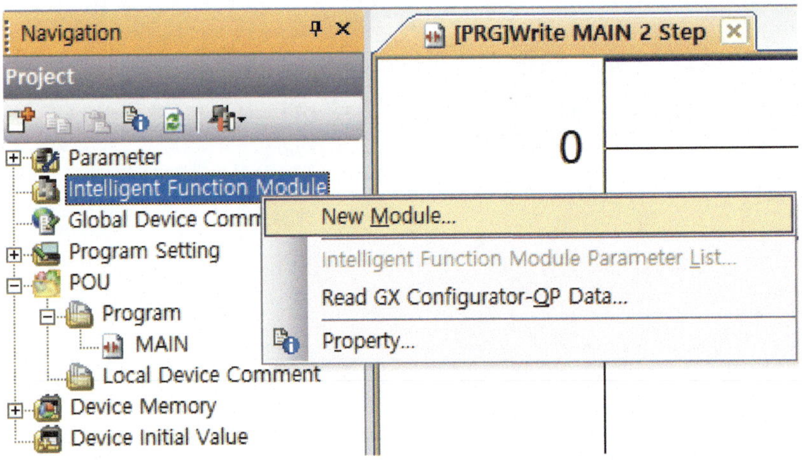

②. 실습에 사용하는 모듈은 QD75D1N을 사용하고 있으므로 Module type과 Module Name을 선택한다. 또한, 실습에서는 slot 5번에 위치하고 있으므로 Mounted Slot No.를 5로 설정한다.

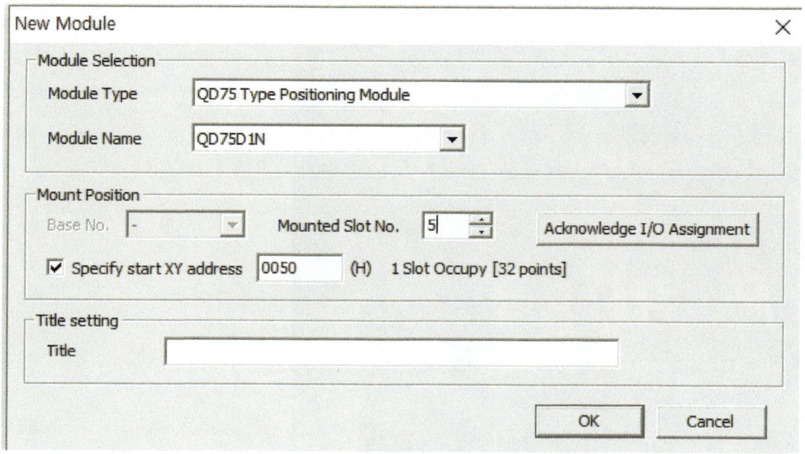

③. QD75D1N 모듈이 추가되고 파라메터가 추가된 것을 확인한다.

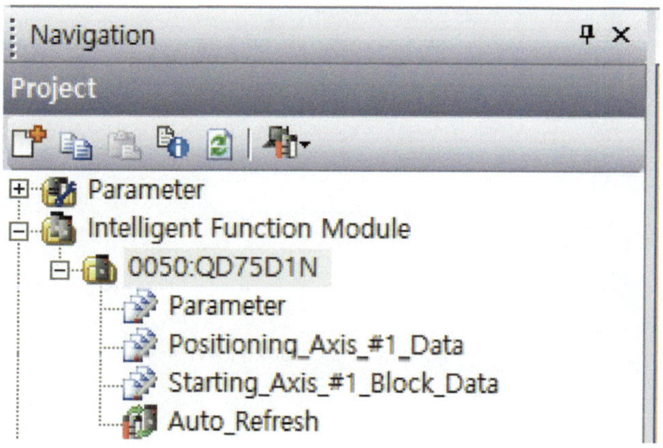

④. [Parameter]를 클릭한다. Basic Parameter 1에서는 제어하기 위한 표시 단위, 회전당 펄스수, 회전당 이동량등의 파라메터 설정을 할 수 있다.

- 먼저 Unit setting(표시 단위)는 mm 단위로 제어하기 위해 mm로 설정한다.
- 둘째로 No. of pulses per rotation(회전당 펄스수)는 엔코더의 분해능 22bit값인 = 4,194,304를 입력해야 하지만 65,535값(16bit) 이상을 설정할 수 없다. 따라서 전자기어비를 사용하여 22bit값을 계산해야 한다. 이를 위해 No. of pulses per rotation를 8192로 설정하고 서보 드라이브에서 전자기어 분자(PA06)과 전자기어

분모(PA07)을 계산한 값을 512로 설정한다. 이를 통해 8192×512=4,194,304의 펄스수를 설정할 수 있다.

- 서보 드라이브에서 조작부 스위치를 통해 PA06 파라메터를 확인한다.

- PA06(분자)값을 512로 설정한다.

- 이어서 PA07(분모)값을 1로 설정한다. 이로써 전자기어비 설정값을 512로 설정할 수 있다.

- Movement amount per rotation은 1회전당 이동거리를 의미한다. 이 책에서는 볼 스크류를 사용하고 있으며 볼 스크류의 리드(lead)는 5mm이다. 따라서 1회전당 이동 거리는 5mm이지만 프로그램에서의 단위는 μm을 사용하므로 5,000μm으로 설정한다.

Basic parameters 1	Set according to the machine and applicable motor when system is started up. (This parameter become valid when the PLC READY signal [Y0] turns from OFF to ON)
Unit setting	0:mm
No. of pulses per rotation	8192 pulse
Movement amount per rotation	5000.0 um
Unit magnification	1:x1 Times
Pulse output mode	1:CW/CCW Mode
Rotation direction setting	0:Increase Present Value by Forward Pulse Output
Bias speed at start	0.00 mm/min
Basic parameters 2	**Set according to the machine and applicable motor when system is started up.**

⑤. Basic Parameter 2에서는 모터 이동시 속도와 가감속도 시간값을 설정한다. 속도는 20000mm/min, 가감속도 시간은 200ms로 설정한다.

Basic parameters 2	Set according to the machine and applicable motor when system is started up.
Speed limit value	20000.00 mm/min
Acceleration time 0	200 ms
Deceleration time 0	200 ms

⑥. Detailed Parameter 2에서는 JOG 운전 시의 속도를 제한하기 위해 JOG speed limit value값을 기존 운전시와 동일한 제한값인20000mm/min으로 설정한다.

Detailed parameters 2	Set according to the system configuration when the system is started up. (Set as required.)
Acceleration time 1	1000 ms
Acceleration time 2	1000 ms
Acceleration time 3	1000 ms
Deceleration time 1	1000 ms
Deceleration time 2	1000 ms
Deceleration time 3	1000 ms
JOG speed limit value	20000.00 mm/min

⑦. OPR basic parameters는 원점 복귀의 방향과 원점복귀시 속도 등을 설정하는 파라메터이다. 원점 복귀시의 속도(OPR speed)는 2000mm/mim, 원점 센서 감지 후 속도(Creep speed)는 300mm/min, 원점복귀 재시도(OPR Retry)는 리미트 스위치에 의한 원점복귀 재시도를 실행하도록 설정한다.

OPR basic parameters	Set the values required for carrying out OPR control. (This parameter become valid when the PLC READY signal [Y0] turns from OFF to ON)
OPR method	0:Near-point Dog Method
OPR direction	0:Forward Direction(Address Increase Direction)
OP address	0.0 um
OPR speed	2000.00 mm/min
Creep speed	300.00 mm/min
OPR retry	1:Retry OPR with limit switch

⑧. Parameter 설정이 완료 되었으면 다음으로 위치제어를 실시하기 위해 [Positioning_Axis_#1_Data]를 클릭하고, 위치결정기동번호(No.1~3)에 따라 운전 패턴(END), 제어 시스템(ABS), 가감속시간(200ms), 목표 위치값(10mm, 30mm, 40mm), 명령 속도값 (1000mm/min, 500mm/min, 300mm/min)을 설정한다.

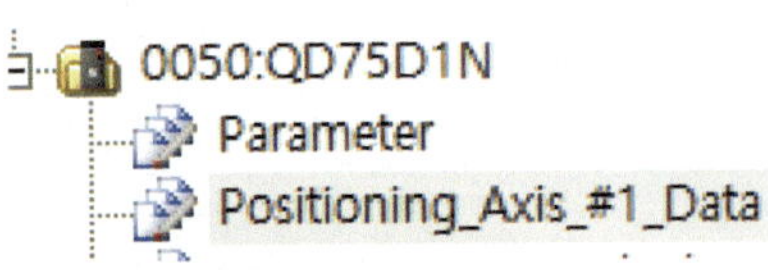

Display Filter: Display All | Offline Simulation | Automatic Command Speed Calculation | Automatic Sub Arc Calculation

No.	Operation pattern	Control system	Axis to be interpolated	Acceleration time No.	Deceleration time No.	Positioning address	Arc address	Command speed	Dwell time
1	0:END	01h:ABS line 1	-	0:200	0:200	10000.0 um	0.0 um	1000.00 mm/min	0 ms
	<Positioning Comment>								
2	0:END	01h:ABS line 1	-	0:200	0:200	30000.0 um	0.0 um	500.00 mm/min	0 ms
	<Positioning Comment>								
3	0:END	01h:ABS line 1	-	0:200	0:200	70000.0 um	0.0 um	300.00 mm/min	0 ms
	<Positioning Comment>								

⑨. 파라메터 설정이 완료 되었으면 [Online]-[Write to PLC]에서 Intelligent Function Module을 vaild를 체크하고 다운로드 한다.

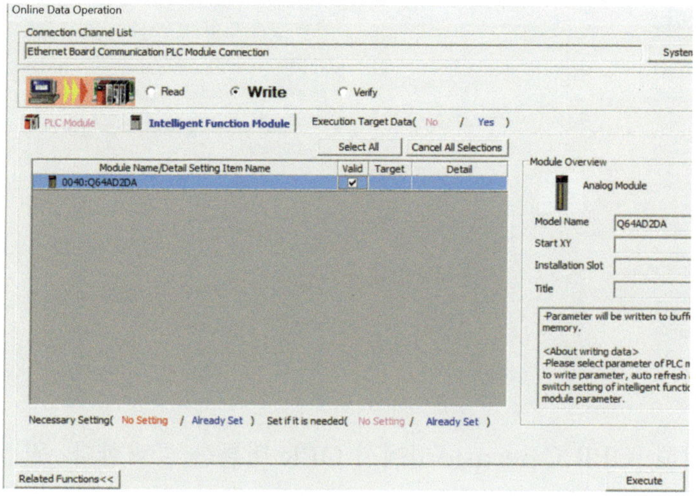

⑩. 인텔리전트 모듈 다운로드가 완료 되었으면 설정한 파라메터로 모터가 잘 동작하는지 시운전을 실시하기 위해 메뉴바에서 [QD75/LD75 Position Module Test] 버튼을 클릭한다. 다음과 같이 Position Test[시운전 화면]이 표시 된다. 시운전 화면에서는 위치결정, JOG운전, 원점복귀 등의 모션제어 테스트를 할 수 있도록 기능을 지원한다.

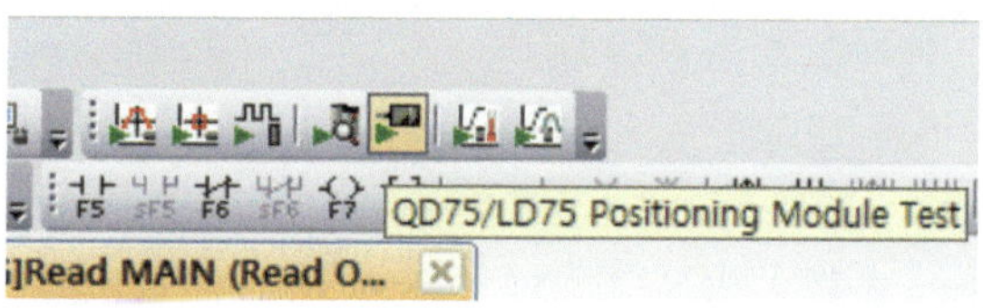

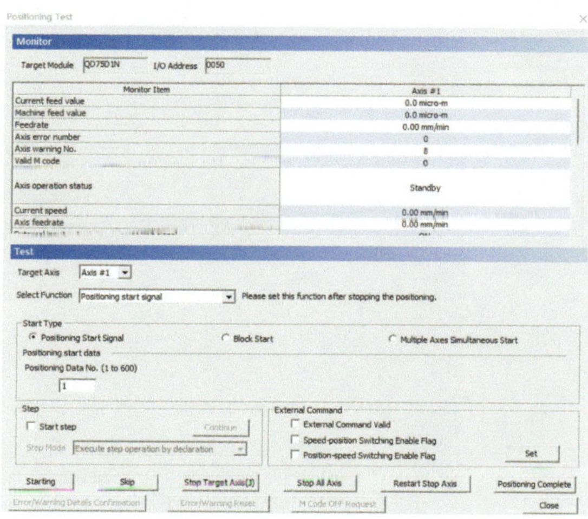

⑪. [Test]-[Select Function]을 JOG/Manual Pulse Generator/OPR로 변경하고 JOG Speed값을 설정하여 Forward RUN(정방향), Reverse RUN(역방향) 입력에 따라 위치값이 변화하는 것을 확인한다.

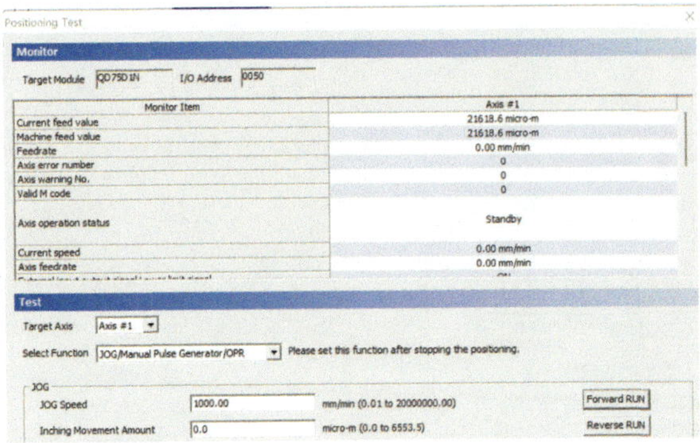

⑫. 원점복귀 기능을 실행하기 위해 [OPR Operation]에서 OPR 버튼을 클릭한다. 원점복귀 기능이 실행되고 위치값 0에서 정지한다.

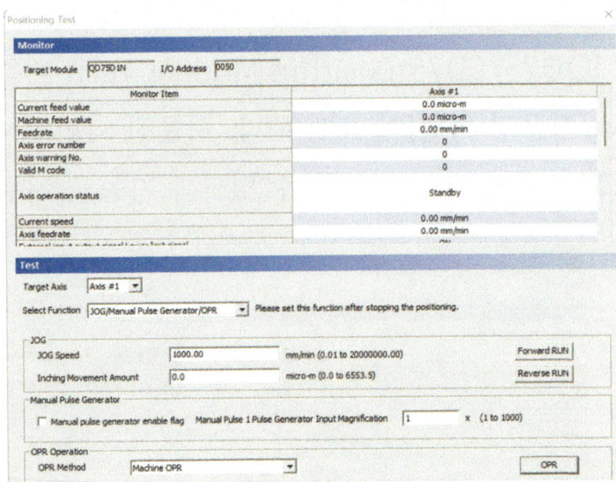

⑬. 다음은 JOG운전을 Positioning start signal로 변경하고 Position Data No.의 값을 1로 설정한다. 앞서 Positioning_Axis_#1_Data에서 위치결정기동번호1은 위치값 10000μm(10mm), 속도값 1000mm/min으로 설정하였으므로 Starting 버튼을 클릭시 원점으로부터의 절대위치(ABS)결정을 통해 10000μm(10mm)에 위치한다.

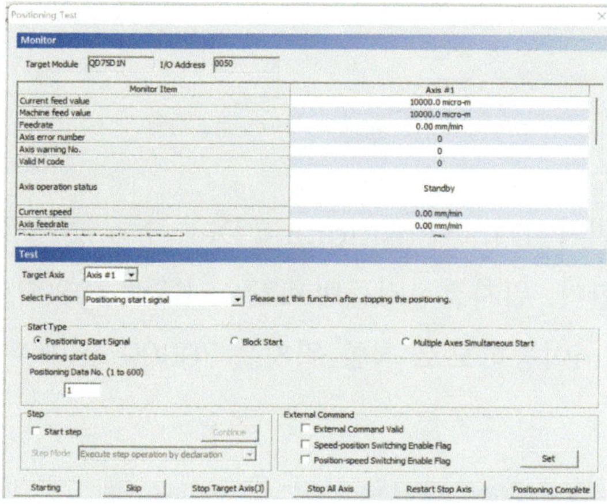

⑭. Positiong Data No.3를 3으로 변경하고 Starting 버튼을 클릭하여 실행한다. 원점으로부터의 절대위치(ABS)결정을 통해 목표 위치값 70000μm(70mm)에 위치한다.

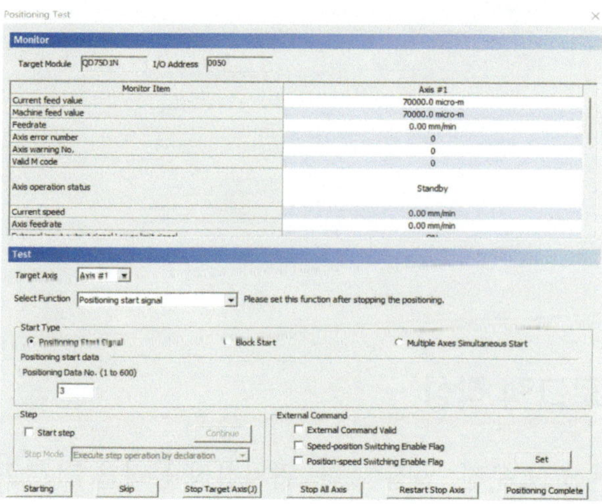

⑮. Positioning_Axis_#1_Data에서 위치결정기동번호3을 ABS(절대위치)→INC(상대위치)로 변경하고, [Online]-[Write to PLC]에서 Intelligent Function Module을 vaild를 체크하고 다운로드 한다.

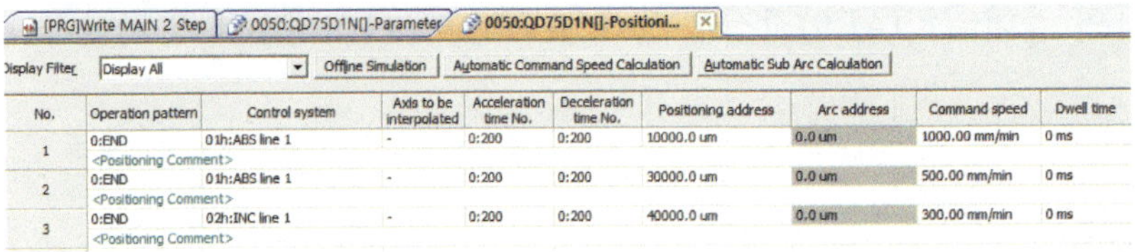

⑯. 원점복귀를 실행하여 현재 위치를 0으로 위치시키고, Positioning Data No. 2~3을 차례대로 Starting 버튼을 클릭하여 실행한다. 위치결정기동번호2는 ABS로 30000μm, 위치결정기동번호3은 INC로 40000μm이동하므로 최종 위치는 70000μm에 위치하는 것을 확인할 수 있다.

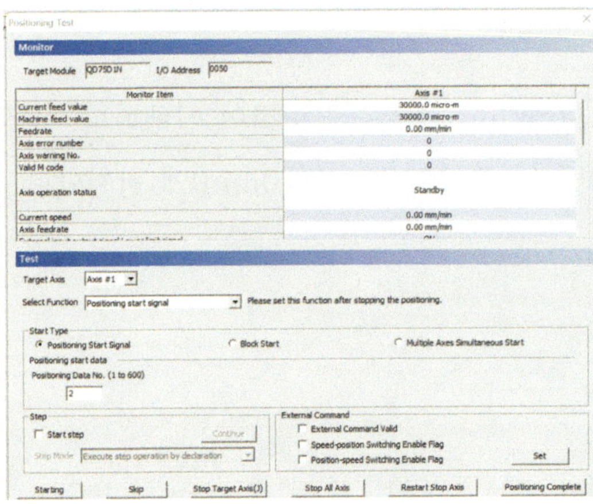

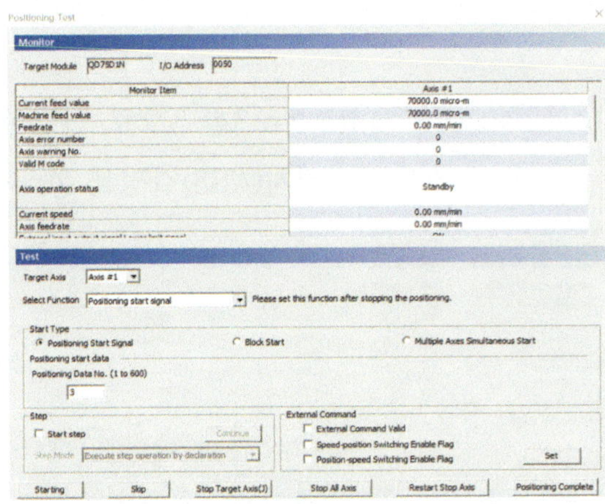

6.4.2 위치 결정 모듈의 PLC 프로그램 작성

이 장에서는 앞서 시운전으로 살펴 보았던 조그 운전, 원점 복귀, 위치결정 동작을 PLC 프로그램을 작성하여 동작을 확인하도록 한다. 또한 HMI(Human Machine Interface)를 사용하여 서보의 동작을 지시하거나 모니터링하기 위한 프로그램을 추가로 작성한다. 먼저 조그 운전의 정방향 및 역방향 제어를 위한 PLC 프로그램을 작성해보자.

①. PLC의 전원이 ON되면 Y50(PLC Ready) 신호가 ON되고, 이때 X50(QD75 Ready) 신호가 ON되었다면 서보 기동을 위한 M0 신호가 ON된다.

- M0이 ON 되어있을 때 조그 속도를 제어하기 위한 버퍼 메모리 [G5\G1518]에 100000값을 전송한다. 하지만 내부적으로 Command speed는 1000.00mm/min으로 처리된다.
- 조그 속도를 설정한 후에는 M1신호를 ON하였을 때 조그 정방향(CW), M2신호를 ON하였을 때 조그 역방향(CCW) 운전이 되는 것을 확인할 수 있다.

②. M1과 M2 신호가 동시에 ON되었을 때의 문제점을 개선하기 위해 M1, M2를 각각 b 접점으로 추가한다. 이를 통해 조그 정방향으로 운전하고 있을 때는 역방향으로 동작하지 않고, 조그 역방향으로 운전하고 있을 때는 정방향으로 동작하지 않는다.

③. 현재의 조그 운전은 1000.00mm/min의 고정된 속도로 운전하기 때문에 조그 운전 속도를 변경하기 위해서는 번거로운 점이 있으므로 프로그램을 수정한다.

- [* D100 K100 D10000]명령을 통해 예를 들어 조그 속도로 500이 입력되었다면 100을 곱한 50000이 D10000이 저장된다.
- 그리고 D10000의 값은 U5\G1518에 전송되어 결과적으로 D100의 값의 입력에 따른 조그 속도를 제어할 수 있다.

GX-Works2에서 M1, M2 신호를 ON하여 조그 운전을 실시하는 방법 외에 이번에는 HMI를 통해 조그 운전을 실시해보도록 하자. 실습에 사용하는 HMI는 Mitsubishi의 GOT2000 시리즈를 사용한다.

①. 사용하는 HMI인 GOT2000에서의 작화를 위해 GT Designer3를 기동한다.

②. 최초로 프로젝트를 생성하기 위해 [New]를 클릭하여 프로젝트를 새로 생성한다.

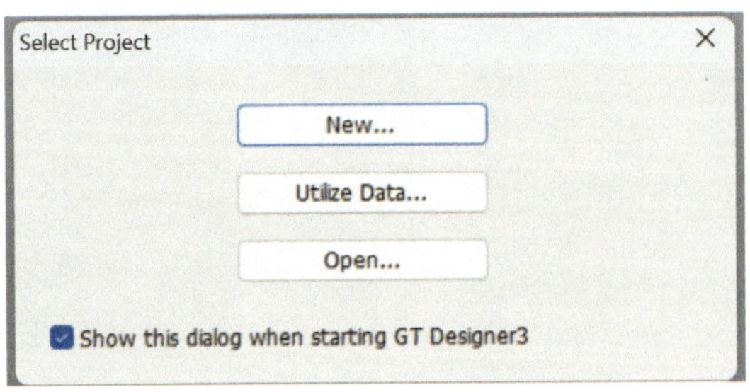

③. 새 프로젝트를 생성하는데 필요한 [New Project Wizard]창이 표시된다. 실습에 사용하고 있는 GOT2000의 타입은 GT27**-S이다. 사용하고 있는 GOT Type에 맞도록 모델을 설정한다.

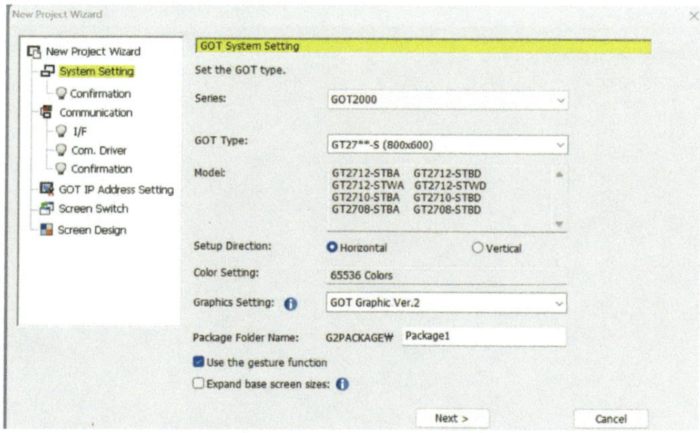

④. 실습에 사용하고 있는 PLC는 MELSEC-Q이므로 [Controller Type]을 다음과 같이 설정을 변경하도록 한다.

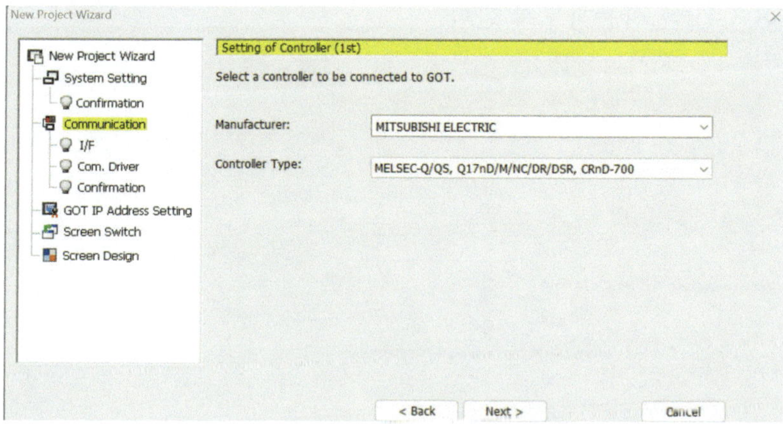

⑤. 다음으로 I/F(Interface)는 PLC와 HMI간의 통신을 어떻게 할 것인지를 결정한다. 현재 PC, PLC, HMI는 모두 Ethernet으로 연결되어 있으므로 [I/F:]는 Ethernet:multi로 설정한다.

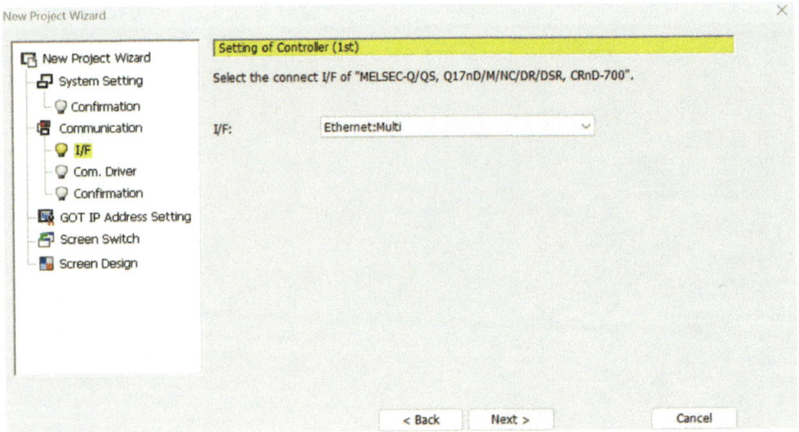

⑥. 다음은 사용하는 HMI의 IP 주소를 설정하는 창이다. 실습에서 사용하는 HMI의 IP주소는 기본값인 192.168.3.18을 사용하도록 한다.

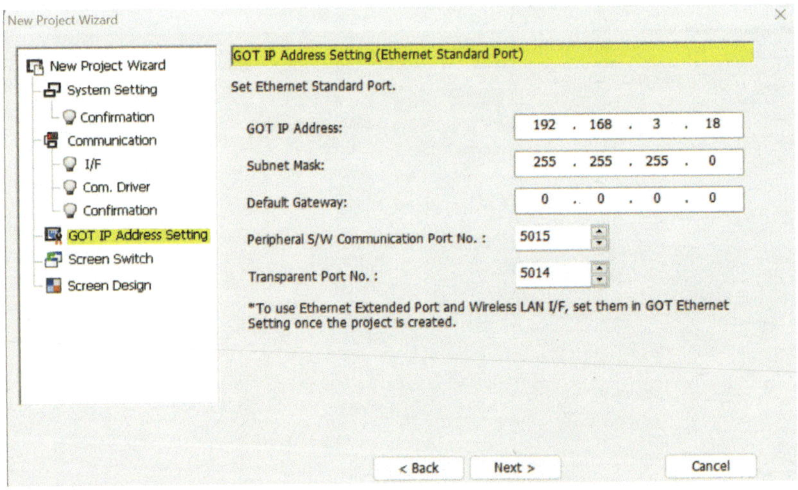

⑦. [New Project Wizard] 설정을 통해 새 프로젝트가 생성된다.

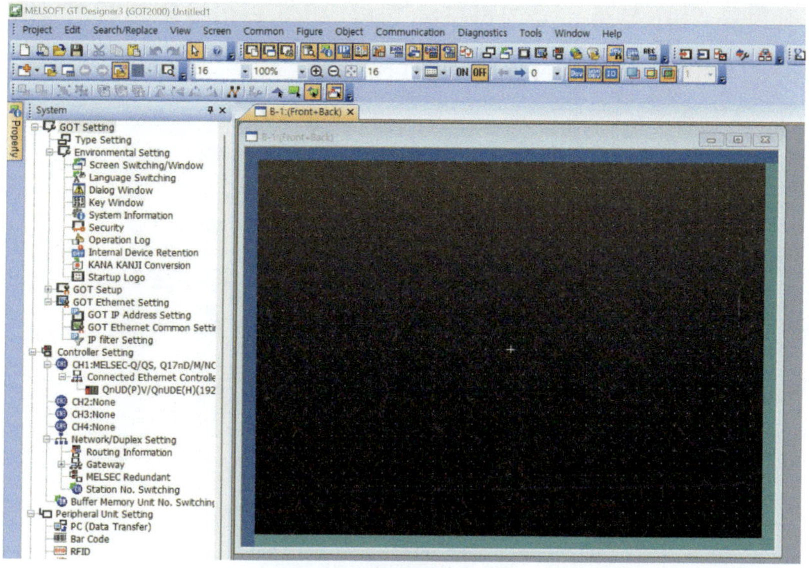

⑧. 프로젝트를 생성한 다음에는 HMI와 PLC를 연결하기 위해 상대기기(PLC)의 IP 주소를 설정하도록 하기 위해 [System]-[Controller Setting]-[CH1: MELSEC-Q/QS]를 선택한다.

⑨. [IP Address]에서 PLC의 IP 주소인 192.168.3.39를 설정한다. IP 설정이 완료 되었으면 메인 화면에서 작화를 위한 부품을 추가하도록 한다. 먼저 타이틀을 만들기 위해 우측에 위치한 [Library]에서 [Rectangle]을 추가한다.

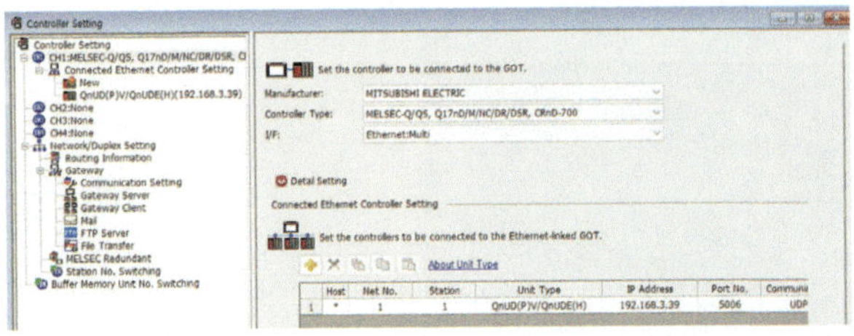

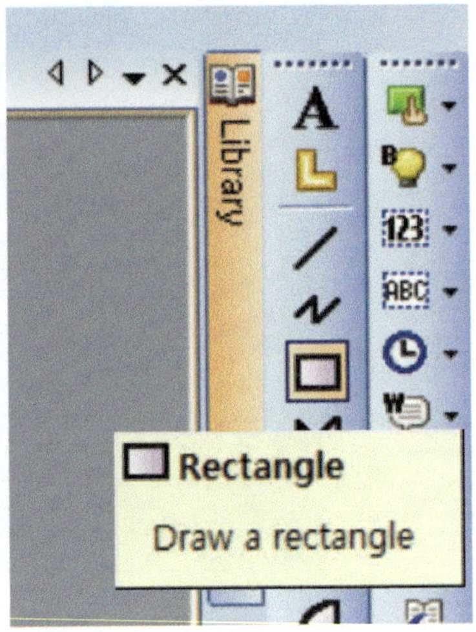

⑩. Rectangle을 메인 화면의 가장 상단에 위치시키고 Pattern, Shape Color 등을 변경하여 패턴과 색상이 변경되는 것을 확인할 수 있다.

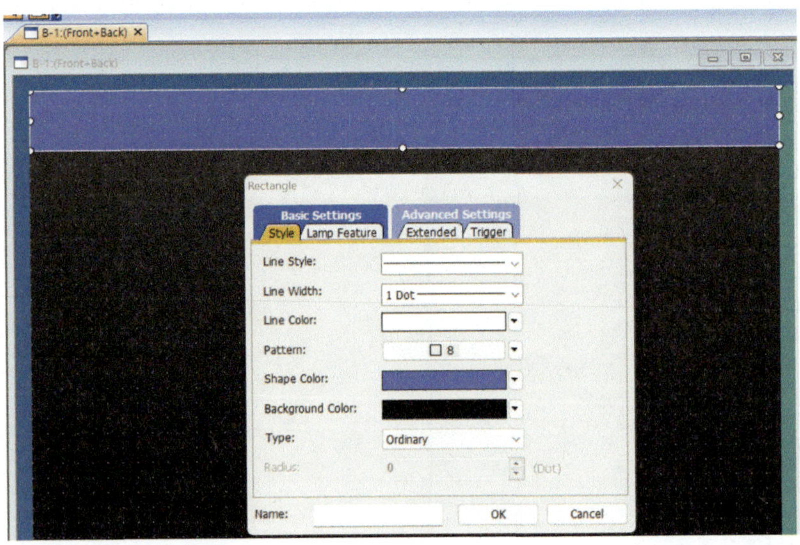

⑪. 추가한 Rectangle에 Text를 삽입하기 위해 이번에는 [Library]에서 [Text]을 추가한다.

⑫. Text를 더블 클릭하여 AC 서보 제어 실습으로 변경하고, Size 및 Text Color를 조정한다.

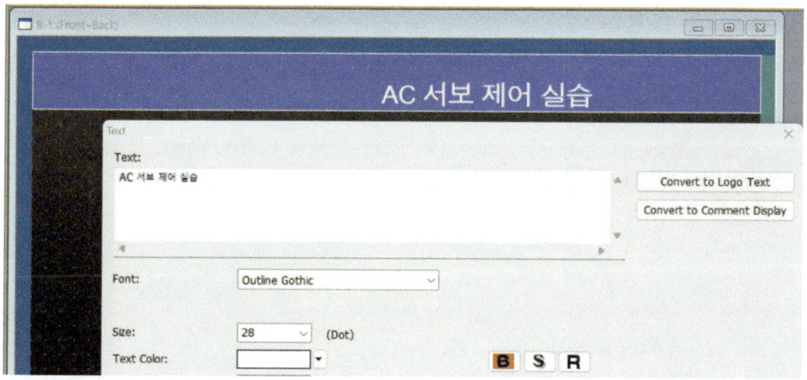

⑬. 타이틀 작성 후에는 조그 정방향 및 조그 역방향 운전을 위해 [Library]에서 [Bit Switch]를 생성한다.

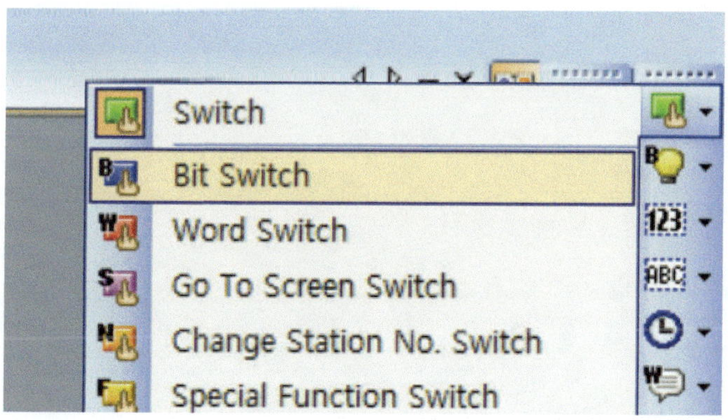

⑭. [Text]에서 조그 운전을 추가하고, 하단에 Bit Switch를 추가한다.

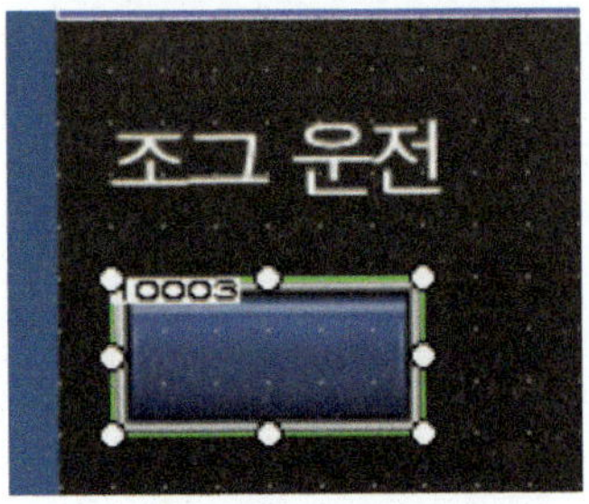

⑮. Bit Switch를 더블 클릭하여 [Device]를 M1으로 설정한다. M1은 PLC 프로그램에서 조그 정방향에 해당하는 신호이다. 조그 운전은 입력이 ON되어 있을 때 동작 하므로 [Action]은 Momentary로 설정한다.

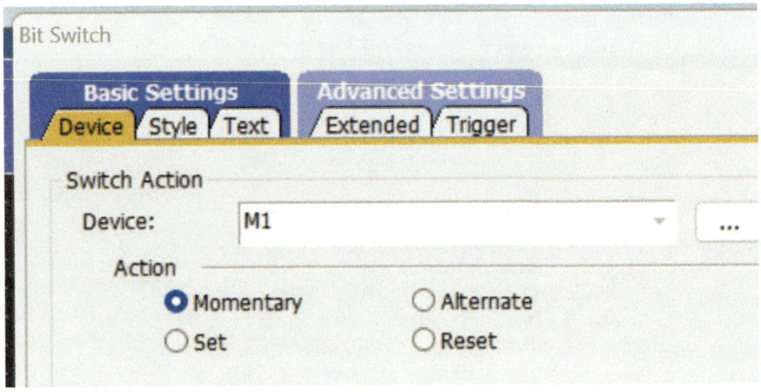

⑯. [Text]에서는 Bit Swtich에 Text를 조그 정방향으로 작성한다.

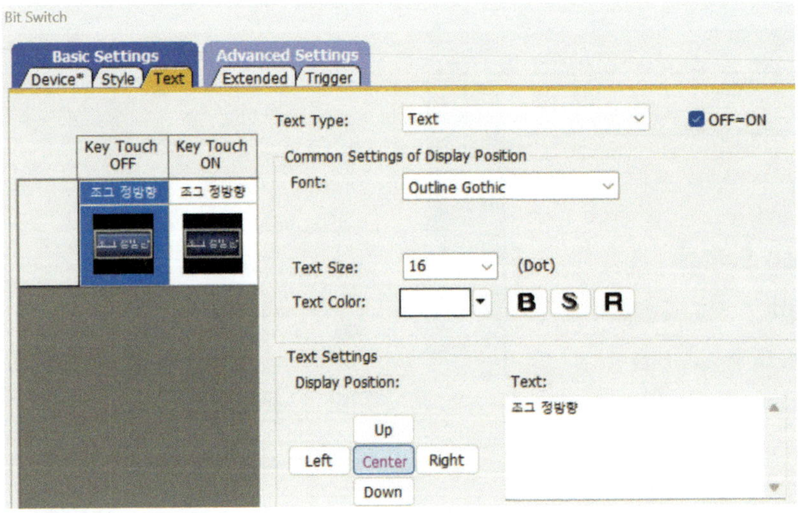

⑰. 조그 정방향 외에 조그 역방향(M2)을 같은 방법으로 Bit Swtich를 추가한다.

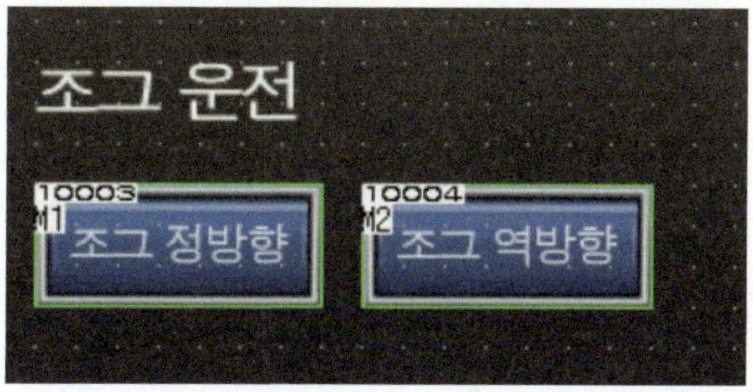

⑱. 조그 운전은 앞서 PLC 프로그램에서 조그 속도를 입력할 수 있도록 하였기 때문에 조그 속도를 입력하기 위해 [Library]에서 [Numerical Input]을 추가한다.

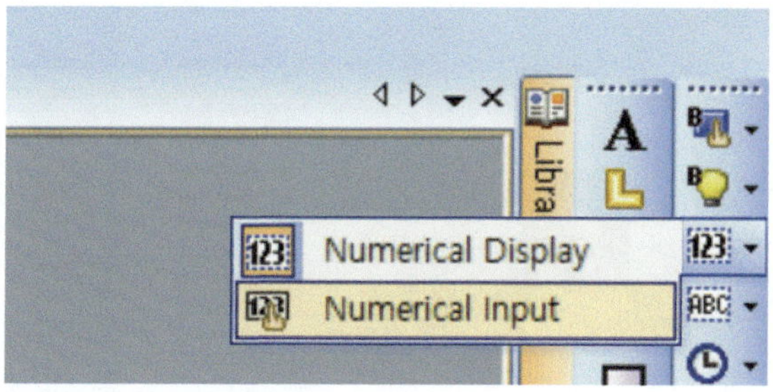

⑲. 조그 속도를 Text로 추가하고, 하단에 [Numerical Input]을 위치 시킨다.

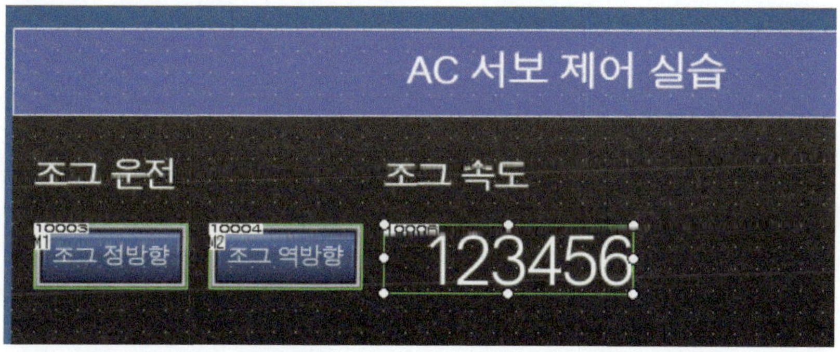

⑳. [Numerical Input]을 더블 클릭하고, [Device]를 D100으로 설정한다. Digits는 기본값으로 6으로 설정되어 있지만 3으로 변경하도록 하자.

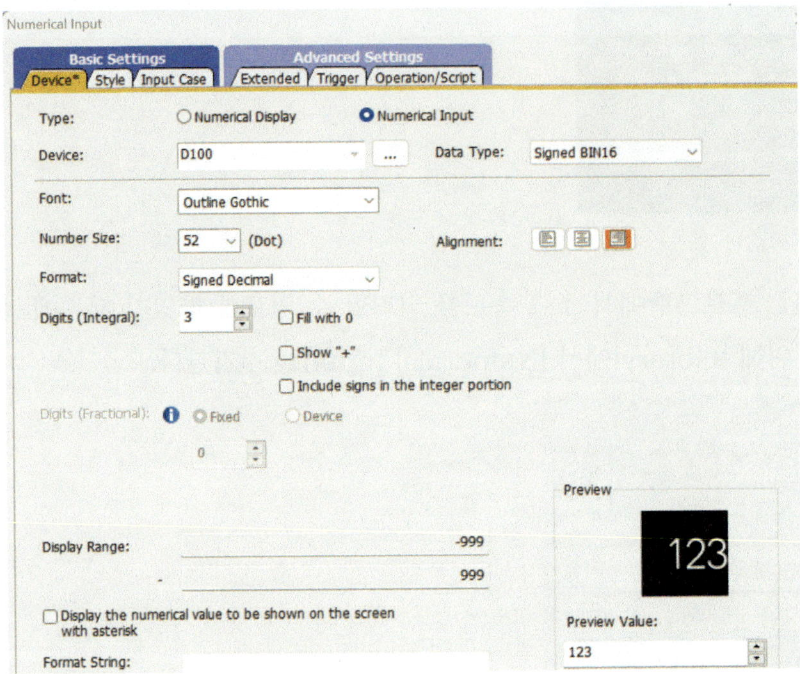

㉑. 작성이 모두 완료 되었으면 프로그램을 GOT에 전송하기 위해 [Communication]-[Write to GOT]를 클릭한다.

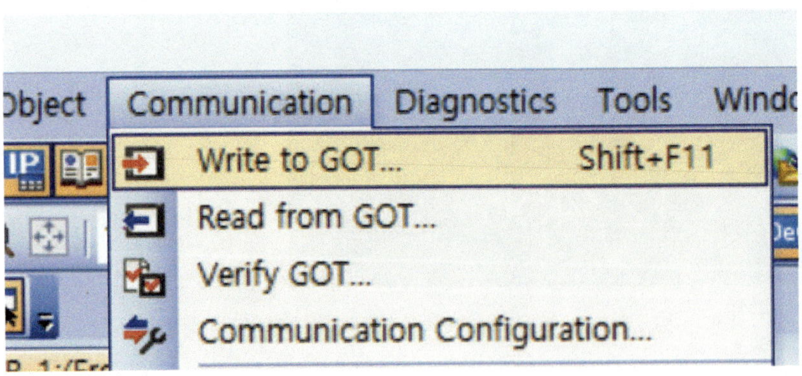

㉒. [PC side I/F]를 USB에서 Ethernet으로 변경하고, 현재 HMI의 IP 주소가 192.168.3.38 로 설정되었는지 확인하고 OK버튼을 클릭한다.

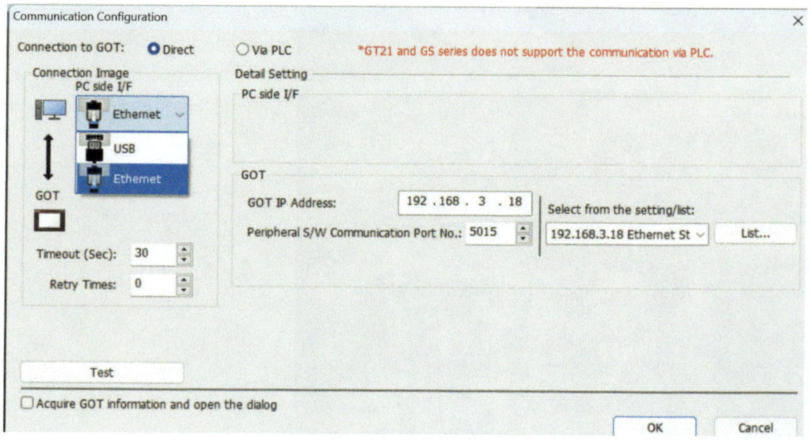

㉓. [Write Data]를 [Package Data]로 설정하고 우측 하단의 [GOT Write]를 클릭한다. 이후 다운로드가 실행된다.

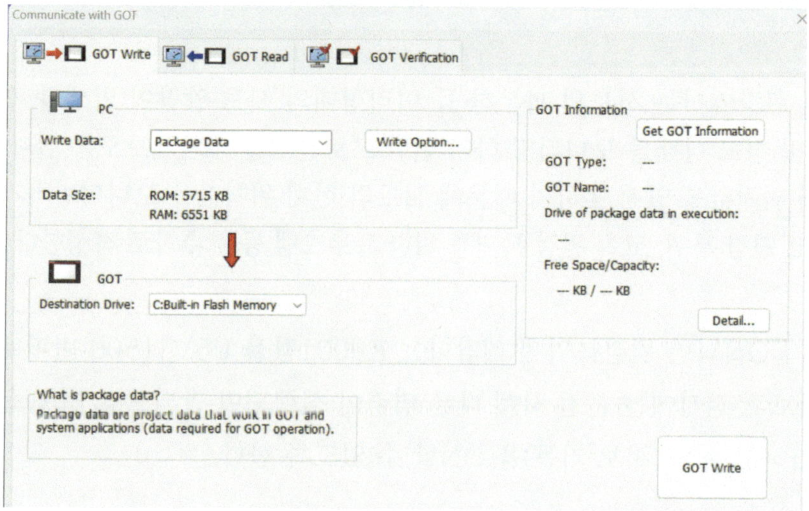

㉔. 프로그램이 전송이 완료된 후에 HMI를 통해 조그 정방향, 조그 역방향 및 조그 속도를 지정하여 모터가 잘 동작하는지 확인할 수 있다.

모션 제어를 실시하면서 현장에서는 서보의 과부하 등 여러형태의 서보 알람이 발생할 수 있다. 따라서 서보 에러 및 경고 상태를 모니터링 하기 위한 프로그램을 추가해보도록 한다. 또한 현재는 서보의 현재 위치값을 알지 못하기 때문에 서보의 현재 위치값을 모니터링하기 위한 프로그램을 추가하고 원점 복귀, 고속 원점 복귀를 위한 프로그램 등을 추가로 작성한다.

①. M3(원점복귀) 신호가 ON되면 원점복귀에 해당하는 K9001값을 U5\G1500 버퍼메모리에 전송한다. 서보 운전시에는 운전 시에 다른 명령이 실행되면 안되므로 Busy신호를 b접점으로 추가하고, Y60(서보 기동)을 ON할 수 있도록 한다.

②. 서보 에러 및 경고상태를 모니터링 하기 위해 해당 버퍼 메모리를 통해 D110에는 에러 번호, D111에는 경고 번호를 저장한다.

③. 서보 에러 혹은 경고가 발생했을 시에는 M4(에러 리셋) 신호를 ON하여 서보 리셋을 실시한다.

④. 만약 상한 리미트 혹은 하한 리미트에 닿을 경우 서보는 에러가 발생할 것이다. 강제적으로 서보 알람을 발생시키도록 한다.

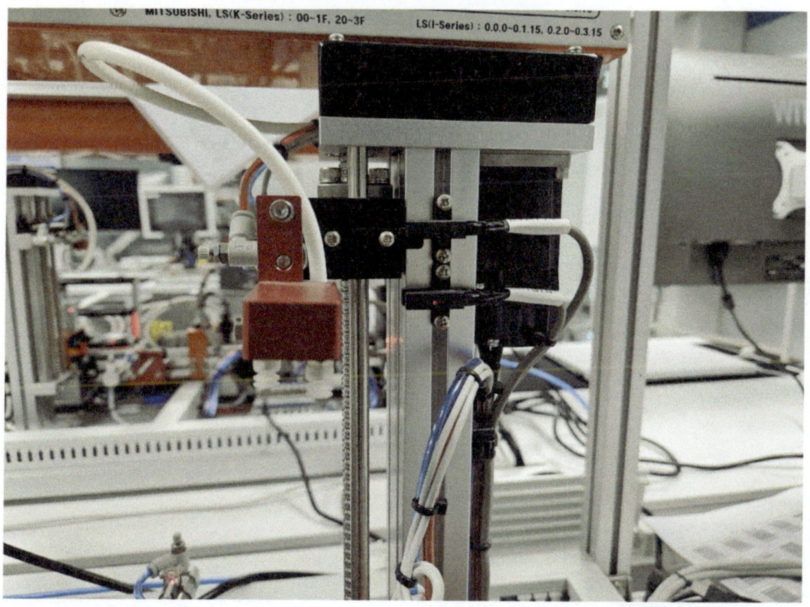

⑤. 서보 에러가 발생하여 D110에 [105] 에러 번호가 저장된다. M4(에러 리셋) 신호를 ON하여 서보 에러를 리셋한다.

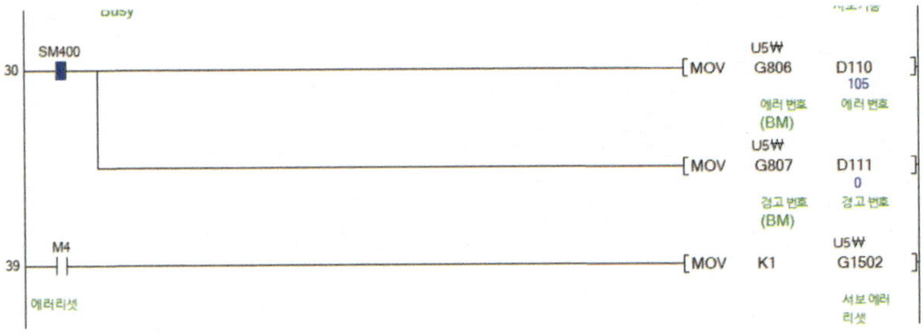

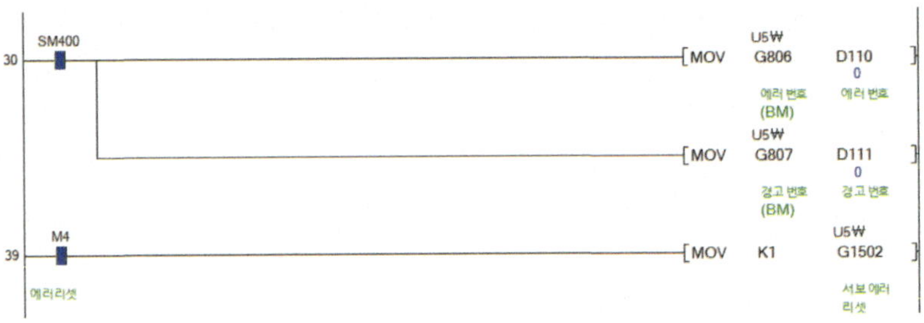

⑥. 다음은 서보의 현재 위치를 모니터링 하기 위한 프로그램을 추가한다. [U5\G800] 버퍼 메모리는 현재 서보의 위치값이 저장되어 있으며 이를 D1000에 저장한다.

⑦. 서보의 현재값은 현재 예를 들어 10401.0[um]을 단위로 사용하므로 이를 [mm]단위로 변환하기 위해서는 K10000으로 값을 나눔으로써 10[mm]로 프로그램을 통해 변환할 수 있다.

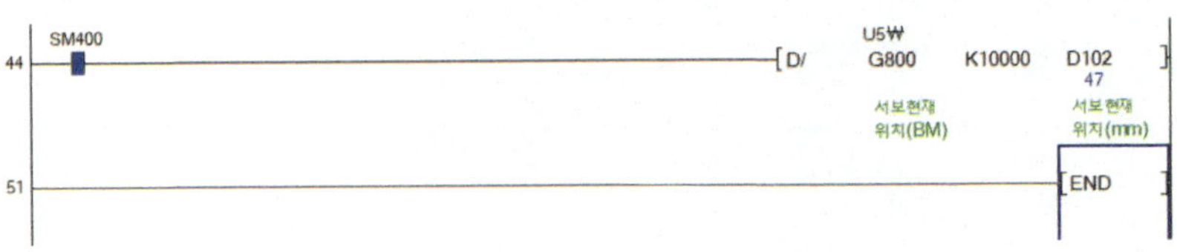

⑧. 기존의 원점 복귀 방식 외에 고속 원점 복귀를 사용하기 위해 프로그램을 수정한다. 기존 방식처럼 Y60을 사용하면 이중 코일로 동작하기 때문에 SET 명령을 사용하여 기동하도록 프로그램을 수정한다.

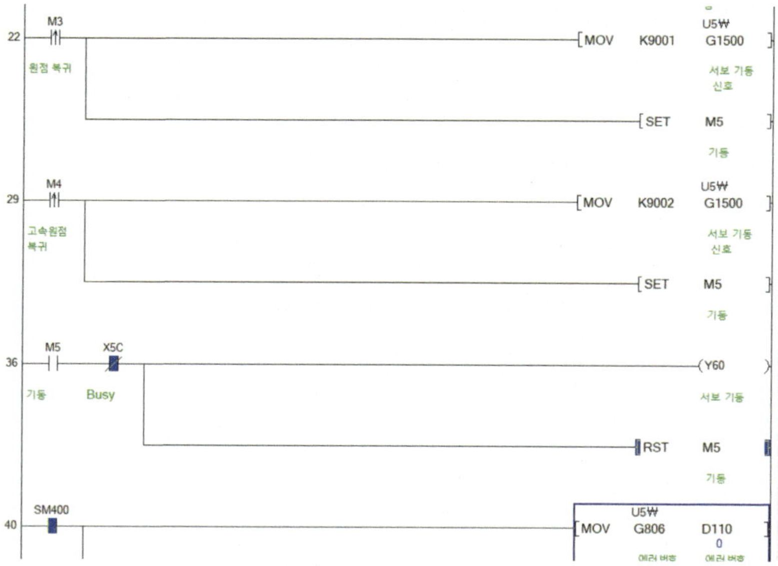

⑨. HMI에서는 서보 에러번호 및 서보 경고번호를 모니터링하기 위해 [Text]를 추가한다.

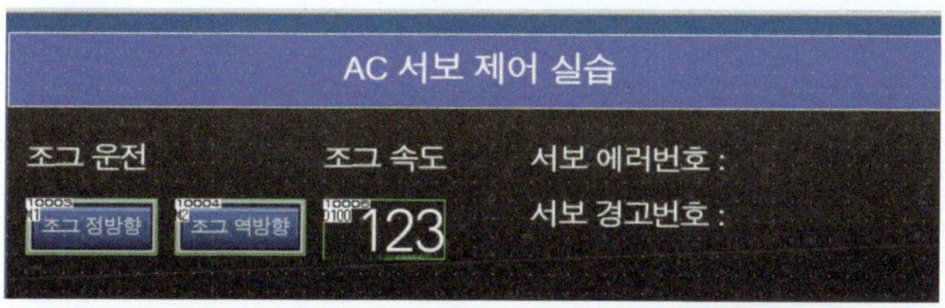

⑩. 에러번호를 표시하기 위해서 [Numerical Display]를 추가한다.

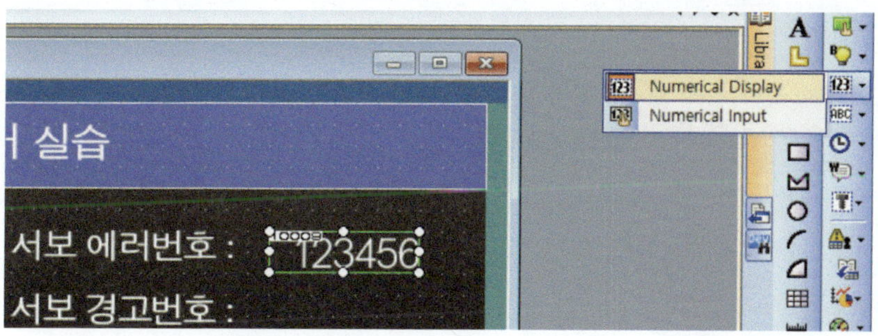

⑪. 서보 에러번호는 D110에 저장되어 있으므로 [Device]를 D110으로 설정한다.

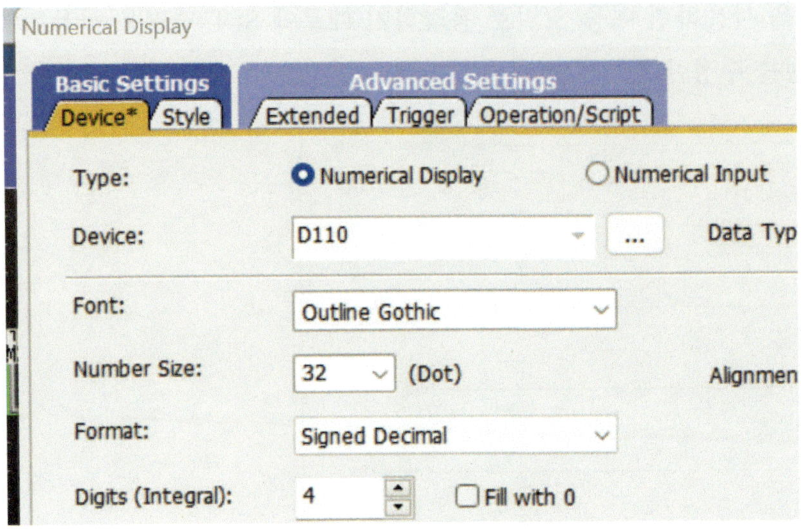

⑫. 서보 경고번호는 D111에 저장되어 있으므로 [Numerical Display]를 추가하고 [Device]를 D111로 설정한다.

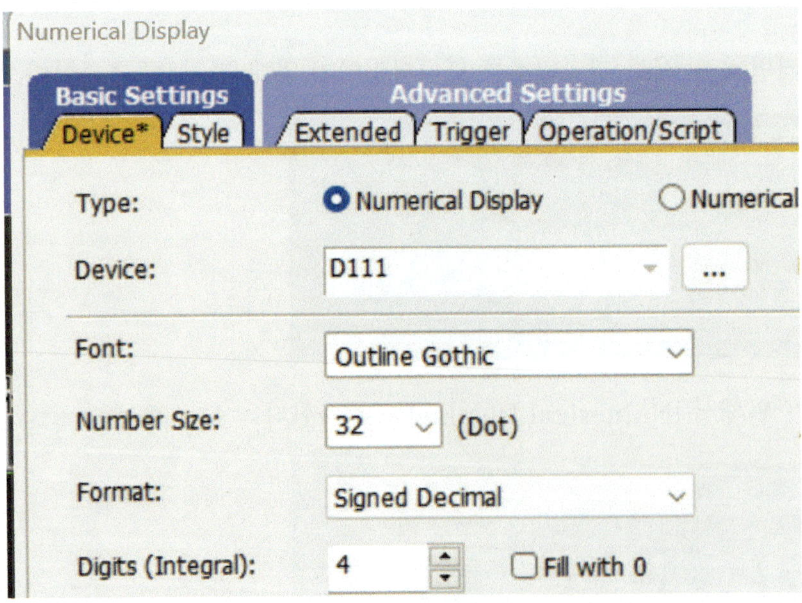

⑬. 에러 리셋을 하기 위한 Bit Switch를 추가하고, [Device]명은 M4, [Action]은 Momentary로 설정한다.

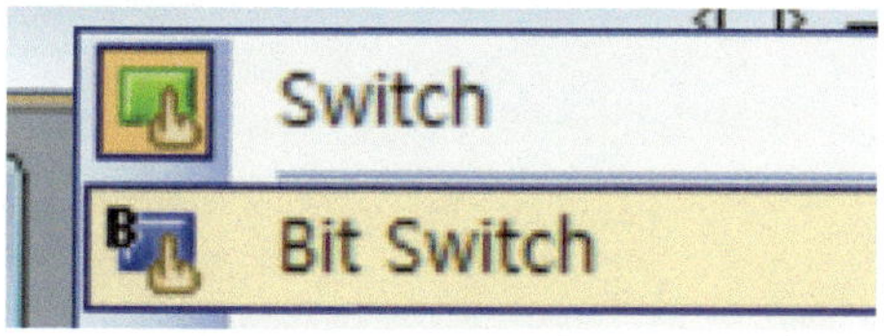

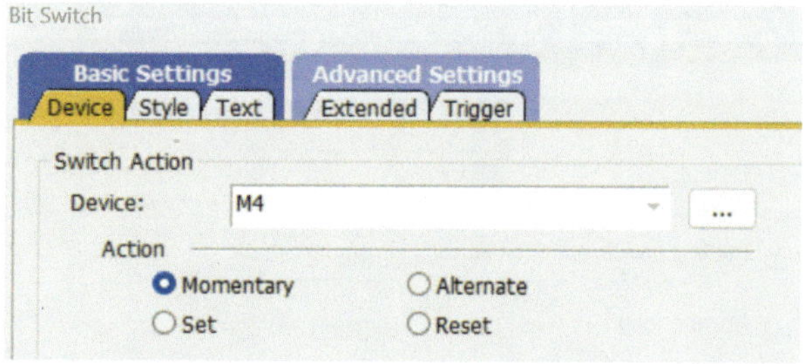

⑭. [Text]에서 에러 리셋을 입력하고, Screen에서 결과 화면을 확인한다. 추가적으로 서보 현재 위치를 모니터링 하기 위해 [Text]를 추가한다.

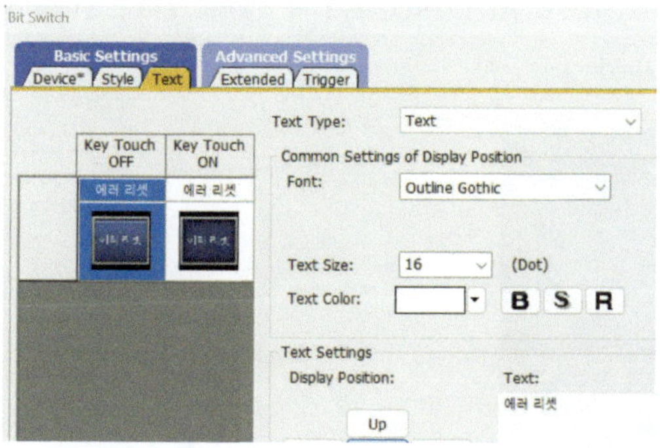

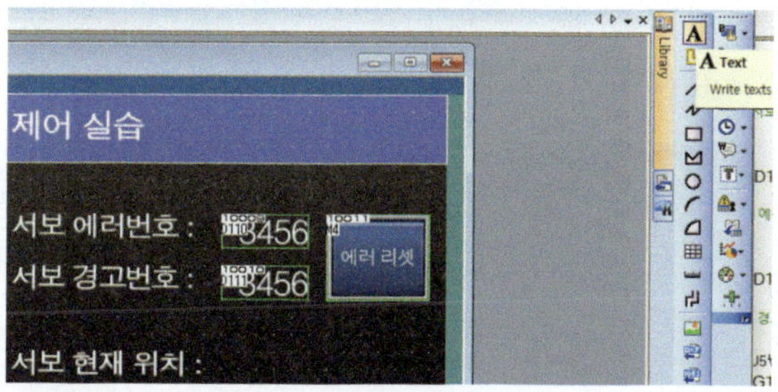

⑮. 서보 현재 위치를 모니터링 하기 위해 [Numerical Display]를 추가한다.

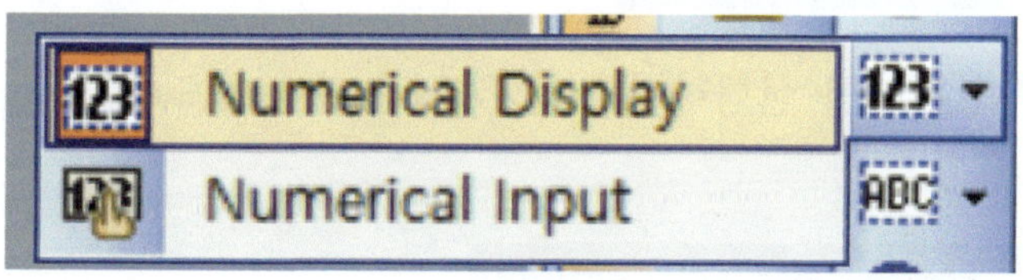

⑯. 서보 현재 위치값은 D102에 저장 되어 있으므로 [Device]는 D102로 설정한다.

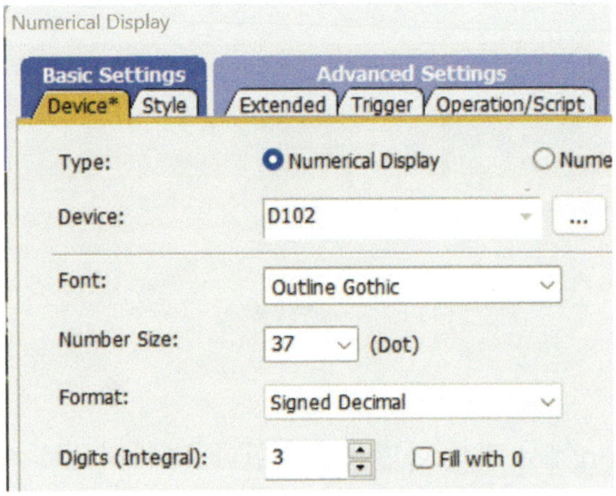

⑰. 다음과 같이 작화 결과 화면을 확인한다. [Numerical Display] 우측에 위치 단위를 표시하기 위해 [Text]를 추가하여 mm를 추가한다.

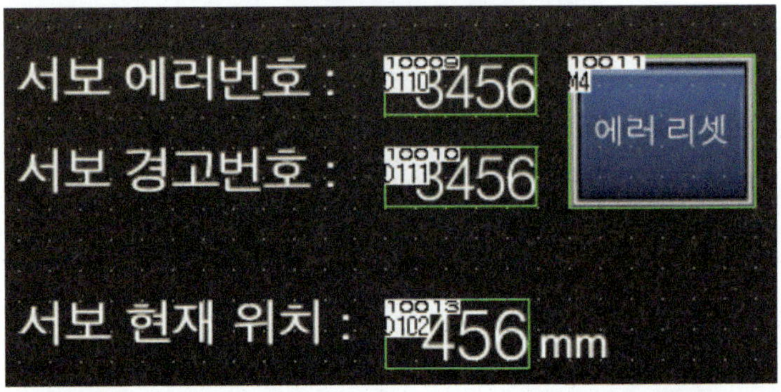

⑱. 마지막으로 원점 복귀 및 고속 원점 복귀를 실행하기 위한 [Text] 및 [Bit Switch]를 추가한다.

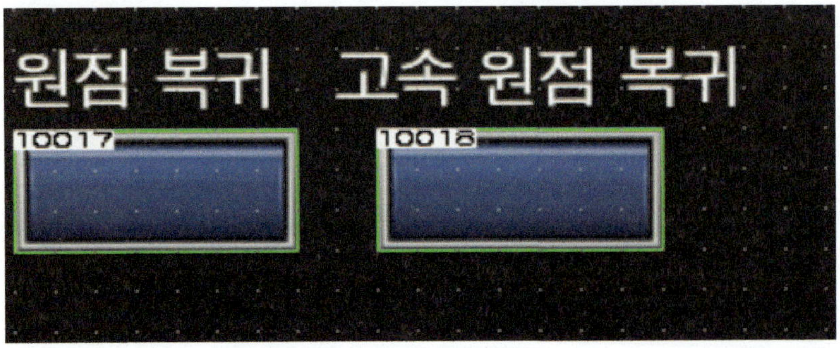

⑲. 원점 복귀는 [Device]를 M3, 고속 원점 복귀는 [Device]를 M4로 설정하고, 각각 Text를 작성한다.

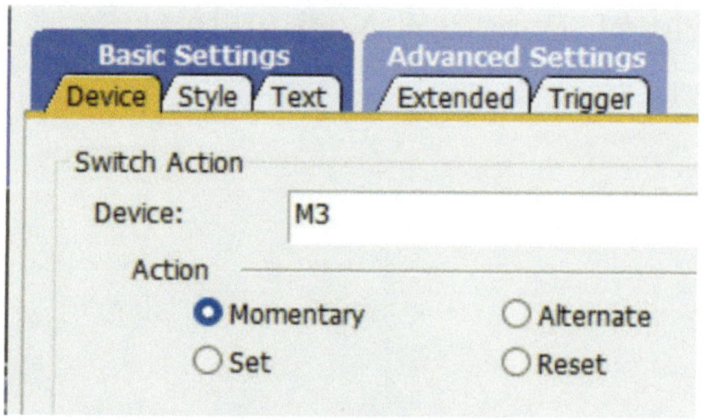

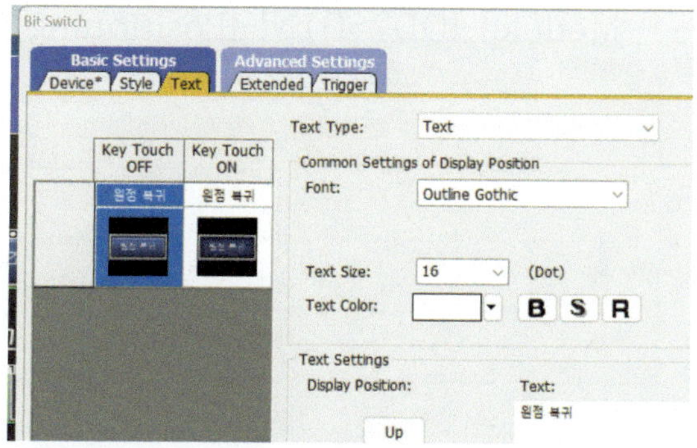

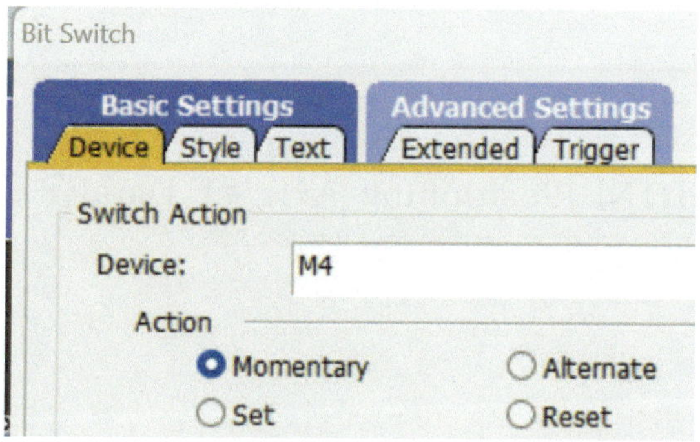

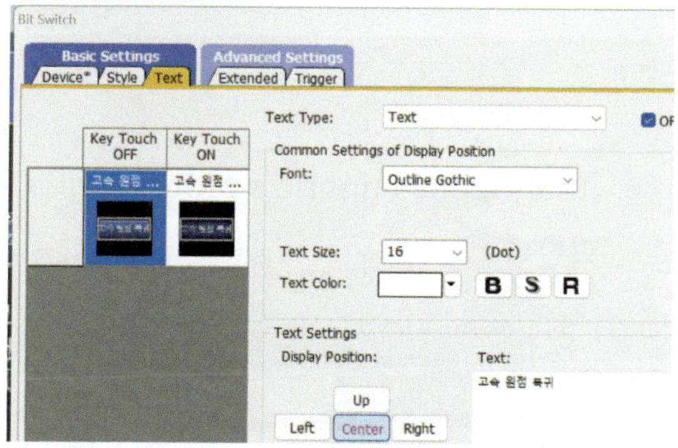

⑳. [Communication]-[Write to GOT]를 통해 HMI에 프로그램을 다운로드 하고, HMI에서 스위치 조작 및 서보 상태를 확인한다.

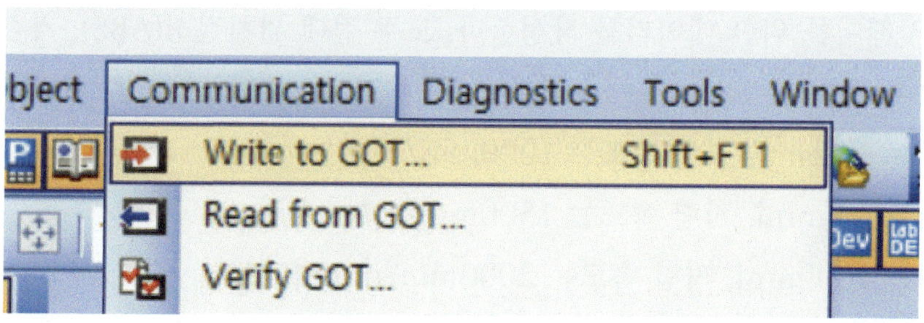

다음은 절대 위치결정 및 상대 위치결정을 위한 PLC 프로그램을 작성하여 HMI를 통해 동작을 확인해보도록 한다.

①. M6, M7, M8 입력을 ON할 때 위치1, 위치2, 위치3으로 이동하기 위한 명령을 작성한다. [U5\G1500] 버퍼 메모리는 서보 기동 번호로써 [Intelligent Function Module]-[QD75D1N]-[Positioning_Axis_#1_Data]의 각 No를 의미한다.

②. [Intelligent Function Module]-[QD75D1N]-[Positioning_Axis_#1_Data]를 클릭한다.

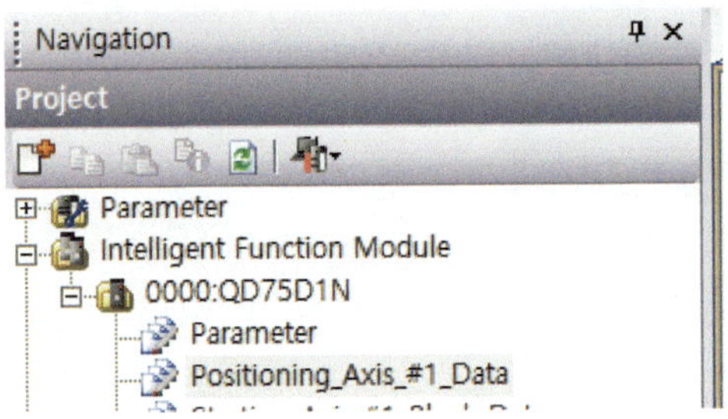

③. 위치1, 위치2, 위치3 제어를 위한 데이터를 작성한다. 모두 절대 위치결정(ABS), 가감속 시간은 200ms로 설정한다.

- 위치1의 이동거리는 30[mm], 지령 속도는 1000mm/min
- 위치2의 이동거리는 50[mm], 지령 속도는 1500mm/min
- 위치3의 이동거리는 100[mm], 지령 속도는 2000mm/min이다.

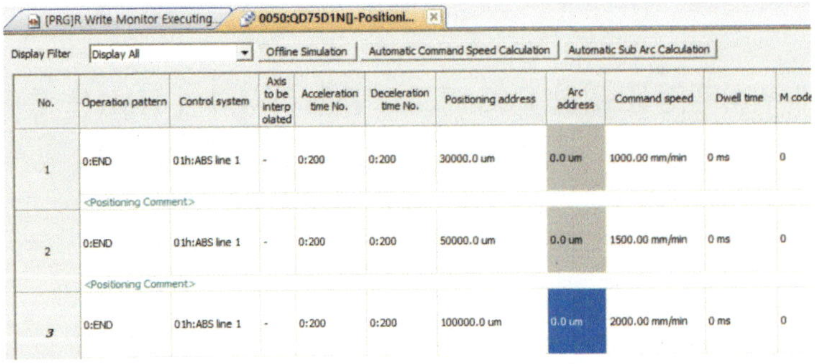

[PRG]R Write Monitor Executing | 0050:QD75D1N[]-Positioni...

Display Filter: Display All | Offline Simulation | Automatic Command Speed Calculation | Automatic Sub Arc Calculation

No.	Operation pattern	Control system	Axis to be interpolated	Acceleration time No.	Deceleration time No.	Positioning address	Arc address	Command speed	Dwell time	M code
1	0:END	01h:ABS line 1	-	0:200	0:200	30000.0 um	0.0 um	1000.00 mm/min	0 ms	0
	<Positioning Comment>									
2	0:END	01h:ABS line 1	-	0:200	0:200	50000.0 um	0.0 um	1500.00 mm/min	0 ms	0
	<Positioning Comment>									
3	0:END	01h:ABS line 1	-	0:200	0:200	100000.0 um	0.0 um	2000.00 mm/min	0 ms	0

④. 파라메터를 작성한 이후에는 다운로드를 위해 [Online]-[Write to PLC]를 클릭한다.

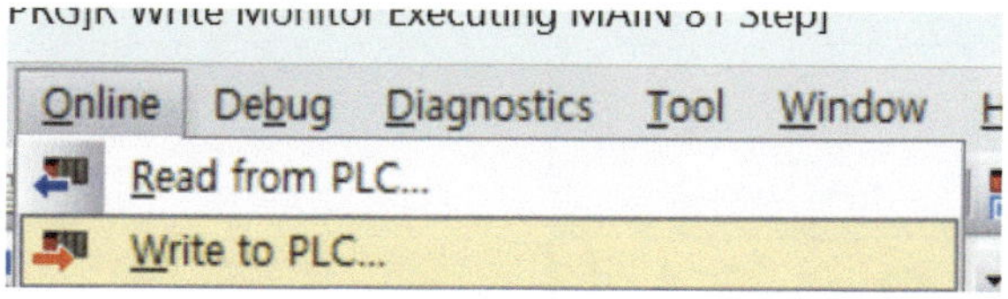

⑤. 파라메터만 전송할 경우에는 [Intelligent Function Module]에서 QD75D1N 모듈의 Valid를 체크하고 Execute를 클릭하여 전송을 실시할 수 있다.

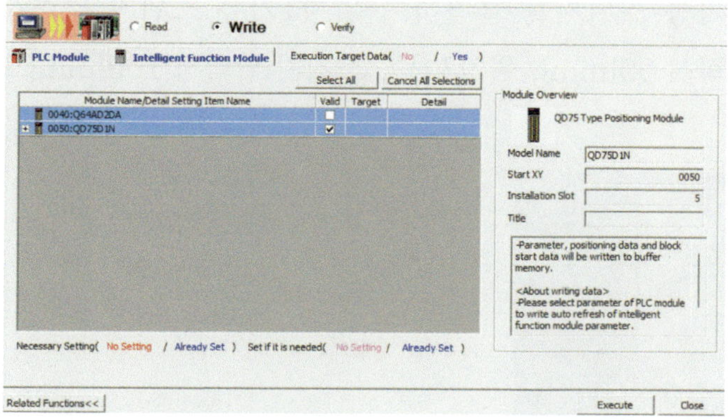

⑥. 다음은 HMI에서 [Text]와 위치1기동(M6), 위치2기동(M7) 위치3기동(M8)을 위한 Bit Switch를 추가한다.

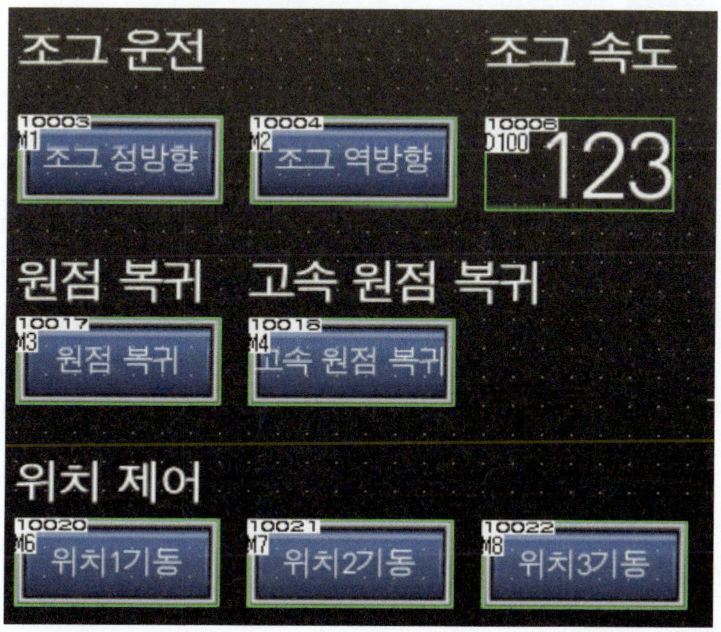

⑦. 작화가 완료 되었으면 HMI에 다운로드 하기 위해 [Write to GOT]를 클릭하여 전송 한다.

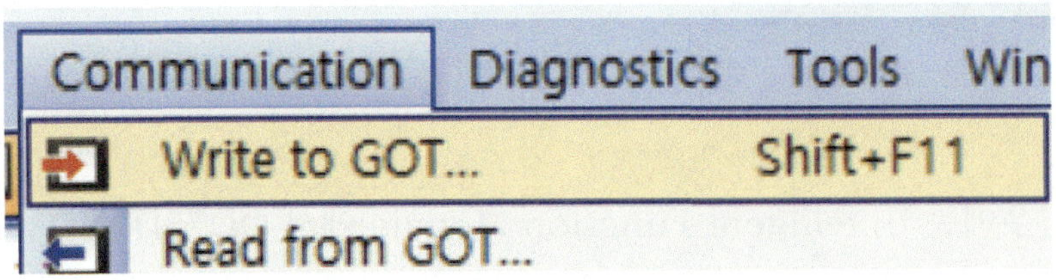

⑧. 위치1기동, 위치2기동 위치3기동 스위치를 클릭하여 위치1기동 스위치 입력시 30[mm], 위치2기동 스위치 입력시 50[mm], 위치3기동 스위치 입력시 100[mm]로 이동하는 것을 확인할 수 있다.

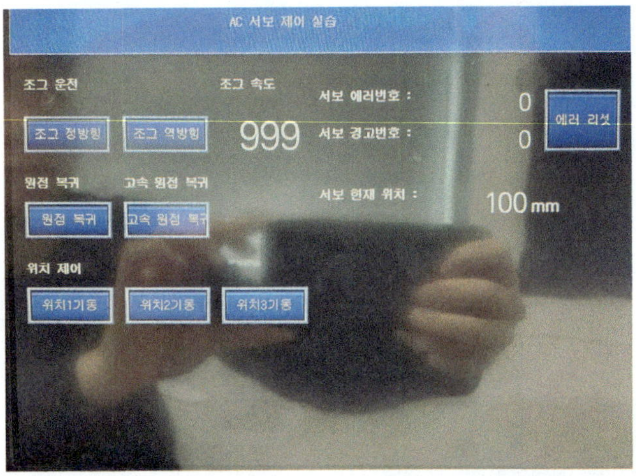

정해진 위치로 제어하는 경우도 있지만, 정해진 위치를 모르는 경우에는 티칭(teaching)이 필요한 경우가 있다. 이러한 티칭은 서보와 산업용 로봇 등의 기기에서 pick&place 용도로 주로 사용된다. 티칭은 장비나 로봇이 수행해야 할 동작이나 경로를 학습하고 메모리에 저장하는 과정을 의미한다. 이를 통해 장비는 사전에 학습한 동작을 반복적으로 원하는 위치에 도달할 수 있다. 아래 [그림 6-12]와 같이 워크를 집고(pick) 창고에 적재(place)하는 경우에는 현재 창고의 1, 2, 3단의 위치를 알지 못하므로 이를 티칭하는 과정이 필요하다.

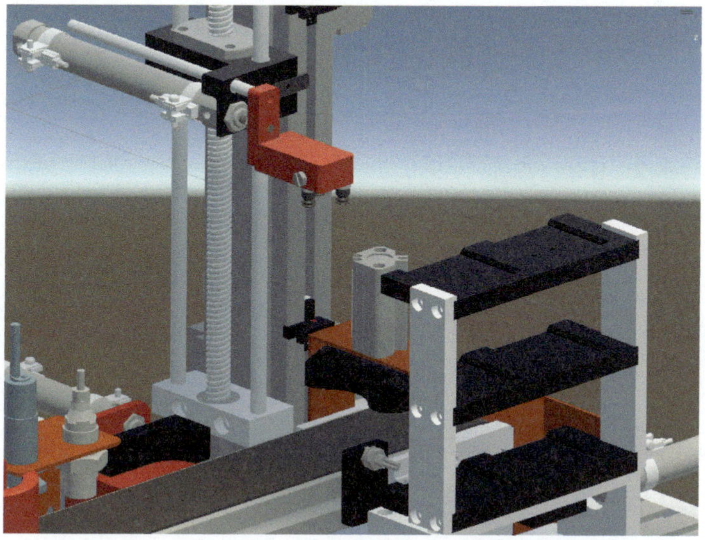

[그림 6-12. PLC에서 티칭을 활용한 모션 제어의 예]

이번에는 위치1, 위치2, 위치3에 대한 티칭을 실시하고 티칭된 위치로 스위치를 입력 시 이동하기 위한 PLC, HMI 프로그램을 작성해보도록 한다.

①. 위치1 티칭을 위해 M10 입력을 ON할 때 [U5\G2000]에는 H100이 전송되어 절대 위치 제어를 실시한다.

- [U5\G2004]는 K100000을 전송함으로써 1000.00mm/min의 속도가 적용된다.
- [U5\G800]은 현재 서보의 위치가 저장되어 있으며, 현재 위치를 [U5\G2006]에 전송하여 현재 위치를 위치 결정 이동량으로 설정한다.

②. 축1을 사용하면서 위치 1(No. 1)에 해당하는 버퍼 메모리 주소는 다음과 같이 정리될 수 있다.

버퍼 메모리	기능
2000	[Da. 1] 운전 패턴 [Da. 2] 제어 방식 [Da. 3] 가속 시간 No. [Da. 4] 감속 시간 No. [Da. 5] 보간 대상축
2001	[Da. 10] M코드
2002	[Da. 9] Dwell 시간
2004 2005	[Da. 8] 지령 속도
2006 2007	[Da. 6] 위치결정 어드레스/이동량

③. 같은 방법으로 위치2에 대한 티칭 프로그램을 작성한다. 절대 위치제어, 지령 속도는 50mm/min이다. 위치2는 위치1 버퍼 메모리 주소에서 +10되는 것을 주의한다.

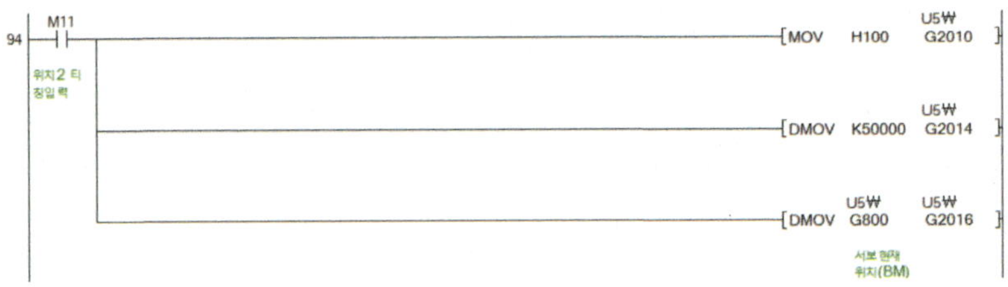

④. 같은 방법으로 위치3에 대한 티칭 프로그램을 작성한다. 상대 위치제어, 지령 속도는 12.3456mm/min이다. 위치3은 위치2 버퍼 메모리 주소에서 +10되는 것을 주의한다.

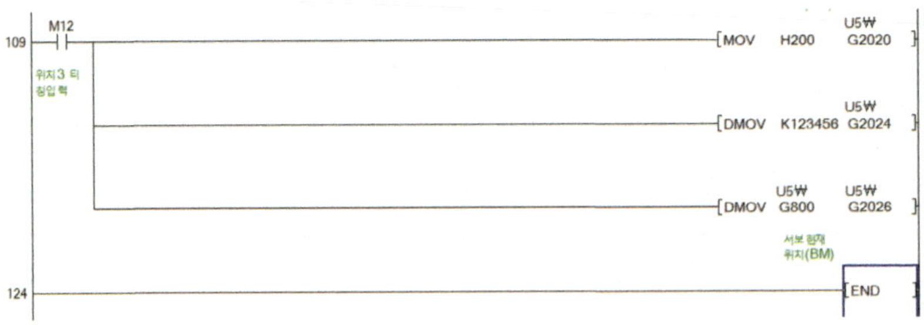

⑤. PLC 프로그램이 작성이 완료 되었으면, HMI에서 위치 티칭을 위한 Bit Switch를 추가한다. 위치1티칭(M10), 위치2티칭(M11), 위치3티칭(M12) 3개를 추가한다.

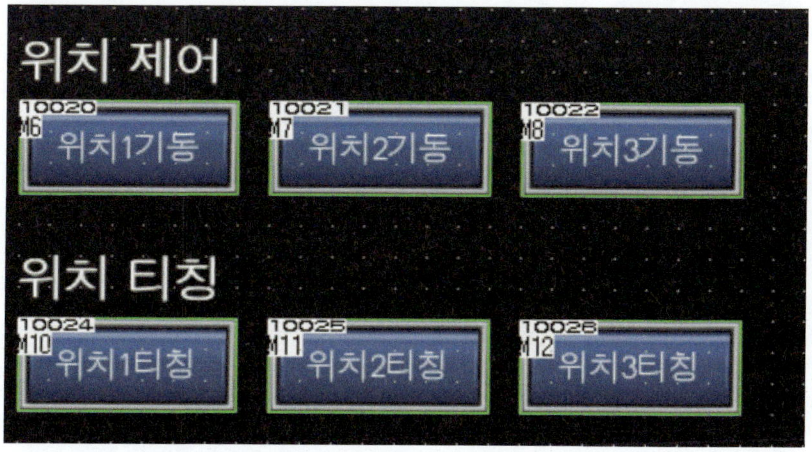

⑥. 작화가 완료 되었으면 [Communication]-[Write to GOT]를 클릭하여 다운로드 한다.

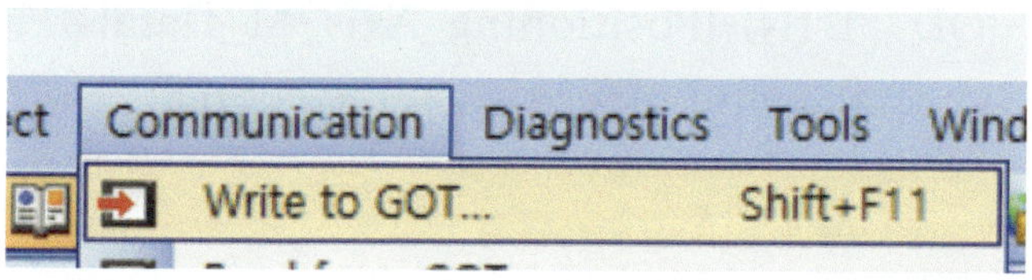

⑦. PLC, HMI 프로그램이 모두 다운로드가 되었으면 조그 운전을 통해 위치1 20[mm], 위치2 40[mm], 위치3 10[mm] 각각의 위치에서 위치티칭 스위치를 클릭하여 위치 티칭을 실시한다. 티칭이 완료된 후에는 위치1~3기동 스위치를 클릭하여 원하는 티칭 위치로 이동하는 것을 확인할 수 있다.

⑧. 파라메터 내용을 읽기 위해 [Online]-[Read from PLC]를 클릭한다.

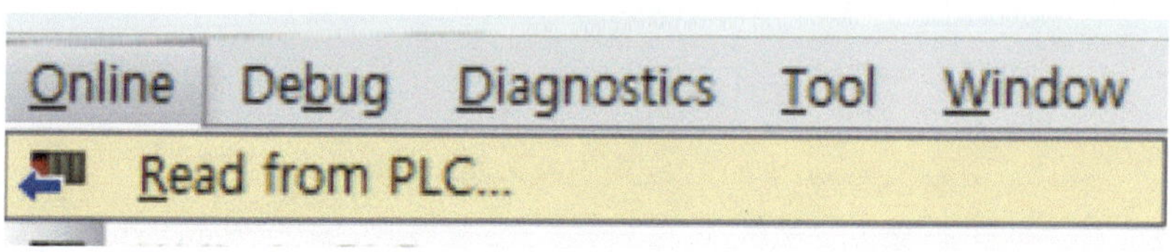

⑨. [Intelligent Function Module]-[QD75D1N]의 Valid를 체크하고 Execute 버튼을 클릭하여 데이터를 읽는다.

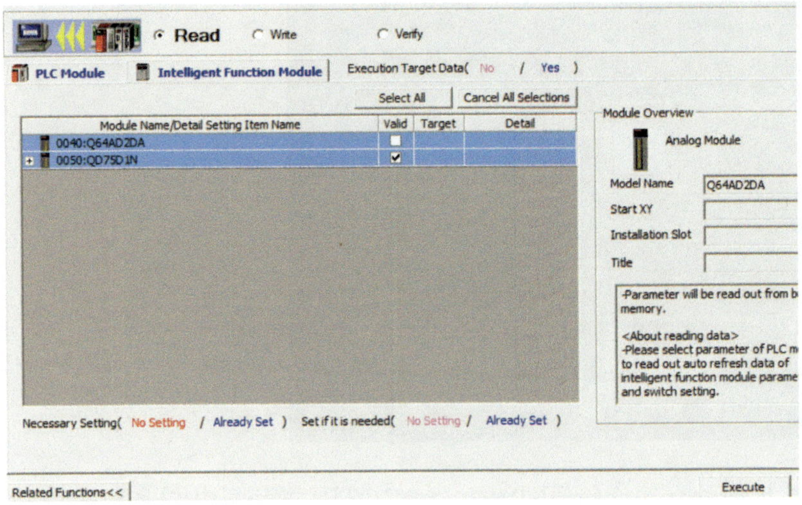

⑩. [Intelligent Function Module]-[QD75D1N]-[Positioning_Axis_#1_Data]를 클릭한다. 티칭 값(위치1, 위치2, 위치3)이 적용 되어 있는 것을 확인할 수 있다.

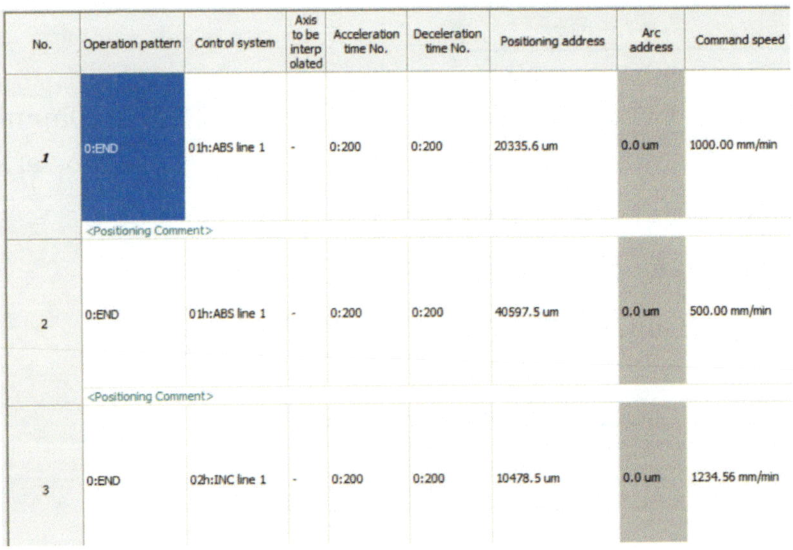

No.	Operation pattern	Control system	Axis to be interpolated	Acceleration time No.	Deceleration time No.	Positioning address	Arc address	Command speed
1	0:END	01h:ABS line 1	-	0:200	0:200	20335.6 um	0.0 um	1000.00 mm/min
	<Positioning Comment>							
2	0:END	01h:ABS line 1	-	0:200	0:200	40597.5 um	0.0 um	500.00 mm/min
	<Positioning Comment>							
3	0:END	02h:INC line 1	-	0:200	0:200	10478.5 um	0.0 um	1234.56 mm/min

⑪. 프로그램이 RUN중에 전원이 끊어지거나 Write할 경우, 서보를 원점에 위치시키기 위한 프로그램을 추가한다. PLC ready 신호 및 QD75 모듈 ready 신호가 ON되어 있으면 M0 신호가 ON하고 [U5\G1500]에 원점 복귀 값 K9001을 전송하여 M5를

⑫. 최종 PLC 프로그램이 올바르게 작성 되었는지 확인한다.

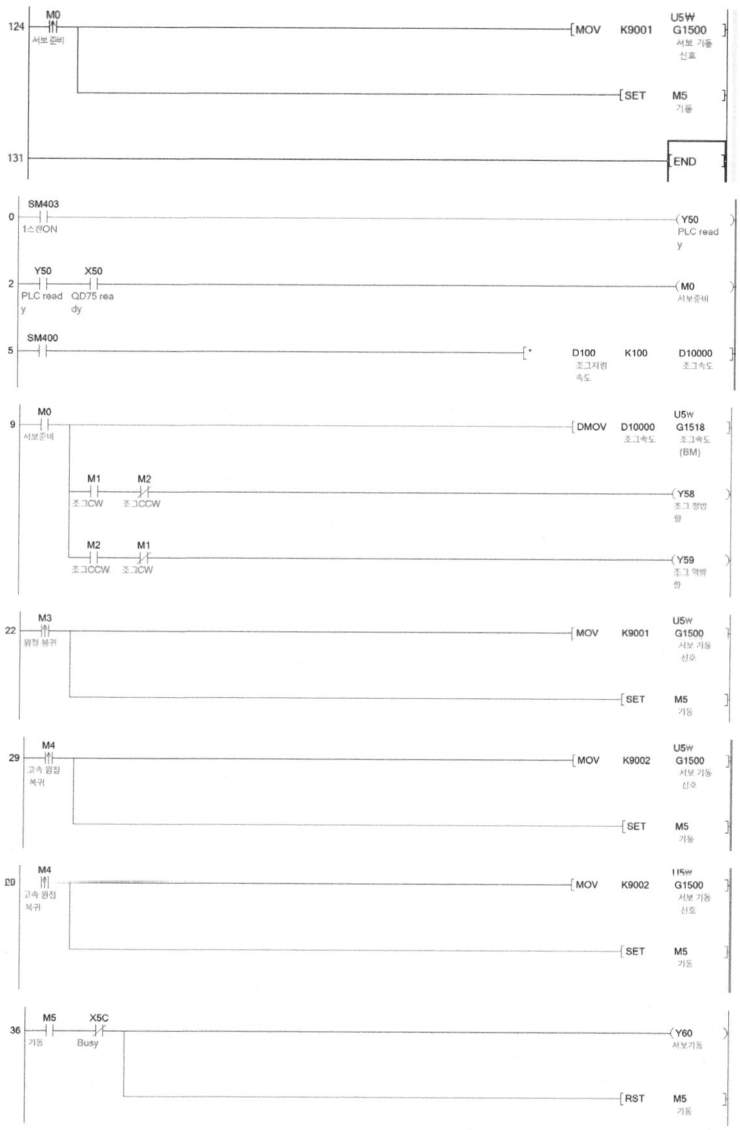

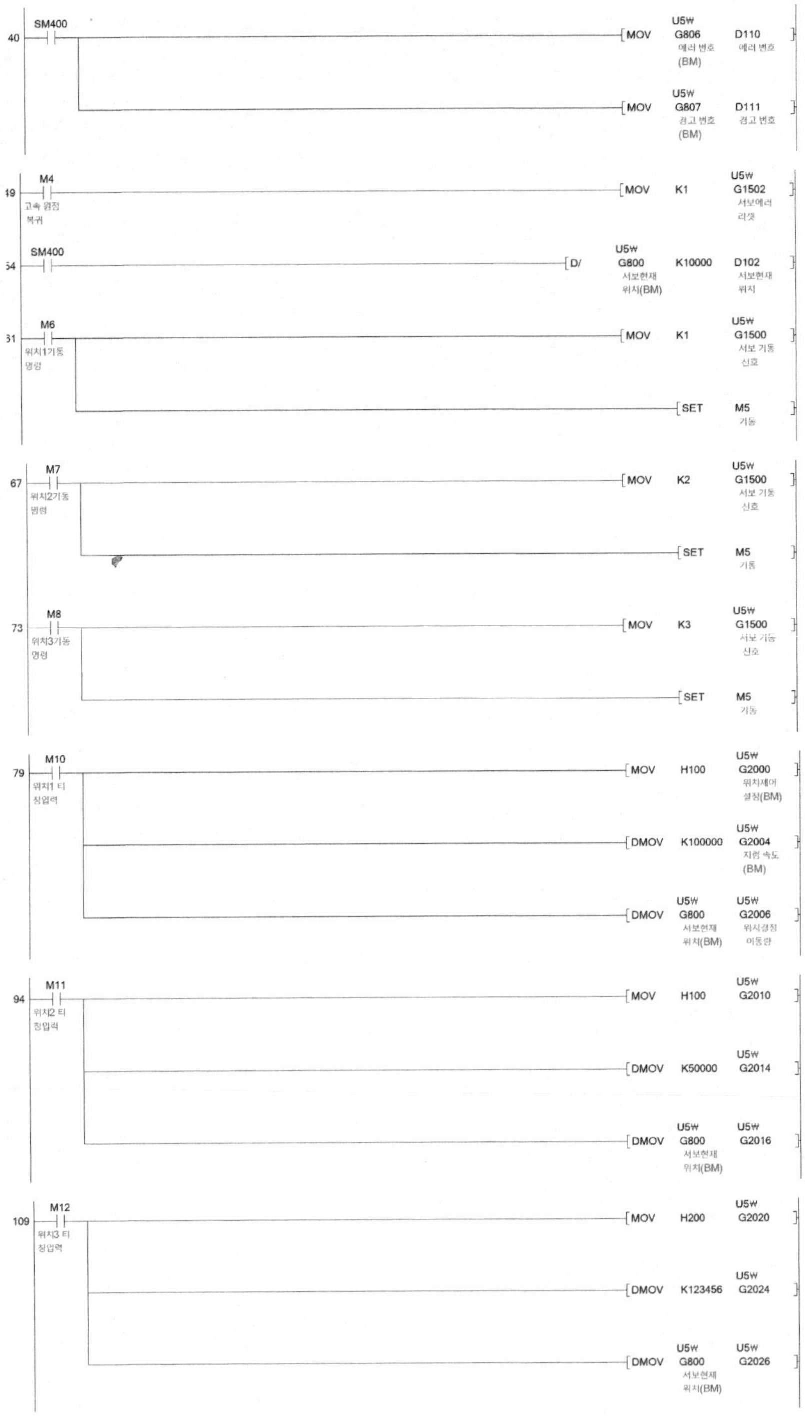
40
SM400
MOV
U5₩ G806
에러 번호 (BM)
D110
에러 번호
MOV
U5₩ G807
경고 번호 (BM)
D111
경고 번호
49
M4
고속 원점 복귀
MOV
K1
U5₩ G1502
서보에러 리셋
54
SM400
D/
U5₩ G800
서보현재 위치(BM)
K10000
D102
서보현재 위치
61
M6
위치1기동 명령
MOV
K1
U5₩ G1500
서보 기동 신호
SET
M5
기동
67
M7
위치2기동 명령
MOV
K2
U5₩ G1500
서보 기동 신호
SET
M5
기동
73
M8
위치3기동 명령
MOV
K3
U5₩ G1500
서보 기동 신호
SET
M5
기동
79
M10
위치1 티칭입력
MOV
H100
U5₩ G2000
위치제어 설정(BM)
DMOV
K100000
U5₩ G2004
지령 속도 (BM)
DMOV
U5₩ G800
서보현재 위치(BM)
U5₩ G2006
위치결정 이동량
94
M11
위치2 티칭입력
MOV
H100
U5₩ G2010
DMOV
K50000
U5₩ G2014
DMOV
U5₩ G800
서보현재 위치(BM)
U5₩ G2016
109
M12
위치3 티칭입력
MOV
H200
U5₩ G2020
DMOV
K123456
U5₩ G2024
DMOV
U5₩ G800
서보현재 위치(BM)
U5₩ G2026

⑬. 최종 HMI 프로그램이 올바르게 작성 되었는지 확인한다.

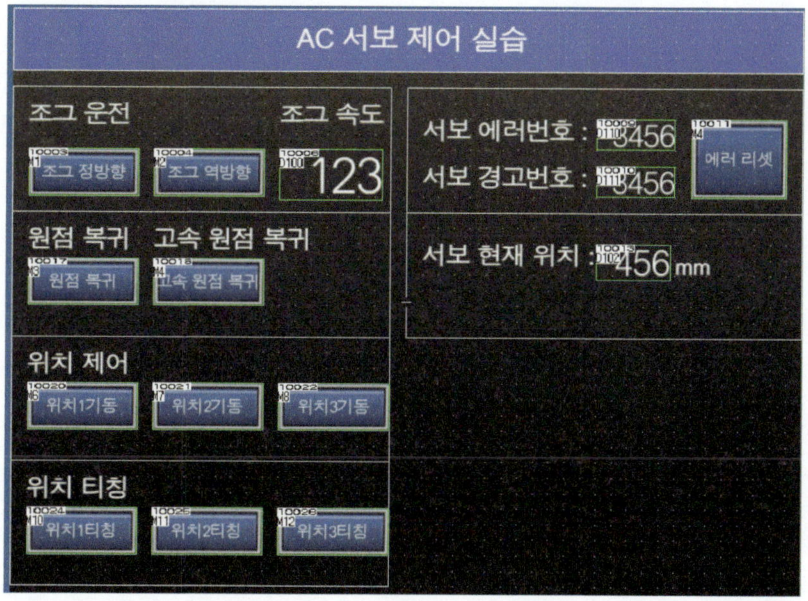

VII 이더넷 통신

이 장에서는 이더넷 통신의 개요부터 이기종 장치간의 소켓 통신, OPC-UA 통신, MX-Component를 통한 상위 PC와의 통신 방법에 대해 살펴본다.

7.1 FA 네트워크의 개요

7.1.1 FA 네트워크란

FA(Factory Automation) 네트워크는 공장 내의 다양한 자동화 시스템과 장치들을 연결하여 데이터를 주고받고 제어하는 네트워크를 말한다. 이러한 네트워크는 공장의 생산 과정을 효율적으로 관리하고 제어하기 위해 사용된다. 이러한 FA 네트워크는 센서나 램프와 같은 입출력용 기기와 PLC 제어기기 등 다양한 자동화 장치들을 연결하며 필요에 따라 제어 신호를 주고 받을 수 있다. 아래 [그림 7-1]은 한 제조 공장을 예로 나타낸 것으로 각각의 층마다 다양한 목적으로 FA 네트워크가 도입될 수 있다. 검사 및 출하층, 제조층, 관리층이 나뉘어져 있다고 할때 3층의 관리층에서의 네트워크는 검사 및 출하층에서 일하는 작업자와 기계 혹은 설비로 운전 및 작업 지시를 내리거나 운전, 작업 데이터의 수집을 위한 목적으로 사용될수 있다. 2층의 제조층에서는 주로 제어 기기간의 정보 교환(데이터 통신)과 컨트롤러 등의 상위 제어기기에서 하위 제어기기로의 생산 지시등을 목적으로 사용된다. 1층의 검사 및 출하층에서는 주로 입출력 기기 등 전용기기와 컨트롤러 기기 사이의 정보 교환을 목적으로 사용될 수 있다.

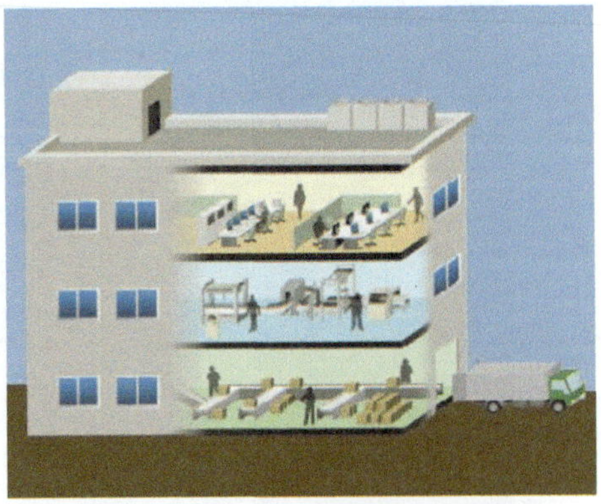

[그림 7-1. 제조 공장에서의 FA 네트워크]

7.1.2 FA 네트워크의 계층 용도

FA 네트워크에서는 기기 및 사용 목적 별로 계층화하여 네트워크 계층을 구분한다. 각각의 계층에서 사용하는 FA 네트워크의 대표적인 계층은 아래와 같이 표현될 수 있다.

①. **공장 관리 레벨**: PC 혹은 PLC에서 취득된 데이터를 상위 레벨로 전송하여 생산지시 혹은 생산관리 등을 담당한다. 대표적으로 제조 실행 시스템 MES(Manufacturing Execution System), 전사적 자원 관리 ERP(Enterprise Resource Planning), 제품 수명 주기 관리 PLM(Product Lifecycle Management), 공급망 관리 SCM(Supply Chain Management)이 존재한다.

②. **장치(디바이스) 레벨**: PLC와 PLC간의 통신 혹은 PLC와 RFID, Vision sensor, Industrial robot 등 컨트롤러와 컨트롤러 간 제어와 데이터 송수신 용으로 사용된다.

③. **컴포넌트 레벨**: 리모트 I/O 통신이 대표적이며 멀리 떨어진 장소에 있는 입출력 기기 등의 신호를 교환하는 방식이다.

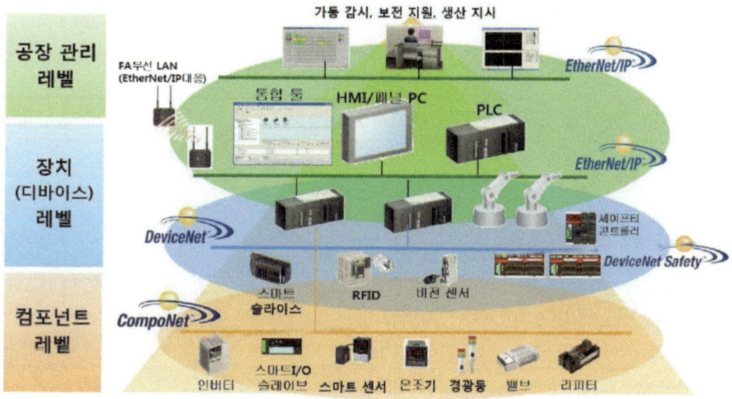

[그림 7-2. FA 네트워크의 계층]

7.2 이더넷 통신 개요

7.2.1 이더넷 통신이란

이더넷(Ethernet) 통신이란 1970년대 미국의 Xerox사에서 분산 네트워크 체계의 일부로 개발된 근거리 통신망(LAN) 방식의 통신을 말한다. 이더넷의 명칭은 고대에서 상상속의 빛이나 전자파의 매질로 생각했던 에테르(Ether)에서 유래하였다. 이후 정식적인 사양은 DEC, Intel, Xerox 사가 공동으로 정리하여 업계 표준으로 보급되었으며 그 후 확장되어 IEEE규약으로 표준화되어 오늘날에는 WAN과 LAN에서 모두 활용되고 있다. 이더넷은 OSI 7Layer에서 데이터 링크(Data Link)계층에 포함되며 아래 [표 7-1]는 일반적으로 사용되고 있는 이더넷 통신의 사양을 나타낸다.

[표 7-1. 이더넷 통신의 사양]

사양 분류	10BASE5	10BASE2	10BAST-T	100BAST-TX
전송 속도	10Mbps	10Mbps	10Mbps	100Mbps
최대 세그먼트 길이	500m	185m	100m	100m
케이블	동축50Ω(직경 12mm)	동축50Ω(직경 5mm)	UTP(비실드)카테고리3	UTP(비실드)카테고리5, STP(실드)
네트워크 타입	버스	버스	스타	스타

7.2.2 OSI(Open Systems Interconnection) 참조 모델

복잡한 시스템의 처리와 각각의 회사에서 제조한 이 기종간의 장치들마다 통신을 위한 호환성 문제를 해결하기 위해 표준화가 필요하게 되었다. OSI 참조 모델은 이러한 복잡한 시스템들을 잘 다루기 위해 구성된 표준화 기본 골격이다. 현재 존재하고 있는 통신 표준들은 OSI 7계층을 바탕으로 하는 5계층을 사용하는 인터넷 프로토콜 스택 등으로 발전하게 되었다.

OSI 참조 모델은 국제 표준화 기구(ISO)에서 만든 모델로 OSI 참조 모델에서 시스템간의 통신은 물리 계층, 데이터 링크 계층, 네트워크 계층, 트랜스포트 계층, 세션 계층, 프리젠테이션 및 응용 계층의 7가지 계층으로 구분된다.

[표 7-2. OSI 7계층]

계층		프로토콜 데이터 유닛(PDU)	신호
7	Application	Data	원격 파일 액세스를 위한 고급 프로토콜(예: HTTP)
6	Presentation		문자 인코딩, 데이터 압축 등 네트워킹 서비스와 애플리케이션 간의 데이터 교환
5	Session		통신 세션을 관리. 즉 두 노드 간에 송수신 형태로 지속적인 정보 교환
4	Transport	Segment, Datagram	네트워크 상의 지점 간에 데이터 세그먼트를 안정적으로 전송
3	Network	Packet	주소, 라우팅 및 트래픽 제어를 포함한 다중 노드 네트워크 관리
2	Data link	Frame	물리 계층에 의해 연결된 두 노드간 프레임 전송
1	Physical	Bit	물리적 매체를 통한 비트 스트림의 송수신

①. **물리 계층(Physical layer)**: OSI 7계층 중 가장 아래의 계층으로 실제 전기적 신호를 주고 받는 전송 매체이다. 데이터의 비트 단위의 전송과 물리적인 연결에 관련된 기능을 수행한다.

②. **데이터 링크 계층(Data link layer)**: 데이터 링크 계층은 네트워크 장치 간의 Point to Point 간 신뢰성 있는 전송을 위해 한 스테이션에서 다량의 데이터에 의한 과부하가 되지 않도록 하는 흐름 제이(Flow Control) 기능 등을 제공한다. 데이터 링크 계층에서 대표적인 예로는 이더넷이 존재한다.

③. **네트워크 계층(Network layer)**: 네트워크 계층은 패킷을 목적지까지 전달하기 위한 경로 선택과 라우팅(routing)을 담당한다. IP를 사용하여 패킷의 출발지와 목적지를 설정하고 패킷의 전달을 한다.

④. **전송 계층(Transport layer)**: 전송 계층은 사용자들이 신뢰성 있는 데이터를 송수신할 수 있도록 한다. 가장 대표적으로 TCP와 UDP가 있다. TCP의 경우 연결 기반(Connection oriented)으로 전송 계층은 패킷들의 전송을 확인하고 만약 전송이 실패할 경우 패킷들을 재 전송한다 이를 통해 신뢰성 있고 효율적인 데이터 전송이 가능할 수 있다.

⑤. **세션 계층(Session layer)**: 세션 계층에서는 양 끝단의 프로세스가 통신을 하기 위한 방법을 제공한다. 전이중(Full-duplex) 및 반이중(Half-duplex)이 있다.

⑥. **프리젠테이션 계층(Presentation layer)**: 프리젠테이션 계층은 응용 계층으로부터 받은 정보를 변환하는 기능을 한다. 예를 들어 EBCDIC로 인코딩된 파일을 ASCII로 인코딩된 파일로 변환하는 등 코드 간의 번역을 담당하는 계층이다.

⑦. **응용 계층(Application layer)**: 응용 계층은 OSI 계층의 최상위 계층으로써 응용 프로세스와 직접적으로 관계함으로써 응용 서비스를 수행한다. 응용 서비스로는 대표적으로 HTTP, SMTP, SNMP, FTP, Telnet 등이 있다.

7.2.3 인터넷 프로토콜 스택(Internet Protocol Stack)

일반적으로 네트워크 통신을 위한 아키텍처는 OSI 7계층이 주로 설명될수 있으나 본 책에서는 실용적으로 단순화시킨 인터넷 프로토콜 스택을 기반으로 설명한다. 프로토콜이란 전체 네트워크 사이에서 각 기기(예를 들어 노트북, 핸드폰 등)들이 메시지를 주고 받는 일련의 형식, 순서 등을 정의한 것이다. 인터넷 프로토콜 스택은 계층화된 구조(Layered architecture)로 되어 있는 프로토콜들을 말한다. 계층화를 하는 목적은 복잡한 시스템을 각 계층에서 프로토콜의 역할을 분리하기 위함이다. 그리고 이러한 기기간의 데이터 송수신은 가장 아래의 계층에서부터 이루어진다. 프로토콜 스택은 5개의 계층으로 구분화 하여 살펴보도록 하자.

I. 물리 계층(Physical Layer)

물리적인 하드웨어를 담당하는 계층이다. 때때로 생략되기도 하며 구리 케이블, 광섬유, 물 등 통신에 사용될 수 있는 다양한 유형의 물리적 매체를 나타낸다.

II. 링크 계층(Link Layer)

링크 계층은 다양한 유형의 액세스 네트워크 기술을 나타내는 계층으로써 인접 네트워크 요소 간의 데이터 전송의 역할을 담당한다. 예를 들어 이더넷과 다양한 유형의 WiFi, 5G, 블루투스 등이 있다. 이것들은 인터넷을 통해 메시지를 전송하는데 사용될 수 있는 기술이다.

III. 네트워크 계층(Network Layer)

네트워크 계층은 인터넷 프로토콜 스택의 핵심의 역할을 수행하하는 계층으로써 소스에서 데스티네이션까지의 데이터그램 라우팅의 역할을 수행한다. 네트워크 계층에서 IP에 의해 제공되는 통신 서비스는 호스트 간에만 제공되고 비신뢰성을 가지므로 상위의 전송 계층은 메시지 무결성 및 프로세스 간 통신 및 신뢰성 있는 통신을 얻기 위한 옵션을 추가하는 통신 서비스를 제공한다.

Network 계층에서는 IP 주소가 존재하므로 IP 주소의 구성을 알 필요가 있다. 일반적으로 사용하는 IPv4에서는 32bit가 네트워크부와 호스트부가 존재한다. 네트워크부는 IP 주소의 앞쪽에 위치하며 네트워크 자체를 식별하며 라우터에 의해 사용되는 패킷을 올바른 네트워크로 전달하는 역할을 한다. 반면에 호스트부는 IP 주소의 뒤쪽에 위치하고 네트워크 상에서 특정 호스트를 식별한다. 호스트부를 통해 네트워크 상에서 각 호스트가 고유한 주소를 가지게 되어 데이터 패킷이 올바른 호스트에 전달할 수 있다. 또한 IP 주소는 닷 기법을 사용하여 192.168.250.1처럼 8bit를 10진수(0~255)로 표현한다. 네트워크부와 호스트부의 길이는 이용하는 형태에 의해 3가지로 나뉠 수 있다.

①. 클래스 A : 네트워크부 8bit, 호스트부 24bit

네트워크부 8bit	호스트부 24bit

②. 클래스 B : 네트워크부 16bit, 호스트부 16bit

네트워크부 16bit	호스트부 16bit

③. 클래스 C : 네트워크부 24bit, 호스트부 8bit

네트워크부 24bit	호스트부 8bit

이러한 IP 주소의 네트워크부와 호스트부를 구분하는데는 서브넷 마스크(Subnet Mask)가 사용된다. 이를 통해 IP 주소와 서브넷 마스크를 함께 사용하여 IP 주소를 서브넷으로 분할하고 네트워크부와 호스트부를 식별할 수 있다. 서브넷 마스크는 32bit로 구성된 2진수의 값으로 표현된다. 클래스 A의 서브넷 마스크는 255.0.0.0, 클래스 B의 서브넷 마

스크는 255.255.0.0, 클래스 C의 서브넷 마스크는 255.255.255.0으로 사용된다.

IV. 전송 계층(Transport Layer)

전송 계층은 프로세스와 프로세스간 데이터 전송을 담당한다. 데이터의 신뢰성과 흐름 제어 등을 담당하며 주요 프로토콜로는 TCP와 UDP가 있다. 즉 전송 계층의 역할은 응용 계층에서의 메시지를 상대 노드에 전송하는 역할을 한다.

전송 계층에서의 전송 방법에는 TCP(Transmission Control Protocol)과 UDP(User Datagram Protocol)로 나뉠 수 있다. TCP는 연결형(connection-oriented 프로토콜로 어플리케이션층의 정보를 보내기 전에 양 노드 간 연결 설정을 확인하고, 어플리케이션 계층의 정보를 보낼 때에도 매번 송신 확인을 실시한다. UDP는 비연결형(connectionless) 프로토콜로 사전의 협의되지 않은 정보를 보내고 송신 확인도 실시 하지 않는다. 두 프로토콜의 특징은 아래 [표 7-3]과 같다.

[표 7-3. TCP와 UDP 특징]

TCP	UDP
1. connection 접속을 요청	없음
2. connection 확립을 확인 (통신 버퍼의 확보 등)	없음
3. connection 번호를 기억	없음
4. 통신이 끊어졌을 경우의 이상 처리를 준비	없음
5. TCP 포트를 통해 PDU는 필요하면 재발송	UDP 포트를 통해 PDU는 재전송하지 않음
6. 통신 종료 후 connection을 끊음	없음

TCP에서는 데이터가 송신처 노드에 확실하게 전달되도록 처리된다. 수신 노드에서는 데이터가 정상적으로 수신되면 긍정 응답(ACK)를 회신한다. 송신 노드에서는 ACK가 회신되어 왔을 때 다음과 같이 데이터를 송신하고 일정 기간 이내에 ACK가 회신되지 않을 때는 동일한 데이터를 재전송한다. TCP에서는 소켓의 오픈 요구 시에 상대 IP 주소와 상대 TCP 포트 번호를 지정해야 한다.

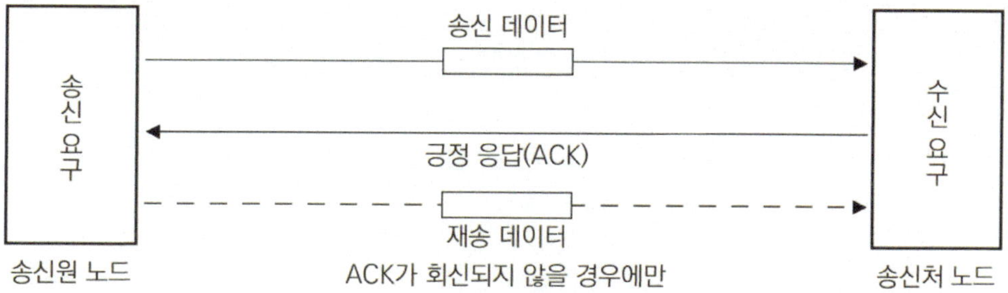

[그림 7-3. TCP를 이용한 통신]

UDP에서 데이터는 수신 노드에 송신될 뿐 TCP와 같은 수신 확인 및 재전송 처리는 실행되지 않는다. 통신의 신뢰성을 높이기 위해서는 사용자 어플리케이션에서 데이터의 재전송 처리 등을 실행할 필요가 있다. UDP에서는 소켓의 오픈 요구 시에는 상대 IP 주소와 상대 UDP 포트 번호를 지정하지 않고 또한, UDP에서는 소켓을 오픈하면 클로즈하지 않아도 다른 상대와 통신할 수 있다.

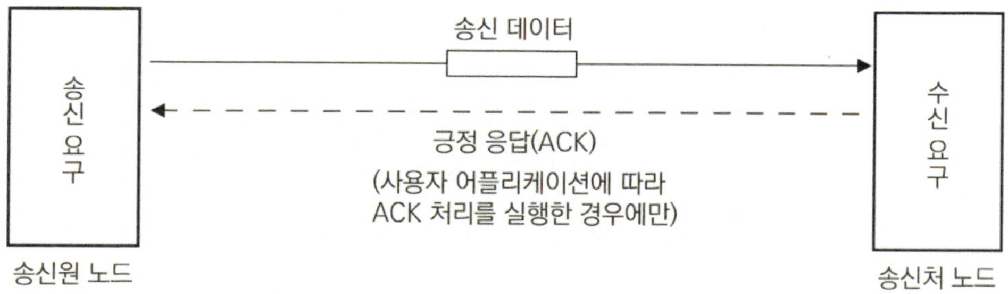

[그림 7-4. UDP를 이용한 통신]

TCP와 UDP 프로토콜은 용도에 의해서 구분하여 사용한다.

	TCP	UDP
장점	미리 통신 버퍼를 확보하고 일정시간 이내에 ACK가 수신되지 않는 경우는 재 발송하므로 어플리케이션의 PDU는 신뢰성있게 상대 노드에 전송된다. WAN(Wide Area Network) 통신에 적합하다.	어플리케이션 층에서도 connectionless형으로 되어 프로그램이 간단하게 된다. 상대 노드에 재발송이 필요한지는 전부 어플리케이션 층의 판단으로 실시한다. 상대 노드와의 고속의 데이터 교환이 가능할 수 있다. LAN(Local Area Network) 통신에 적합하다.

	TCP	UDP
단점	어플리케이션 층도 connection형으로 이뤄져야 하므로 프로그램이 복잡해질 수 있다. 전송 에러가 발생할 경우 전송을 재시도 하므로 짧은 시간 내에 통신이 종료된다고 할 수는 없다. 사용중인 TCP 포트를 닫은 후 동일한 TCP 포트를 다시 사용할 수 있게 되기까지 일정이 시간이 소요된다.	신뢰성 없는 데이터를 전송하므로 데이터의 손실이 발생할 경우가 있다.

IP 주소는 호스트를 구별할 수 있으나 통신의 주체인 프로세스를 식별하지는 못한다. 따라서 TCP와 UDP에서 제공하는 통신 서비스를 사용할 때는 포트 번호를 사용하며 포트 번호는 통신의 종착점을 나타내는 식별자이다. TCP와 UDP의 포트 번호는 16bit의 0~65535의 범위를 설정할 수 있지만 모든 포트 번호를 자유롭게 사용할 수는 없다. 아래의 [표 7-4]는 영역별 포트 번호를 나눈 것이다.

[표 7-4. 영역별 포트 번호]

포트 번호	분류
0~1023	Well-known ports
1024~69151	Registered ports
49152~65515	Dynamic and/or private ports

V. 응용 계층(Application Layer)

가장 상단의 응용 계층에서는 최종 사용자와 상호 작용하는 네트워크 어플리케이션을 지원한다. 대표적으로 FTP, SMTP, HTTP 등이 있다.

①. **FTP(File Transfer Protocol)**: 파일 전송 프로토콜로써 PC에서 파일을 전송하는데 사용된다. FTP는 추후 기술한 클라이언트-서버 모델을 따르며 클라이언트는 서버에 접속하여 파일을 업로드(서버로 전송)하거나 다운로드(서버로부터 가져오기)를 할 수 있다. 이러한 FTP는 파일 관리, 디렉토리 탐색 등 파일 관련 작업을 지원한다.

②. **HTTP(Hypertext Transfer Protocol)**: 하이퍼텍스트 전송 프로토콜이라고도 한다. 주로 웹 서버와 웹 클라이언트 간 데이터를 주고 받는다 사용된다. 주조 지정은 http://

www.kopo.ac.kr 등의 형태가 된다. http는 어플리케이션층 프로토콜, www는 web 서버명, kopo.ac.kr은 도메인을 나타낸다.

③. **SMTP (Simple Mail Transfer Protocol)**: SMTP는 전자 메일 전송 프로토콜로서 주로 이메일을 보내는데 사용된다. SMTP는 클라이언트-서버 모델을 통해 이메일 클라이언트는 SMTP를 사용하여 이메일 서버에게 메일을 전송한다. 이때 SMTP 클라이언트는 수신자의 이메일 주소, 발신자의 이메일 주소, 제목, 본문 등의 정보를 포함한 메일 데이터를 SMTP 서버에 전송한다.

7.2.4 데이터 전송의 흐름

앞서 인터넷 프로토콜 스택을 기반으로 데이터 전송의 흐름에 대해 살펴보자. 이더넷 TCP/IP를 사용해 두 호스트가 데이터를 교환하는 경우에 전송되는 패킷(packet)의 형태는 아래 그림과 같다. 소스 측 응용 프로그램에서 송신하면 각 계층에서는 헤더 정보가 덧붙여서 아래의 계층에게 전달된다. 소스에서는 헤더를 붙여 전송하게 되므로 이 과정을 캡슐화(Encapsulation)라고 한다. 그리고 패킷(packet)이 데스티네이션에 도달하면 헤더 정보가 제거되고 최종적으로 데스티네이션 측에서 응용 프로그램이 데이터를 수신하며 이 과정을 역캡슐화(Decapsulation)라고 한다.

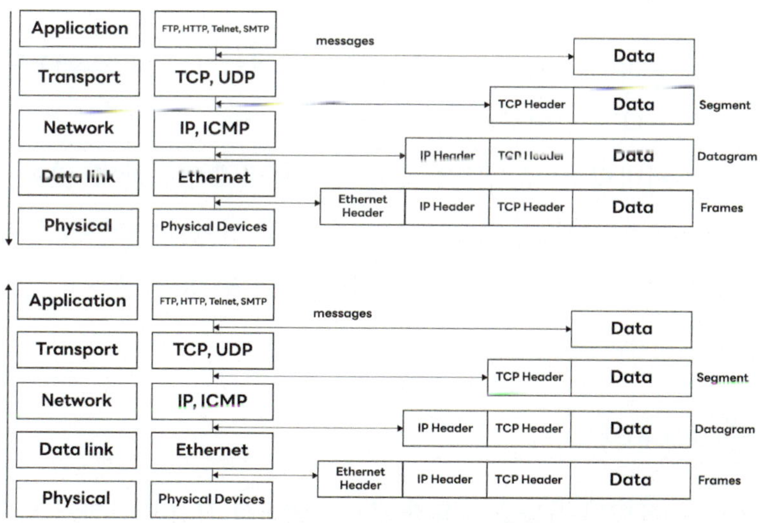

[그림 7-5. 송신 측과 수신 측에서의 패킷 전송 형태]

7.2.5 클라이언트-서버 아키텍처

클라이언트-서버 아키텍처에서 클라이언트(client)는 서비스를 요청하는 측, 서버(server)는 클라이언트가 요청하는 서비스를 처리하는 측을 말한다. 즉 클라이언트 프로세스는 통신을 시작하는 프로세스를 의미하고 서버 프로세스는 클라이언트로부터 요청이 오기까지를 대기한다. 여기서 프로세스란 호스트 내에서 실행되는 프로그램을 의미한다. 클라이언트-서버 아키텍처에서는 동일한 호스트 내에서 두 프로세스가 호스트 간 통신을 사용하여 통신하며 서로 다른 호스트의 프로세스가 메시지를 주고 받음으로써 통신한다. 아래와 같이 클라이언트와 서버의 역할에 대해 구분하여 살펴보자.

①. **서버**

- 서버는 클라이언트의 요청을 받아들이고 처리하기 위해 항상 ON 되어 있어야 한다.
- 서버는 영구적인(perminant) IP 주소를 가지고 있어 클라이언트가 항상 접근할 수 있도록 한다.
- 서버는 데이터, 파일, 애플리케이션 등을 저장하고 관리한다. 이러한 자원들은 클라이언트가 요청할 때 제공되어 질 수 있다.
- 서버는 클라이언트의 요청에 따라 작업을 수행하고 처리한 결과를 클라이언트에게 반환한다.

②. **클라이언트**

- 클라이언트는 서버에게 서비스를 요청하고, 서버로부터 받은 응답을 처리하여 사용자에게 표시하거나 로컬에서 작업을 실시한다.
- 클라이언트는 서버의 IP 주소를 알고 있어야 서버에 접근할 수 있다.
- 클라이언트는 클라이언트와 서로 통신할 수 없고 서버와 간헐적으로(intermittently) 통신한다. 또한 동적 IP(dynamic IP) 주소를 가질 수 있다.

7.2.6 소켓(socket)

소켓이란 TCP 또는 UDP의 기능을 사용자 프로그램에서 직접 이용하기 위한 인터페이스이다. 이러한 소켓을 통해 응용 프로그램이 네트워크를 통해 데이터를 주고 받을 수 있도록 할 수 있다. 소켓은 일종의 통신 엔드포인트로 호스트 내에서 응용 프로그램과 네트워크 간의 연결을 나타낸다. 일종의 문(door)의 역할을 한다고 할 수 있다.

소켓은 IP 주소와 포트 번호로 구분되고 IP 주소는 네트워크 상에서 컴퓨터를 식별하고 포트 번호는 컴퓨터 내에서 특정 응용 프로그램을 식별할 수 있게 한다. 따라서 TCP/IP 통신에서는 클라이언트와 서버 간의 소켓 연결을 통해 데이터를 주고 받는다. 이러한 소켓을 사용한 통신 서비스를 통해 호스트 컴퓨터-컨트롤러 간 또는 컨트롤러-컨트롤러 간의 임의의 데이터를 상대 노드와 송수신할 수 있다. 앞서 포트 No.0~1023은 well-knwon 포트로 등록되어 있고 또한 No.1024~49151은 registered 포트로 사용하는 프로토콜이 등록되어 있으므로 따라서 소켓 서비스에서는 등록된 프로토콜 이외에 용도로 사용할 경우 No.49152~No.65535를 사용할 것이 권장된다.

클라이언트와 서버의 통신 절차는 서로 다르며 [그림 7-6]과 같다. 클라이언트에서는 먼저 소켓을 생성하고 서버에 연결을 요청한다. 서버 소켓이 연결되면 데이터를 송수신하고 더 이상 송수신이 필요하지 않으면 소켓을 클로즈한다.

서버에서는 소켓을 생성하고 서버의 IP 주소와 포트 번호를 생성한 소켓에 결합한다. 다음은 클라이언트에서 연결 요청을 대기하고 있다가 클라이언트에서 연결 요청을 받으면 클라이언트와 송수신할 새로운 소켓을 생성한다. 이후 통신이 확립되면 클라이언트와 서버 간에 연결된 소켓을 통해 데이터를 주고 받고 데이터 통신이 완료되면 클라이언트나 서버 측에서 소켓을 클로즈 한다.

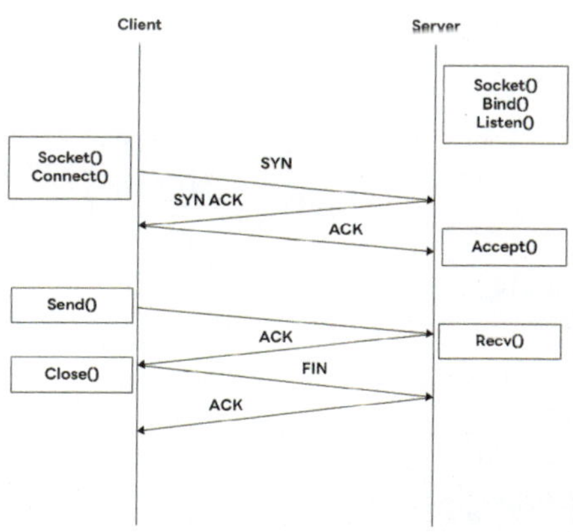

[그림 7-6. TCP/IP의 클라이언트와 서버 소켓 통신 절차]

7.3 이더넷 소켓 통신

7.3.1 소켓 통신을 위한 프로그램 설치

PC와 PLC간 이더넷 통신을 위해 PC에서 이더넷 통신 프로그램을 설치해서 사용하도록 한다. 사용하는 이더넷 통신 프로그램은 ezTerm등 여러 가지 툴들이 존재하지만 이 책에서는 COM Analyzer를 사용한다. COM Analyzer 프로그램은 시리얼 통신과 이더넷 통신을 사용하는 장치와 PC간의 통신을 분석하는 프로그램이다. COM Analyzer를 통해 시리얼 통신과 이더넷 통신 데이터의 실시간 모니터링, 데이터 패킷 확인 등이 가능하다. 이를 통해 사용자는 이더넷 통신을 사용하는 PC와 PLC간 통신 동작을 실시간으로 모니터링하고 문제가 발생할 경우 통신 오류의 분석 및 디버깅에 큰 도움이 될 수 있다.

또한, PLC에서 이더넷 통신을 사용할 경우에는 이더넷 기능이 내장된 CPU를 사용하는 경우와 별도의 이더넷 모듈을 사용하는 경우가 있다. 이 책에서는 Q03UDV CPU를 사용하므로 이더넷 내장 CPU를 사용하지만 QJ71E71-100과 같은 이더넷 전용 모듈을 사용하는 경우가 있다. 이더넷 내장 CPU와 이더넷 모듈을 사용할 경우의 통신 성능은 아래와 같이 정리될 수 있다.

[표 7-5. 이더넷 내장 CPU와 이더넷 모듈의 성능 비교]

기능	이더넷 내장 CPU (QnUDE(H) CPU)	이더넷 모듈 (QJ71E71-100)
통신 속도	100Mbps	100Mbps
GX Works2와의 통신	O	O
GOT와의 통신	O	O
MC 프로토콜 통신	O	O
소켓 통신	O	O(고정 버퍼 통신)
랜덤 액세스 버퍼 교신	-	O
데이터 링크 명령에 의한 교신	-	O
FTP 서버 기능	O	O
전자 메일 기능	O	O

7.3.2 Active 오픈 방식과 Passive 오픈 방식

MELSEC Q PLC에서 소켓 통신 기능은 전용 명령에 의해 이더넷으로 접속된 상대 기기와 TCP 혹은 UDP로 임의의 데이터를 송수신 하는 기능을 말한다.

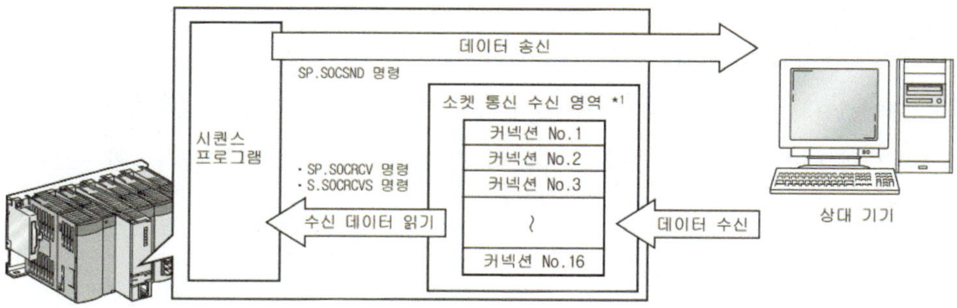

[그림 7-7. 소켓 통신 에서의 데이터 송수신]

이러한 소켓 통신에서는 한 대의 PLC에서 여러대의 호스트 기기와 TCP 및 UDP로 통신하기 위해서는 통신을 식별하는 포트 번호가 필요하다.

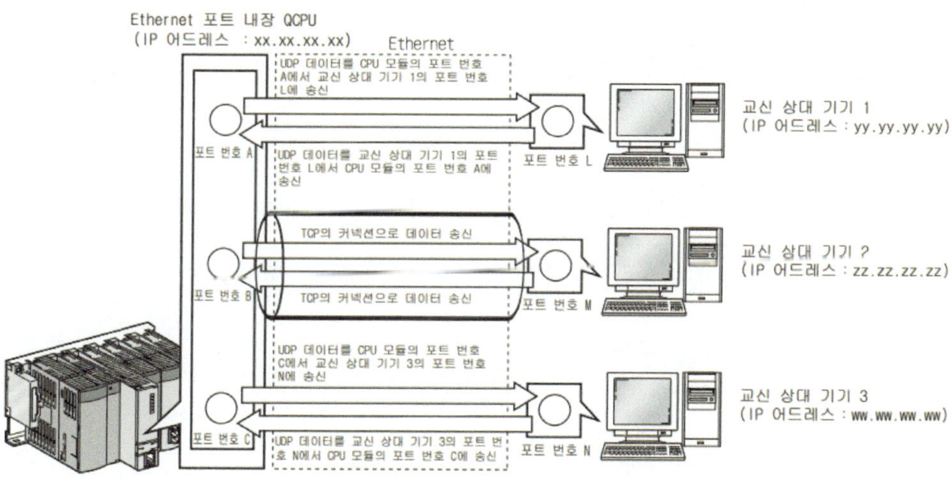

[그림 7-8. 포트 번호의 사용 예]

TCP로 통신하는 경우에는 IP 주소와 포트 번호 외에도 TCP 접속을 위한 Active 오픈 방식과 Passive 오픈 방식에 대해 알 필요가 있다. 먼저 Passive 오픈은 TCP 접속을 대기하는 서버측으로서 지정한 포트 번호로 Passive 오픈을 실행한다. Action 오픈은 상대 기기에게 능동적으로 오픈을 요청하는 측으로 Passive 오픈을 통해 대기하고 있는 포트 번호를 지정하여 Active 오픈을 실행한다. 이를 통해 TCP 커넥션이 확립(established)되면 교신이 가능한 상태가 된다. 여기서 Passive 오픈에는 2가지 접속 방식이 있다.

①. **Unpassive**: 상대 기기로부터 IP 주소와 포트 번호를 지정하지 않고 접속을 허가하는 방식이다. 즉 Unpassive 방식은 어떠한 상대방에서 연결을 요청을 하더라도 접속을 허가하는 방식을 말한다.

②. **Fullpassive**: 상대 기기의 IP 주소와 포트 번호를 지정하여 접속을 허가하는 방식이다. 따라서 Fullpassive 방식을 사용할 경우에는 상대방의 IP 주소와 포트 번호를 기재해야 한다.

7.3.3 PC ↔ PLC간 소켓 통신의 절차

앞서 TCP에서는 Active 오픈 방식과 Passive 오픈 방식이 존재하였다. 먼저 클라이언트 측에서 Active 오픈 처리를 위해서는 [SP.SOCOPEN] 명령을 실시하고 상대 기기로부터 통신이 확립되면 [SP.SOCSND] 명령을 통해 데이터를 송신하거나 [SP.SOCRCV] 명령을 통해 데이터를 수신한다. 데이터 송수신을 종료할 때에는 클로즈 처리를 위해 [SP.SOCCLOSE] 명령을 사용하여 소켓 클로즈 명령을 실행한다.

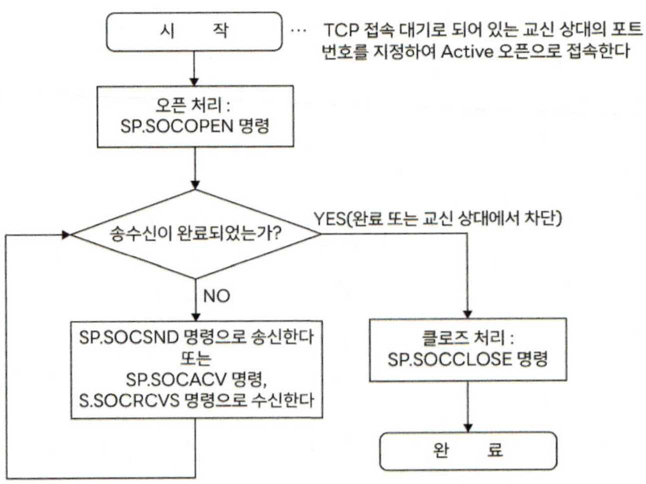

[그림 7-9. Action 오픈에서의 소켓 통신의 절차]

다음으로 서버 측에서 Passive 오픈을 사용했을 경우에는 Passive 오픈을 통해 접속 대기 중인 상태에서 상대 기기에서 소켓 오픈 요청이 되면 통신이 확립되고 이후에 [SP.SOCSND] 명령을 통해 데이터를 송신하거나 [SP.SOCRCV] 명령을 통해 데이터를 수신한다.

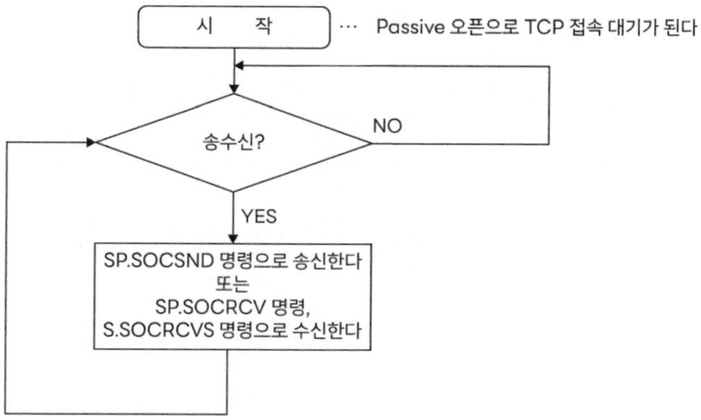

[그림 7-10. Passive 오픈에서의 소켓 통신의 절차]

7.3.4 소켓 통신 명령어

MELSEC Q PLC에서는 소켓 통신을 위한 전용 명령어 등을 제공하고 있다. 이 장에서는 소켓 통신을 위한 명령어에 대해 살펴 보도록하자.

I. SP.SOCOPEN

SP.SOCOPEN 명령어는 소켓 통신을 시작하기 위해 커넥션을 확립하는 명령어이다. 기술방식은 [SP.SOCOPEN U0 S1 S2 D]의 기술 방식을 따른다. 여기서 U0은 더미값이며 S1은 커넥션 번호로 1~16의 번호를 지정할 수 있다. S2는 컨트롤 데이터가 저장되는 선두 번호이며 D는 명령 완료시 1스캔 ON하는 디바이스의 선두 번호를 말한다. SP.SOCOPEN 명령 사용시의 컨트롤 데이터는 아래와 같다.

[표 7-6. SP.SOCOPEN 명령의 컨트롤 데이터]

디바이스	항목	내용
S2+0	오픈방법 설정	파라메터 설정값을 사용할 것인지 컨트롤 데이터의 설정값을 사용할 것인지를 결정하는 디바이스 0000h : 통신 파라메터의 오픈 설정에서 설정한 내용으로 오픈 8000h : S2+2~S2+9로 지정된 내용으로 오픈
S2+1	완료 상태	0000h : 정상 완료 0000h외 : 이상 완료(에러코드)
S2+2	용도 설정	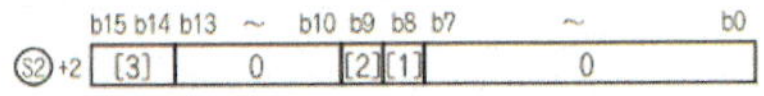 1)통신 방식(프로토콜) 0: TCP/IP 1: UDP/IP2) 소켓 통신 기능의 순서 유무 1: 무수순 고정 3) 오픈 방식 00: Active 오픈 또는 UDP/IP 10: Unpassive 오픈 11: Fullpassive 오픈
S2+3	자국 포트 번호	자국 포트 번호를 지정
S2+4 S2+5	상대 기기 IP 주소	상대 기기의 IP 주소를 지정
S2+6	상대 기기 포트 번호	상대 기기의 포트 번호를 지정

SP.SOCOPEN 명령을 실행한 후 D에 저장되는 완료 신호는 D+0 및 D+1에 저장된다. 아래 [그림 7-11]과 같이 D+0 bit는 명령이 완료된 후에는 1스캔 ON한다. D+1 bit는 정상적으로 완료시 OFF 상태를 유지하지만 이상 완료시에는 1스캔 ON후에 OFF한다.

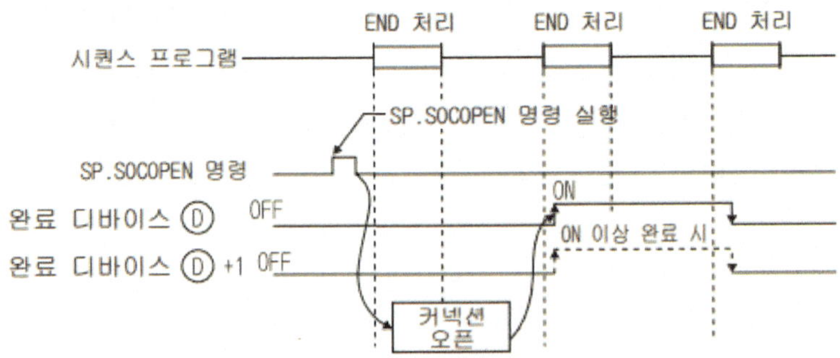

[그림 7-11. SP.SOCOPEN 명령의 타이밍차트]

SP.SOCOPEN 명령의 프로그램 예제를 살펴보자. 아래 [그림 7-13]과 같이 해당 프로그램은 입력 신호 M1000을 ON하였을 때 파라메터의 오픈 설정을 사용하여 커넥션을 오픈하는 프로그램이다. D100의 값은 0이므로 컨트롤 데이터 S2는 오픈설정 방식을 통신 파라메터의 오픈 설정에서 설정한 내용으로 오픈한다. 오픈완료신호(SD1282) 및 오픈요구신호(SD1284)를 프로그램에서 사용하여 인터록 회로를 구성할 수 있다. 통신이 완료되면 M100이 ON하고 M150 신호를 통해 정상상태를 표시한다. 통신이 정상적으로 완료되면 M101을 OFF하고 있지만 이상 완료가 되면 M101은 1스캔 ON하므로 M151이 ON하게 된다.

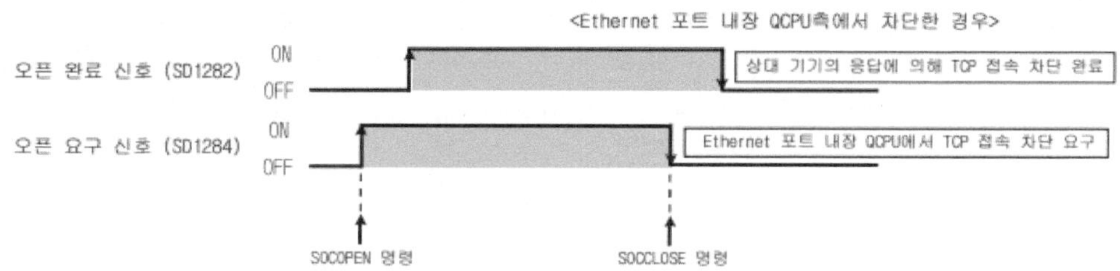

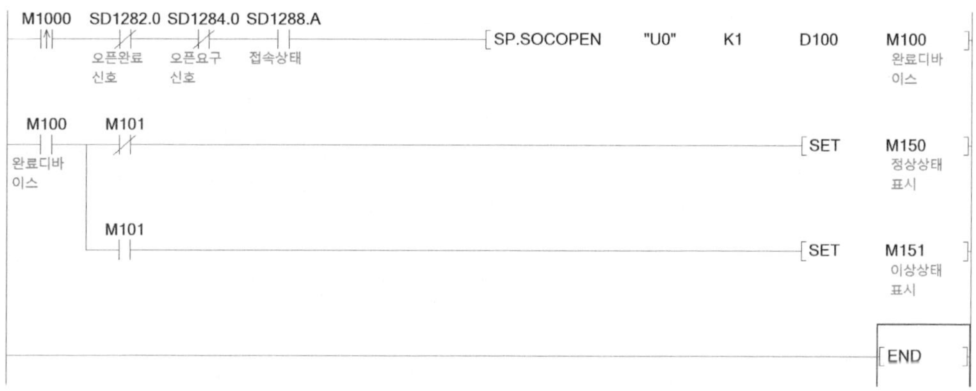

[그림 7-12. 파라메터를 사용한 SP.SOCOPEN 명령의 프로그램]

이번에는 GX-Works2의 파라메터를 사용하지 않고 컨트롤 데이터를 사용하여 오픈하는 경우에 대해서 살펴보자. 먼저 D100은 S2+2~S2+9로 지정된 내용으로 오픈하도록 8000h로 설정한다. 다음으로 D102는 TCP/IP 무수순 Active 오픈 설정, D103은 자국 포트를 4096으로 설정한다. 여기서 10진수 4096은 16진수 1000h값과 같다. D104는 상대기기 IP 주소로 10.97.85.223을 설정한다. 마지막으로 D106은 상대기기 포트에 8192를 설정한다. 10진수 8192는 2000h과 동일한 값이다. 이와 같이 컨트롤 데이터를 사용할 경우 오픈 방식과 IP 주소, 포트 번호를 직접 기입하고 SP.SOCOPEN 명령을 통해 커넥션 처리를 실시할 수 있다.

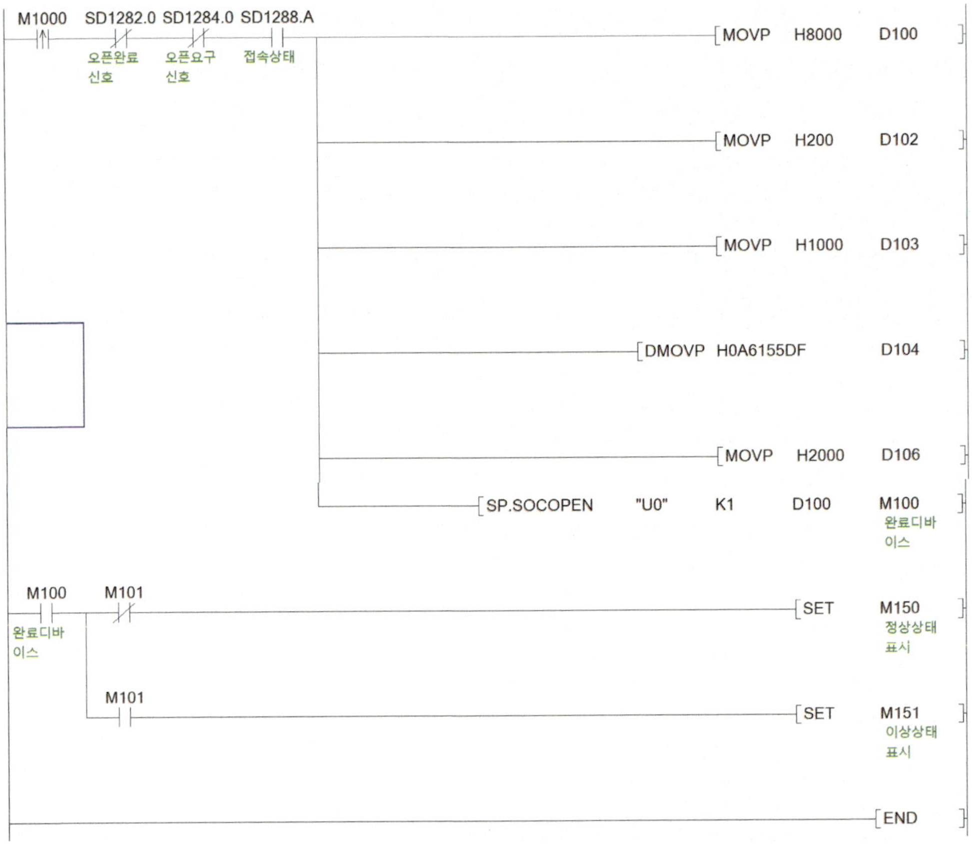

[그림 7-13. 컨트롤 데이터를 사용한 SP.SOCOPEN 명령의 프로그램]

II. SP.SOCCLOSE

SP.SOCCLOSE 명령어는 소켓 통신이 개시된 후 소켓 통신 서비스를 종료하기 위해 사용되는 명령어이다. SP.SOCCLOSE 명령의 기술 방식은 [SP.SOCCLOSE U0 S1 S2 D]의 기술 방식을 따른다. 여기서 U0은 더미값이며 S1은 커넥션 번호로 1~16의 값을 설정할 수 있다. S2는 컨트롤 데이터값, D는 명령 완료 디바이스를 나타낸다.

SP.SOCCLOSE 명령을 실행한 후 D에 저장되는 완료 신호는 D+0 및 D+1에 저장된다. SP.SOCOPEN 명령과 동일하게 SP.SOCCLOSE 명령이 완료되면 D+0 bit는 1스캔 ON한다. D+1 bit는 정상 완료시 OFF 상태를 유지하고 있지만 이상 완료시에는 1스캔 ON하고 OFF된다.

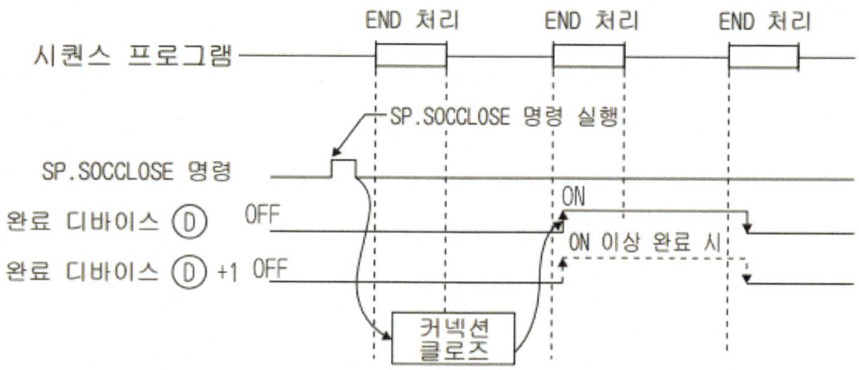

[그림 7-14. SP.SOCCLOSE 명령의 타이밍차트]

SP.SOCCLOSE명령의 프로그램 예제를 살펴보자. 아래 [그림 7-15]와 같이 해당 프로그램에서는 입력 신호 M2000을 ON 했을 때 소켓을 클로즈하는 예를 나타낸다.

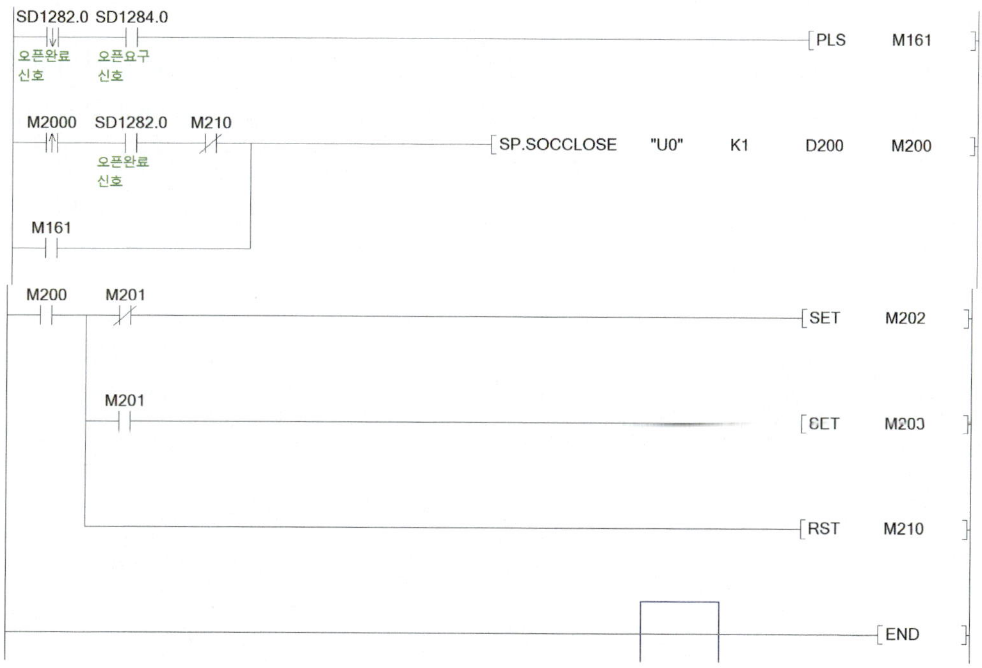

[그림 7-15. SP.SOCCLOSE 명령의 프로그램]

III. SP.SOCRCV

SP.SOCRCV 명령어는 소켓 통신이 개시된 후 상대 기기로부터 데이터를 수신하는 명령어이다. SP.SOCRCV 명령어의 기술 방식은 [SP.SOCRCV U0 S1 S2 D1 D2]의 기술 방식을 따른다. U0은 더미값이며 S1은 커넥션 번호로 1~16의 값을 설정할 수 있다. S2는 컨트롤 데이터, D1은 수신 데이터가 저장되는 시작 번지이다. D2는 명령 완료시 1스캔 되는 bit이다. 컨트롤 데이터는 [표 7-7]과 같다.

[표 7-7. SP.SOCRCV 명령의 컨트롤 데이터]

메모리	항목	내용
S2+0	시스템 영역	-
S2+1	완료 상태	0000h: 정상 완료 0000h 이외: 이상 완료(에러코드)
D1+0	수신 데이터 길이	수신한 데이터 길이가 저장(바이트수)
D1+1~D1+n	수신 데이터	읽은 데이터가 순차적으로 저장

따라서 SP.SOCRCV 명령이 실행되면 수신 데이터 길이가 바이트값으로 수신되고 이후에 수신한 데이터가 순차적으로 저장된다. SP.SOCRCV 명령을 실행한 후 D에 저장되는 완료 신호는 D+0 및 D+1에 저장된다. SP.SOCRCV 명령과 동일하게 SP.SOCRCV 명령이 완료되면 D+0 bit는 1스캔 ON한다. D+1 bit는 정상 완료시 OFF 상태를 유지하고 있지만 이상 완료시에는 1스캔 ON하고 OFF된다.

SP.SOCRCV 명령의 프로그램 예제를 살펴보자. 아래 [그림 7-16]과 같이 해당 프로그램에서는 입력 신호 M5000을 ON 했을 때 상대 기기로부터 데이터를 D500에 순차적으로 저장하는 프로그램 예를 나타낸다.

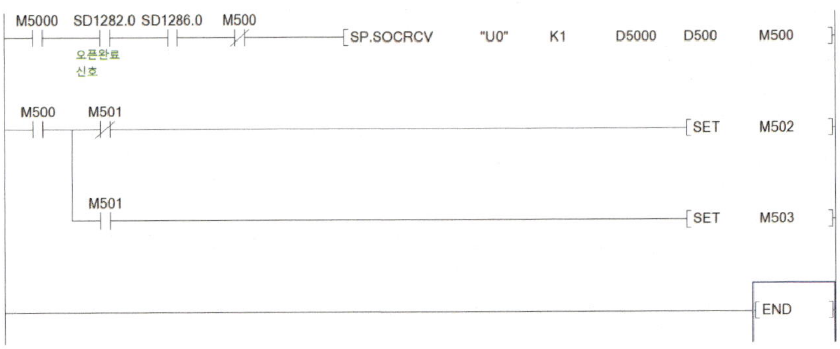

[그림 7-16. SP.SOCRCV 명령의 프로그램]

IV. SP.SOCSND

SP.SOCSND 명령어는 소켓 통신이 개시된 후 상대 기기에게 데이터를 송신하는 명령이다. SP.SOCSEND 명령어는 [SP.SOCSND U0 S1 S2 S3 D]의 기술 방식을 따른다. U0은 더미 값이며 S1은 커넥션 번호로 1~16의 값을 설정할 수 있다. S2는 컨트롤 데이터, S3은 송신할 데이터가 저장되는 메모리, D는 명령 완료시 1스캔 ON하는 bit 신호이다. SP.SOCSND 명령의 컨트롤 데이터는 아래 [표 7-8]과 같다.

[표 7-8. SP.SOCSND 명령의 컨트롤 데이터]

메모리	항목	내용
S2+0	시스템 영역	-
S2+1	완료 상태	0000h: 정상 완료 0000h외: 이상 완료(에러 코드)
S3+0	송신 데이터 길이	송신 데이터 길이(바이트 수)
S3+1~S3+n	송신 데이터	송신 데이터를 지정

SP.SOCSND 명령을 실행한 후 D에 저장되는 완료 신호는 D+0 및 D+1에 저장된다. SP.SOCSND 명령과 동일하게 SP.SOCSND 명령이 완료되면 D+0 bit는 1스캔 ON한다. D+1 bit는 정상 완료시 OFF 상태를 유지하고 있지만 이상 완료시에는 1스캔 ON하고 OFF 된다.

SP.SOCSND 명령의 프로그램 예제를 살펴보자. 아래 [그림 7-17]과 같이 해당 프로그램에서는 입력 신호 M3000을 ON 했을 때 상대 기기에게 데이터(1234,5678,8901)를 순차적으로 저장하는 프로그램 예를 나타낸다.

컨트롤 데이터의 S3에 해당하는 D300~D303은 송신 데이터 길이를 지정한다. 송신하는 값은 1234, 5678, 8901이므로 D300은 송신 데이터 길이를 6바이트로 지정한다. 이후 D301~D303에 송신 데이터 값을 세트하고 SP.SOCSND 명령을 통해 데이터를 송신 명령을 실행한다.

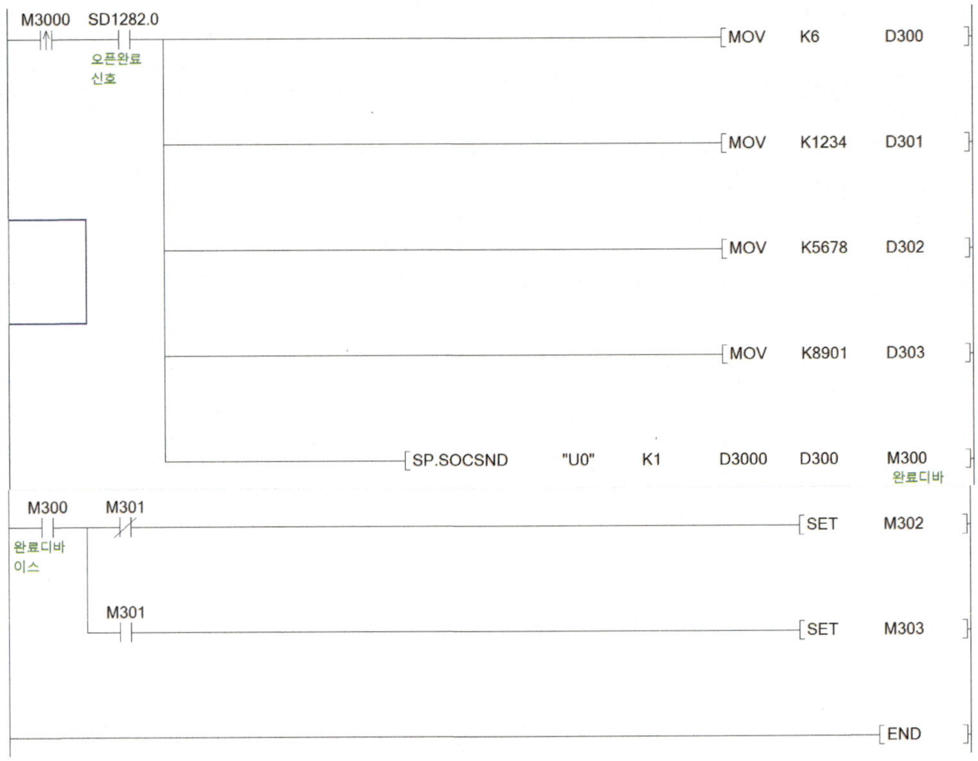

[그림 7-17. SP.SOCSND 명령의 프로그램]

7.3.5 PC(server) ↔ PLC(client)간 소켓 통신

PC와 PLC간의 소켓 통신을 위해서 먼저 이더넷 통신을 위한 파라메터 설정에 대해서 살펴보도록 하자. 여기서 실습에 사용되는 PC의 IP 주소는 192.168.3.100이며, PLC의 IP 주소는 192.168.3.39를 사용한다.

①. PC와 PLC간 이더넷 통신을 위해서 먼저 PC의 IP 주소를 설정하도록 한다. [제어판]-[네트워크 및 인터넷]을 통해 PC의 IP 주소를 192.168.3.100으로 설정하도록 한다.

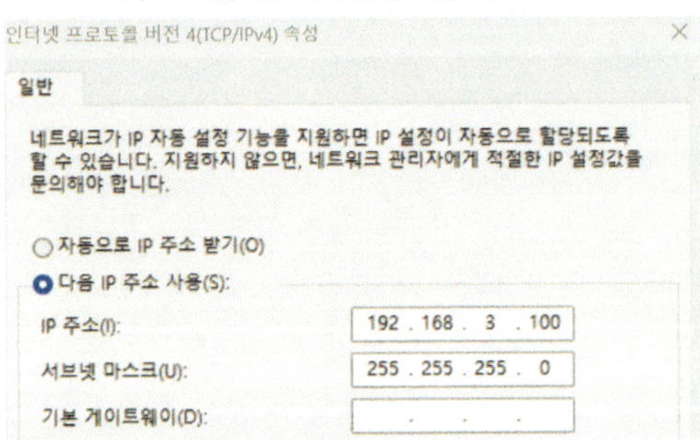

②. PC의 IP를 변경하였더라도 정상적으로 변경이 안되어 통신이 안되는 경우가 있다. 이러한 경우에는 명령 프롬포트 창에서 ipconfig명령을 실행하여 현재 PC의 IP주소를 확인할 수 있다.

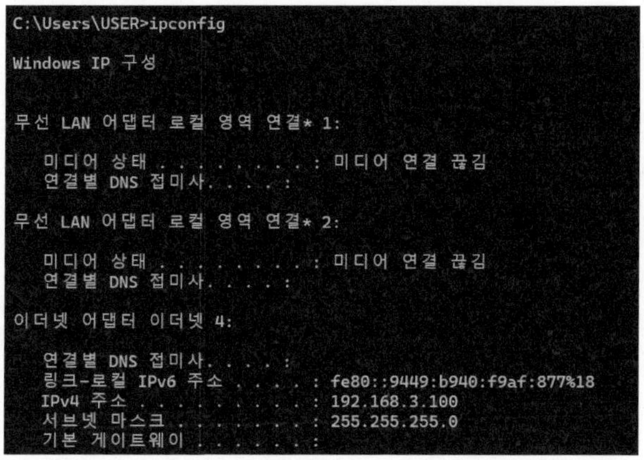

```
C:\Users\USER>ipconfig

Windows IP 구성


무선 LAN 어댑터 로컬 영역 연결* 1:

   미디어 상태 . . . . . . . . : 미디어 연결 끊김
   연결별 DNS 접미사. . . . :

무선 LAN 어댑터 로컬 영역 연결* 2:

   미디어 상태 . . . . . . . . : 미디어 연결 끊김
   연결별 DNS 접미사. . . . :

이더넷 어댑터 이더넷 4:

   연결별 DNS 접미사. . . . :
   링크-로컬 IPv6 주소 . . . . : fe80::9449:b940:f9af:877%18
   IPv4 주소 . . . . . . . . . : 192.168.3.100
   서브넷 마스크 . . . . . . . : 255.255.255.0
   기본 게이트웨이 . . . . . . :
```

③. MELSEC Q PLC의 default IP 주소는 192.168.3.39를 사용한다. 마찬가지로 이번에는 명령 프롬포트 창에서 ping 192.168.3.39를 검색하여 응답 결과를 확인한다. 이 과정을 생략해도 되지만 GX-Works2에서 통신이 안되는 경우가 있으므로 ping 테스트를 통해 이더넷 링크를 확인하는 것이 권장된다.

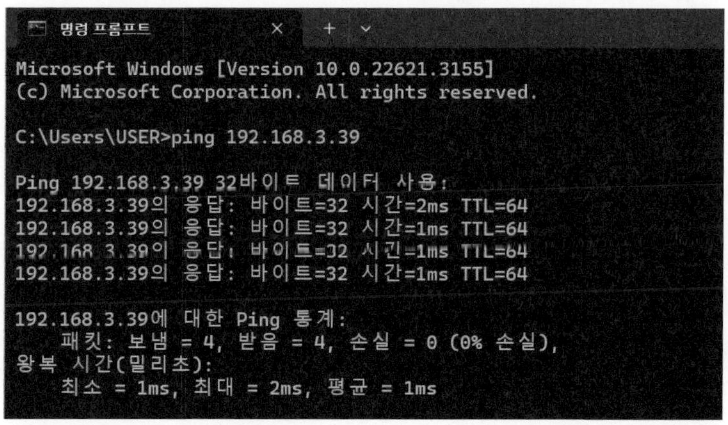

```
명령 프롬프트

Microsoft Windows [Version 10.0.22621.3155]
(c) Microsoft Corporation. All rights reserved.

C:\Users\USER>ping 192.168.3.39

Ping 192.168.3.39 32바이트 데이터 사용:
192.168.3.39의 응답: 바이트=32 시간=2ms TTL=64
192.168.3.39의 응답: 바이트=32 시간=1ms TTL=64
192.168.3.39의 응답: 바이트=32 시간=1ms TTL=64
192.168.3.39의 응답: 바이트=32 시간=1ms TTL=64

192.168.3.39에 대한 Ping 통계:
    패킷: 보냄 = 4, 받음 = 4, 손실 = 0 (0% 손실),
왕복 시간(밀리초):
    최소 = 1ms, 최대 = 2ms, 평균 = 1ms
```

④. 다음은 PLC에 이더넷 연결을 실시한다. PC측은 이더넷 보드, PLC측은 내장 이더넷 CPU를 사용하므로 PLC 모듈을 선택한다. 이후 PLC 모듈을 더블 클릭하여 IP 주소를 입력한다.

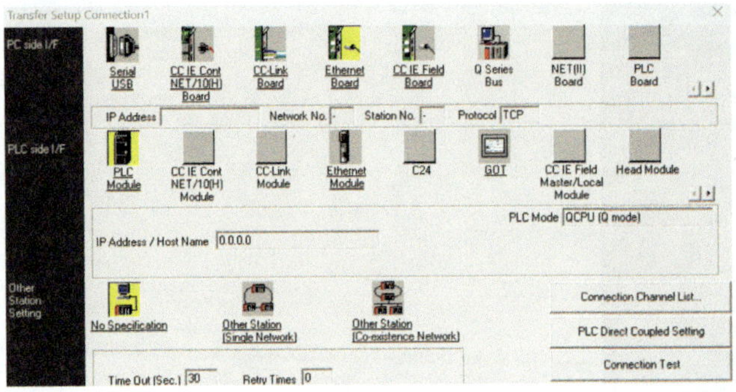

⑤. 접속하고자 하는 PLC의 IP 주소를 입력하고 OK를 클릭한다.

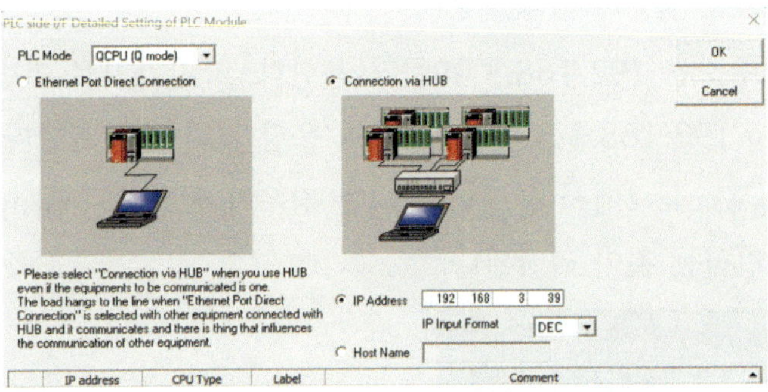

⑥. Connection Test를 클릭하고 성공적으로 CPU와 연결되었다는 메시지를 확인한다.

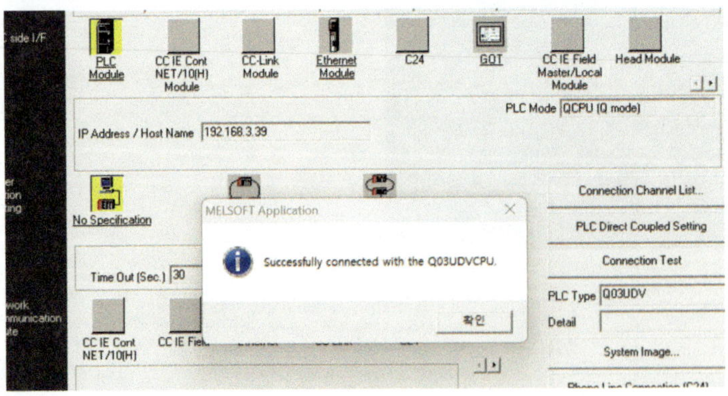

⑦. PLC에 연결이 완료된 후에는 이더넷 통신을 위한 파라메터 설정을 위해서 [PLC Parameter]-[Built-in Ethernet Port Setting]을 클릭한다.

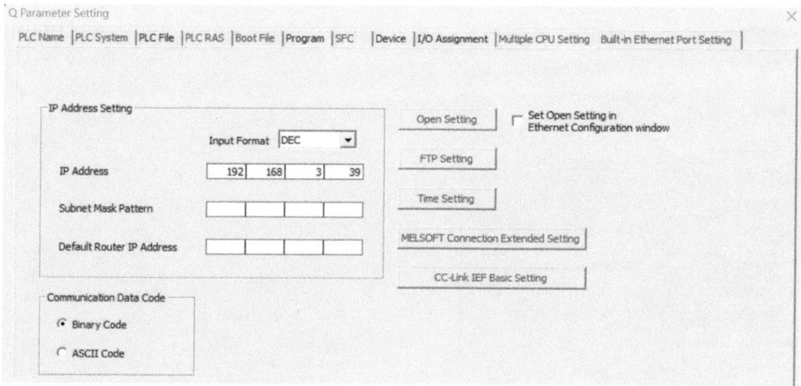

⑧. Open Setting을 클릭한다. 커넥션 1~16까지 설정할 수 있으며 실습에서는 커넥션 1을 사용한다. PLC가 클라이언트로 동작하기 위해서 TCP/IP 소켓 통신을 Active 오픈 방식으로 설정한다. 포트 번호는 3000을 사용하고 Destination IP Address는 PC가 되므로 PC의 IP 주소인 192.168.3.100을 설정한다.

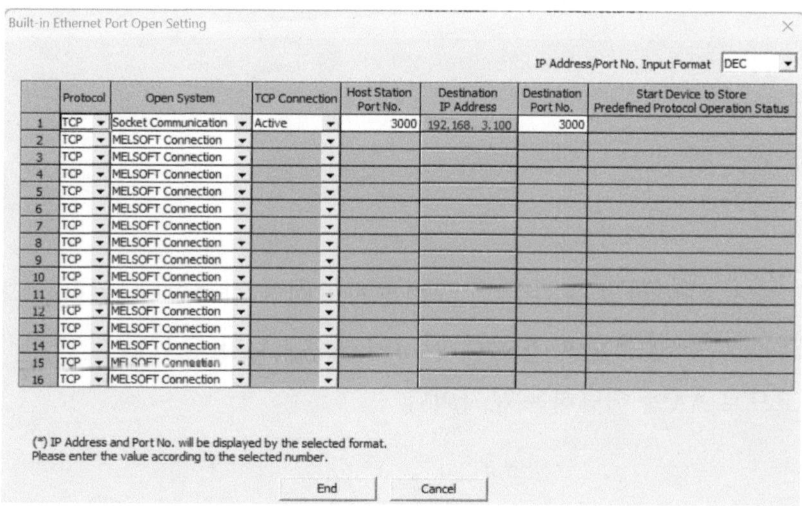

⑨. 파라메터 설정이 완료되었으면 Write to PLC를 통해 파라메터를 다운로드하고 CPU의 전원을 OFF→ON한다.

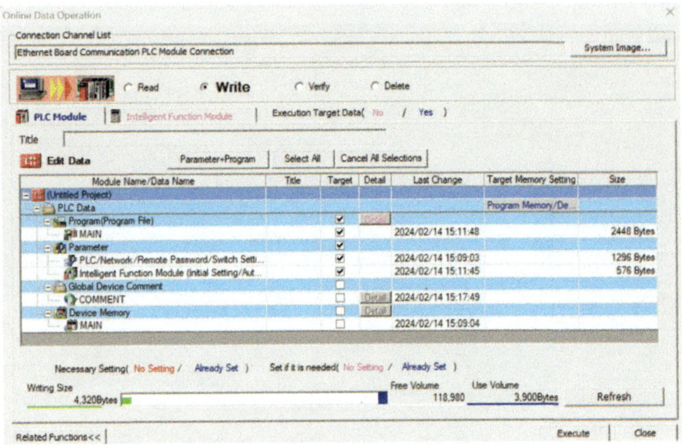

⑩. PLC에서 클라이언트로 동작하기 위해 먼저 소켓 오픈 프로그램을 작성한다. 입력 신호 M0를 ON하면 SP.SOCOPEN 명령이 실행되고 정상 완료 되면 M3가 ON한다.

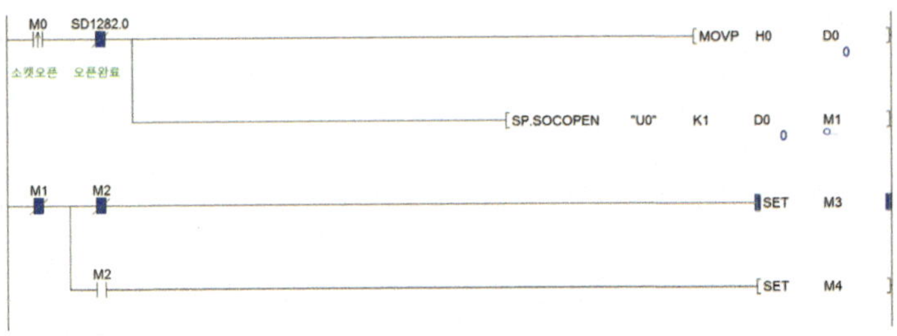

⑪. 소켓 오픈 이후에는 PC로 데이터를 송신하기 위한 프로그램을 작성한다. 입력 신호 M5를 ON하면 SP.SOCSND 명령을 통해 상대 기기에게 데이터가 송신된다. 여기서 4141h값은 아스키 코드로 AA에 해당하는 문자이다.

⑫. 다음 PC 측에서는 Server로 동작해야 하므로 COM Anyalyzer에서 [통신 설정]-[TCP/IP(SERVER)] 설정을 클릭한다.

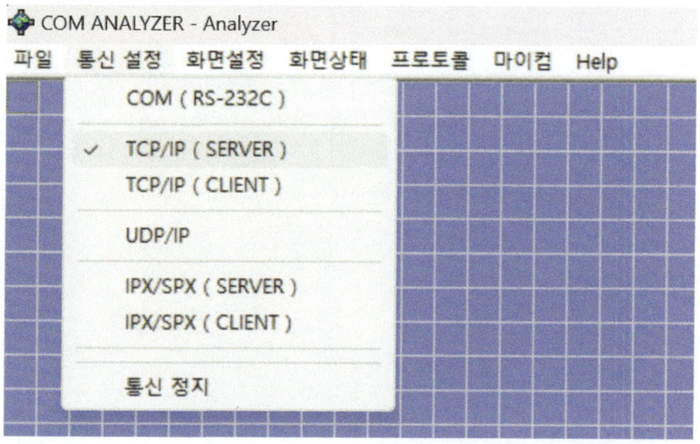

⑬. PC(server)의 포트 번호는 앞서 PLC에서 지정한 3000번 포트 번호를 입력한다.

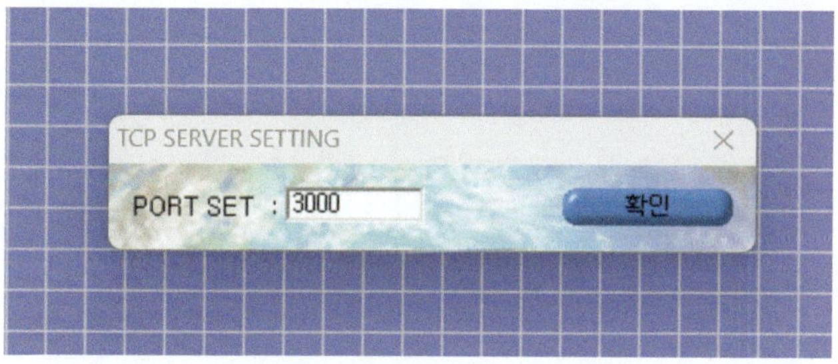

⑭. 통신이 정상적으로 확립 되었다면 우측 하단에서 상태가 정상 상태로 동작하는 것을 확인할 수 있다.

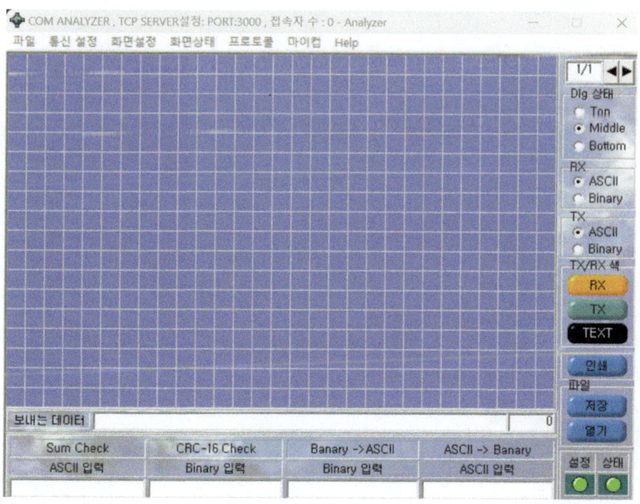

⑮. PLC(client) 측에서는 입력 신호 M0를 ON하여 소켓 오픈을 실시하고, 소켓 오픈이 완료되면 입력 신호 M5를 ON하여 4141h값을 server에 전송한다.

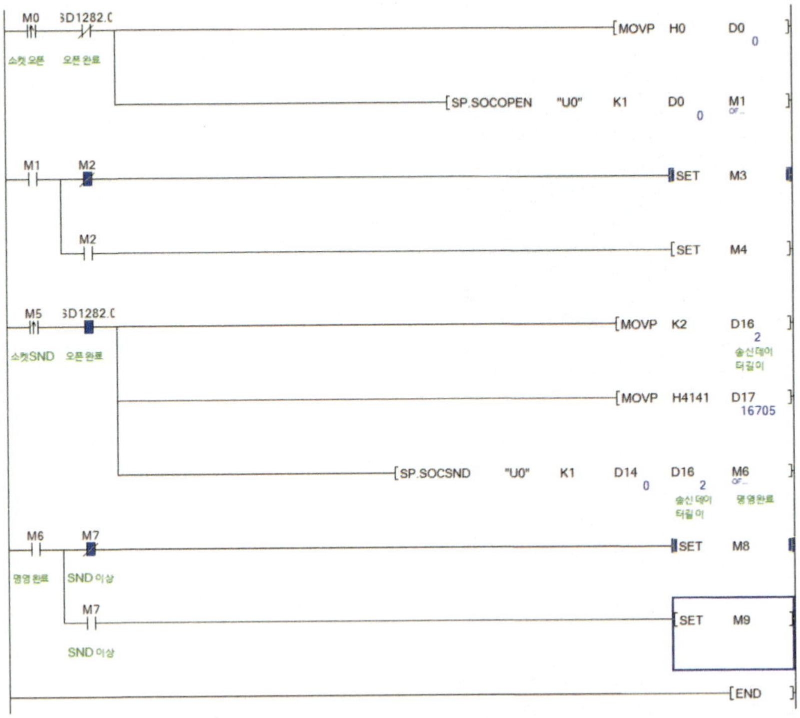

⑯. PC(server)측에서 4141h에 해당하는 아스키 코드값 AA가 잘 수신된 것을 확인할 수 있다.

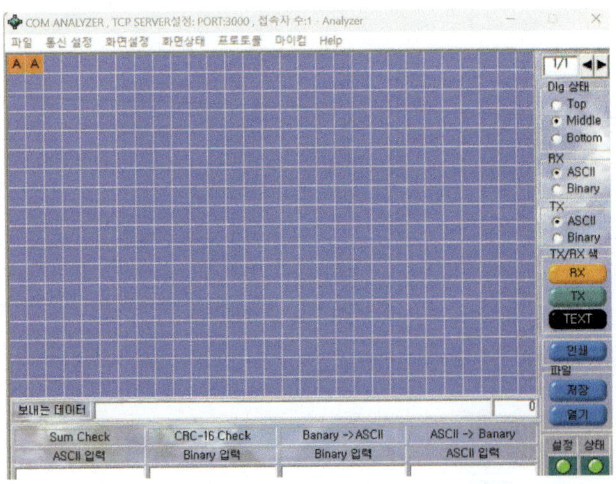

7.3.6 PC(client) ↔ PLC(server)간 소켓 통신

이번에는 PC(client)와 PLC(server)간 소켓 통신 프로그램을 작성해보도록 한다. 마찬가지로 실습에 사용되는 PC의 IP 주소는 192.168.3.100이며, PLC의 IP 주소는 192.168.3.39를 사용한다.

①. PLC가 server로 동작하기 위해서는 기존의 설정한 이더넷 파라메터를 변경해야 한다. [PLC Parameter]-[Open Setting]을 클릭한다.

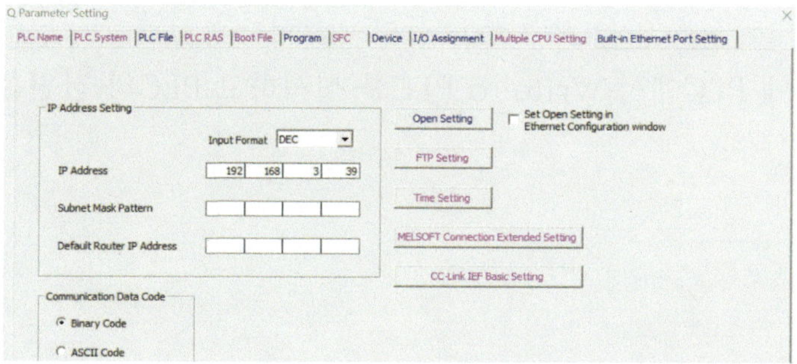

②. server 동작하기 위해서 Unpassive 방식과 Fullpassive 방식이 있지만 이번 실습에서는 Unpassive 방식을 사용한다. 만약 Fullpassive 방식을 사용 할때에는 Destination IP Address와 Destination Port No의 입력이 필요하다.

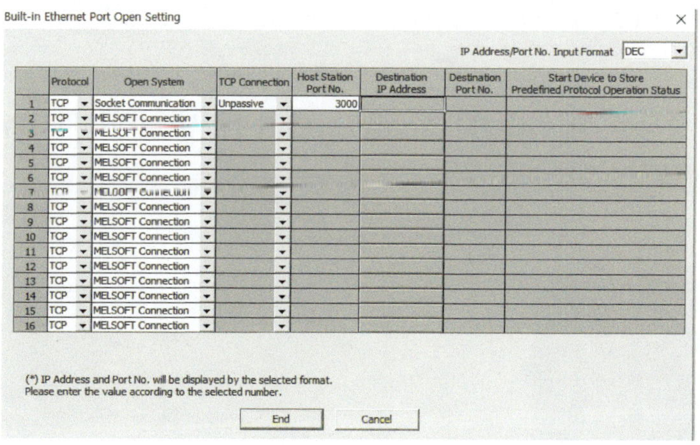

③. server 프로그램을 아래와 같이 작성한다. PC(client)에서 통신 오픈 요청이 되면 SD1282.0 신호가 ON되고 D22부터 순차적으로 데이터의 수신이 발생한다.

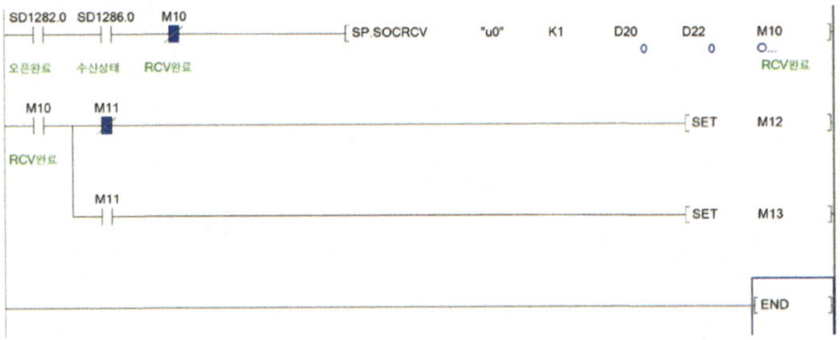

④. 파라메터를 변경 하였기 때문에 PLC에서 Write to PLC를 실시하고 PLC의 전원을 OFF→ON 한다.

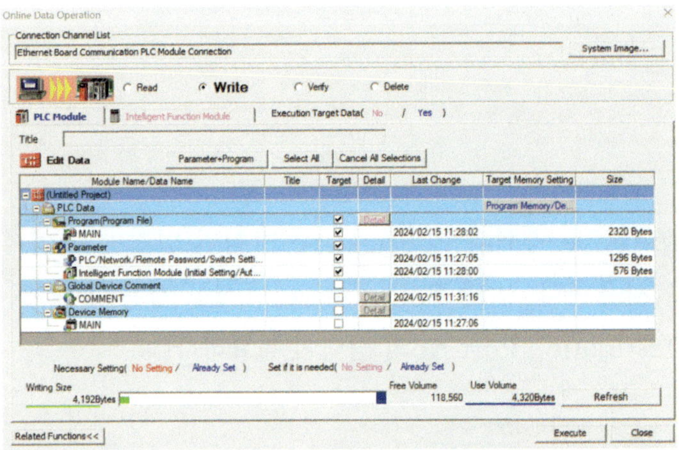

⑤. 다음은 PC(client)의 통신 설정을 위해 COM Analyzer에서 [통신 설정]-[TCP/IP(CLIENT)로 설정을 변경한다.

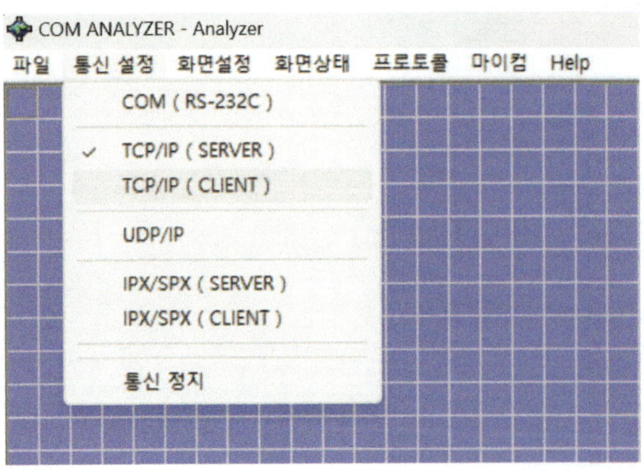

⑥. client에서는 상대방의 IP 주소와 포트 번호를 필요로 하므로 PLC의 IP 주소와 포트 번호를 입력한다.

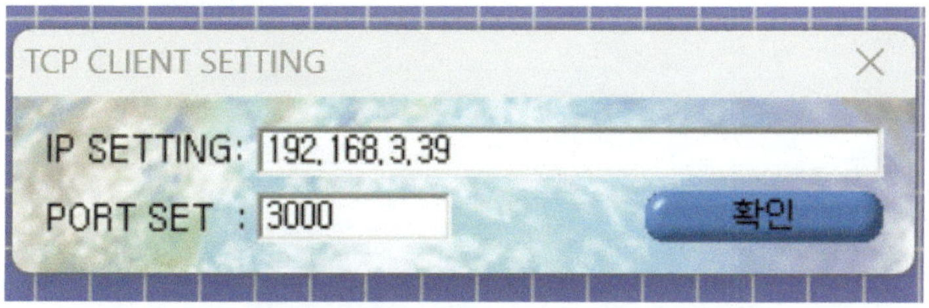

⑦. 확인을 누르면 client에서 통신 오픈 요청이 실시되고 PLC에서는 오픈 완료 신호(SD1282.0)이 ON된 것을 확인할 수 있다.

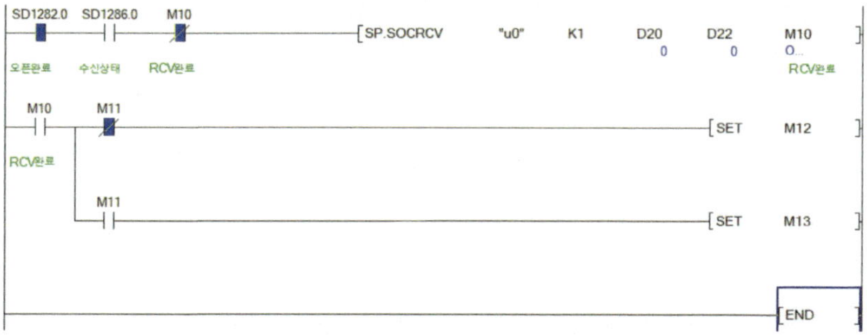

⑧. 통신 연결이 완료 되었으므로 PC(client)에서 데이터 전송을 실시한다. [보내는 데이터]에 문자열 AA를 입력하여 전송을 실시한다.

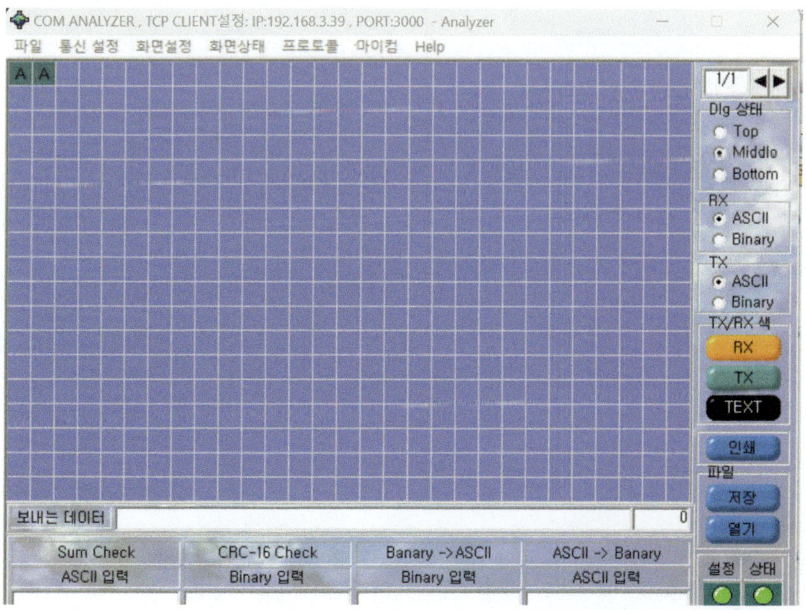

⑨. PC에서 데이터 전송이 실시되면 PLC에서는 데이터 수신이 완료되어 M12가 ON되어 있으며 D22에 4141h(아스키 코드로 AA에 해당하는 값) 데이터 값이 수신된 것을 확인할 수 있다.

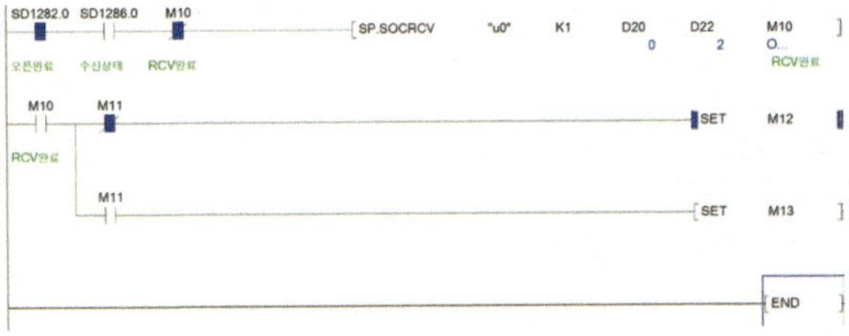

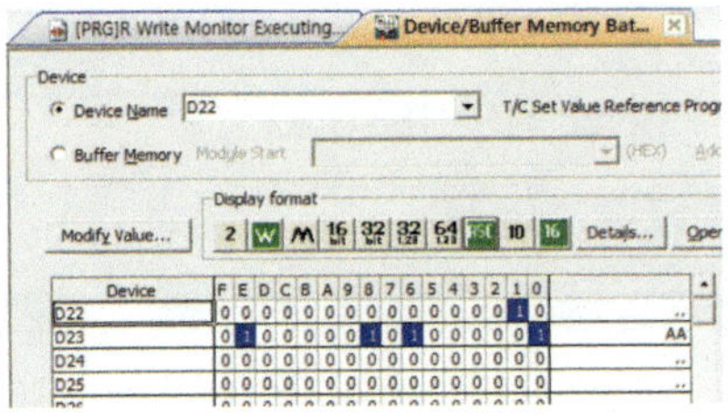

7.3.7 PLC(client) ↔PC(server)간 소켓 통신 응용

client에서 통신 요청을 하고 server에 데이터(Hello)를 송신했을 때 server로부터 데이터(World)를 수신하는 프로그램을 작성해보자. 마찬가지로 실습에 사용되는 PC의 IP 주소는 192.168.3.100이며, PLC의 IP 주소는 192.168.3.39를 사용한다.

①. 이더넷 통신 파라메터 설정을 위해서 [PLC Parameter]-[Built-in Ethernet Port Setting]을 클릭한다.

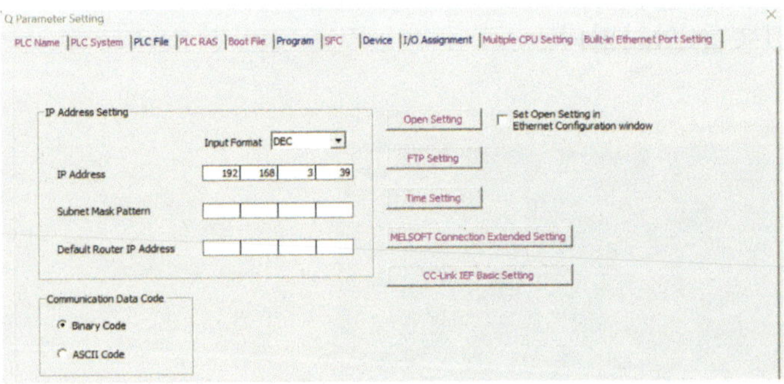

②. Open Setting을 클릭한다. PLC가 클라이언트로 동작하기 위해서 TCP/IP 소켓 통신을 Active 오픈 방식으로 설정한다. 포트 번호는 3000을 사용하고 Destination IP Address는 PC가 되므로 PC의 IP 주소인 192.168.3.100을 설정한다.

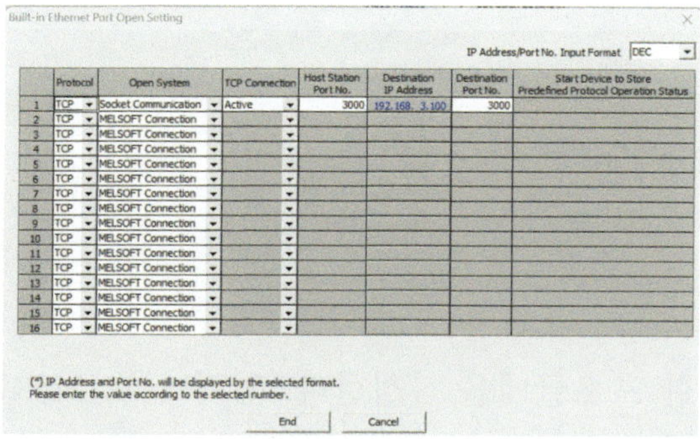

③. 다음 PC 측에서는 server로 동작해야 하므로 COM Anyalyzer에서 [통신 설정]-[TCP/IP(SERVER)] 설정을 클릭한다.

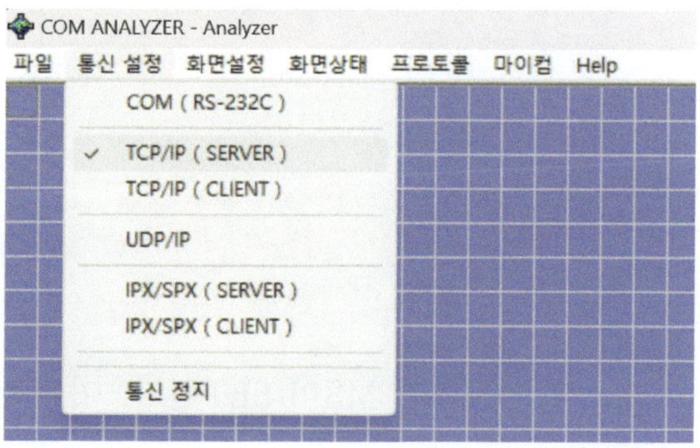

④. PC(server)의 포트 번호는 앞서 PLC에서 지정한 3000번 포트 번호를 입력한다.

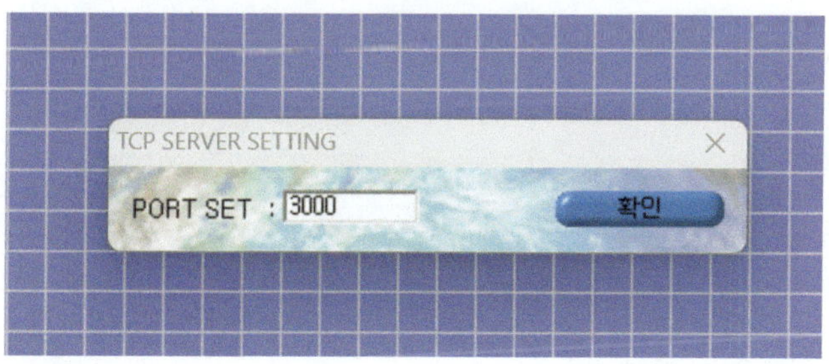

⑤. client에서 소켓 오픈을 위한 프로그램을 작성한다. 입력 신호 M0을 ON하면 소켓 오픈 명령이 실행되고 오픈이 완료되면 M1이 1스캔 ON되어 M3이 SET된다.

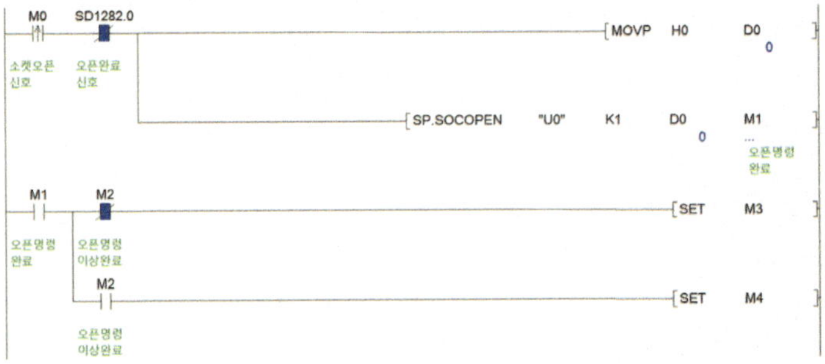

⑥. 소켓 오픈이 완료되고 데이터 송신을 위한 프로글매을 작성한다. 입력 신호 M5를 ON하면 오픈이 완료되어 있을 때 Hello에 해당하는 아스키 코드값을 전송한다.

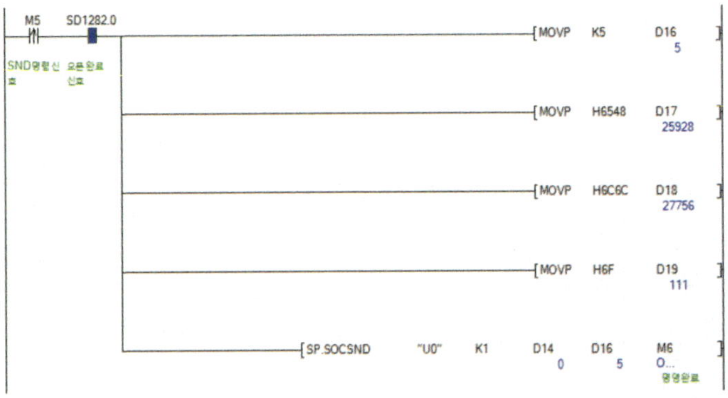

⑦. 데이터 송신 명령이 실행이 완료되면 M6이 1스캔 ON하여 M8이 SET된다. 이후는 server로 부터의 데이터 수신을 대기한다.

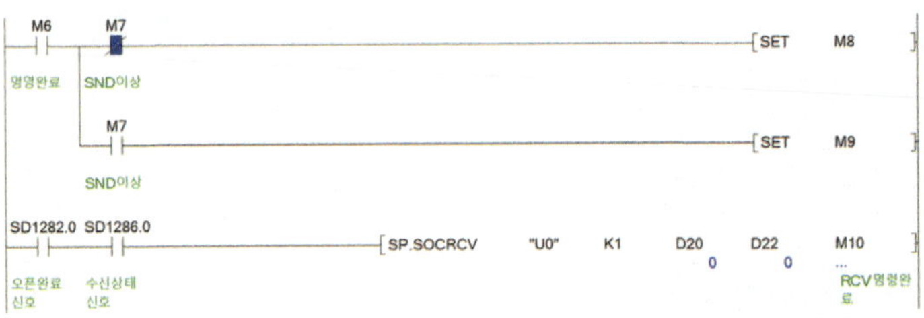

⑧. 수신이 완료되면 M10이 1스캔 ON하고 M12가 SET된다.

⑨. 오픈 명령 이상, 데이터 송신 이상, 데이터 수신 이상시에는 소켓 클로즈 명령을 실행하기 위한 프로그램을 추가한다. 또한, 클로즈 명령이 완료되면 M200이 1스캔 ON하고 M202를 SET한다.

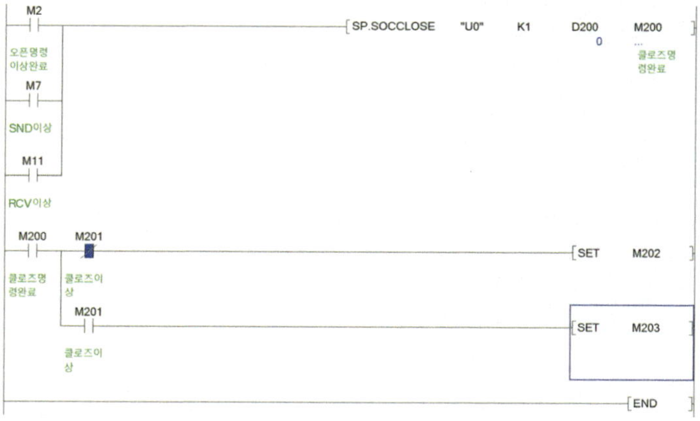

⑩. M5를 ON하여 데이터 송신을 실행하면 server(COM Analyer)에서 Hello 데이터가 수신된 것을 확인할 수 있다.

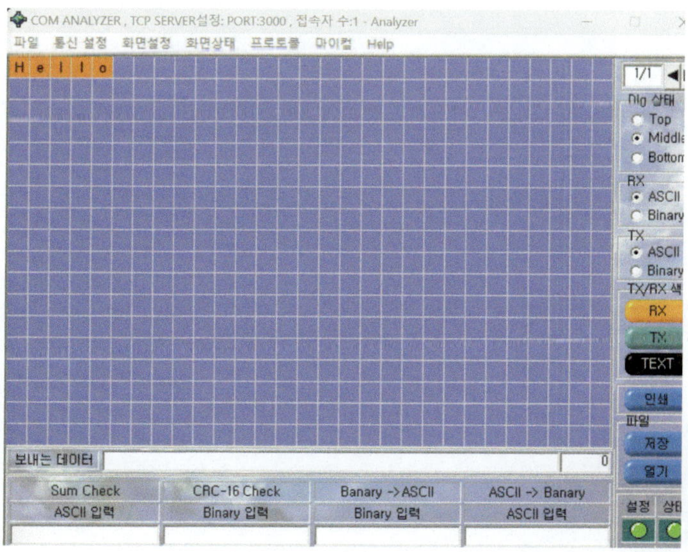

⑪. server에서 데이터를 수신한 이후에는 [보내는 데이터]에서 World 값을 client로 송신하도록 한다.

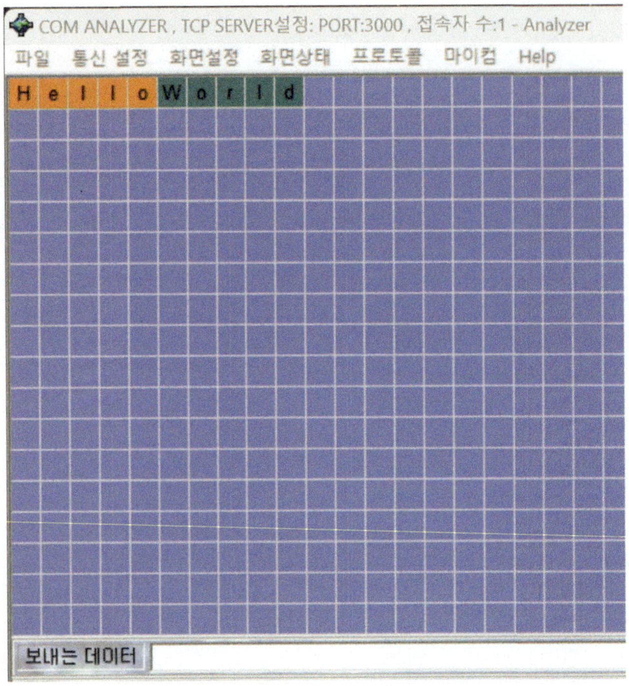

⑫. SP.ROCRCV 명령이 실행되어 M12가 SET된 것을 확인할 수 있다.

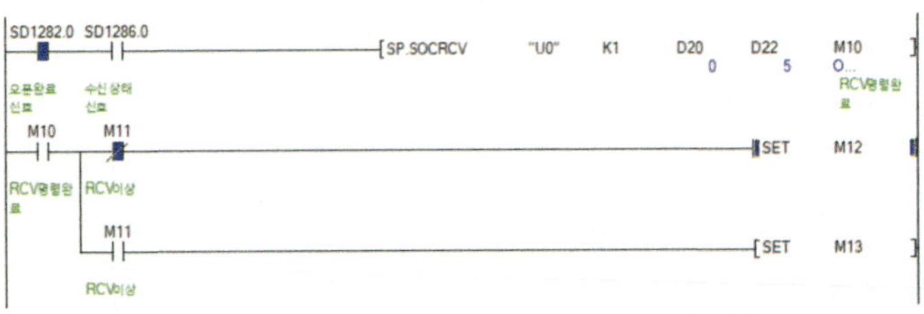

⑬. [Device/Buffer Memory Batch]창을 통해 D22부터 순차적으로 server에서 송신한 World 값이 수신된 것을 확인할 수 있다.

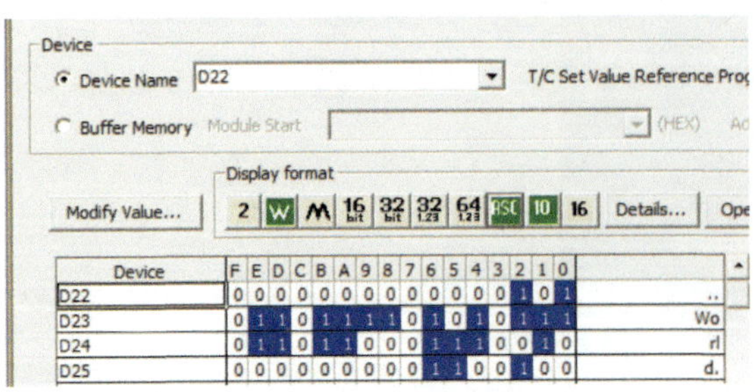

7.4 OPC-UA 통신

7.4.1 OPC-UA 통신이란

OPC(OLE for Process Control)이란 산업용 자동화 자동화 어플리케이션을 위해 서버와 클라이언트의 원리로 사용되는 표준 통신 프로토콜을 말한다. OPC 통신은 1996년 발족 되었으며 그 역할은 각종 어플리케이션들이 여러 종류의 컨트롤 장비(DCS, PLC 등)들로부터 서버와 클라이언트 간의 데이터를 교환하는 것을 가능하게 하는 표준 인터페이스 역할을 수행한다. 만약 OPC 통신이 없다면 아래 [그림 7-18]과 같이 각각의 제어 장비들에 대해 서로 다른 인터페이스를 사용해야 하지만 OPC 통신을 통해 제어 장비들로부터 서로 데이터를 교환하기 위해 하나의 인터페이스를 사용해서 통신할 수 있게 되었다. 하지만 이러한 초기 OPC 통신은 각 어플리케이션에 대해서 개별적으로 통신 절차가 필요했으며 보안에 취약하다는 단점 들을 가지고 있었다.

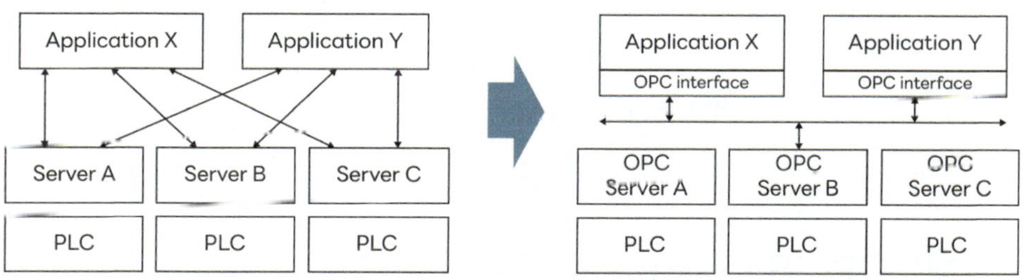

[그림 7-18. OPC 통신]

이러한 OPC 통신 기술은 현재 4차 산업혁명, 스마트팩토리, 디지털 전환 등으로 네트워크 기술이 발전되면서 기존의 OPC 기술을 발전시킨 기술로 OPC-DA, OPC-UA 등으로 발전하게 되었다. 현재의 OPC-UA(OPC Unified Architecture) 통신은 기존의 OPC 방식과 다르게 Windows OS에 의존하지 않고 다양한 OS 지원이 가능하며 객체지향 방식, 보안에 강하다는 특성과 PLC와 같은 제어기기에서 middleware 혹은 gateway 등 직접적으로 PC를 거치지 않고 데이터를 통신할 수 있다는 장점이 있다. OPC-UA는 이러한 장점으로 최근 스마트팩토리 분야에서 국제적인 표준 통신 프로토콜로 많이 사용 되어지고 있다.

최근에는 OPC-UA 통신은 OPC-UA TSN 등으로 더 발전하고 있다. OPC-UA TSN은 OPC-UA와 Time-Sensitive Networking(TSN)을 결합한 개념으로 TSN은 실시간 통신을 위한 이더넷 표준이다. 예를 들어 기존의 산업용 네트워크들은 보통 100Mbps로 설계된다. 하지만 오늘날에는 기가비트 이더넷 혹은 10Mbps 이더넷에 대한 관심이 많아지고 있으며 TSN은 모든 속도를 지원할 수 있다는 장점이 있다. 이러한 OPC-UA TSN은 산업 자동화 분야에서 실시간 통신이 필요한 시스템에 적용된다. 예를 들어 제조 공정 제어, 로봇 시스템 등 다양한 응용 분야에서 사용될 수 있으며 실시간 데이터 전송과 함께 안정성과 신뢰성을 제공하여 산업 자동화 시스템을 향상시킬 수 있다.

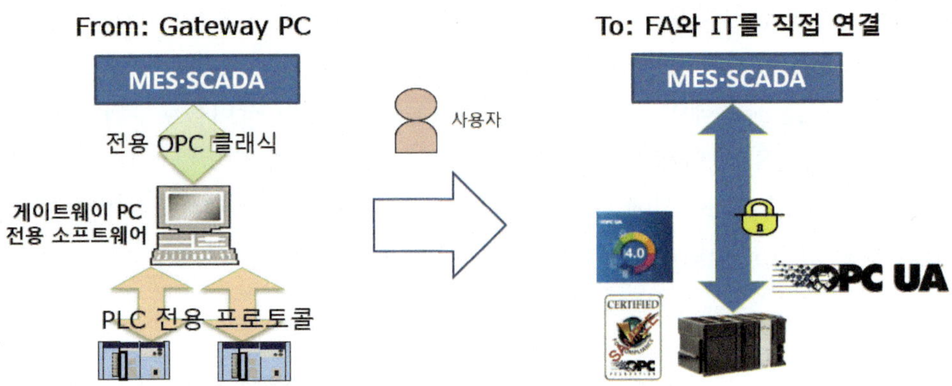

[그림 7-19. OPC 통신과 OPC-UA 통신의 차이]

7.4.2 MX OPC Server UA

MELSEC-Q 시리즈에서는 별도의 OPC-UA 통신 모듈을 제공하고 있지 않지만 OPC-UA 통신을 위한 전용 소프트웨어로 MX OPC Server UA Configuration Tool을 제공하고 있다. 실습을 위해 소프트웨어를 설치한다. 이 책에서는 실습을 위해 MX OPC Server UA Configuration Tool Version 3을 사용한다.

MX OPC Server UA는 미쓰비시 이지 소켓을 사용하여 PLC뿐만 아니라 기타 미쓰비시

FA 장치와의 데이터 통신이 가능하다. PLC와 OPC UA Server간 연결을 위해서는 PLC와 OPC UA Server간 태그(tag)를 생성하고 서로 연결을 해주어야 한다. 다음 [그림 7-20]은 MX OPC UA Server Configuration Tool을 기동했을 시 각 메뉴별로 설명을 나타낸다.

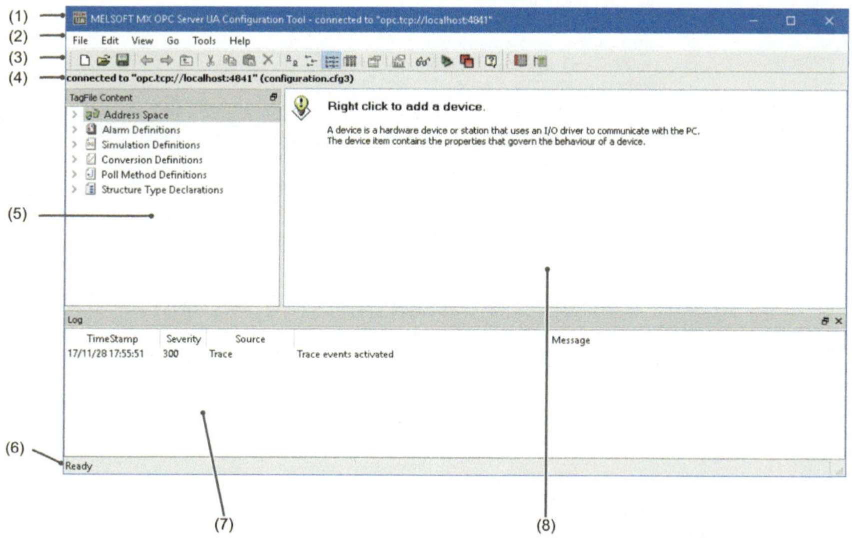

[그림 7-20. MX OPC UA Server Configuration Tool]

항목	기능
(1) 타이틀 바	서버에 연결할 때 서버의 URL endpoint가 표시
(2) 메뉴 바	각 메뉴를 표시
(3) 툴 바	새로 만들기, 저장, 모니터링 등 기능을 수행
(4) 데이터베이스 바	연결된 서버의 endpoint URL 경로가 표시
(5) 트리 바	주소 경로 등이 트리 안에 표시
(6) 상태 바	각 메뉴의 설명이 표시
(7) 로그 뷰	통신 연결의 상태가 표시
(8) 리스트 뷰	Tag 변수 등의 상태가 표시

7.4.3 PC ↔ PLC간 OPC-UA 통신

이번 장에서는 PLC와 OPC-UA Server간 tag를 생성하여 연결하기 위한 설정 방법에 대해서 살펴본다.

①. MX OPC Server UA Configuration Tool에서 마우스를 우클릭을 하고 [New MX Device]를 클릭한다.

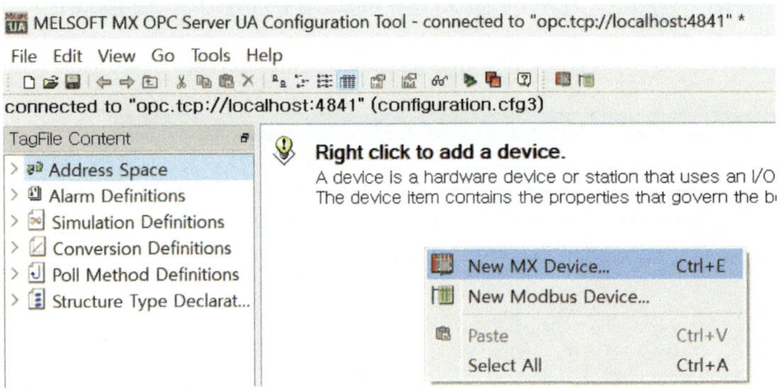

②. 다음과 같은 화면이 표시되고 [MX Transfer Setup]창에서는 연결하고자 디바이스(PLC)를 추가해야 한다. 통신 설정을 위해 우측 상단의 [Configue]를 선택한다.

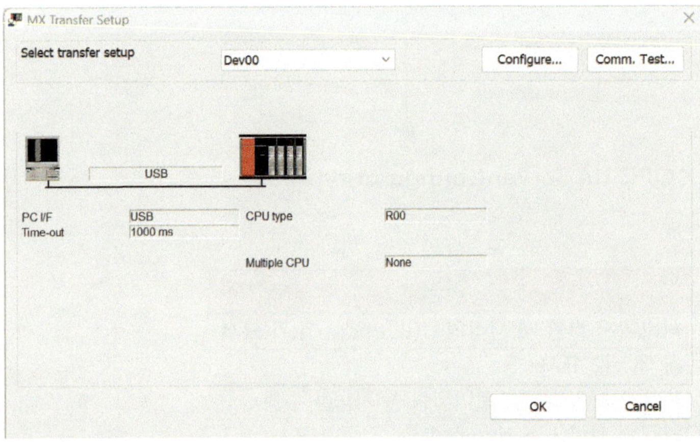

③. 실습에서 PC와 PLC간의 통신은 모두 이더넷 통신을 실시하므로 PC side I/F(PC 측 인터페이스)는 이더넷 보드를 통한 MELSOFT 연결을 통해 통신을 설정한다.

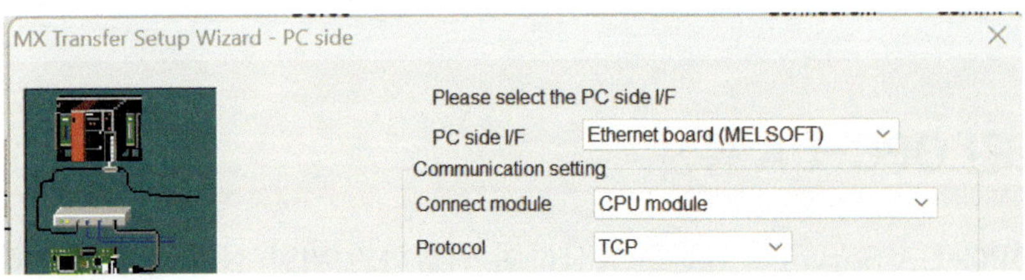

④. 다음으로 PLC side I/F(PLC 측 인터페이스)를 설정한다. Q03UDV는 내장 이더넷 기능을 지원하므로 CPU module을 선택하고 사용하고 있는 PLC IP 주소인 192.168.3.39를 입력한다.

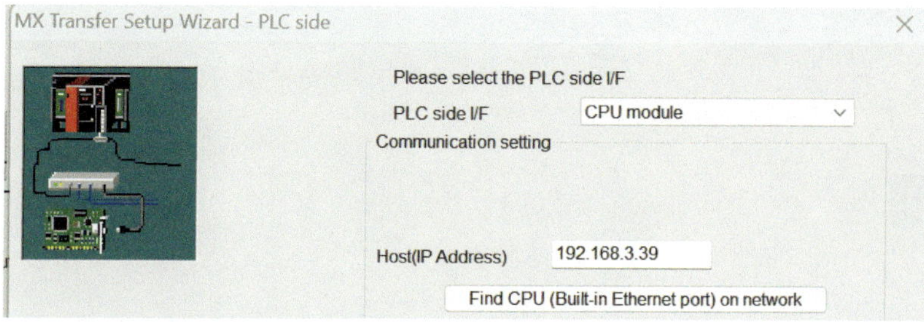

⑤. IP 주소 설정 이후에는 사용하고자 하는 CPU 타입을 선택한다. 실습에 사용하는 CPU인 Q03UDV를 CPU Type에서 설정한다.

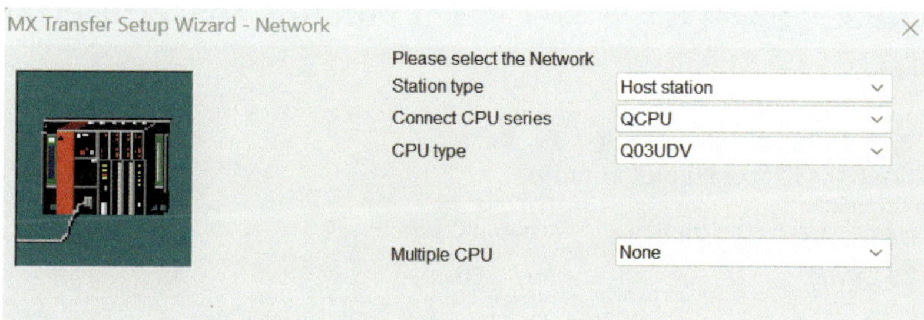

⑥. 통신 설정이 완료 되었으면 [MX Transfer Setup]창에서 앞서 설정했던 PC 및 PLC의 통신 설정을 확인한다.

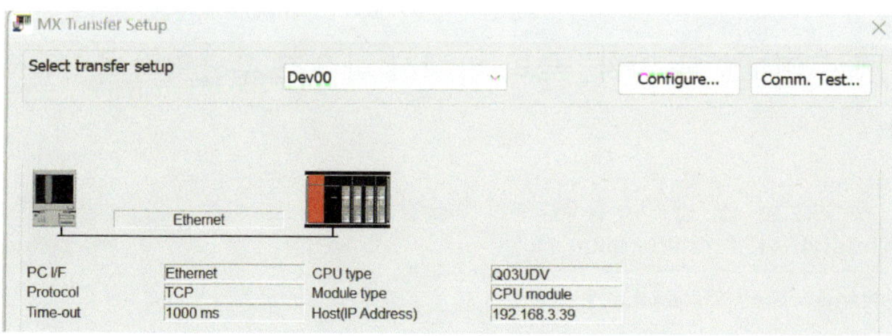

⑦. 통신 설정에 따른 통신 연결 테스트를 수행하기 위해 우측 상단에 위치한 [Comm Test]를 클릭한다. 통신 설정 및 이더넷 연결이 정상적으로 되어 있다면 PLC와 연결이 되었다는 메시지를 확인할 수 있다.

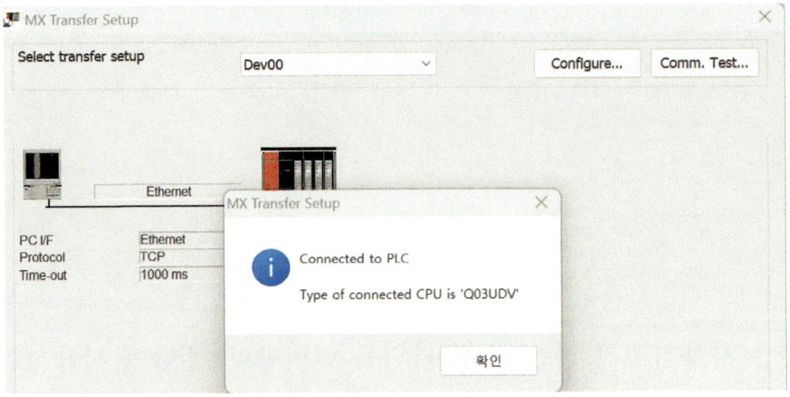

⑧. MX Transfer Setup 설정이 완료되었으면 트리 바에서 [Address Space]-[Dev00]이 추가된 것을 확인한다.

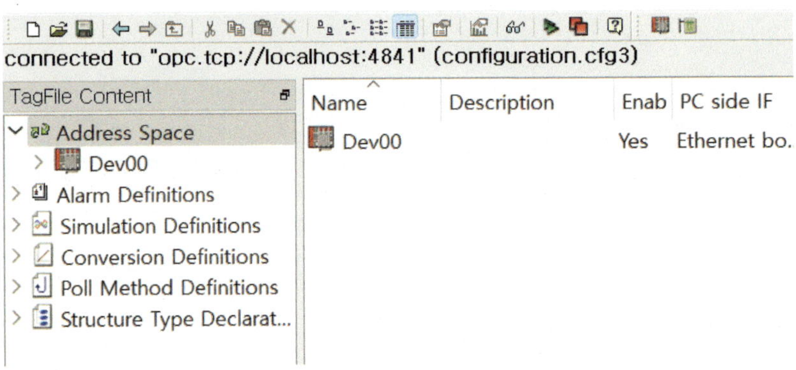

⑨. 다음은 Data tag를 생성 해보도록 하자. 트리 바에서 마우스 우클릭하여 [New DataTag]를 클릭한다.

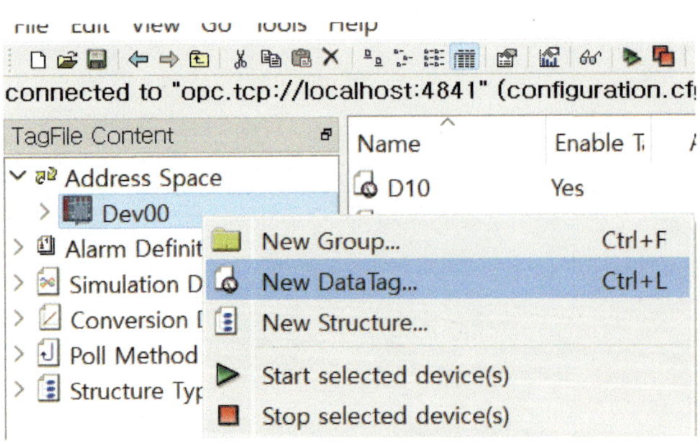

⑩. [Tag Properties]창이 표시된다. 먼저 tag명은 X0를 입력하고 Data Type은 BOOL을 설정한다.

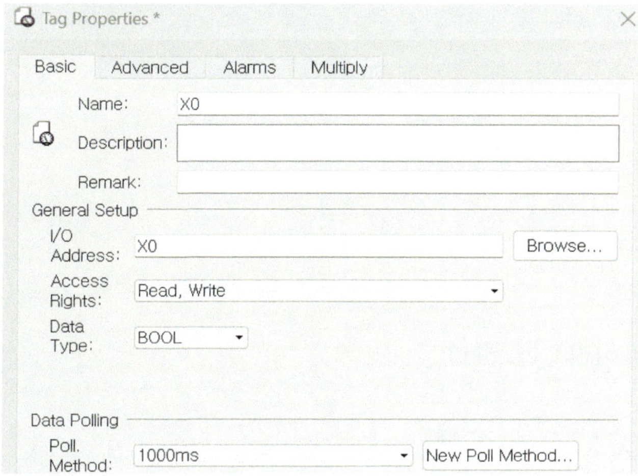

⑪. D0은 16bit 데이터 레지스터이므로 Data Type을 WORD로 설정한다.

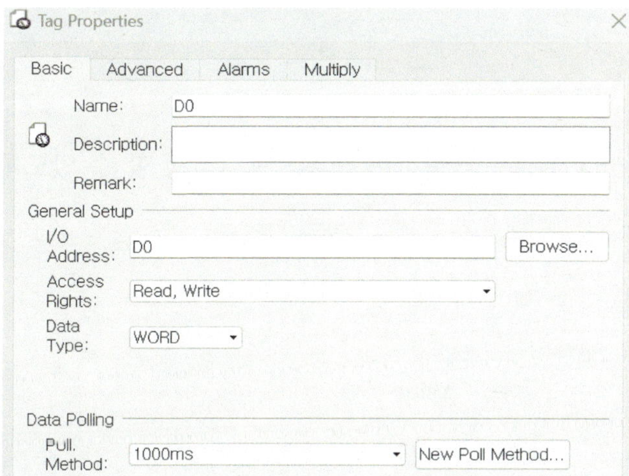

⑫. 같은 방법으로 X0, X1, M0, Y20, M100, D0 총 6개의 메모리를 추가한다.

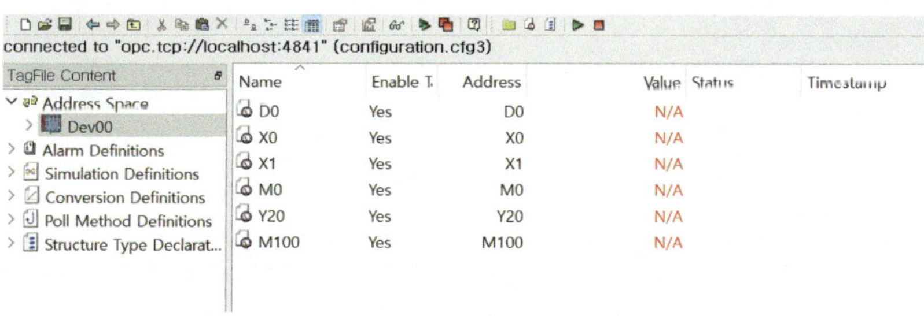

⑬. PLC 프로그램을 아래와 같이 작성한다. 입력 신호 X0가 ON되면 M0이 자기유지되고 1초마다 램프 점등 및 D0가 1씩 증가한다.

⑭. 입력 신호 X0를 ON하여 동작을 확인하도록 한다.

⑮. MX OPC Server UA에서 [Monitor view]를 클릭하여 tag를 모니터링 할 수 있도록 한다.

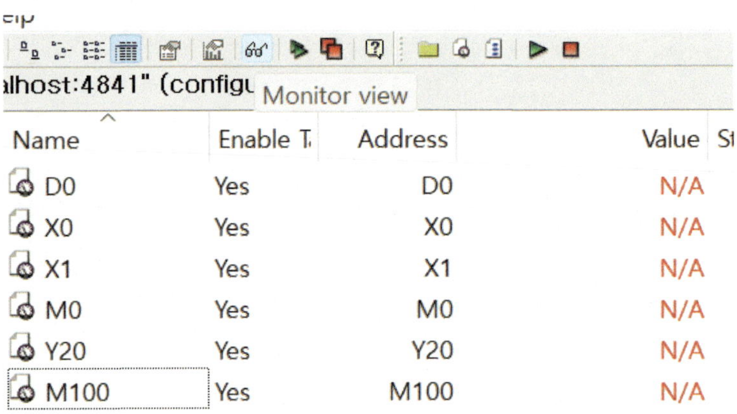

⑯. PC와 PLC간 OPC-UA 통신을 통해 tag 정보가 모니터링 됨을 확인한다.

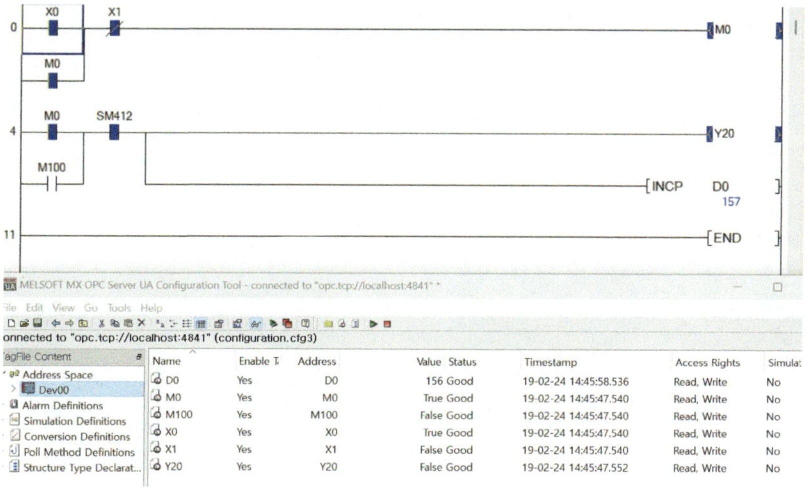

7.4.4 OPC-UA 통신을 통한 SCADA 제어

앞서 PLC와 OPC-UA 통신을 통해 tag를 생성하여 그 값을 모니터링 할 수 있었다. 이번에는 OPC-UA Server를 통해 취합된 정보를 SCADA 프로그램을 통해서 장치제어 실습을 해 보도록 하자. 실습에 사용하는 SCADA 프로그램은 Tesla SCADA2 프로그램을 사용한다. SCADA(Supervisory Control And Data Acquisition)는 산업 자동화 분야에서 사용되고 있는 운영 및 모니터링 시스템으로써 공정 제어와 모니터링, 데이터 수집, 분석 등을 수행하는 소프트웨어이다. 이러한 SCADA 프로그램은 공장 자동화, 전력 시스템, 수도 및 폐수 처리 시설, 교통 관제, 건물 자동화 등 다양한 산업 분야에서 사용된다.

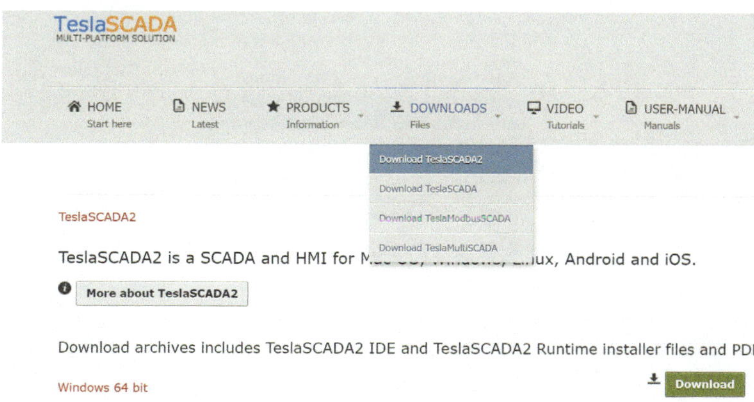

[그림 7-21. Tesla SCADA2 프로그램의 설치]

Tesla SCADA를 설치한 이후에는 OPC-UA Server와 SCADA간 통신 설정 및 모니터링을 위한 실습을 실시해보자.

①. TeslaSCADA IDE 프로그램을 실행하고 [File]-[New]를 클릭하여 새 프로젝트를 생성한다.

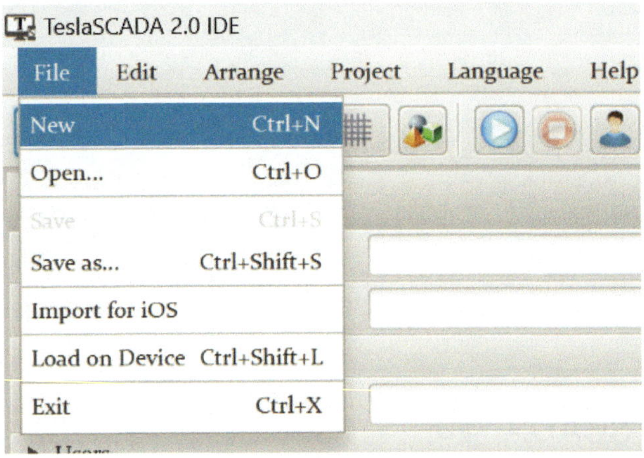

②. 프로젝트가 생성되었으면 [Servers]에서 우클릭하고 [New Server]-[OPC UA]를 클릭한다.

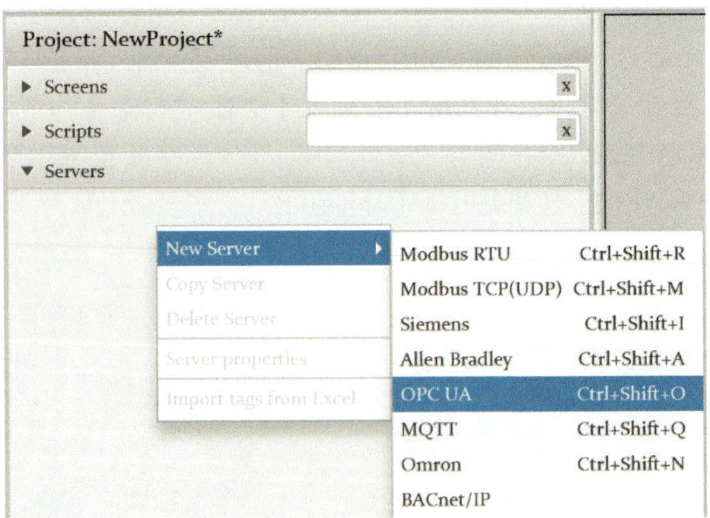

③. [Server properties]에서 URI를 확인한다. PC(OPC-UA Server)의 IP는 192.168.3.100을 사용하고 있으므로 URI를 변경한다.

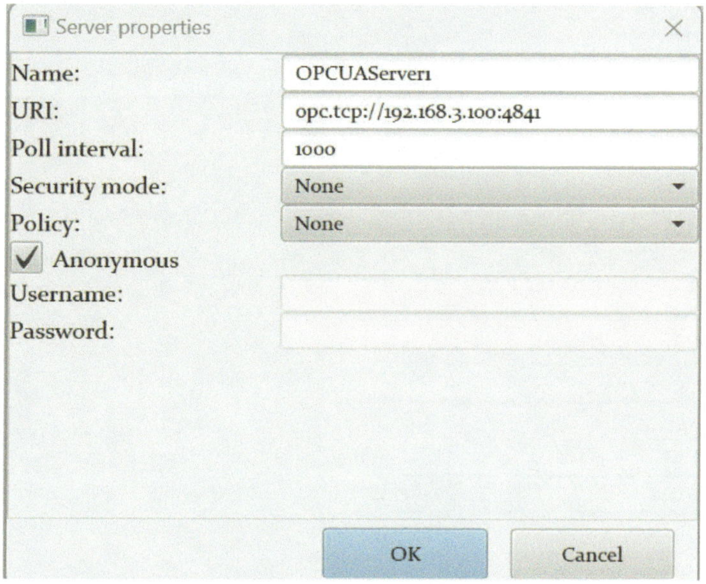

④. Server를 생성하였으면 다음으로는 SCADA와 OPC-UA Server간 통신을 위한 tag를 생성해야 한다. [Tags]에서 마우스 우클릭하고 [New Tag]를 선택한다.

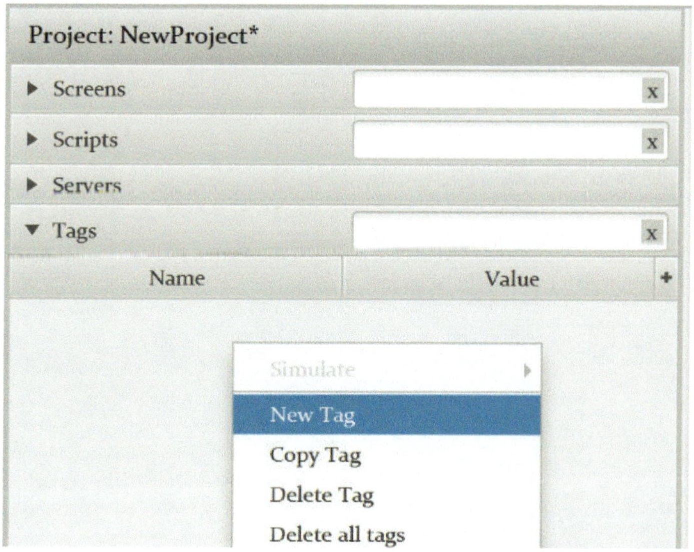

⑤. X0 tag를 먼저 생성하고 Data Type과 Acces mode를 확인한다. PV Input server는 앞서 생성한 OPCUAServer1를 선택한다. 다음으로 PV Input tag를 클릭한다.

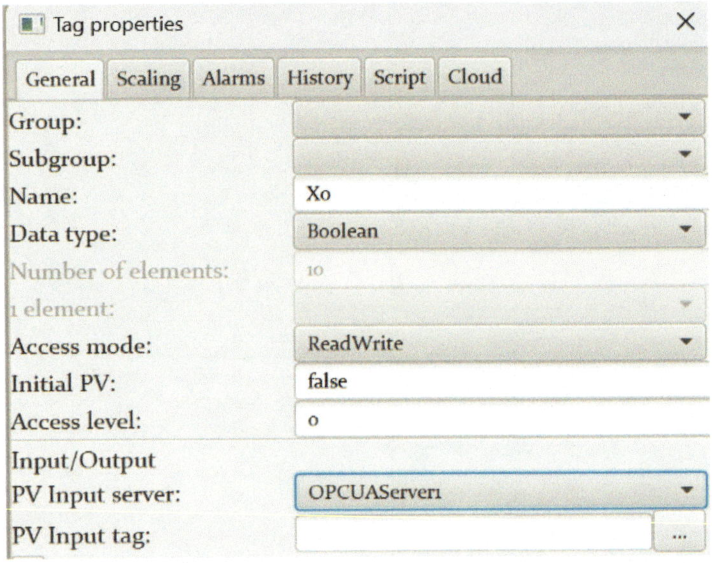

⑥. [Root]-[Objects]-[Address Space]-[Devoo]-[X0]를 클릭한다. 해당 디바이스들은 앞서 MX OPC Server UA에서 생성한 tag 정보이다.

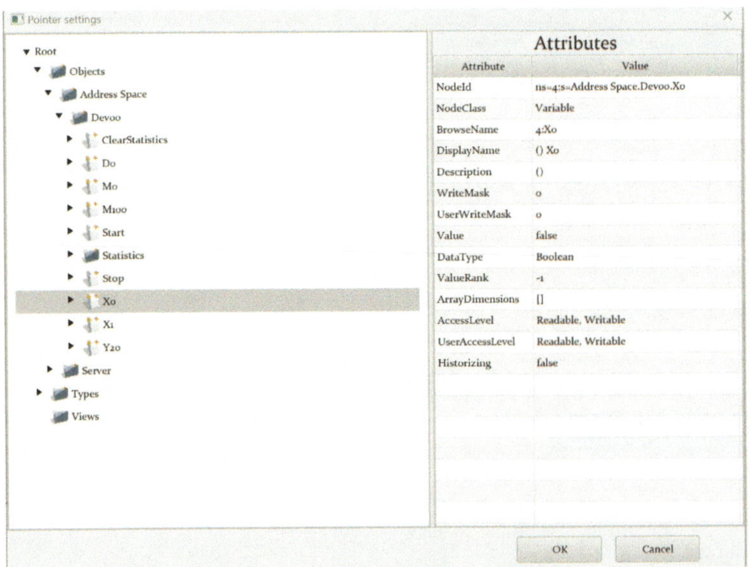

⑦. D0와 같은 16bit 데이터 레지스터는 Date Type을 Short(16bit)로 설정함을 주의한다.

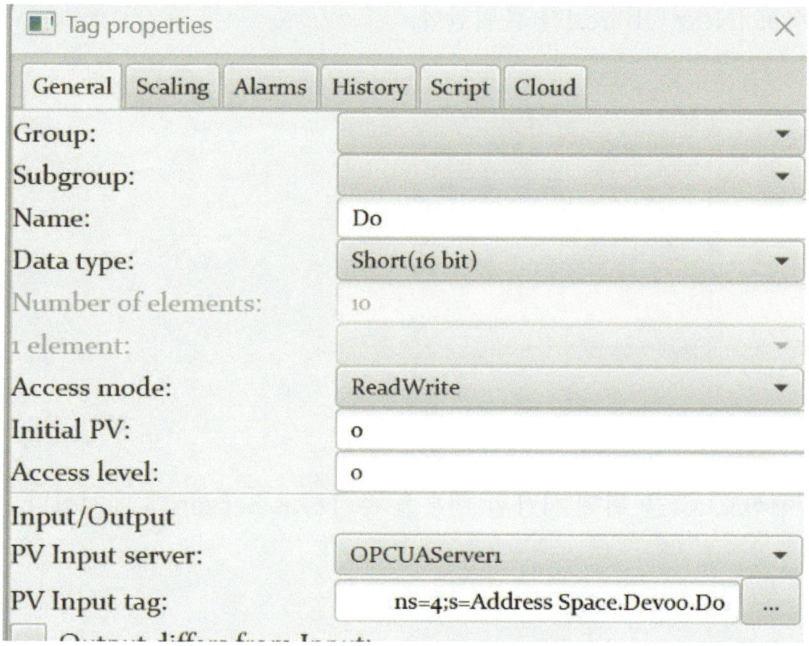

⑧. 실습에 사용하는 tag(D0, M0, M100, X0, X1, Y20)을 모두 추가한다.

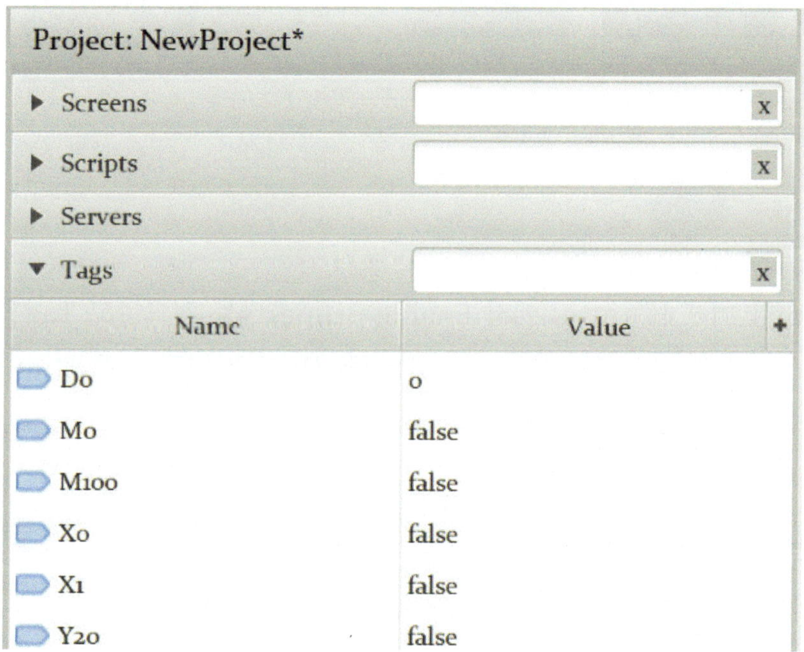

⑨. tag 생성을 완료한 이후에는 SCADA에서 표현할 Object 추가가 필요하다. Screens 에서 마우스 우클릭하고 [New Object]를 클릭한다.

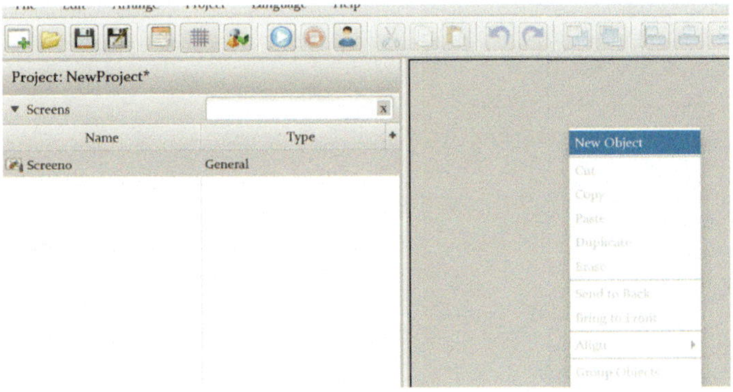

⑩. 입력 신호 X0 및 정지 신호 X1을 위해 사용할 버튼을 추가하고 Screen에 배치한다.

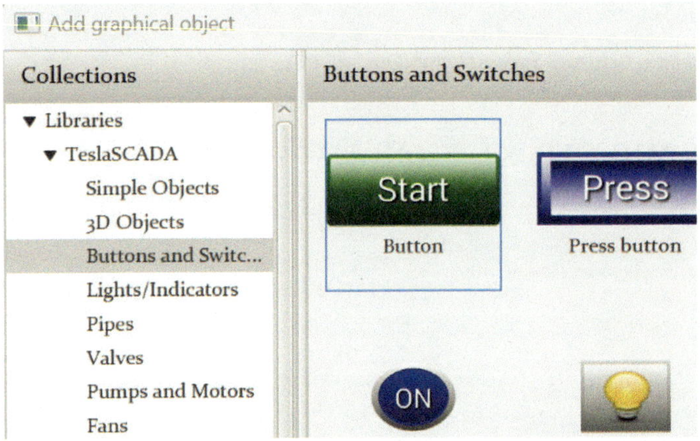

⑪. Start Button을 생성한 이후 [Control]에서 Enable property를 체크하고 Tag를 X0, Function을 Push체크한다. 이를 통해 버튼을 클릭 시 X0가 입력될 때 펑션이 실행된다.

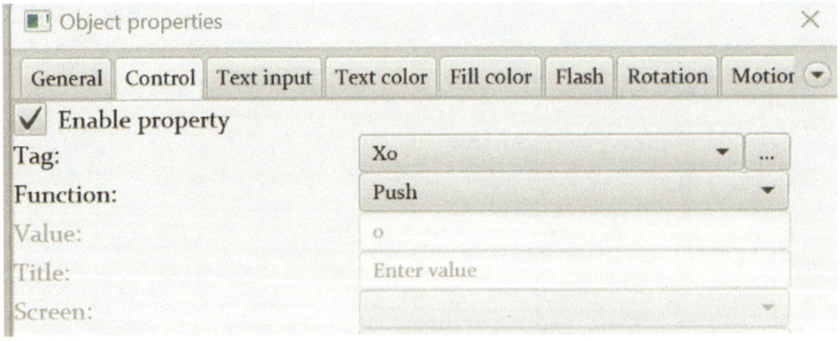

⑫. 출력 램프(Y20)를 사용하기 위해 Light를 추가한다.

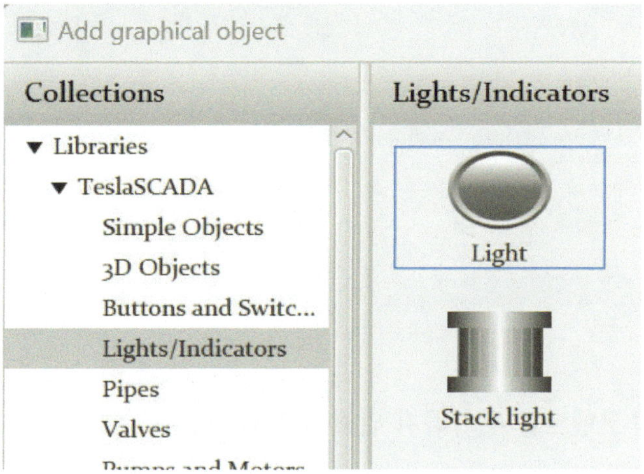

⑬. 출력 램프(Y20)은 [Text input]에서 Enable property를 체크하고 Tag 및 Text TRUE/FALSE를 기입하여 램프 출력시 ON/OFF 텍스트를 표시할 수 있도록 한다.

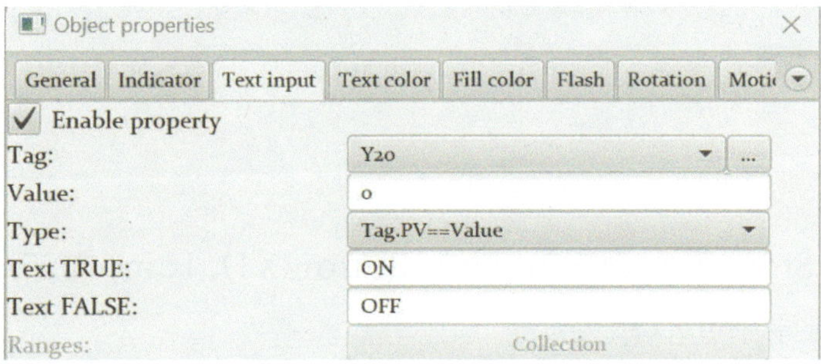

⑭. 카운트 값(D0)을 표시하기 위해 Digital meter object를 추가한다.

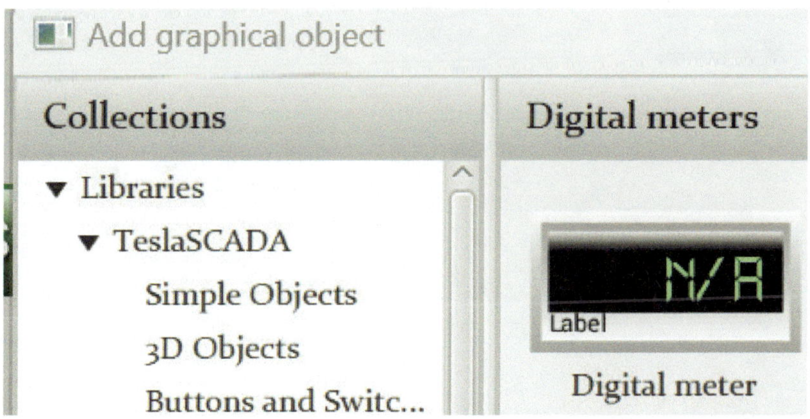

⑮. D0의 카운트 값을 표시하기 위해 [Text input]에서 Enable을 체크하고 Tag 및 Type을 확인한다.

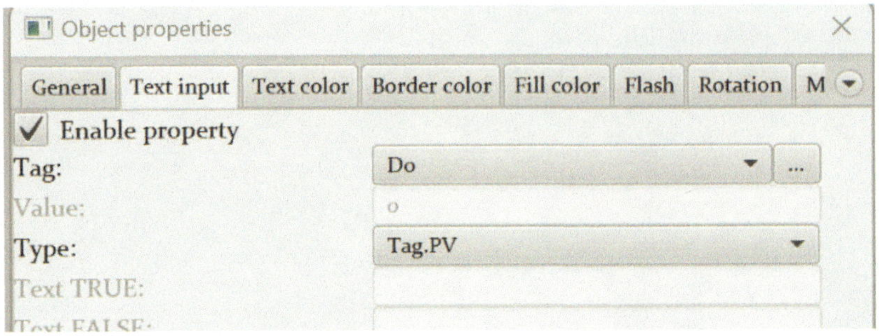

⑯. 추가한 버튼, 램프, Digtal meter에 코멘트를 추가하기 위해 라벨 object를 추가한다.

⑰. 완성된 Screen을 확인한다. Start Button(X0), Stop Button(X1), Lamp(Y20), Count Value(D0)로 동작하도록 구현한다.

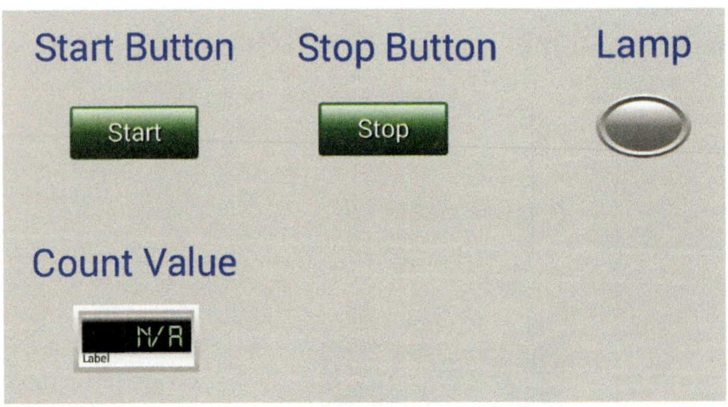

⑱. PLC 프로그램에서 OPC-UA Server와 SCADA간 지연시간을 고려하여 SM412를 SM413으로 변경한다. 기존의 0.5초마다 ON, OFF를 반복하던 프로그램을 1초마다 ON, OFF를 반복하도록 변경한다.

⑲. SCADA 및 PLC 프로그램을 통해 동작을 확인한다. Start Button을 클릭하면 X0가 ON되고 2초마다 Lamp는 ON, D0값은 1씩 증가한다. 이때 Stop Button을 클릭하면 M0 자기유지가 해제된다.

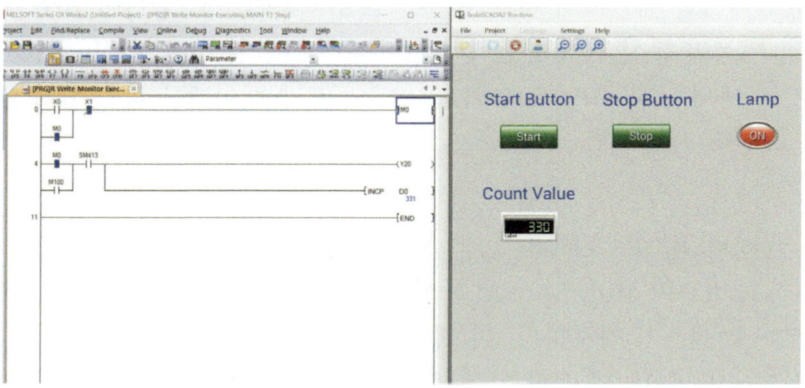

⑳. 마찬가지로 PLC 프로그램과 MX-OPC Server UA간 데이터 통신이 잘 이뤄지는 것을 확인할 수 있다. 이때 Data Polling 시간 1000ms를 고려한다.

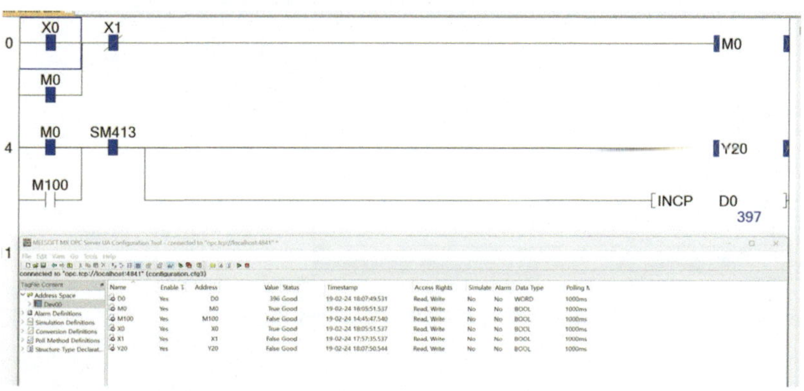

7.5 상위 통신

7.5.1 MX-Component란

점점 더 지능화되는 설비와 시스템에 따라 PC와 PLC간에 점점 더 많은 정보를 더 빠르게 전송해야 하는 필요가 증가하고 있다. MX-Component란 PC와 PLC간에 데이터 통신을 위한 툴로써 라이브러리를 제공하여 기존의 복잡하던 시리얼 통신이나 이더넷 통신을 공통 함수를 사용해 상위 어플리케이션을 쉽게 개발할 수 있다는 장점이 있다. MX-Component는 마법사 형식의 설정 유틸리티를 제공하여 대화 형식의 설정으로 PLC CPU와의 통신 설정을 쉽게 구현할 수 있다. 더욱이 통신 설정 유틸리티에 저장된 CPU의 논리 국번(Logical station number)를 지정해 액세스 할 수 있으며 PLC CPU의 시계 데이터를 읽고 쓰기 할 수 있다.

MX-Component에서는 Visual Basic, Visual C++, Visual C#, VB Script 및 픔 등 다양한 프로그램 언어를 지원하고 있으며 Multi thread 통신 기능을 지원하여 복수의 thread에서 동시에 같은 통신 경로에 액세스가 가능하다. 이 책에서는 PC와 PLC간 통신을 위한 프로그램 언어는 C#을 기반으로 설명하도록 한다.

[그림 7-22. MX-Component를 통한 PC와 PLC간의 통신]

7.5.2 MX-Component의 컨트롤

다음은 MX-Component에서 제공하는 DLL에 포함되는 컨트롤 일람을 설명하도록 한다.

I. ACT 컨트롤

ACT 컨트롤은 MX-Component에서 제공하는 ActiveX 컨트롤로써 이 방식은 MX-Component에서 제공하는 함수를 사용하여 제어하고 모니터링 할 수 있다. ACT 컨트롤은 MX-Component의 라이브러리를 통해 쉽게 접근하고 사용할 수 있으며 주로 VB Script나 C# 등의 프로그램 언어를 사용하여 프로그래밍 된다.

DLL명	컨트롤명		설명
	VB,C++,C#,VBA	VBScript	
ActUTLType.dll	ActUtlType	ActMLUtlType	통신 설정 유틸리티를 사용하여 사용자 프로그램을 작성하는 경우 사용
ActProgType.dll	ActProgType	ActMLProgType	통신 설정 유틸리티를 사용하지 않고 사용자 프로그램을 작성하는 경우 사용

II. .NET 컨트롤

.NET 컨트롤은 .NET 프레임워크를 기반으로 한 컨트롤 방식이다. 이 방식은 .NET언어를 사용하여 MX-Component에 접근하고 제어하는 것을 의미하며, .NET 컨트롤을 사용하면 .NET 프레임워크의 다양한 기능과 라이브러리를 활용할 수 있다. 이러한 ACT 컨트롤과 .NET 컨트롤 방식은 사용자의 개발 환경과 요구 사항에 따라 달라질 수 있다.

DLL명	컨트롤명	설명
	VB,C++,C#	
DotUtlType.dll	DotUtlType	통신 설정 유틸리티를 사용하여 사용자 프로그램을 작성하는 경우에 사용
DotSupprtMsg.dll	DotSupportMsg	트러블슈팅 기능에 사용

7.5.3 MX-Componen의 함수 일람

다음은 MX-Component에서 사용할 수 있는 함수의 기능과 일람을 나타낸다.

[표 7-8. MX-Component의 함수 일람]

함수명	기능
Open	통신 오픈
Close	통신 클로즈
ReadDeviceBlock	디바이스 일괄 읽기 (4 바이트 데이터)
WriteDeviceBlock	디바이스 일괄 쓰기 (4 바이트 데이터)
ReadDeviceRandom	디바이스 랜덤 읽기 (4 바이트 데이터)
WriteDeviceRandom	디바이스 랜덤 쓰기 (4 바이트 데이터)
SetDevice	디바이스 1점 설정 (4 바이트 데이터)
GetDevice	디바이스 1점 데이터 수집 (4 바이트 데이터)
GetClockData	PLC CPU 시계 데이터 읽기
SetClockData	PLC CPU 시계 데이터 쓰기
ReadDeviceBlock2	디바이스 일괄 읽기 (2 바이트 데이터)
WriteDeviceBlock2	디바이스 일괄 쓰기 (2 바이트 데이터)
ReadDeviceRandom2	디바이스 랜덤 읽기 (2 바이트 데이터)
WriteDeviceRandom2	디바이스 랜덤 쓰기 (2 바이트 데이터)
SetDevice2	디바이스 1점 설정 (2 바이트 데이터)
GetDevice2	디바이스 1점 데이터 수집 (2 바이트 데이터)
GetErrorMessage	에러 내용과 처리 방법 표시

7.5.4 MX-Componen의 함수 기능

MX-Component에서 제공하는 각 함수의 기능에 대해서 살펴보자. 이 책에서는 일부의 함수에 대해 설명하고 기타 자세한 함수의 기능은 매뉴얼을 참고하도록 한다.

I. Open(통신 오픈)

통신을 시작하기 위해서는 통신 오픈 처리가 먼저 수행되어야 한다. Open 함수는 통신의 확립, PLC 데이터 수집등을 처리 하기 위해 처리 시간이 길어지는 경우가 있으므로 효율적으로 사용자 어플리케이션을 구현하기 위해서는 아래 [그림 7-23]의 플로우 차트를 참고하도록 한다.

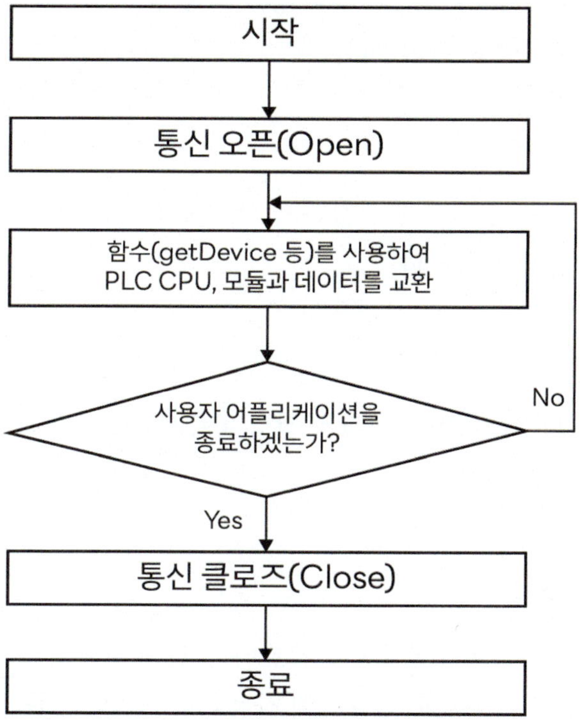

[그림 7-23. 사용자 어플리케이션의 플로우 차트]

Open함수는 Act(ML)ProgType 및 Act(ML)UtlType 컨트롤에 사용할 수 있으며 아래는 각 프로그램 언어별 서식을 나타낸다.

①. Visual C++ .NET(MFC), VBA

- IRet = object.Open()
- IRet의 자료형은 Long이며 반환값은 정상 종료시 0을 반환하고 이상 종료시에 0이외의 에러 코드값을 반환한다.

②. VBScript

- varRet = object.Open()
- varRet의 자료형은 VARIANT이며 반환값은 정상 종료시 0을 반환하고 이상 종료시에 0이외의 에러 코드값을 반환한다.

③. Visual Basic .NET

- IRet = object.Open()

- iRet의 자료형은 Integer이며 반환값은 정상 종료시 0을 반환하고 이상 종료시에 0 이외의 에러 코드값을 반환한다.

④. **Visual C++ .NET**

- iRet = ob ject.Open()
- iRet의 자료형은 int이며 반환값은 정상 종료시 0을 반환하고 이상 종료시에 0이외의 에러 코드값을 반환한다.

⑤. **Visual C# .NET**

- iRet = object.Open()
- iRet의 자료형은 int이며 반환값은 정상 종료시 0을 반환하고 이상 종료시에 0이외의 에러 코드값을 반환한다.

II. Close(통신 종료)

Close 함수는 사용자 어플리케이션을 종료하기 위해 사용된다. Close 함수는 Act(ML) ProgType 및 Act(ML)UtlType 컨트롤에 사용할 수 있으며 아래는 각 프로그램 언어별 서식을 나타낸다.

①. **Visual C++ .NET(MFC), VBA**

- IRet = object.Close()
- IRet의 자료형은 Long이며 반환값은 정상 종료시 0을 반환하고 이상 종료시에 0이외의 에러 코드값을 반환한다.

②. **VBScript**

- varRet = object.Close()
- varRet의 자료형은 VARIANT이며 반환값은 정상 종료시 0을 반환하고 이상 종료시에 0이외의 에러 코드값을 반환한다.

③. **Visual Basic .NET**

- IRet = object.Close()
- iRet의 자료형은 Integer이며 반환값은 정상 종료시 0을 반환하고 이상 종료시에 0 이외의 에러 코드값을 반환한다.

④. **Visual C++ .NET**

- iRet = object.Close()
- iRet의 자료형은 int이며 반환값은 정상 종료시 0을 반환하고 이상 종료시에 0이외의 에러 코드값을 반환한다.

⑤. **Visual C# .NET**

- iRet = object.Close()
- iRet의 자료형은 int이며 반환값은 정상 종료시 0을 반환하고 이상 종료시에 0이외의 에러 코드값을 반환한다.

III. SetDevice

SetDevice 함수는 단일 디바이스에 대한 값을 설정하는데 사용된다. 이 함수를 사용하여 PLC의 bit, Word 값 등을 설정할 수 있다. 예를 들어 SetDevice("D100",1)은 D100 주소에 1을 설정할 수 있다. SetDeivce는 C# 프로그램에서 아래의 기술방식을 따른다. 여기서 iRet은 int, szDevice는 string, iData는 int 자료형이다.

```
iRet = object.SetDevice(szDevice, iData)
```

szDevice에 지정된 디바이스 1점에 대해서 iData로 값을 지정한다. 반환값은 정상 종료시 0을 반환하고 이상 종료시에 0이외의 에러 코드값을 반환한다.

IV. GetDevice

GetDevice 함수는 단일 디바이스에 대한 값을 읽는데 사용된다. 이 함수를 사용하여 PLC의 bit, Word 값 등을 읽을 수 있다. 예를 들어 GetDeivce("Y20, out int Y20)은 Y20 메모리의 값을 읽을 수 있다. GetDevice는 C# 프로그램에서 아래의 기술 방식을 따른다. 여기서 iRet은 int, szDevice는 string, iData는 int 자료형이다.

```
iRet = object.GetDevice(szDevice, out iData)
```

szDevice에 지정된 1점 디바이스 데이터를 iData에 저장한다. 반환값은 정상 종료시 0을 반환하고 이상 종료시에 0이외의 에러 코드값을 반환한다.

V. ReadDeviceBlock

ReadDeviceBlock 함수는 연속된 디바이스 블록의 값을 읽는데 사용된다. 이 함수를 통해 PLC에서 연속된 디바이스 주소에 대한 bit, Word 등의 값을 읽을 수 있다. 예를 들어 ReadDeviceBlock("D100", 10, D100[0])는 D100부터 D109까지의 주소에 대한 값을 읽는다.

ReadDeviceBlock 함수는 C# 프로그램에서 아래의 기술 방식을 따른다. 여기서 iRet은 int, szDeivce는 string, iSize는 int, iData는 int[n]의 자료형이다.

```
iRet = object.ReadDeviceBlock(szDevice, iSize, out iData[0])
```

szDevice에 지정된 디바이스로부터 iSize 만큼의 디바이스 값을 일괄적으로 읽고, 읽기 디바이스 값은 iData에 저장된다. 여기서 iData는 iSize 이상의 배열을 확보해야 한다.

VI. WriteDeviceBlock

WriteDeviceBlock 함수는 연속된 디바이스 블록의 값을 쓰는데 사용된다. 이 함수를 통해 PLC에서 연속된 디바이스 주소에 대한 bit, Word 등의 값을 쓸수 있다. 예를 들어 C# 프로그램에서 WriteDeviceBlock("D100", 10, ref D100[0]은 D100부터 D109까지 값을 일괄로 쓸 수 있다. WriteDeviceBlock 함수는 C# 프로그램에서 아래의 기술 방식을 따른다. 여기서 iRet은 int, szDevice는 string, iSize는 int, iData는 int[n]의 자료형이다.

```
iRet = object.WriteDeviceBlock(szDevice, iSize, ref iData[0])
```

szDevice에 지정된 디바이스로부터 iSize 만큼의 디바이스 값을 일괄적으로 쓰고, 쓰기 디바이스값을 iData에 저장한다. 여기서 iData는 iSize 이상의 배열을 확보해야 한다.

VII. ReadDeviceRandom

ReadDeviceRandom 함수는 선택된 메모리의 값을 읽는데 사용된다. 이 함수를 사용하여 PLC의 메모리 주소에 bit 또는 Word 값을 읽을 수 있다.

ReadDeviceRandom 함수는 C# 프로그램에서 아래의 기술 방식을 따른다. 여기서 iRet은

int, szDevice는 string, iSize는 int, iData는 int[n]의 자료형이다.

```
iRet = object.ReadDeviceRandom(szDevice, iSize, out iData[0])
```

szDevice에 지정된 메모리를 iSize 만큼의 메모리값만큼 읽고, 읽은 메모리값은 iData에 저장된다. 메모리 리스트에 지정되는 문자열은 기호로 구분해야 한다. 예를 들어 C#에서는 D0\nD1\nD2와 같이 구분을 위해 기호를 사용한다. 또한 iData는 iSize 이상의 배열을 확보해야 한다.

VIII. WriteDeviceRandom

WirteDeviceRandom 함수는 선택된 메모리의 값을 쓰는데 사용된다. 이 함수를 사용하여 PLC의 메모리 주소에 bit 또는 Word 값을 쓸 수 있다.

WriteDeviceRandom 함수는 C# 프로그램에서 아래의 기술 방식을 따른다. 여기서 iRet은 int, szDevice는 string, iSize는 int, iData는 int[n]의 자료형이다.

```
iRet = object.WriteDeviceRandom(szDevice, iSize, ref iData[0])
```

szDevice에 지정된 메모리를 iSize 분의 메모리값을 쓰고, 쓰기 메모리값을 iData에 저장한다. 메모리 리스트에 지정되는 문자열은 기호로 구분하여 D0\nD1\nD2와 같이 구분을 위해 기호를 사용힌디. 또한 iData는 iSize 이상의 배열을 확보해야 한다.

7.5.5 MX-Component 유틸리티의 설정

이 장에서는 PLC 프로그램과 MX-Component를 사용하여 장치 모니터링 프로그램을 작성해보자. MX-Component 사용을 위해서 먼저 유틸리티 설정이 필요하다. MX-Component를 설치하면 아래와 같은 3개의 유틸리티가 자동으로 설치된다.

[표 7-9. MX-Component의 유틸리티]

항목	내용
통신 설정 유틸리티	통신을 실행하기 위해 마법사 형식으로 실행하는 유틸리티
PLC 모니터 유틸리티	통신 설정 유틸리티에서 설정한 논리 국번을 사용해 접속 대상을 설정 및 모니터링하는데 사용되는 유틸리티
라벨 관리 유틸리티	시스템 라벨의 등록하는데 사용되는 유틸리티

통신 설정 유틸리티(Communication Setup Utility)을 통해 논리 국번의 설정 방법 등에 대해 살펴본다.

①. MX-Component Utility 중 Communication Setup Utility를 실행한다. 실행 시에는 가급적 관리자 권한으로 실행하도록 한다.

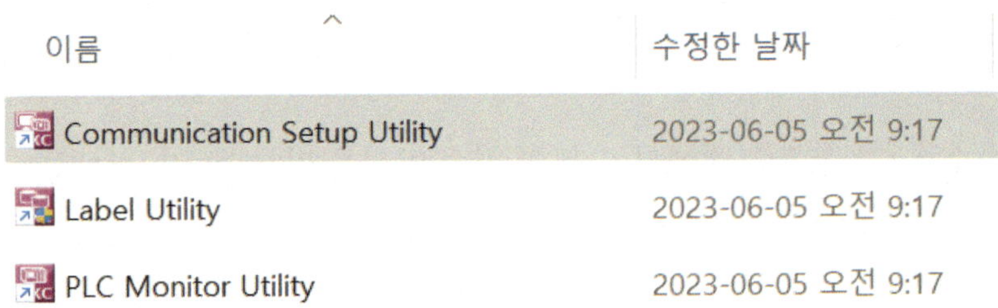

②. Communication Setup Utility가 실행되고, 통신 설정 마법사 기능을 통해 논리 국번을 설정하기 위해 [Wizard] 버튼을 클릭한다.

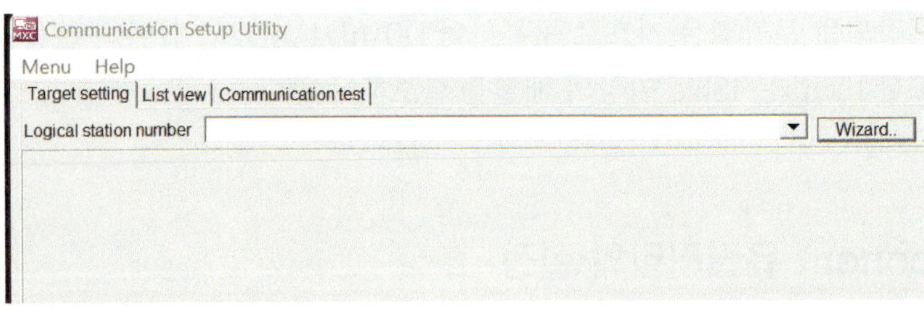

③. 논리 국번(Logical station number)를 0으로 설정한다.

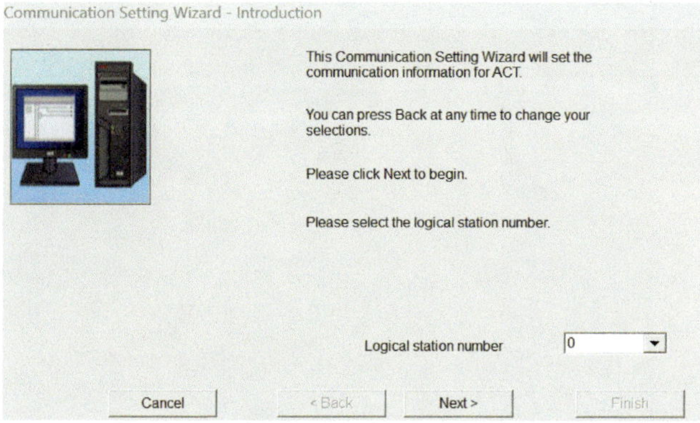

④. PC 측은 Ethernet board로 인터페이스를 설정하고, 연결 모드와 프로토콜은 CPU Module, TCP로 설정한다.

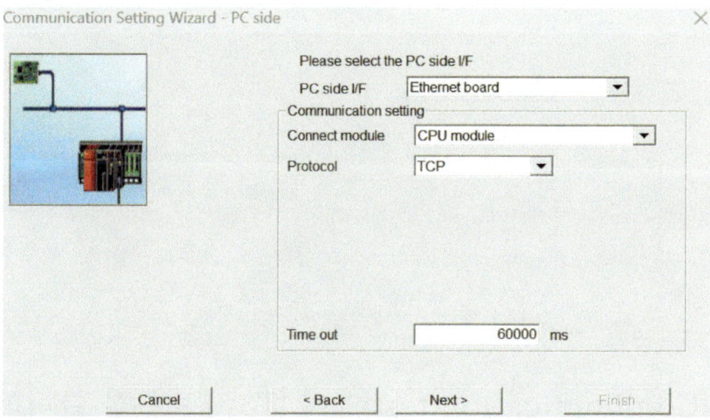

⑤. PLC는 내장 이더넷 모듈을 사용 하므로 PLC 인터페이스는 CPU Module을 선택하고 PLC IP 주소인 192.168.3.39를 설정한다.

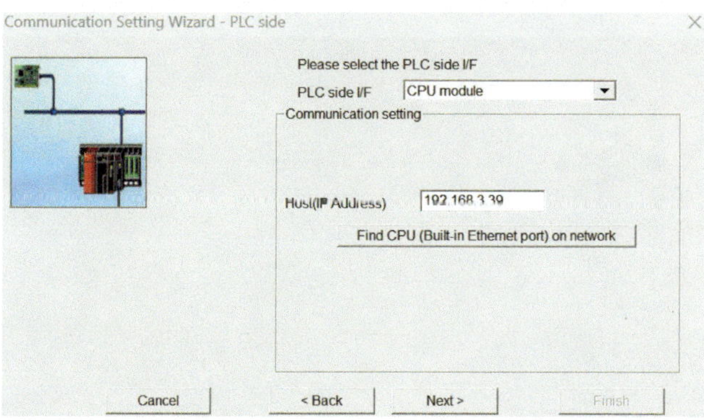

⑥. 다음은 사용하고 있는 PLC CPU인 Q03UDV CPU를 설정한다.

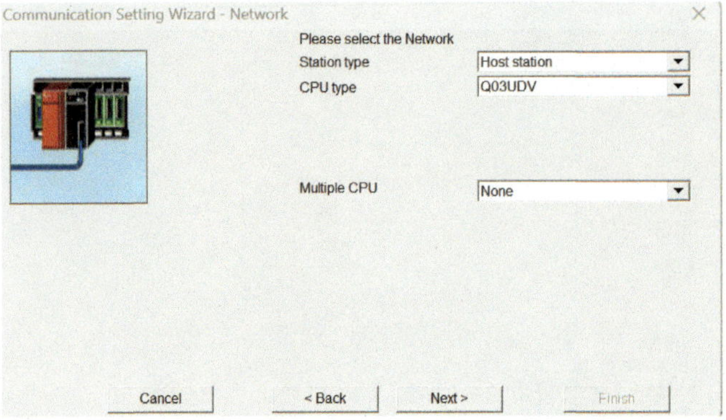

⑦. 설정이 완료 되었으면 마법사 기능을 통해 논리 국번 0번과 PC, PLC측 통신 설정이 올바르게 되었는지 확인한다.

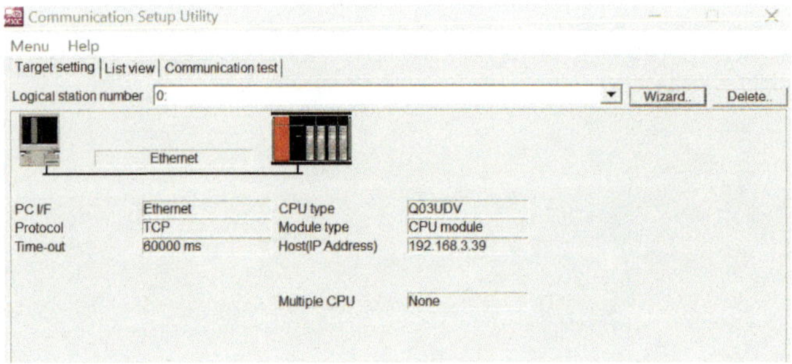

⑧. PC와 PLC간의 통신 체크를 위해 [Communication test]에서 [Test] 버튼을 클릭하고 통신 테스트가 정상적으로 완료되었는지 확인한다.

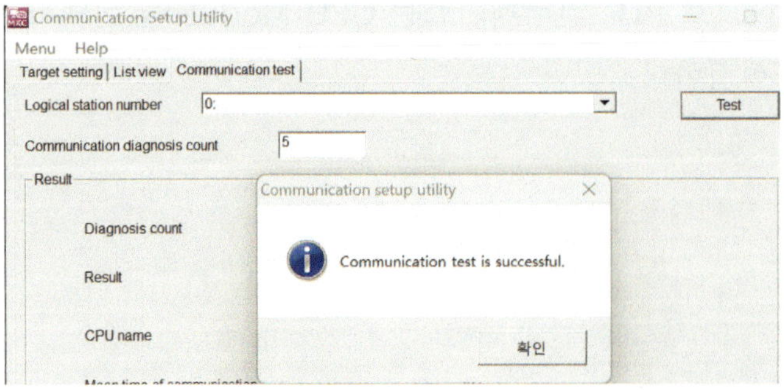

7.5.6 Windows Form 앱 만들기

이 장에서는 C# 프로그램과 PLC 프로그램을 작성하여 장치 제어 및 모니터링 프로그램을 작성 하기 위해 Visual Studio에서 Windows Form 앱을 만들고 디자인 한다. 실습에 사용하는 Visual Studio는 Visual Studio 2019 버전을 사용한다.

①. Visual Studio에서 [새 프로젝트 만들기]를 클릭하고 Windows Form 앱(.NET Framework)을 선택하고 다음을 클릭한다.

②. 프로젝트의 이름은 MXComponentText로 명명하고 프로젝트 위치와 프레임워크 버전을 확인한다.

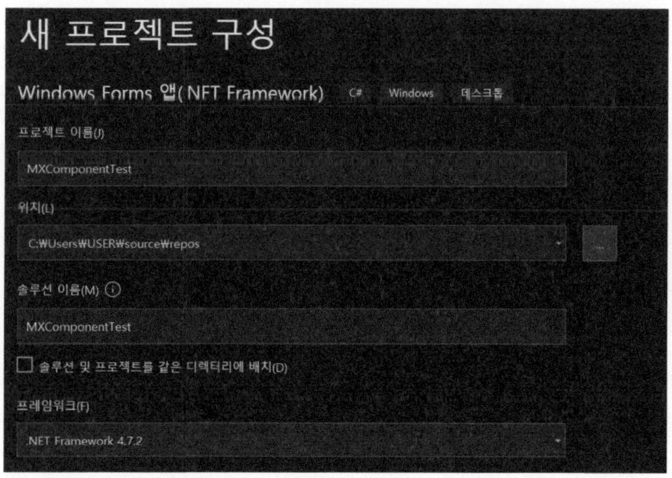

③. 프로젝트를 생성한 이후 Form1이 표시되고 좌측에 [도구 상자]를 통해 필요한 컨트롤류를 추가할 수 있다.

④. [도구 상자]에서 GroupBox를 클릭하고 드래그&드롭으로 위치시킨다.

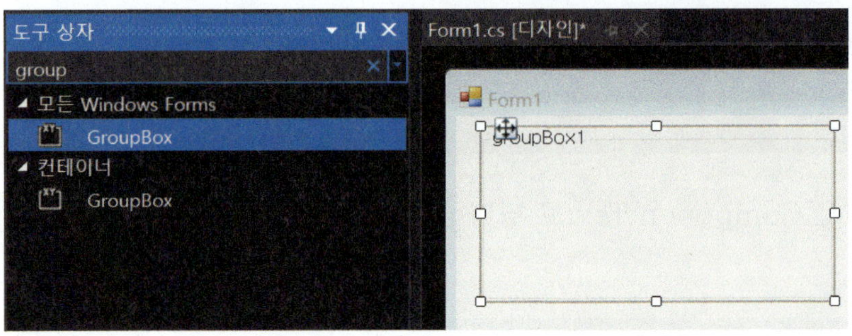

⑤. groupBox1의 이름을 myPLC로 변경하기 위해 우측 하단에 [속성]-[모양]-[Font]-[Text]에서 myPLC로 변경한다.

⑥. Start button, Stop button 2개의 버튼을 만들기 위해 [도구 상자]에서 Button을 2개 추가한다.

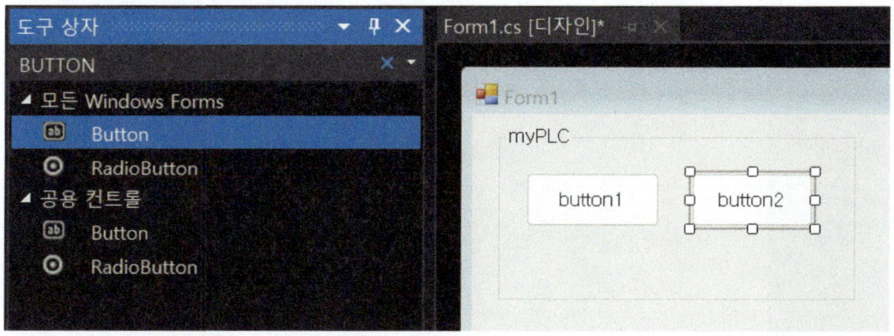

⑦. [속성]-[모양]-[Font]-[Text]에서 button1은 통신 오픈, button2는 통신 클로즈로 변경한다.

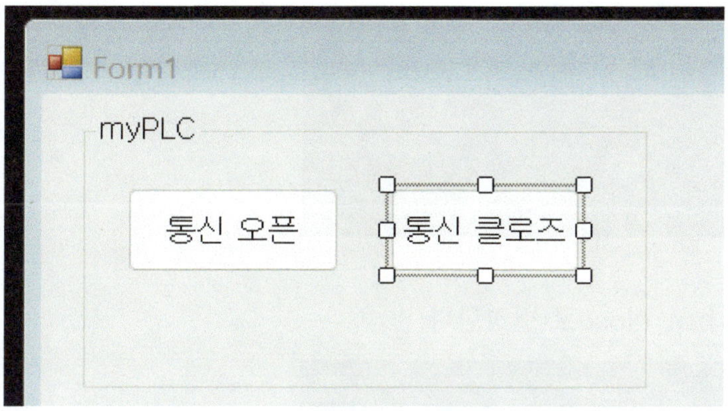

⑧. 통신 오픈 및 클로즈 상태를 확인하기 위해 [도구 상자]에서 Label을 하단에 추가하고, [속성]-[모양]-[Font]-[Text]에서 Label명을 [연결 상태 :]로 변경한다.

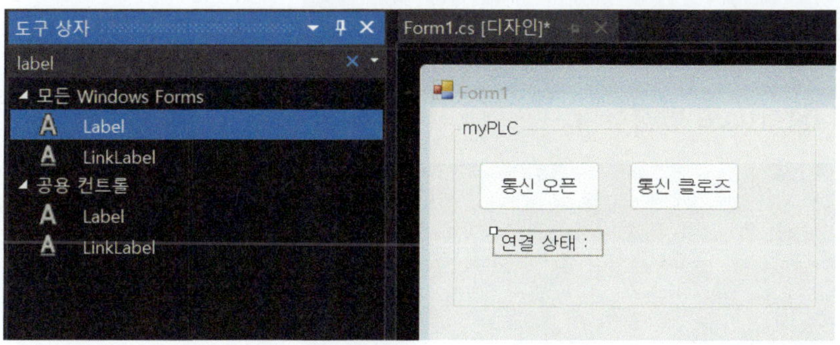

⑨. 연결 상태를 확인하기 위해 Label을 하나 더 추가하고, [속성]-[모양]-[Font]-[Text]에서 [...]으로 변경한다.

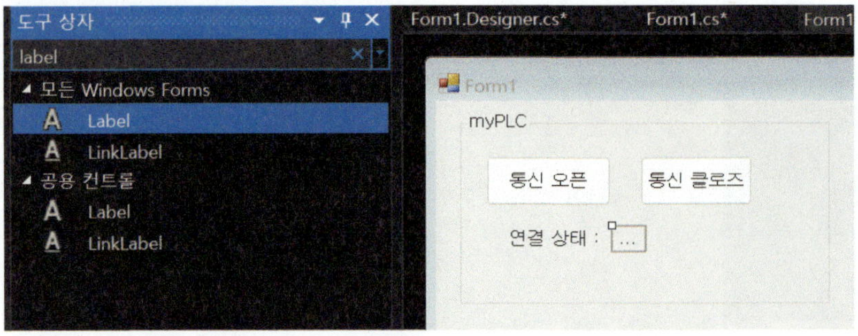

⑩. 통신 오픈 버튼의 변수명을 변경하기 위해 [속성]-[디자인]-[Name]에서 btn_open으로 변경한다.

⑪. 동일한 방법으로 button2는 btn_close로 변경한다.

⑫. [...] Label의 경우 lblStatus로 변경한다.

⑬. 장치 제어를 위해 3개의 버튼(Start, Stop, Lamp)을 추가하고, text를 변경한다.

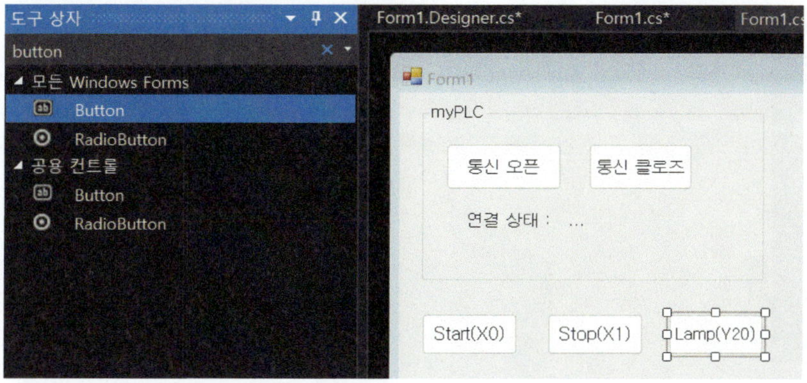

⑭. Start, Stop, Lamp 버튼 각각의 변수명을 [디자인]-[Name]에서 변경한다.

⑮. D0, D10 데이터 레지스터의 값을 읽거나 쓰기 위해서 Label을 추가한다.

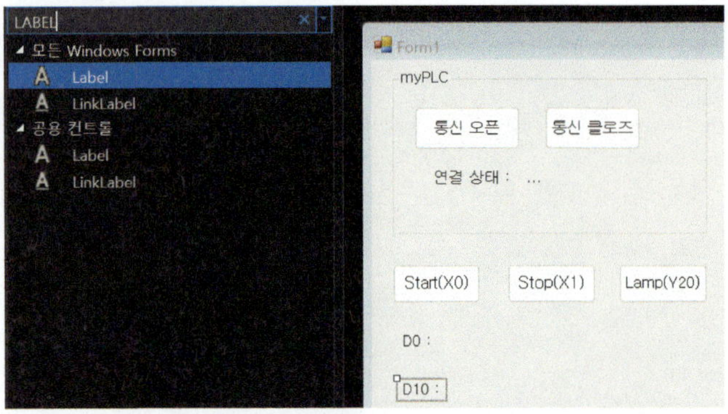

⑯. [도구 상자]에서 TextBox를 D0과 D10 우측에 추가한다.

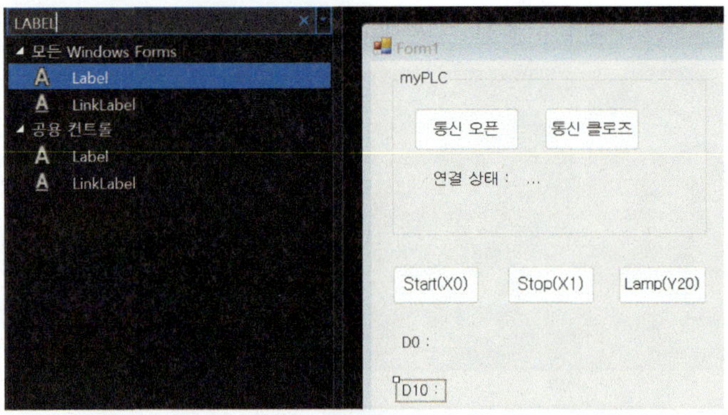

⑰. D10은 버튼을 클릭시 값을 쓰기하기 위해서 버튼을 추가하고 Text를 변경한다.

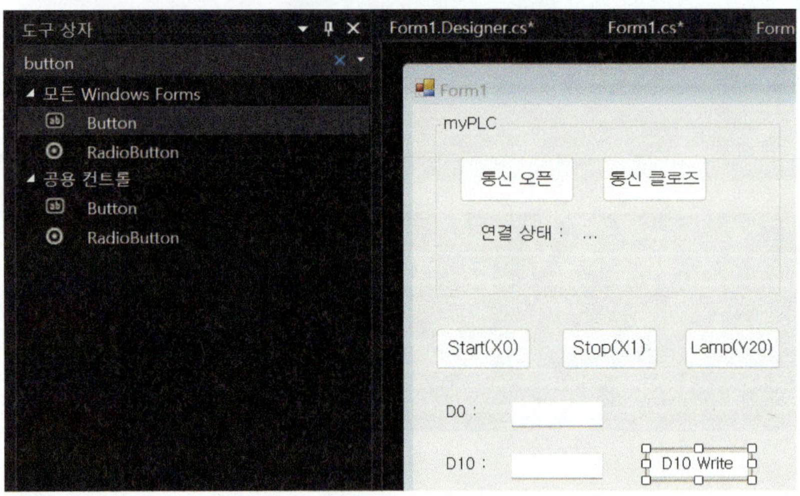

⑱. [D10 Write]버튼의 변수명을 [디자인]-[Name]에서 btn_write로 변경한다.

7.5.7 MX-Component를 통한 PC 및 PLC 프로그램 작성

이 장에서는 C# 프로그램과 PLC 프로그램을 작성하여 장치 제어 및 모니터링을 실시해 보자.

①. PLC 프로그램은 기존의 작성했었던 프로그램을 활용한다.

②. ActUtlType dll 파일을 추가하기 위해 [솔루션 탐색기]-[참조]-[참조 추가]를 선택한다.

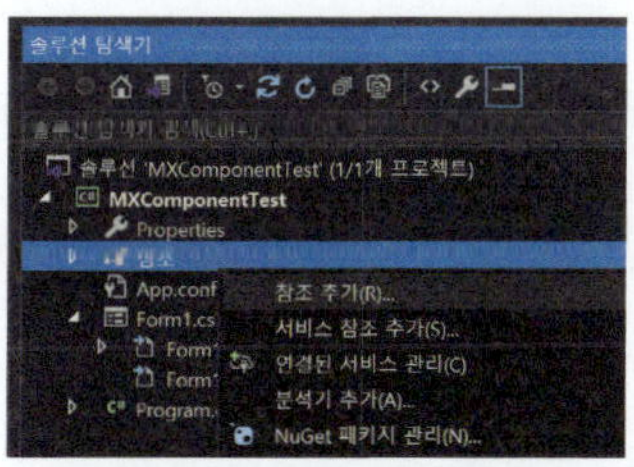

③. 솔루션 탐색기 내에 ActUtlType65Lib이 추가된 것을 확인한다.

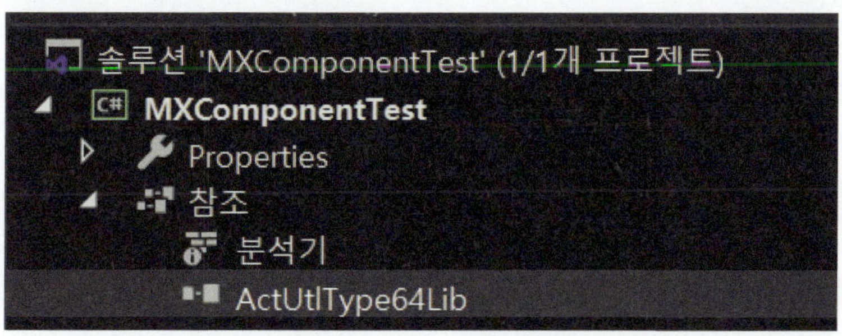

④. Form1.cs[디자인] 파일에서 F7(코드 보기)를 클릭하면 Form1.cs 화면으로 전환되고 ActUtlType64Lib 네임 스페이스를 추가한다.

```
using System;
using System.Collections.Generic;
using System.ComponentModel;
using System.Data;
using System.Drawing;
using System.Linq;
using System.Text;
using System.Threading.Tasks;
using System.Windows.Forms;
using ActUtlType64Lib; //MX-Component 사용

namespace MXComponentTest
{
```

⑤. ActUtlType64 인터페이스의 인스턴스 변수(PLC)를 생성하기 위해 인스턴스화 코드를 추가한다.

```
namespace MXComponentTest
{
    public partial class Form1 : Form
    {
        ActUtlType64 PLC = new ActUtlType64();

        public Form1()
        {
            InitializeComponent();
        }
```

⑥. [통신 오픈] 버튼 클릭 시 오픈 처리를 하기 위해 [통신 오픈] 버튼을 더블 클릭한다.

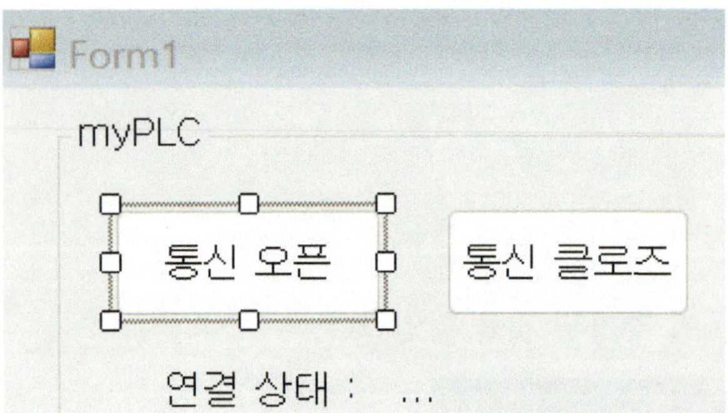

⑦. [통신 오픈] 버튼 클릭 시의 함수를 실행하기 위한 코드가 생성된다.

```
public Form1()
{
    InitializeComponent();
}

private void btn_open_Click(object sender, EventArgs e)
{

}
```

⑧. 통신 설정 유틸리티에서 설정했던 논리 국번은 0으로 설정한다. Open 함수가 실행되면 정상 종료시 0이 저장되고, 이상 종료시 에러코드가 저장되므로 정상 종료시에는 "Connected", 이상 종료시에는 "Connection Error + 에러 코드"가 저장되도록 한다.

```
private void btn_open_Click(object sender, EventArgs e)
{
    PLC.ActLogicalStationNumber = 0;
    int connectionError = 0;
    connectionError = PLC.Open();

    if (connectionError == 0)
    {
        lblStatus.Text = "Connected";
    }
    else lblStatus.Text = "Connection Error" + connectionError;
}
```

⑨. [도구 상자]에서 Timer를 추가한다.

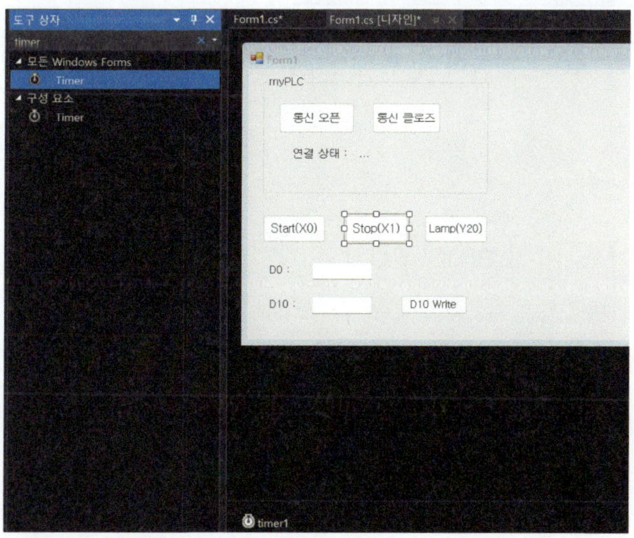

⑩. 통신 오픈이 완료되면 타이머가 시작될 수 있도록 Start함수를 추가한다.

```
if (connectionError == 0)
{
    lblStatus.Text = "Connected";
    timer1.Start();
}
else lblStatus.Text = "Connection Error" + connectionError;
```

⑪. 통신 오픈 후에 통신 클로즈 처리를 위해 [통신 클로즈] 버튼을 더블 클릭한다.

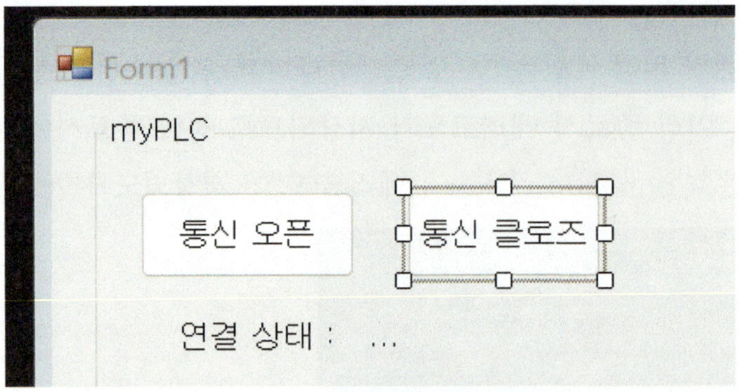

⑫. 버튼 클릭 시에 Close 함수를 실행하고, 라벨의 텍스트를 변경한다. 통신 종료시 타이머도 종료될 수 있도록 Stop 함수를 추가한다.

```
private void btn_close_Click(object sender, EventArgs e)
{
    PLC.Close();
    lblStatus.Text = "Disconnected";
    timer1.Stop();
}
```

⑬. Start(X0) 버튼을 클릭 시 입력 신호 X0를 ON하기 위해 Start(X0) 버튼을 더블 클릭한다.

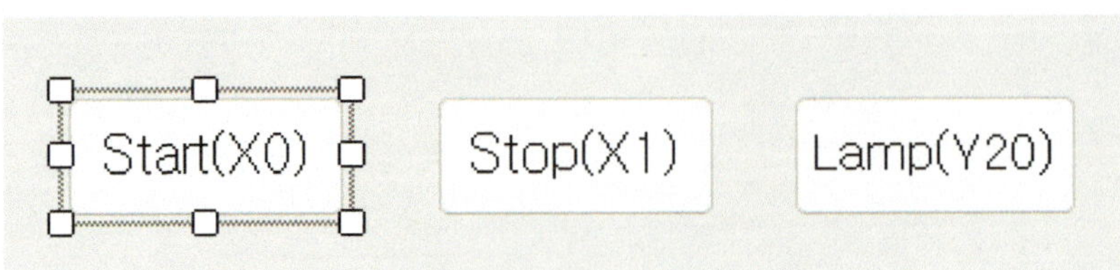

⑭. Start(X0) 버튼 클릭 시에는 SetDevice 함수를 통해 X0 신호를 ON한다.

```
private void btn_start_Click(object sender, EventArgs e)
{
    PLC.SetDevice("X0", 1);
}
```

⑮. Stop(X1) 버튼을 클릭 시 정지 신호 X1를 ON하기 위해 Stop(X1)버튼을 더블 클릭 한다.

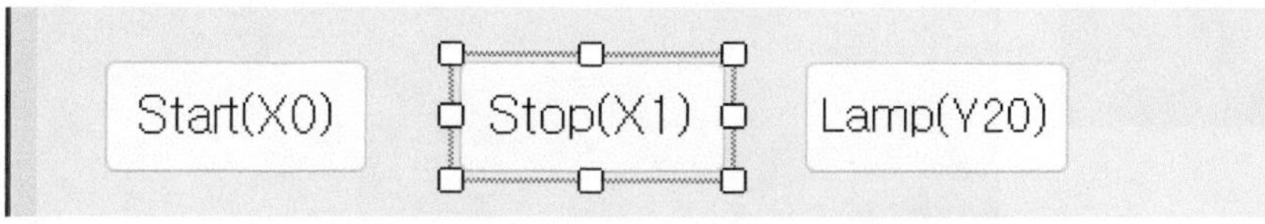

⑯. Stop(X1) 버튼 클릭 시에는 SetDevice 함수를 통해 X1 신호를 ON한다.

```
private void btn_stop_Click(object sender, EventArgs e)
{
    PLC.SetDevice("X1", 1);
}
```

⑰. D0, D10의 Textbox 변수명(Name)을 tb1, tb2로 변경한다.

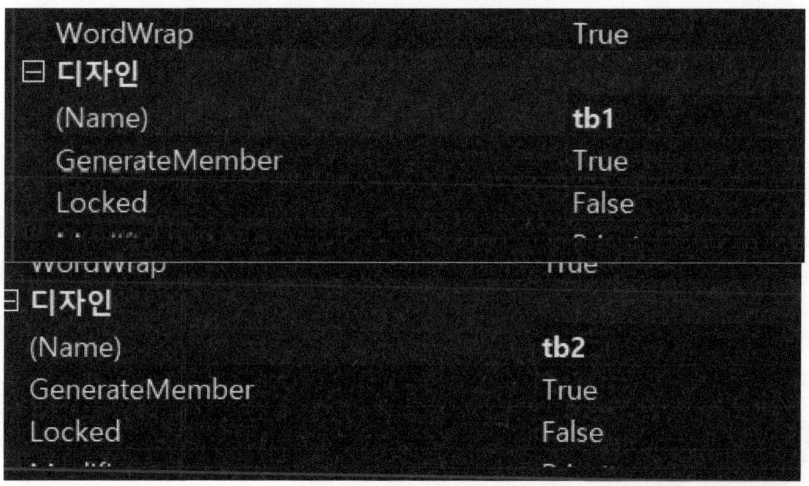

⑱. timer1을 더블 클릭하여 timer1의 Tick 이벤트가 발생될 때 호출되는 메소드를 추가한다. GetDeivce 함수를 통해 Y20의 신호를 읽고 Y20이 ON인 경우 빨간색, Y20이 OFF인 경우 연갈색으로 색을 다르게 설정한다. 또한, GetDevice 함수를 통해 D0의 값을 읽는다. 이때 tb1.Text는 String 자료형을 가지므로, GetDeivce로 읽은값 int형을 ToString 메소드를 통해 문자열로 변환하여 tb1에 표시될 수 있도록 한다.

```
private void timer1_Tick(object sender, EventArgs e)
{
    PLC.GetDevice("Y20", out int Y20);
    if (Y20 == 1)
    {
        btn_lamp.BackColor = Color.Red;
    }
    else btn_lamp.BackColor = Color.LightGray;

    PLC.GetDevice("D0", out int D0);
    tb1.Text = D0.ToString();

}
```

⑲. D10의 경우 설정한 값을 버튼을 클릭 시 처리해야 하므로 [D10 Write] 버튼을 더블 클릭한다.

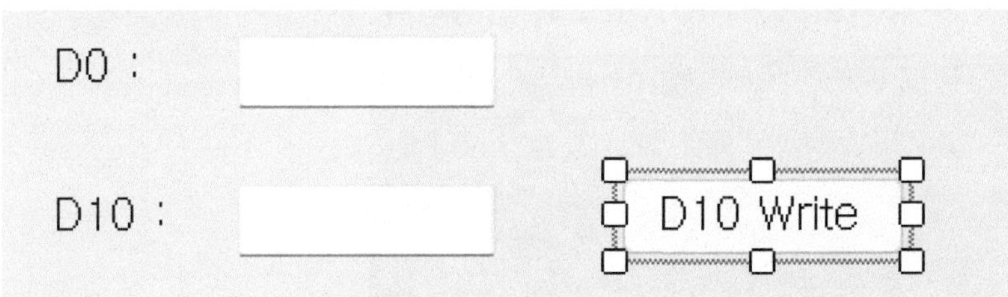

⑳. [D10 Write] 버튼을 클릭했을 때는 SetDevice 함수를 통해 값을 쓰도록 한다. 이때 Textbox에서 쓰는 값은 String 형이므로 PLC가 받아들이기 위해 int로 변환하기 위해 int.Parse 메소드를 사용한다.

```
private void btn_write_Click(object sender, EventArgs e)
{
    PLC.SetDevice("D10", int.Parse(tb2.Text));
}
```

㉑. 프로그램 작성이 완료 되었으면 [빌드]-[솔루션 빌드]를 통해 빌드 에러가 발생하는지 확인한다.

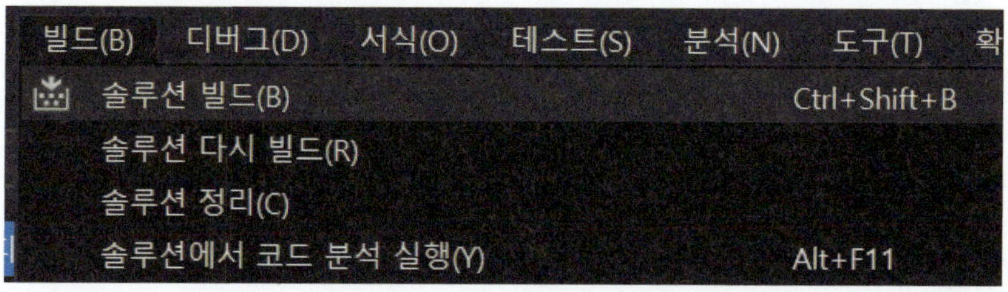

㉒. 빌드 완료 후 [디버그]-[디버그하지 않고 시작] 혹은 Ctrl+F5 단축키를 통해 실행한다.

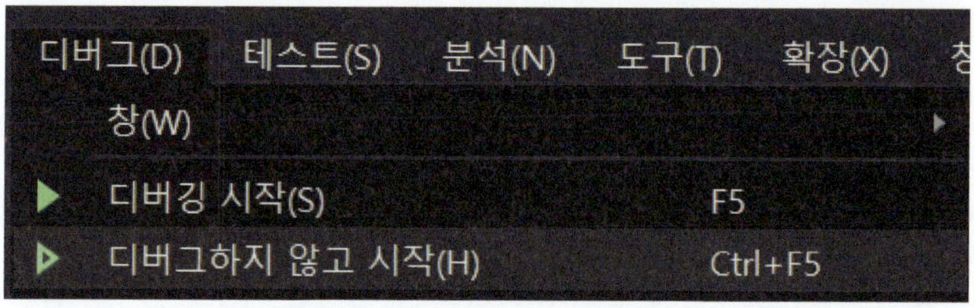

㉓. 최종 작성된 프로그램이 올바르게 작성 되었는지 확인한다.

```
using ActUtlType64Lib; //MX-Component 사용

namespace MXComponentTest
{
    public partial class Form1 : Form
    {
        ActUtlType64 PLC = new ActUtlType64();

        public Form1()
        {
            InitializeComponent();
        }

        private void btn_open_Click(object sender, EventArgs e)
        {
            PLC.ActLogicalStationNumber = 0;
            int connectionError = 0;
            connectionError = PLC.Open();

            if (connectionError == 0)
            {
                lblStatus.Text = "Connected";
                timer1.Start();
            }
            else lblStatus.Text = "Connection Error" + connectionError;
        }

        private void btn_close_Click(object sender, EventArgs e)
        {
            PLC.Close();
            lblStatus.Text = "Disconnected";
            timer1.Stop();
        }
```

```
        private void btn_start_Click(object sender, EventArgs e)
        {
            PLC.SetDevice("X0", 1);
        }

        private void btn_stop_Click(object sender, EventArgs e)
        {
            PLC.SetDevice("X1", 1);
        }

        private void timer1_Tick(object sender, EventArgs e)
        {
            PLC.GetDevice("Y20", out int Y20);
            if (Y20 == 1)
            {
                btn_lamp.BackColor = Color.Red;
            }
            else btn_lamp.BackColor = Color.LightGray;

            PLC.GetDevice("D0", out int D0);
            tb1.Text = D0.ToString();

        }

        private void btn_write_Click(object sender, EventArgs e)
        {
            PLC.SetDevice("D10", int.Parse(tb2.Text));
        }
    }
}
```

㉔. 프로그램 실행 시의 화면을 확인하고 먼저 [통신 오픈] 버튼을 클릭한다.

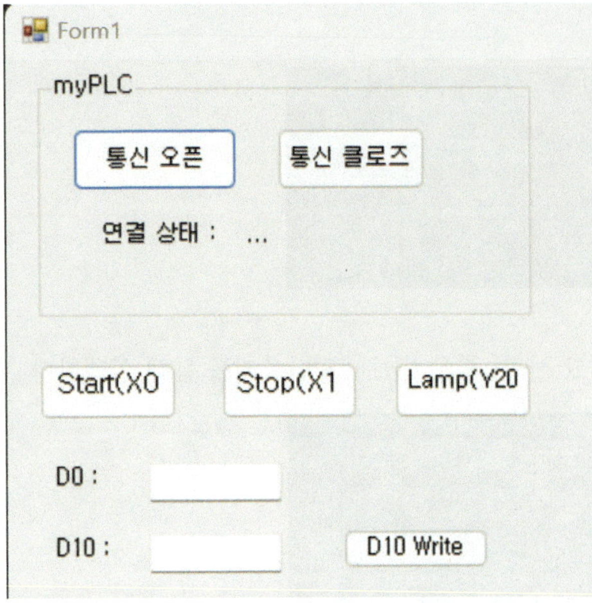

㉕. 통신 오픈이 정상적으로 완료되면 라벨에서 Connected 메시지를 확인할 수 있다.

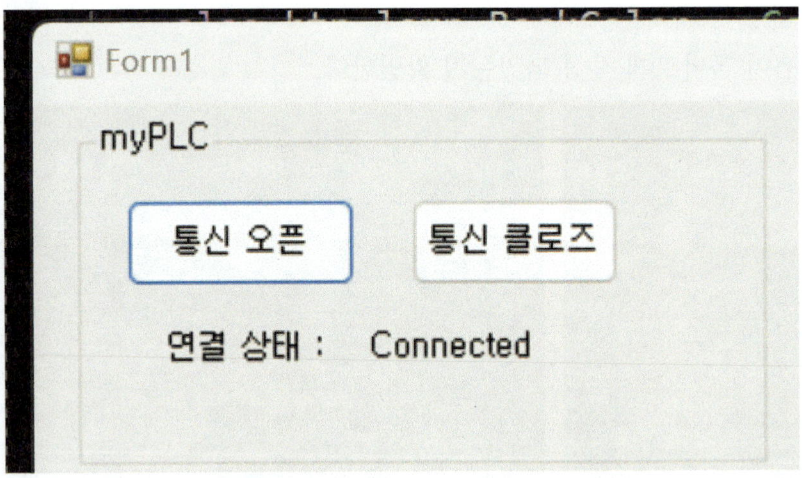

㉖. [통신 클로즈] 버튼을 클릭하면 연결 상태가 Disconnected로 변경되는 것을 확인한다.

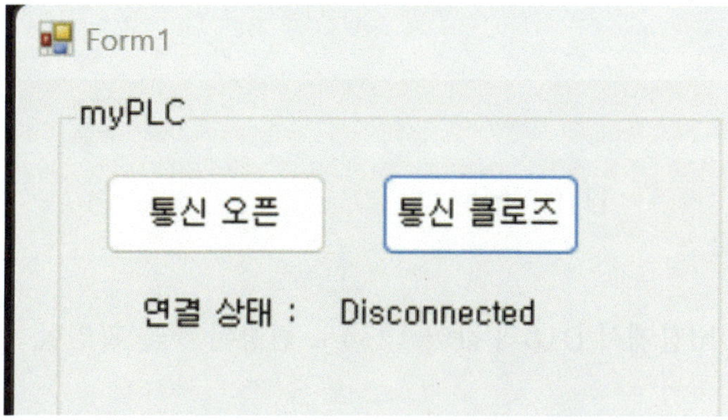

㉗. 만약 이더넷 통신 상태가 비정상적이라면 Connection Error+에러코드가 표시된다.

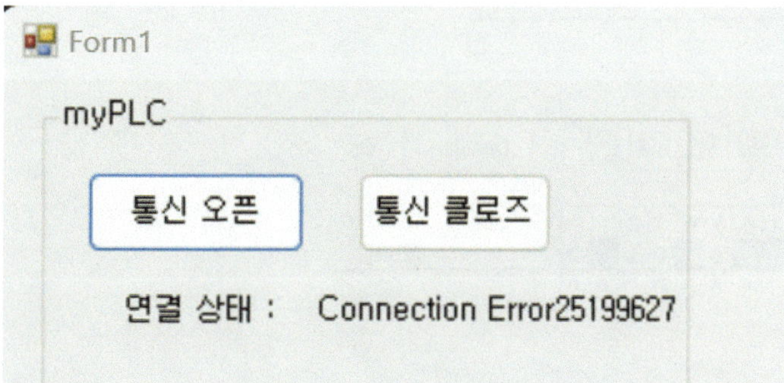

㉘. 통신이 정상적으로 오픈 되어 있는 상태에서 Start(X) 버튼을 클릭한다. 버튼 클릭 시 PLC 프로그램에서 X0가 ON됨에 따라 Lamp(Y20) 및 D0의 값이 증가하는 것을 확인할 수 있다.

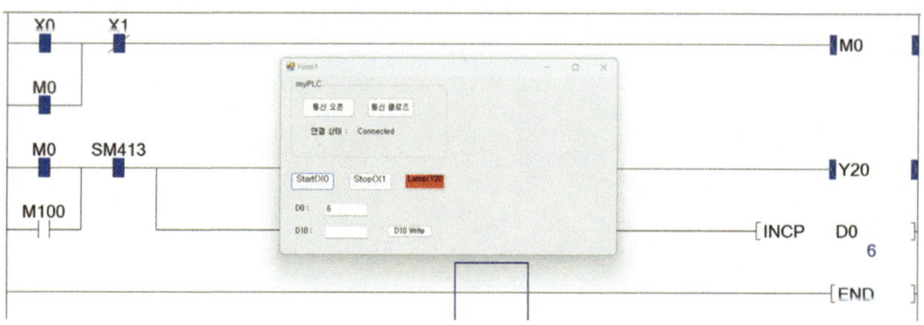

㉙. D10의 값을 1234로 설정하고 [D10 Write] 버튼을 클릭한다.

㉚. [Device/Buffer Memory Batch]창에서 D10의 값이 1234로 변경된 것을 확인할 수 있다.

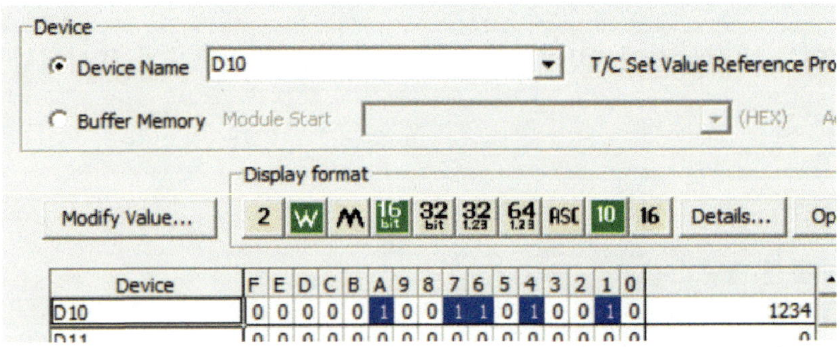

연습문제 14

C# Winform을 활용한 PLC 제어 및 모니터링 프로그램 구현하기

이번에는 C# Winform을 활용하여 PLC DIO, 아날로그 디지털 변환, 모션 제어 및 모니터링 프로그램을 구현해보도록 하자.

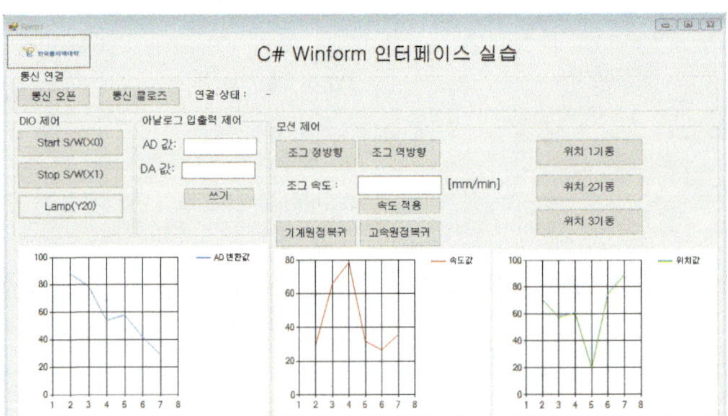

[그림 7-23. 사용자 어플리케이션의 플로우 차트]

①. 첫째로, PLC에서는 자기유지회로를 작성하여 X0, X1 스위치 입력에 따른 Y20 램프를 제어할 수 있도록 프로그램을 작성한다.

②. DA 변환을 위해 Y45를 ON하고, Y50(PLC 레디)와 X50(QD75 레디)가 되어 있을 때 M0(서보 준비 완료)가 ON되도록 한다. 이때 D100(조그 지령 속도)에 따라 조그 속도가 적용되도록 하고 M1, M2 스위치에 따라 조그 정방향 및 역방향 제어가 되도록 프로그램을 작성한다.

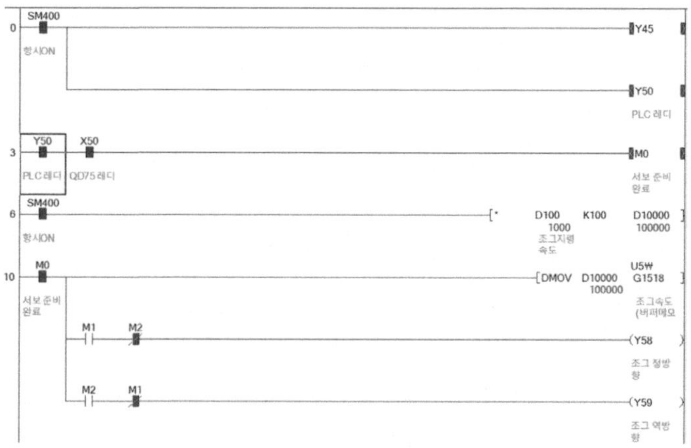

③. D50(Feedrate)은 소수점 둘째자리를 소거하여 D900(서보 현재 속도값)을 받도록 하고, M3 스위치를 ON하였을 때는 기계원점복귀, M4 스위치를 ON하였을 때는 고속원점복귀가 실시되도록 한다.

④. 서보 현재 위치값을 mm 단위로 표시하기 위하여 D102에 저장한다. M6, M7, M8 스위치를 ON하였을 경우는 [Position_Axis_#1_Data] 파라메터의 No. 1~3으로 동작하도록 프로그램을 작성한다.

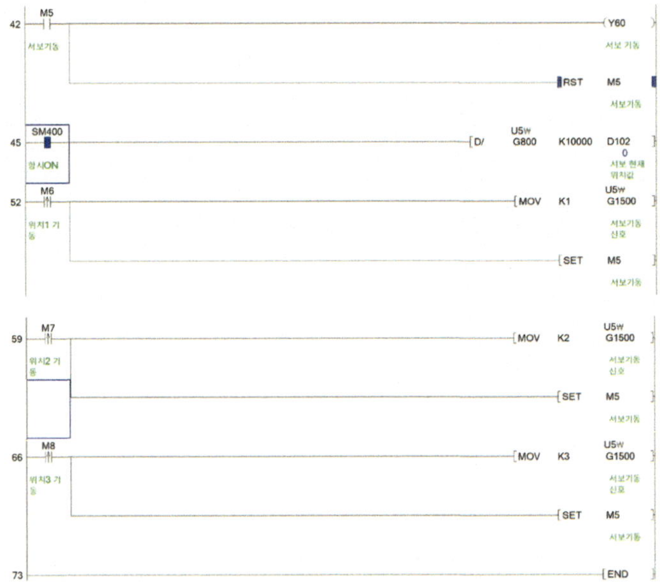

⑤. PLC 프로그램 작성 완료 후 Intelligent Funcion Module 파라메터를 작성한다. AD 및 DA는 0~5V의 일반 분해능 모드로 설정한다.

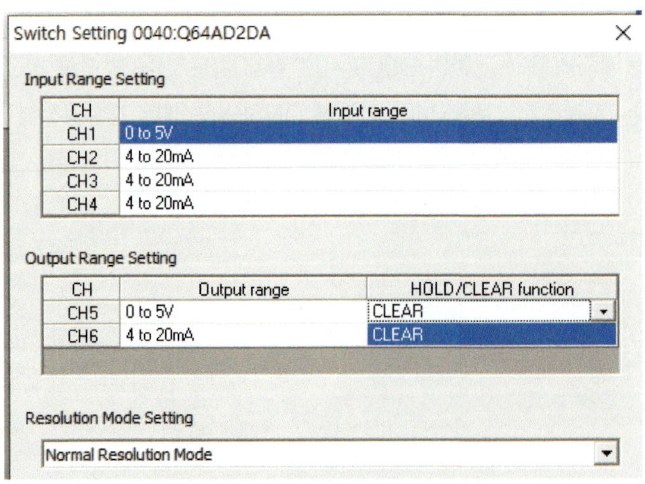

⑥. AD 및 DA 파라메터는 Scaling function을 사용하여 0~500의 스케일링 범위를 설정하여 사용하도록 한다.

Item	CH1
Basic setting	**Set the A/D conversion system.**
A/D conversion enable/disable setting	0:Enable
Averaging processing setting	0:Sampling Processing
Averaging process (time / number of times)setting	4
A/D conversion scaling function	**Set about the scaling of A/D conversion.**
A/D conversion scaling enable/disable setting	0:Enable
A/D conversion scaling lower limit value	0
A/D conversion scaling upper limit value	500

Item	
Basic setting	**Set the D/A conversion system.**
D/A conversion enable/disable setting	0:Enable
D/A conversion scaling function	**Set about the scaling of D/A conversion.**
D/A conversion scaling enable/disable setting	0:Enable
D/A conversion scaling lower limit value	0
D/A conversion scaling upper limit value	500
Shift function	**Set about the shift function of D/A conversion.**
Shifting amount to input value	0

⑦. AD 변환 결과값은 D90, DA 변환 입력값은 D80으로 설정한다.

Item	CH1	CH5
A/D conversion	**Set the devices of A/D conversion.**	
Transfer to intelligent function module	**The data of the specified device is transmitted to the buffer memory.**	
Shifting amount to conversion value		
Transfer to CPU	**The data of the buffer memory is transmitted to the specified device.**	
Digital output value		
Scaling value	D90	
Maximum digital output value		
Minimum digital output value		
Maximum scaling value		
Minimum scaling value		
Conversion completed flag		
Input signal error detection flag		
D/A conversion	**Set the devices of D/A conversion.**	
Transfer to intelligent function module	**The data of the specified device is transmitted to the buffer memory.**	
Digital input value		D80
Shifting amount to input value		

⑧. 다음은 QD75D1N 모듈의 파라메터 설정을 실시한다. 모션 제어를 위한 단위 설정(mm), 1회전 당 펄스수(8192) 1회전 당 이동량(5mm), 속도 제한 값, 조그 속도 제한 값(20000mm/min), 원점 복귀 속도(2000mm/min), 크립 속도(200mm/min), 원점 복귀 retry 설정을 한다.

Item	Setting
⊟ Basic parameters 1	**Set according to the machine and applicable motor when system is started up. (This parameter become valid when the PLC READY signal [Y0] turns from OFF to ON)**
Unit setting	0:mm
No. of pulses per rotation	8192 pulse
Movement amount per rotation	5000.0 um
Unit magnification	1:x1 Times
Pulse output mode	1:CW/CCW Mode
Rotation direction setting	0:Increase Present Value by Forward Pulse Output
Bias speed at start	0.00 mm/min
⊟ Basic parameters 2	**Set according to the machine and applicable motor when system is started up.**
Speed limit value	20000.00 mm/min
Acceleration time 0	1000 ms
Deceleration time 0	1000 ms

Item	Setting
⊟ OPR basic parameters	**Set the values required for carrying out OPR control. (This parameter become valid when the PLC READY signal [Y0] turns from OFF to ON)**
OPR method	0:Near-point Dog Method
OPR direction	0:Forward Direction(Address Increase Direction)
OP address	0.0 um
OPR speed	2000.00 mm/min
Creep speed	200.00 mm/min
OPR retry	1:Retry OPR with limit switch

⑨. [Positioning_Axis_#1_Data]에서는 No. 1~3을 모두 절대위치결결정으로 각 위치에 따른 속도로 이동할 수 있도록 설장한다.

No.	Operation pattern	Control system	Axis to be interpolated	Acceleration time No.	Deceleration time No.	Positioning address	Arc address	Command speed
1	0:END	01h:ABS line 1	-	0:1000	0:1000	30000.0 um	0.0 um	1000.00 mm/min
	<Positioning Comment>							
2	0:END	01h:ABS line 1	-	0:1000	0:1000	50000.0 um	0.0 um	1500.00 mm/min
	<Positioning Comment>							
3	0:END	01h:ABS line 1	-	0:1000	0:1000	10000.0 um	0.0 um	2000.00 mm/min

⑩. [Auto Refresh]에서는 Feedrate를 D50으로 설정하여 서보 현재 속도값을 받아올 수 있도록 설정한다. 설정을 마쳤다면 PLC 프로그램과 파라메터를 모두 Write하여 적용한다.

Item	
⊟ Transfer to CPU	**The data c**
Current feed value	
Machine feed value	
Feedrate	D50

⑪. 다음으로 C# Winform 프로젝트를 생성하고, PictureBox를 추가한다.

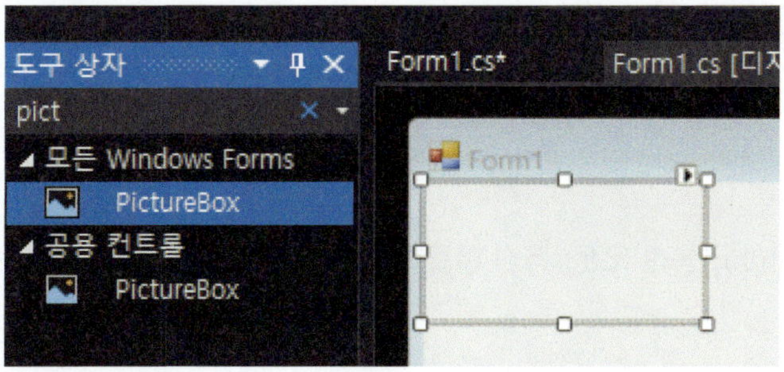

⑫. 이미지 삽입시 삽입된 이미지가 PictureBox에 맞춰서 표시될 수 있도록 크기 모드를 StretchImage로 설정한다.

⑬. PictureBox에 이미지 삽입을 위해 [이미지 선택]을 클릭하고 로컬 리소스에서 [가져오기] 버튼을 클릭하여 이미지를 추가한다.

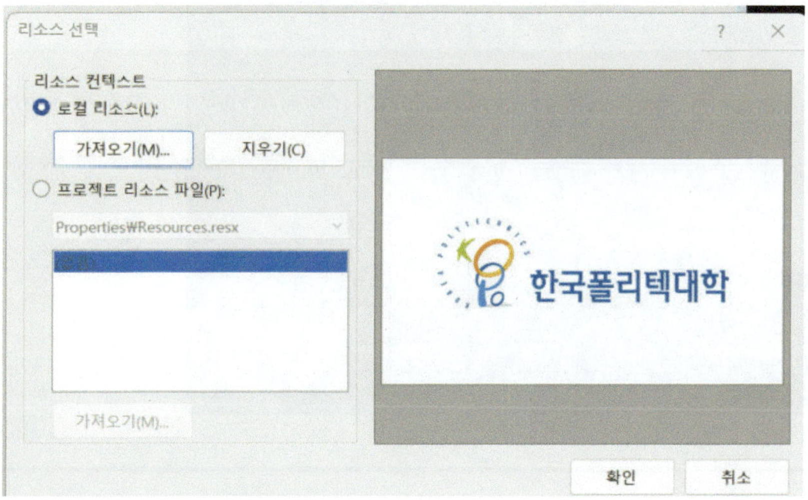

⑭. PictureBox를 삽입한 이후에는 PictureBox 우측에 Label을 추가한다.

⑮. 통신 연결(GroupBox)를 추가하고 통신 오픈, 통신 클로즈 버튼 및 연결 상태를 표시하는 Label를 추가한다.

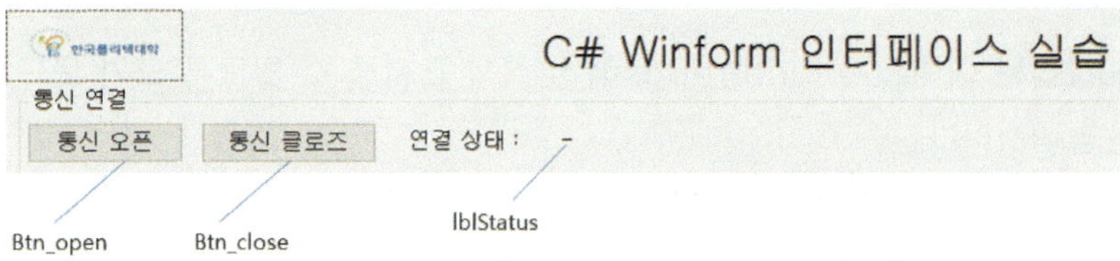

⑯. btn_open 버튼을 클릭 시 통신을 오픈하고 timer가 실행되도록 하며, 통신 정상 및 비정상시 lblStatus에 통신 상태를 표시할 수 있도록 프로그램을 작성한다.

```
namespace MxComm
{
    public partial class Form1 : Form
    {
        ActUtlType64 PLC = new ActUtlType64(); //인스턴스 변수

        public Form1()
        {
            InitializeComponent();
        }

        private void btn_open_Click(object sender, EventArgs e)
        {
            PLC.ActLogicalStationNumber = 0; //논리 국번 설정
            int connectionError = 0;
            connectionError = PLC.Open(); //통신 정상(0), 비정상(에러 코드)

            if (connectionError == 0) //통신 정상
            {
                lblStatus.Text = "통신 정상";
                timer1.Start();
            }
            else //통신 비정상
            {
                lblStatus.Text = "통신 오류 : " + connectionError;
            }
        }
```

⑰. 통신 클로즈 버튼을 클릭시에는 통신 클로즈, timer 정지 및 lblStatus에 통신 종료 메시지를 표시할 수 있도록 한다.

```
private void btn_close_Click(object sender, EventArgs e)
{
    PLC.Close();
    timer1.Stop();
    lblStatus.Text = "통신이 종료되었습니다.";
}
```

⑱. timer1를 추가하고, GetDevice 메서드를 통해 Y20이 ON되어 있으면 배경을 빨간색으로, OFF되어 있으면 옅은 회색으로 표시될 수 있도록 한다.

```
private void timer1_Tick(object sender, EventArgs e)
{
    PLC.GetDevice("Y20", out int Y20);

    if (Y20 == 1) //Y20이 TRUE
    {
        btn_lamp.BackColor = Color.Red;
    }
    else
    {
        btn_lamp.BackColor = Color.LightGray;
    }
}
```

⑲. DIO, 아날로그 입출력 제어를 위한 컨트롤을 아래와 같이 추가한다. Start 버튼 및 Stop 버튼의 경우 Toggle 버튼으로 동작 시키기 위해 CheckBox 컨트롤을 추가한다. 이때 CheckBox의 속성에서 [Apperance]를 Normal에서 Button으로 변경한다는 점에 주의한다. AD 변환값은 tb1에 표시되고, DA 값에는 0~500의 스케일링 값을 입력하고 쓰기 버튼을 클릭 시 실행되도록 한다.

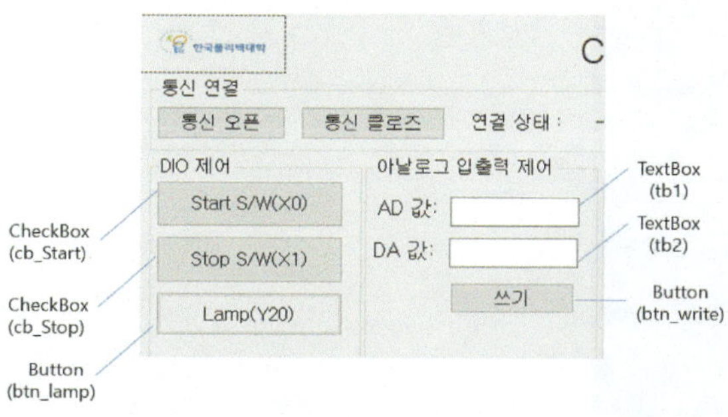

⑳. AD 변환값의 경우 0~500의 스케일링값을 표시하기 위해 하단에 Chart 컨트롤을 추가한다.

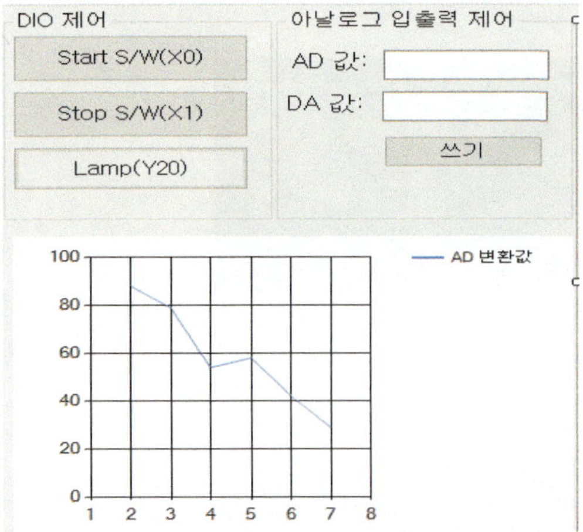

㉑. Chart의 Series 컬렉션 편집기에서 [Name]을 AD 변환값, [Chart Type]을 Line으로 설정한다.

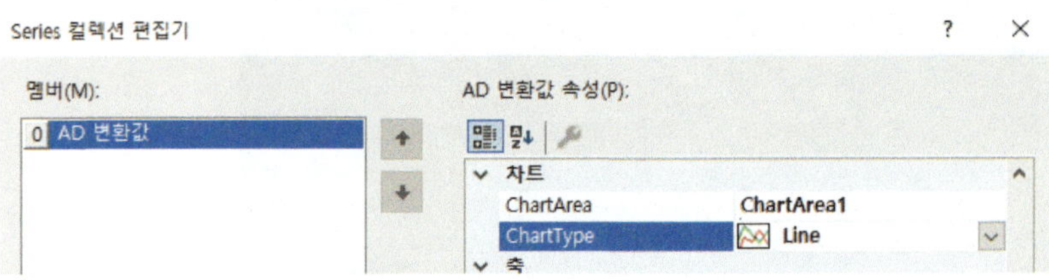

㉒. timer1_Tick 함수에 프로그램을 추가한다. PLC의 D90값을 읽고 문자열로 변환하여 tb1에 표시한다. AD 변환값은 0~500의 스케일링 값을 가지므로 Y축의 최소값은 0, 최대값은 500으로 설정하고 D90값을 Chart에 표시할 수 있도록 추가한다.

```
private void timer1_Tick(object sender, EventArgs e)
{
    PLC.GetDevice("Y20", out int Y20);

    if (Y20 == 1) //Y20이 TRUE
    {
        btn_lamp.BackColor = Color.Red;
    }
    else
    {
        btn_lamp.BackColor = Color.LightGray;
    }

    PLC.GetDevice("D90", out int D90);
    tb1.Text = D90.ToString();

    chart1.ChartAreas[0].AxisY.Minimum = 0;
    chart1.ChartAreas[0].AxisY.Maximum = 500;
    chart1.Series[0].Points.Add(D90); //AD값
```

㉓. 프로그램을 실행하여 AD 변환을 실시해보자. PLC에서 AD 변환값을 TextBox 및 Chart를 통해서 변화하는 AD 변환값(0~500)을 Chart를 통해 확인할 수 있다.

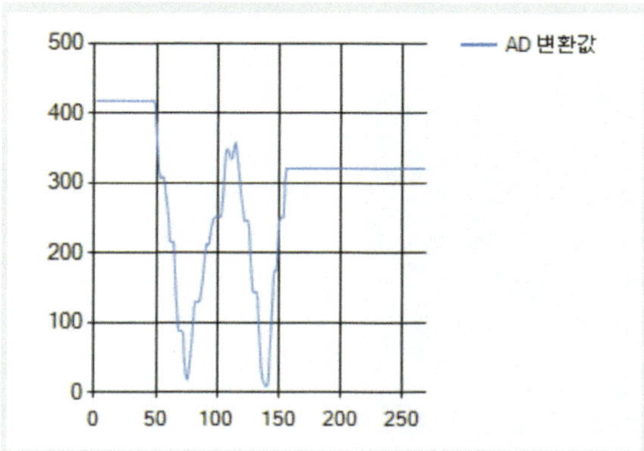

㉔. 이어서 모션 제어를 위한 컨트롤을 아래와 같이 추가한다. CheckBox의 경우 속성에서 [Apperance]를 Normal에서 Button으로 변경한다는 점에 주의한다.

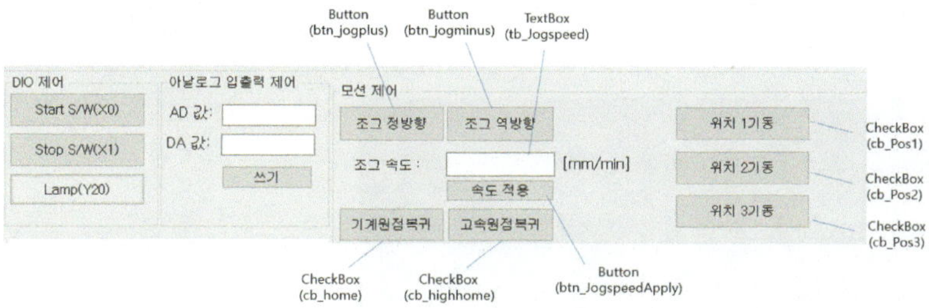

하단에는 현재 위치값과 속도값을 표시하기 위한 Chart를 추가한다.

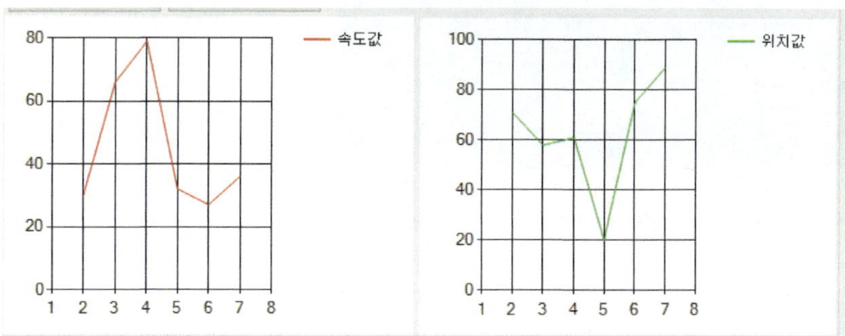

㉕. 조그 운전의 경우 버튼을 누르고 있을 때 ON되고, 누르지 않을 경우 OFF 되므로 btn_jogplus 버튼과 btn_jogminus 버튼은 이벤트에서 MouseDown 및 MouseUp 이벤트를 추가한다.

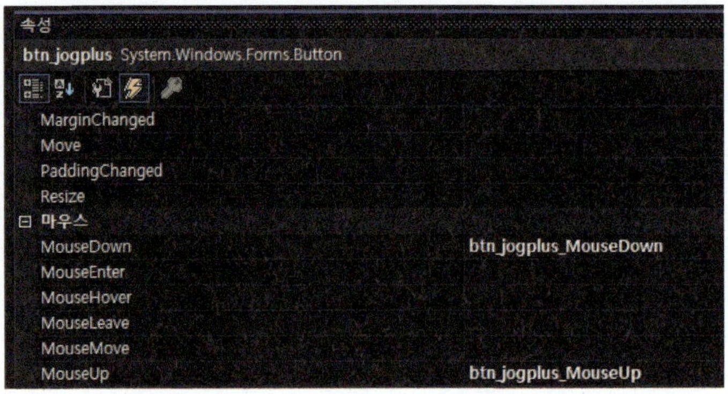

㉖. MouseDown은 마우스를 클릭했을 경우이며 MouseUp은 마우스를 클릭하지 않았을 경우를 나타낸다. 각 각의 클릭 상태에 따라 PLC의 M1, M2 신호를 ON/OFF 하도록 작성한다.

```
private void btn_jogplus_MouseDown(object sender, MouseEventArgs e)
{
    PLC.SetDevice("M1", 1);
}

private void btn_jogplus_MouseUp(object sender, MouseEventArgs e)
{
    PLC.SetDevice("M1", 0);
}

private void btn_jogmius_MouseUp(object sender, MouseEventArgs e)
{
    PLC.SetDevice("M2", 0);
}

private void btn_jogmius_MouseDown(object sender, MouseEventArgs e)
{
    PLC.SetDevice("M2", 1);
}
```

㉗. 서보 현재 위치값 및 속도값을 표시하기 위한 프로그램을 추가한다. PLC에서 속도값은 D900에 저장되므로 D900의 값을 Chart에 추가한다. 여기서 속도값은 PLC에서 최대 2000으로 제어하므로 0~2000의 범위를 설정한다. 마찬가지로 PLC에서 위치값은 D102에 저장되므로 D102의 값을 Chart에 추가하고 서보의 위치값을 0~200의 범위 내에서 차트에 표시될 수 있도록 한다.

```
private void timer1_Tick(object sender, EventArgs e)
{
    PLC.GetDevice("Y20", out int Y20);

    if (Y20 == 1) //Y20이 TRUE
    {
        btn_lamp.BackColor = Color.Red;
    }
    else
    {
        btn_lamp.BackColor = Color.LightGray;
    }

    PLC.GetDevice("D90", out int D90);
    tb1.Text = D90.ToString();

    PLC.GetDevice("D900", out int D900);
    PLC.GetDevice("D102", out int D102);

    chart1.ChartAreas[0].AxisY.Minimum = 0;
    chart1.ChartAreas[0].AxisY.Maximum = 500;
    chart1.Series[0].Points.Add(D90); //AD값

    chart2.ChartAreas[0].AxisY.Minimum = 0;
    chart2.ChartAreas[0].AxisY.Maximum = 2000;
    chart2.Series[0].Points.Add(D900); //속도값

    chart4.ChartAreas[0].AxisY.Minimum = 0;
    chart4.ChartAreas[0].AxisY.Maximum = 200;
    chart4.Series[0].Points.Add(D102); //위치값
}
```

㉘. 조그 속도의 경우 TextBox에 조그 속도를 작성하고 속도 적용 버튼을 클릭했을 시 D100에 조그 속도가 적용될 수 있도록 한다.

```
private void btn_JogspeedApply_Click(object sender, EventArgs e)
{
    PLC.SetDevice("D100", int.Parse(tb_Jogspeed.Text));
}
```

㉙. 기계원점복귀 및 고속원점복귀는 CheckBox를 통해 Toggle 버튼 동작을 할 수 있도록 프로그램을 추가한다.

```
private void cb_home_CheckedChanged(object sender, EventArgs e)
{
    if (cb_home.Checked)
    {
        PLC.SetDevice("M3", 1);
    }
    else
    {
        PLC.SetDevice("M3", 0);
    }
}

private void cb_highhome_CheckedChanged(object sender, EventArgs e)
{
    if (cb_highhome.Checked)
    {
        PLC.SetDevice("M4", 1);
    }
    else
    {
        PLC.SetDevice("M4", 0);
    }
}
```

㉚. 위치 1~3기동 CheckBox도 마찬가지로 Toggle Button으로 동작하도록 프로그램을 추가한다.

```
private void cb_Pos1_CheckedChanged(object sender, EventArgs e)
{
    if (cb_Pos1.Checked)
    {
        PLC.SetDevice("M6", 1);
    }
    else
    {
        PLC.SetDevice("M6", 0);
    }
}

private void cb_Pos2_CheckedChanged(object sender, EventArgs e)
{
    if (cb_Pos2.Checked)
    {
        PLC.SetDevice("M7", 1);
    }
    else
    {
        PLC.SetDevice("M7", 0);
    }
}

private void cb_Pos3_CheckedChanged(object sender, EventArgs e)
{
    if (cb_Pos3.Checked)
    {
        PLC.SetDevice("M8", 1);
    }
    else
    {
        PLC.SetDevice("M8", 0);
    }
}
```

㉛. 프로그램 작성이 완료 되었으면 조그 속도를 400mm/min, 800mm/min, 1200mm/min으로 적용하여 각각 동작 시켜 보자. Chart를 통해서 속도값과 위치값 데이터가 기록되는 결과를 확인할 수 있다.

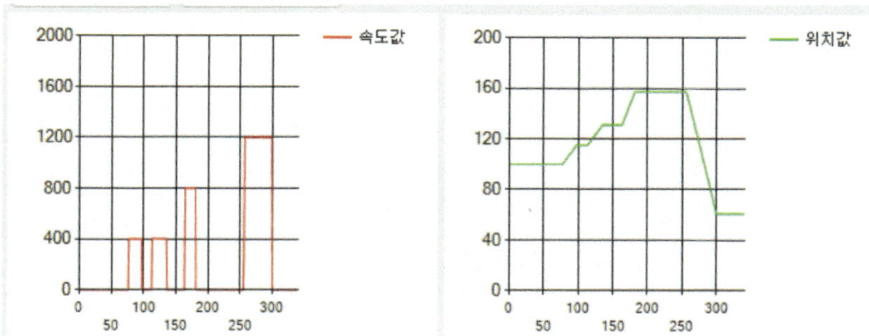

㉜. 이번에는 위치 1~3기동 버튼을 각각 동작 시켜보자. 위치1(목표 위치:30mm, 속도:1000mm/min), 위치2(목표 위치: 50mm, 속도:1500mm/min, 위치3(목표 위치:100mm, 속도:2000mm/min)의 동작에 따른 속도값과 위치값 데이터가 기록 되는 결과를 확인할 수 있다.

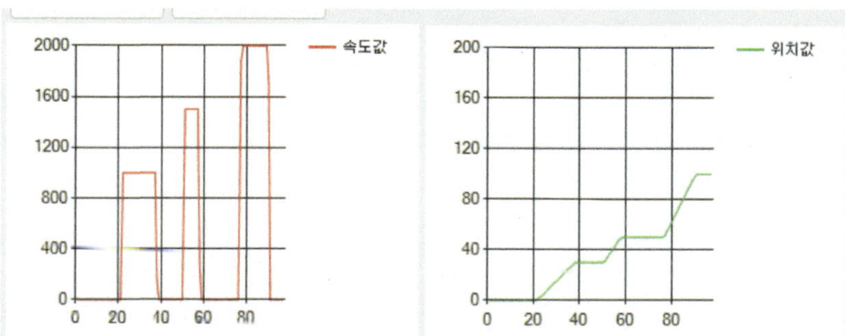

미쓰비시 PLC
기초부터 응용까지

1판 2쇄 2026년 1월 15일

저 자 이진호
발행인 송광헌
발행처 **복두(더)**
주 소 서울특별시 영등포구 경인로82길 3-4
센터플러스 807호
(우) 07371
전 화 02-2164-2580
FAX 02-2164-2584
등 록 1993. 11. 22. 제 10-902 호

정가 : 30,000원

ISBN : 979-11-6675-571-2 93560

한국과학기술출판협회 회원사